清华大学电气工程系列教材

电工电子技术与EDA基础（下）（第2版）

Electrical Engineering and EDA Fundamentals (Volume II)

Second Edition

段玉生　王艳丹　编著
Duan Yusheng　Wang Yandan

清华大学出版社
北京

内容简介

本套教材分上、下两册。本册(下册)主要讲授电子技术与相关的 EDA 知识,包括模拟电子技术、数字电子技术的基础知识等。模拟电子技术部分包括半导体器件的工作原理与器件模型、分立元件放大电路、差分放大电路和功率放大电路、电路中的负反馈、集成运算放大器的应用、直流稳压电路和电力电子技术基础知识等,SPICE(Multisim)电路仿真以举例的方式穿插其中;数字电子技术部分包括数字电路的基础知识、基本逻辑器件、组合逻辑电路、时序逻辑电路、脉冲波形的产生与整形、数/模和模/数转换器、半导体存储器和可编程逻辑器件等。本教材内容面向工程应用,同时注重基本原理和方法的讲解;软硬结合,选材新颖,概念叙述准确精练,便于读者自学。

本套教材是根据电工电子技术的发展和电工学课程改革的需要,为高等学校理工科非电类专业本科生编写的,也可作为高等学校理工科电类专业学生、工科高等职业院校相关专业学生的参考书。

版权所有,侵权必究。举报:010-62782989,beiqinquan@tup.tsinghua.edu.cn。

图书在版编目(CIP)数据

电工电子技术与 EDA 基础.下/段玉生,王艳丹编著.—2 版.—北京:清华大学出版社,2018(2024.8 重印)
(清华大学电气工程系列教材)
ISBN 978-7-302-51003-1

Ⅰ.①电… Ⅱ.①段… ②王… Ⅲ.①电工技术-高等学校-教材 ②电子技术-高等学校-教材 ③电子电路-计算机辅助设计-高等学校-教材 Ⅳ.①TM-43 ②TN01

中国版本图书馆 CIP 数据核字(2018)第 191832 号

责任编辑:许　龙
封面设计:傅瑞学
责任校对:王淑云
责任印制:杨　艳

出版发行:清华大学出版社
网　　址:https://www.tup.com.cn,https://www.wqxuetang.com
地　　址:北京清华大学学研大厦 A 座
邮　　编:100084
社 总 机:010-83470000
邮　　购:010-62786544
投稿与读者服务:010-62776969,c-service@tup.tsinghua.edu.cn
质量反馈:010-62772015,zhiliang@tup.tsinghua.edu.cn

印 装 者:北京建宏印刷有限公司
经　　销:全国新华书店
开　　本:185mm×260mm
印　　张:26.75
字　　数:647 千字
版　　次:2006 年 2 月第 1 版　2018 年 10 月第 2 版
印　　次:2024 年 8 月第 4 次印刷
定　　价:75.00 元

产品编号:060193-02

前 言

"电工学"是高等学校非电类专业本科学生的技术基础课,课程的主要目的是根据学生所学专业对电气工程知识的需求,介绍电气工程的基本原理及其相关应用。其主要内容一般包括电工技术和电子技术两大部分。20 世纪 60 年代我国高等学校开设了"电工学"课程,随着新技术和新器件的出现,以及电气工程在其他工科领域应用的不断深入和扩展,课程内容进行了多次改革。例如 20 世纪 70 年代末引入了模拟和数字集成电路,90 年代初引入了可编程控制器和电力电子技术等。进入 21 世纪以来,电子设计自动化(electronics design automation,EDA)技术在我国逐渐推广应用。它以计算机为工作平台,以硬件描述语言为电路和器件设计的基础,结合相应的 EDA 软件工具,使电子系统的设计产生了质的飞跃,系统的功能验证日趋完善,硬件实现的速度大为提高。因此,理解 EDA 技术的基本原理,熟练掌握和应用 EDA 技术,对于从事电气工程相关工作的工程技术人员都是非常重要的。

本书是《电工电子技术与 EDA 基础》(第 2 版)教材的下册,主要内容是电工学课程中的电子技术部分。主要讲授电子技术与相关的 EDA 知识,包括模拟电子技术、数字电子技术的基础知识。模拟电子技术部分包括半导体器件的工作原理与器件模型、分立元件放大电路、差分放大电路和功率放大电路、电路中的负反馈、集成运算放大器的应用、直流稳压电路和电力电子技术基础知识等,有关器件的 SPICE 建模和相关的电路仿真内容穿插其中;数字电子技术部分包括数字电路的基础知识、基本逻辑器件、组合逻辑电路、时序逻辑电路、脉冲波形的产生与整形、数/模和模/数转换器、半导体存储器和可编程逻辑器件等。

本书在保持第 1 版教材注重基本原理和方法介绍特点的同时,加强了面向实际工程应用内容的介绍。与第 1 版内容相比,本书总体内容修改包括:

(1) 修改了场效应晶体管的结构和工作原理的内容,讲解更深入透彻。

(2) 将差分放大电路、功率放大电路和集成运放的组成和工作原理三部分内容合为一章,主要作为集成运放的应用内容的支撑。

(3) 强化了集成运放实际应用的内容介绍。增加了集成运放的失调参数对电路的影响、单电源运放的应用等内容。

(4) 根据"电工学"课程教学内容的要求,精简了原教材中"电力电子技术"的内容,将直流稳压电源、可控硅的原理和应用等内容合并为"电源"一章。

(5) 鉴于学时的限制,去掉第 1 版教材中的"VHDL 语言入门"一章。同时将"可编程逻辑器件"一章放在本书的最后,主要介绍可编程逻辑器件的原理和结构特点,作为数字电路的知识扩展内容。

(6) 增加了"半导体存储器"一章,使得电子技术内容更完整。

(7) 在门电路的讲解中,更注重门电路实际应用中相关的外部参数的介绍。同时,增加了"74LS 系列和 4000 系列数字集成电路功能列表"作为附录,使读者对这两类数字电路有更深入的了解,并可作为实际应用时的参考。

本书的第 1 版是由段玉生、王艳丹、何丽静、侯世英、李钊年和许怡生几位老师共同编写的。虽然本书作者在第 1 版教材的基础上,根据多年的"电工学"教学实践经验,进行了大量的修改和重编,但是本书仍然凝聚着大家的智慧和心血,在此向本书第 1 版的合作编者表示衷心的感谢!本书吸收了清华大学应用电子学及电工学教研组和实验室很多老师的教学实践经验,凝聚了他们大量心血,在此向对本书做出贡献的老师、同行表示深切的谢意!

由于编者水平有限,书中错误或不当在所难免,恳切希望得到广大读者的批评和指正!

编　者

2018 年 7 月于清华园

目 录

第1章 半导体器件 ··· 1
1.1 PN结与半导体二极管 ·· 1
  1.1.1 半导体的基本知识 ·· 1
  1.1.2 PN结的形成与单向导电性 ·································· 3
  1.1.3 半导体二极管 ·· 7
  1.1.4 二极管的SPICE模型 ······································ 10
  1.1.5 含二极管电路的分析 ····································· 11
  1.1.6 二极管的应用 ··· 13
1.2 特殊二极管 ·· 15
  1.2.1 稳压二极管 ··· 15
  1.2.2 光电二极管 ··· 17
  1.2.3 光电池 ··· 17
  1.2.4 发光二极管 ··· 18
1.3 半导体三极管 ·· 18
  1.3.1 半导体三极管的电流控制作用 ····························· 19
  1.3.2 半导体三极管的特性曲线 ································· 20
  1.3.3 半导体三极管的主要参数 ································· 22
  1.3.4 半导体三极管的电路模型 ································· 24
  1.3.5 半导体三极管的SPICE模型 ································ 25
1.4 场效应晶体管 ·· 26
  1.4.1 结型场效应管 ··· 27
  1.4.2 绝缘栅型场效应管 ······································· 30
  1.4.3 场效应管的等效电路 ····································· 34
1.5 SPICE仿真举例 ··· 36
本章小结 ·· 39
习题 ·· 40

第2章 基本放大电路 ··· 45
2.1 放大电路的主要性能指标 ···································· 45
2.2 共射极电压放大电路 ·· 47
  2.2.1 共射放大电路的组成与工作原理 ··························· 47
  2.2.2 放大电路的分析方法 ····································· 47

  2.2.3　静态工作点稳定的放大电路 …………………………………………………… 54
 2.3　射极跟随器 ………………………………………………………………………………… 58
 2.4　场效应管放大电路 ………………………………………………………………………… 60
 2.5　多级阻容耦合放大电路 …………………………………………………………………… 63
  2.5.1　阻容耦合多级放大电路的分析 ………………………………………………… 63
  *2.5.2　阻容耦合放大电路的频率特性 ………………………………………………… 66
 2.6　放大电路的仿真举例 ……………………………………………………………………… 69
 本章小结 …………………………………………………………………………………………… 72
 习题 ………………………………………………………………………………………………… 73

第3章　差分放大、功率放大和集成运算放大电路 …………………………………………… 78
 3.1　差分放大电路 ……………………………………………………………………………… 78
  3.1.1　直接耦合电路的特殊问题 ……………………………………………………… 79
  3.1.2　基本差分放大电路 ……………………………………………………………… 80
  3.1.3　双电源长尾式差动放大电路 …………………………………………………… 81
  3.1.4　恒流源式差分放大电路 ………………………………………………………… 84
  3.1.5　差分放大电路的输入方式和输出方式 ………………………………………… 86
 3.2　功率放大电路 ……………………………………………………………………………… 89
  3.2.1　功率放大电路的主要技术指标和电路特点 …………………………………… 89
  3.2.2　互补对称式功率放大电路 ……………………………………………………… 91
  3.2.3　功率管的选择 …………………………………………………………………… 95
  *3.2.4　变压器耦合式功率放大电路简介 ……………………………………………… 97
  3.2.5　集成功率放大器简介 …………………………………………………………… 99
 3.3　集成运算放大器 …………………………………………………………………………… 100
  3.3.1　集成运算放大器的电路结构和性能特点 ……………………………………… 100
  3.3.2　集成运算放大器的主要参数 …………………………………………………… 102
 本章小结 …………………………………………………………………………………………… 104
 习题 ………………………………………………………………………………………………… 105

第4章　放大电路中的负反馈 …………………………………………………………………… 108
 4.1　反馈的概念及其表示方法 ………………………………………………………………… 108
  4.1.1　反馈支路 ………………………………………………………………………… 108
  4.1.2　负反馈的框图表示 ……………………………………………………………… 109
 4.2　反馈的分类及其判断方法 ………………………………………………………………… 110
  4.2.1　直流反馈与交流反馈 …………………………………………………………… 110
  4.2.2　反馈极性的判断 ………………………………………………………………… 111
  4.2.3　电压反馈和电流反馈 …………………………………………………………… 113
  4.2.4　串联反馈和并联反馈 …………………………………………………………… 114
  4.2.5　交流负反馈的组态 ……………………………………………………………… 114
 4.3　闭环电压放大倍数的计算 ………………………………………………………………… 118
  4.3.1　深度负反馈放大电路闭环电压放大倍数的估算 ……………………………… 118

*4.3.2 负反馈放大电路闭环电压放大倍数的计算 ……………………… 121
4.4 负反馈对放大电路的影响 …………………………………………………… 124
本章小结 ……………………………………………………………………………… 125
习题 …………………………………………………………………………………… 126

第5章 集成运算放大器的应用 …………………………………………………… 129
5.1 集成运算放大器的特点 …………………………………………………… 129
5.2 集成运放构成的线性处理器 ……………………………………………… 130
  5.2.1 单运放构成的信号运算电路 ………………………………………… 130
  5.2.2 多运放构成的线性电路 ……………………………………………… 136
  5.2.3 有源滤波电路 ………………………………………………………… 137
  5.2.4 运放线性电路的实际应用举例 ……………………………………… 139
  5.2.5 运放的失调参数对放大电路的影响 ………………………………… 145
5.3 由集成运放构成的非线性处理器 ………………………………………… 146
  5.3.1 限幅器 ………………………………………………………………… 147
  5.3.2 电压比较器 …………………………………………………………… 147
5.4 波形发生电路 ………………………………………………………………… 152
  5.4.1 方波发生电路 ………………………………………………………… 153
  5.4.2 三角波发生电路 ……………………………………………………… 155
  5.4.3 正弦波发生电路 ……………………………………………………… 157
  5.4.4 应用举例 ……………………………………………………………… 159
5.5 单电源运放的应用 …………………………………………………………… 161
  5.5.1 运放单电源供电与双电源供电的区别 ……………………………… 161
  5.5.2 单电源运放交流放大电路 …………………………………………… 163
  5.5.3 单电源运放直流放大电路 …………………………………………… 165
  5.5.4 单电源运放波形产生电路 …………………………………………… 165
5.6 运算放大器电路的仿真分析举例 ………………………………………… 167
  5.6.1 运算放大器的 SPICE 建模 ………………………………………… 167
  5.6.2 运算放大器电路的仿真分析举例 …………………………………… 168
本章小结 ……………………………………………………………………………… 170
习题 …………………………………………………………………………………… 171

第6章 电源 …………………………………………………………………………… 179
6.1 直流稳压电源 ………………………………………………………………… 179
  6.1.1 整流和滤波电路 ……………………………………………………… 180
  6.1.2 直流稳压电路的工作原理 …………………………………………… 185
  6.1.3 集成稳压器件 ………………………………………………………… 187
  6.1.4 直流稳压电源的指标参数 …………………………………………… 191
6.2 晶闸管及其应用 ……………………………………………………………… 191
  6.2.1 晶闸管 ………………………………………………………………… 191
  6.2.2 晶闸管可控整流电路 ………………………………………………… 195

　　　　6.2.3　晶闸管交流调压与交流调功电路 ·· 206
　6.3　DC/DC 变换器与变频电源 ·· 208
　　　　6.3.1　DC/DC 变换器 ·· 208
　　　　6.3.2　变频电源 ·· 211
　6.4　电源电路的仿真 ··· 212
　本章小结 ·· 216
　习题 ·· 216

第 7 章　数字电路基础知识 ·· 220
　7.1　概述 ·· 220
　7.2　数制和二进制码 ··· 220
　　　　7.2.1　数制 ··· 220
　　　　7.2.2　二进制码 ·· 222
　7.3　基本逻辑关系及其表示方法 ·· 223
　7.4　逻辑代数基础 ·· 225
　　　　7.4.1　逻辑运算规则和定理 ·· 225
　　　　7.4.2　逻辑关系的表示方法 ·· 228
　7.5　逻辑函数的化简 ·· 230
　　　　7.5.1　逻辑代数化简法 ·· 231
　　　　7.5.2　卡诺图化简法 ·· 231
　本章小结 ·· 234
　习题 ·· 234

第 8 章　门电路 ·· 237
　8.1　概述 ·· 237
　8.2　分立元件门电路 ·· 238
　　　　8.2.1　与门 ··· 238
　　　　8.2.2　或门 ··· 238
　　　　8.2.3　非门 ··· 239
　　　　8.2.4　其他分立元件门电路 ·· 240
　8.3　TTL 门电路 ·· 240
　　　　8.3.1　TTL 与非门 ··· 240
　　　　8.3.2　TTL 集电极开路与非门 ·· 249
　　　　8.3.3　TTL 三态输出与非门 ·· 250
　8.4　CMOS 门电路 ··· 252
　　　　8.4.1　CMOS 非门 ··· 253
　　　　8.4.2　CMOS 与非门 ··· 254
　　　　8.4.3　CMOS 漏极开路门 ·· 255
　　　　8.4.4　CMOS 三态输出非门 ·· 255
　　　　8.4.5　CMOS 与 TTL 门电路的匹配连接 ·· 256
　本章小结 ·· 257

习题 …… 257

第9章　组合逻辑电路 …… 261
9.1　概述 …… 261
9.2　组合逻辑电路的一般分析方法和设计方法 …… 261
9.2.1　组合逻辑电路的一般分析方法 …… 261
9.2.2　门电路构成的组合逻辑电路的设计 …… 262
9.3　常用组合逻辑组件及其应用 …… 264
9.3.1　加法器 …… 264
9.3.2　数值比较器 …… 266
9.3.3　编码器 …… 268
9.3.4　译码器 …… 271
9.3.5　数据选择器 …… 276
*9.4　数字电路中的竞争-冒险 …… 279
本章小结 …… 280
习题 …… 280

第10章　触发器与时序逻辑电路 …… 284
10.1　概述 …… 284
10.2　触发器 …… 284
10.2.1　基本触发器 …… 285
10.2.2　电平触发器 …… 287
10.2.3　主从触发器 …… 290
10.2.4　边沿触发器 …… 294
10.2.5　触发器的分类及逻辑功能的转换 …… 296
10.2.6　触发器的应用举例 …… 298
10.3　时序逻辑电路的一般分析方法 …… 299
10.4　时序逻辑电路的一般设计方法 …… 301
10.5　寄存器 …… 303
10.5.1　数码寄存器 …… 303
10.5.2　移位寄存器 …… 304
10.5.3　集成寄存器及其应用 …… 306
10.6　计数器 …… 308
10.6.1　二进制计数器 …… 308
10.6.2　十进制计数器 …… 312
10.6.3　任意进制(N进制)计数器 …… 314
10.7　数字逻辑电路的综合应用举例 …… 322
10.7.1　数字钟 …… 322
10.7.2　动态扫描键盘编码器 …… 323
本章小结 …… 325
习题 …… 325

第 11 章 波形的产生及整形 ... 334

11.1 概述 ... 334
11.2 单脉冲的产生 ... 334
11.3 连续脉冲的产生 ... 335
11.3.1 环形振荡器 ... 335
11.3.2 RC 耦合式振荡器 ... 337
11.3.3 石英晶体多谐振荡器 ... 338
11.4 单稳态触发器 ... 340
11.4.1 积分型单稳的工作原理 ... 340
11.4.2 集成单稳及其应用 ... 342
11.5 555 定时器 ... 346
11.5.1 工作原理 ... 346
11.5.2 应用举例 ... 348
11.6 综合应用举例 ... 350
本章小结 ... 352
习题 ... 352

第 12 章 数模、模数转换 ... 355

12.1 概述 ... 355
12.2 D/A 变换器 ... 355
12.2.1 D/A 变换器的类型及工作原理 ... 355
12.2.2 D/A 变换器的主要技术指标 ... 357
12.2.3 集成 D/A 变换器及其应用 ... 358
12.3 A/D 变换器 ... 362
12.3.1 A/D 变换器的类型及工作原理 ... 363
12.3.2 A/D 变换器的主要技术指标 ... 365
12.3.3 集成 A/D 变换器及其应用 ... 366
本章小结 ... 368
习题 ... 369

第 13 章 半导体存储器 ... 371

13.1 概述 ... 371
13.2 只读存储器 ... 372
13.2.1 掩膜只读存储器 ... 372
13.2.2 可一次编程只读存储器 ... 374
13.2.3 可重新写入的只读存储器 ... 375
13.2.4 集成 ROM 简介 ... 377
13.3 随机存储器 ... 378
13.3.1 静态 RAM ... 378
13.3.2 动态 RAM ... 380
13.4 存储器容量的扩展 ... 380

本章小结 ………………………………………………………………… 382
　　习题 ……………………………………………………………………… 382

第 14 章　可编程逻辑器件简介 ……………………………………………… 384
　14.1　概述 ………………………………………………………………… 384
　14.2　可编程逻辑器件的编程原理 ……………………………………… 385
　　　14.2.1　PLD 内部电路的一般表示法 ……………………………… 385
　　　14.2.2　GAL 的编程原理 …………………………………………… 386
　14.3　CPLD 和 FPGA 的结构和特点 …………………………………… 390
　　　14.3.1　CPLD 的结构和特点 ……………………………………… 390
　　　14.3.2　FPGA 的结构和特点 ……………………………………… 391
　　　14.3.3　CPLD 和 FPGA 特点的比较 ……………………………… 393
　　本章小结 ………………………………………………………………… 394
　　习题 ……………………………………………………………………… 394

参考文献 …………………………………………………………………… 396
附录 A　负反馈对放大器性能的影响中公式的证明 ……………………… 397
附录 B　三极管的 SPICE 参数 ……………………………………………… 400
附录 C　常用术语 …………………………………………………………… 402
附录 D　74LS 系列和 4000 系列数字集成电路功能列表 ………………… 409

第 1 章

半导体器件

1.1 PN 结与半导体二极管

1.1.1 半导体的基本知识

大多数电子元器件是用半导体、导体和绝缘体制成的,其中半导体是形成电子元器件特性的核心材料。任何材料的原子都是由带正电荷的原子核和围绕原子核运动的、带负电荷的电子组成。电子分布在不同的电子层上,离原子核越远的电子的势能越大。最外层的电子称为价电子,原子的化学特性主要由价电子决定。表 1-1 是制作电子元器件常用的半导体材料,按照价电子的数量分组。表中Ⅳ族中元素的价电子是 4 个,可组成元素半导体;Ⅲ族和Ⅴ族中元素的价电子分别是 3 个和 5 个,可组成化合物半导体。它们都是重要的半导体材料。

表 1-1 常用的半导体材料

Ⅲ	Ⅳ	Ⅴ
B	C	
Al	Si	P
Ga	Ge	As

图 1-1 Si 单晶的晶体结构

1. 本征半导体(intrinsic semiconductor)

纯净的半导体晶体称为本征半导体。如图 1-1 是 Si(硅)晶体的晶格结构,每个 Si 原子周围有 4 个相邻的 Si 原子,每个 Si 原子分别与相邻的 4 个 Si 原子共享一对价电子,形成共价键,共价键的结合力使晶体中的 Si 原子处于固定的位置上,从而形成晶体结构。

图 1-2 是 Si 单晶共价键的二维示意图,当 $T=0K$ 时,每个电子都处于最低能量状态,所有的电子都被束缚在共价键中,整个晶体中没有起导电作用的自由电子。所以,绝对零度时的半导体是"绝缘体"。

当温度上升时,价电子将得到能量,如果价电子所得到的能量足够大,它就可以摆脱共价键的束缚而脱离最初的位置成为自由电子,并且在原来的位置上形成带正电荷的空穴,见图 1-3。当受到电场的作用时自由电子就会定向移动而形成电流,我们称自由电子为载流子。为了脱离共价键的束缚,电子必须得到一个最小能量,称为带隙能量。半导体的带隙能量为 1 电子伏特数量级。绝缘体的带隙能量是 3～6 电子伏特,室温条件下绝缘体内没有自由电子。而导体的带隙能量很小,室温下存在大量的自由电子。

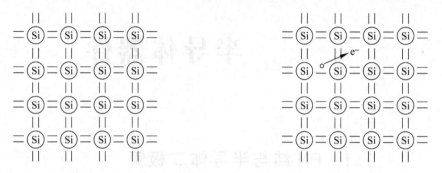

图 1-2 Si 单晶结构的二维示意图　　　　　图 1-3 自由电子的形成

本征半导体中不但自由电子可以形成电流,空穴吸引附近的束缚电子来填充,形成新的空穴,而新的空穴又会吸引附近的束缚电子来填充,这样就好像是空穴在移动,所以空穴在外力的作用下也可以形成电流,见图 1-4。因此在本征半导体中有浓度相等的两种载流子——带负电荷的自由电子和带正电荷的空穴。

2. 掺杂半导体(extrinsic semiconductors)

因为在本征半导体中的电子和空穴的浓度相对小,所以只能形成很小的电流。但是我们可以用掺杂的方法来控制载流子的浓度。所掺入杂质原子的最外层电子数目与本征半导体不同,并且,掺杂原子必须能够进入半导体晶格并取代原来的原子。表 1-1 中Ⅲ族和Ⅳ族中的元素满足这样的要求。

如果在 Si 单晶中注入五价的磷(P),磷原子将取代某些位置上的 Si 原子。最外层五个价电子中的四个与四个相邻的 Si 原子形成共价键,多余的一个价电子成为自由电子。每个掺杂磷原子提供一个自由电子,因此,磷原子称为施主杂质,参见图 1-5。失去一个电子的磷原子带正电荷,但是磷原子被共价键束缚,不能在电场的作用下移动而形成电流,因此,磷原子不是载流子。

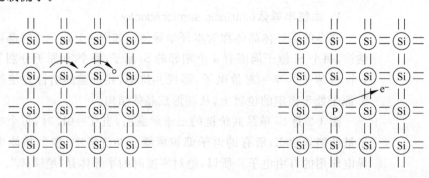

图 1-4 空穴的移动　　　　　图 1-5 磷(P)掺杂的 Si 单晶的二维示意图

含有施主杂质的半导体称为 N 型半导体。在 N 型半导体中,自由电子的浓度远大于空穴的浓度,因此称自由电子是多数载流子(多子),空穴称为少数载流子(少子)。

如果在 Si 单晶中注入三价的硼(B),硼原子最外层只有三个价电子,当硼原子取代晶格中某些 Si 原子后,它的三个价电子与周围的三格 Si 原子形成三个共价键,这样就留下了一个共价键的位置。常温下掺杂的硼原子周围的共价键中的电子受激发会来填补这个位置,从而产生一个空穴,这个硼原子称为受主杂质,参见图 1-6。接受一个电子后的硼原子带负电荷,但是硼原子被共价键束缚,不是载流子。

含有受主杂质的半导体称为 P 型半导体。在 P 型半导体中,空穴的浓度远大于自由电子的浓度,因此空穴是多子,自由电子是少子。

控制掺杂的多少可以控制多数载流子的浓度,因此,利用掺杂可以改变半导体的导电特性。根据要求进行不同浓度和不同种类的掺杂,便可制成所需要的半导体器件。少子虽然浓度很低,但是对温度敏感,影响半导体的特性,是半导体特性受温度影响的主要原因。多子的浓度很高,约等于掺杂的浓度,其浓度受温度影响不大。

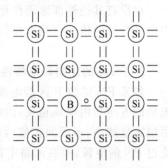

图 1-6　硼(B)掺杂的 Si 单晶的二维示意图

1.1.2　PN 结的形成与单向导电性

1. PN 结的形成

在一块半导体基片上,用某种工艺进行掺杂,使其一边形成 P 型半导体,另一边形成 N 型半导体,在两种半导体的交界面处就形成了 PN 结(PN junction)。PN 结是构成各种半导体器件的基本结构。

两种半导体相接触后,由于界面两边的多子和少子的浓度相差很大,P 区中的空穴和 N 区中的电子必然向对方运动,由于浓度的差别所形成的载流子的运动称为扩散运动,相应的电流称为扩散电流。P 区中的空穴向 N 区扩散,到达 N 区后与 N 区中的自由电子复合;N 区中的电子向 P 区扩散,到达 P 区后与 P 区中的空穴复合。这样在交界面附近多数载流子的浓度迅速下降,出现了由不能移动的带电荷的原子组成的空间电荷区。在交界面的 P 区一侧得到电子,是负电荷区;N 区一侧失去电子,是正电荷区。平衡状态下的 PN 结如图 1-7 所示。

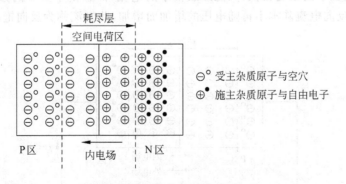

图 1-7　平衡状态下的 PN 结

由于交界面两边正负电荷的存在,形成方向从 N 区到 P 区的电场,称为内电场。空间电荷区越宽,内电场越强。内电场的存在势必阻碍多子的扩散运动。另一方面,在内电场的作用下,N区中的空穴(少子)和P区中的自由电子(少子)向对方运动,这种少子在内电场的作用下的运动称为漂移运动。扩散运动和漂移运动分别由多子和少子形成,扩散运动的结果是增加空间电荷区的厚度,漂移运动的结果是减少空间电荷区的厚度。最终在平衡状态下,扩散电流等于漂移电流,空间电荷区的厚度保持不变。

在没有其他外部原因作用的情况下,PN结处于平衡状态,没有电流流过空间电荷区,内电场为恒定值。空间电荷区内没有载流子,所以也称其为耗尽层。如图1-7所示。

2. PN结的正向导电特性

如果PN结的P区接电源的正极,N区接电源的负极,称为PN结正向偏置。此时,外电场的方向与内电场相反,内电场被削弱,多子的扩散运动增强,少子的漂移运动被抑制,耗尽层宽度减小,多子的扩散运动通过电源回路可以形成较大的电流。为了限制正向偏置时流过PN的电流,要在回路中加一个限流电阻,如图1-8所示。

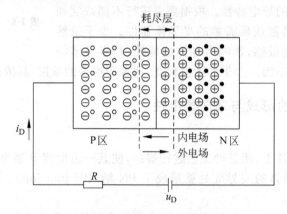

图1-8　PN结的正向偏置

3. PN结加反向电压

PN结的P区接电源负极,N区接电源正极,称为反向偏置,如图1-9所示。此时外电场的方向与内电场相同,加强了内电场,使耗尽层变宽,从而阻止多子的扩散运动,促进少子的飘移运动。但是少子的浓度很低,只能形成很小的电流,而且由于少子的数目有限,电压超过零点几伏后,反向电流基本不再随电压的增加而增加,此电流称为反向饱和电流。

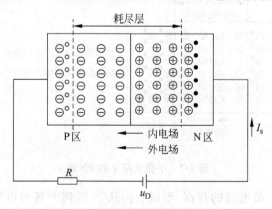

图1-9　PN结的反向偏置

虽然反向饱和电流很小,但是因为它是由少子飘移形成的,温度增加时少子的浓度明显增加,所以温度增加时反向饱和电流明显增加。

PN 结正向偏置时电流很大,反向偏置时电流很小,所以通常称 PN 结具有单向导电性。

4. PN 结的伏安特性曲线

根据半导体物理的理论,PN 结两端的电压 u_D 和电流 i_D 的关系为

$$i_D = I_s(e^{\frac{u_D}{nU_T}} - 1) \tag{1-1}$$

上式称为理想 PN 结的电流方程。式中,i_D 为 PN 结的电流;I_s 为 PN 结的反向饱和电流,范围为 $10^{-15} \sim 10^{-13}$ A;u_D 为 PN 结的电压;U_T 为温度电压当量,是与温度有关的参数,室温下 $U_T \approx 26$mV;n 称为发射射系数,其值为 $1 \sim 2$。n 与空间电荷区的电子和空穴的复合有关,在低电流的情况下,复合起重要作用,n 接近 2。在大电流的情况下,复合不是关键因素,n 值接近于 1。所以我们一般取 n 值为 1。

PN 结加正向电压时,$u_D > 0$,即

$$i_D = I_s e^{\frac{u_D}{nU_T}} \tag{1-2}$$

PN 结加反向电压时,$u_D < 0$,即

$$i_D = -I_s \tag{1-3}$$

由式(1-1)可以画出 PN 结的伏安特性曲线,如图 1-10 所示。图中 $u_D > 0$ 的部分称为正向特性,$u_D < 0$ 的部分称为反向特性。从图中可以看出 PN 结在正向偏置时的正向压降变化不大,而其反向饱和电流很小且基本不变。但是必须注意,反向饱和电流受温度变化的影响,温度上升时反向饱和电流增加很快。当 PN 结的反向电压达到一定值后,PN 结被击穿。理想 PN 结的电流方程不能反映 PN 结的反向击穿特性。

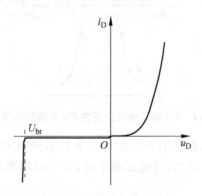

图 1-10　PN 的伏安特性曲线

5. PN 结的击穿

在图 1-10 中,当 PN 结的反向电压达到一定值 U_{br} 时,反向电流急剧增加,这种现象称为反向击穿。在高掺杂的情况下,耗尽层较薄,当反向电压施加到 PN 结时,不大的电压就会在耗尽层产生较大的电场,当电场大到一定程度时会将共价键击穿,产生自由电子和空穴对,引起反向电流的急剧增加,这种击穿机理称为齐纳(Zener)击穿。

另一种击穿机理称为雪崩(avalanche)击穿,即当反向电压增加时,少子在耗尽层中得

到足够的动能,在漂移过程中与共价键中的电子碰撞将价电子"撞"出共价键,产生电子和空穴对,新的自由电子被电场加速后又会"撞"出新的电子和空穴对,如果电压足够高,这种雪崩式的倍增会引起反向电流的急剧增加。

击穿电压的大小与 PN 结的制作参数有关,但是一般都为 50～200V,高的可达 1000V。如果对击穿后的电流不加限制,将会造成 PN 结过热而损坏,从而使 PN 结丧失单向导电能力。

6. PN 结的结电容

按产生电容的原因,PN 结的结电容可以分成势垒电容和扩散电容两种。

势垒电容是由耗尽层引起的。耗尽层中有不能移动的正负电荷,当外电压使耗尽层变宽时,电荷增加,反之电荷减少。因此耗尽层中电荷量随电压的变化而变化,就形成了电容效应,称为势垒电容,用 C_b 表示。C_b 与结面积、耗尽层宽度、半导体材料有关。反向偏置电压越小,C_b 越大,所以反向偏置的 PN 结可以作为压控的可变电容器。依此原理制作的器件称为变容二极管(varactor diode),变容二极管用在电调谐的振荡电路中。

PN 结加正向偏置时,多子经 PN 扩散到对方区域成为另一方的少子,这种在另一方边沿处的少子积累也会形成电容效应,参见图 1-11。

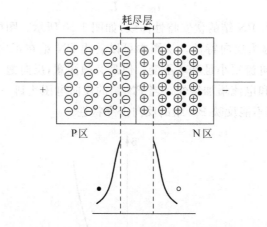

图 1-11 PN 结正偏时少子在 PN 两侧的浓度分布

当正向偏置电压增加时,扩散到 P 区的电子和扩散到 N 区的空穴浓度增加,少子分布曲线变陡,少子的积累增多;反之,当电压减小时,少子的积累减少。这样形成的电容称为扩散电容,用 C_d 表示。

PN 结的总电容 C_j 为

$$C_j = C_b + C_d \tag{1-4}$$

正向偏置时结电容一般以扩散电容为主;反向偏置时结电容则以势垒电容为主。C_b 和 C_d 一般都很小,结面积小的为 1pF 左右,结面积大的为几十至几百皮法。对于低频信号结电容的作用可以忽略不计,只有在较高的频率时才考虑结电容的影响。

7. PN 结的开关弛豫

PN 结可以作为电控开关使用,此时从一个状态过渡到另一个状态的速度是很关键的参数。比如,如图 1-12 的电路,开关投向 1 时 PN 结导通,开关投向 2 时 PN 结反偏而截止。

PN 结从导通到截止的过渡过程如图 1-13 所示,t_s 称为存储时间,代表少子从 PN 结正向偏置时的浓度分布状态,到达反向偏置时的浓度分布状态时所需要的时间,参考图 1-14。

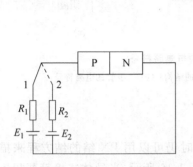

图 1-12 简单的 PN 结开关电路

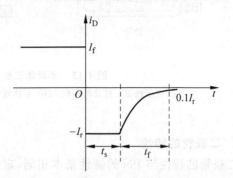

图 1-13 PN 结由正偏到反偏的过渡过程

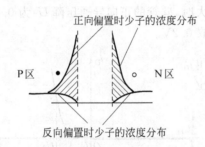

图 1-14 PN 结正向和反向偏置时少子的浓度分布

(阴影部分所代表的少子引起 I_r)

因为在反偏初期,正偏时积累的少子电荷会形成较大的电流,所以 $I_r > I_s$。t_f 是下降时间,代表电流下降到最大值的百分之十所需要的时间。存储时间和下降时间之和称为关断时间。

打开时间指 PN 结从反偏到正偏的弛豫时间,是建立正向偏置时载流子浓度分布所需要的时间,比关断时间小得多,一般可以忽略。

1.1.3 半导体二极管

1. 半导体二极管(diode)

将 PN 结引出引线并加上封装外壳就是半导体二极管,通常二极管分为点接触型和面接触型。

点接触型如图 1-15(a)所示,其特点是 PN 结面积小,因此结电容也小,适合用于高频场合;同时,因为结面积小,不能通过大电流,主要用于小功率场合。

面接触型如图 1-15(b)所示,其结面积大,因而能流过较大的电流,但是结电容也大,只能用在低频场合。

图 1-15(c)是半导体二极管的电路符号,阳极对应 P 区,阴极对应 N 区。

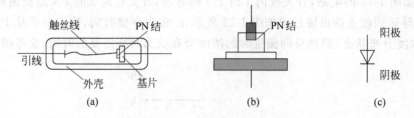

图 1-15 半导体二极管的结构与电路符号
(a) 点接触型二极管的结构；(b) 面接触型二极管的结构；(c) 二极管的电路符号

2．二极管的特性

二极管的特性与 PN 的特性基本相同,定量计算时仍可以用 PN 结的结方程来描述二极管的伏安特性。实测的二极管的伏安特性曲线如图 1-16 所示,半导体二极管要想正向导电,必须克服一定的阈值电压 U_{th} 才能导通。在室温下硅管 U_{th} 约为 0.5V,锗管约为 0.1mV。正向导通但电流不大时,硅管的正向导通压降 U_F 为 0.6～0.8V,一般取 0.7V；锗管的 U_F 为 0.1～0.3V,一般取 0.2V。

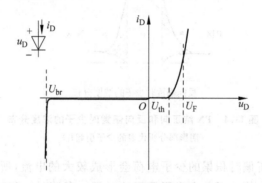

图 1-16 二极管的伏安特性曲线

需要注意,温度上升时会导致二极管的正向伏安特性曲线左移,反向饱和电流增加,正向导通压降减小。变化规律是：在室温附近,温度每增加一度,正向压降减小 2～2.5mV,反向饱和电流增加一倍。

3．二极管的参数

二极管的参数是其特性的定量描述,定量描述越精确需要的参数越多,下面仅介绍几个主要参数。

1) 最大整流电流 I_F

I_F 是二极管长期运行时允许通过的正弦半波整流电流的平均值,由二极管的结面积和散热条件决定。如果正向平均电流长期超过规定值,将会因为结过热而损坏。

2) 最大反向工作电压 U_{rm}

U_{rm} 是二极管工作时允许施加的最大反向电压,超过此值后二极管可能被击穿。一般取 U_{rm} 为二极管击穿电压 U_{br} 的 1/3～2/3。

3) 反向电流 I_r

I_r 即二极管的反向饱和电流 I_s，其值越小表明二极管的单向导电性越好。需要注意的是，I_r 受温度影响，温度升高，I_r 增大。

4) 最高工作频率 f_m

f_m 与结电容有关，实际工作频率大于 f_m 时，二极管的单向导电性变差。

二极管的实际参数很多，使用时根据应用场合的不同进行选择。另外，有关二极管的型号命名法则请参阅相应的国家标准。

4. 二极管的电路模型

二极管的伏安特性曲线是非线性的，这给二极管电路的分析带来一定的困难。为了便于分析，可以用线性元件所构成的电路来近似模拟二极管，这种能够模拟二极管特性的电路称为二极管的电路模型，也称为等效电路。建立器件的电路模型的方法有两种，一种是根据器件的外部特性(伏安特性)来构造电路模型，这种模型比较简单，参数较少，适用于近似计算，二极管的折线模型和微变等效电路就属于这种模型；另一种是建立在器件物理结构原理的基础上，模型电路的参数与物理机理紧密联系，可以精确地描述器件的特性，但是，这种模型比较复杂，参数很多，只适用于计算机仿真计算，二极管的 SPICE 模型就属于这种模型。

1) 二极管的折线模型

图 1-17 是二极管的三种折线化伏安特性曲线及其对应的电路模型。

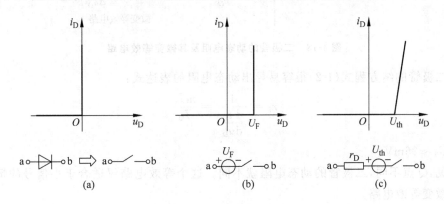

图 1-17 二极管的折线模型
(a) 理想模型；(b) 正向导通时压降为常量；(c) 正向导通时端电压与电流成正比

图 1-17(a) 是二极管的理想化模型，此模型中认为正向偏置时的电压为零，反向偏置时的反向电流为零。虽然理想二极管模型和实际二极管的特性有一定差别，但是当电路中二极管的正向电压远小于和它串联的电压、反向电流远小于与其并联的支路电流时，利用理想化模型仍然能得到较满意的结果。

图 1-17(b) 中考虑到了二极管的正向压降，并且认为二极管的阈值电压与正向压降相等，都是 U_F。因此，在理想模型的开关电路中串联了一个电压源 U_F，$U_a - U_b \geqslant U_F$ 时开关闭合，二极管压降恒等于 U_F；$U_a - U_b < U_F$ 时二极管截止，开关断开。

图 1-17(c)中还考虑到了二极管正向压降随电流的变化,并且近似认为当二极管导通后其压降与电流是线性关系,直线的斜率为 $\frac{1}{r_D}$。因此等效电路在(b)的基础上又增加了一个电阻 r_D。二极管导通后其正向压降为 $U_F = U_{th} + i_D r_D$。

以上三种模型是二极管的直流模型,仅适用于分析二极管直流电路。理想模型(a)最简单,同时误差也最大;模型(c)最复杂,误差也最小。一般的近似分析采用模型(b)就足够了。

2) 二极管的微变等效电路

在我们所涉及的很多电路中,施加于二极管的电压或电流往往是在一个直流信号(我们称其为静态工作点,一般用 Q 表示)上叠加一个小的交流信号。对于交流信号而言,可以用 Q 点处的切线来代表附近的一段曲线,如图 1-18 所示,切线的斜率的倒数是二极管在小信号时的动态等效电阻 r_f,$r_f = \frac{\Delta u_D}{\Delta i_D}$。

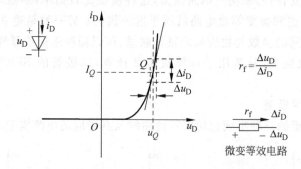

图 1-18　二极管的动态电阻及其微变等效电路

从二极管的结方程式(1-2)很容易导出动态电阻的表达式:

$$r_f = \frac{1}{\frac{d i_D}{d u_D}} = \frac{nU_T}{I_Q} \tag{1-5}$$

室温下 $U_T \approx 26\text{mV}$。

可见,Q 点不同,二极管的动态电阻就不同。这个等效电路仅适合于小信号的情形,所以称为微变等效电路。

1.1.4　二极管的 SPICE 模型

半导体二极管的 SPICE 模型是基于其物理运行机理创建的。为了能够精确描述器件的特性,这个模型是很复杂的,二极管的 SPICE 模型使用的参数有 15 个之多。然而,很多情况下详细并准确地确定所有的参数是不必要的(特别是本书的范围)。读者使用电路仿真软件进行电路仿真时,可以直接调用元件库中的二极管,而不必关注其模型定义。只有当使用库中不存在的元件时,才需要自己定义器件参数。因此,本书只对半导体器件的 SPICE 模型进行简单介绍,仅供读者了解之用。

在 SPICE 中,用元件语句调用的二极管必须是在 SPICE 文件中用 .model 语句定义了的,. model 语句中的模型参数定义了二极管的特性、温度依赖关系、噪声特性等。二极管的等效电路如图 1-19 所示，R_s 为二极管的欧姆电阻，u_D 为加在 PN 结上的电压，u'_D 为二极管上的电压，C_j 为结电容。i_D-u_D 的关系由一组关系式分段表示。二极管的静态等效电路中没有结电容，动态参数由 SPICE 根据静态工作点产生。二极管的 SPICE 模型基于这个等效电路，为了计算的收敛性，还在 PN 的两端并联了一个小电导 GMIN，其默认值是 10^{-12} S。在 .model 语句中没有定义的参数自动取默认值。二极管的 SPICE 参数列表及其含义，以及 .model 语句和二极管调用语句的使用方法，请读者参考本书上册的相关章节。

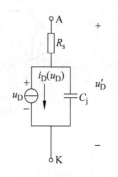

图 1-19 SPICE 使用的二极管等效电路

在 SPICE 中，二极管的直流特性由饱和电流 IS、发射系数 N 和欧姆电阻 RS 决定。电荷存储效应由渡越时间 TT 和结电容确定，结电容由零偏非线性层电容 CJO、结电势 VJ 和梯度系数 M 确定。饱和电流对温度的依赖关系由禁带能量 EG 和饱和电流的温度指数 XT1 定义。TNOM 是标称温度，默认值是在 .OPTION 语句中给定的温度值。反向击穿电压 BV 和反向击穿电流 IBV 确定了反向击穿效应。

在二极管的模型参数中经常使用一个面积因子以确定某一模型包括的并联二极管的数目，受面积因子影响的参数是 IS、RS、CJO 和 IBV。面积因子的默认值是 1。

下面是两个典型二极管的模型定义：

```
.model   1N4007   D (IS=3.19863e-08 RS=0.0428545 N=2 EG=0.784214
+                   XTI=0.504749 BV=1100 IBV=0.0001 CJO=4.67478e-11
+                   VJ=0.4 M=0.469447 FC=0.5 TT=8.86839e-06 KF=0 AF=1)

.model   1BH62    D (IS=5.950e-006 N=4.031e+000 RS=2.677e-002 BV=1.200e+002
+                   EG=1.110e+000 XTI=3.000e+000 TT=5.760e-007
+                   FC=5.000e-001 KF=0.000e+000 AF=1.000e+000)
```

1.1.5 含二极管电路的分析

在二极管的很多应用中，电路中的信号既含有直流成分，又含有交流成分。在图 1-20(a) 所示的电路中，U_s 代表直流信号，u_s 代表交流信号。这是一个交直流共存的电路，如果交流信号很小，则二极管的等效电路是线性电路，因此可以用叠加的方法求解：首先将交流信号置零，得到一个所谓的直流通道，如图 1-20(b) 所示，在直流通道中求解电路的静态电压和电流；然后将直流信号置零，得到一个所谓的交流通道，如图 1-20(c) 所示，在交流通道中求解交流电压和电流。总的结果为直流信号与交流信号的叠加，即 $i_D = I_D + i_d$。

直流信号单独作用时，可以用图解法或估算法求解电路中的静态电压和静态电流；交流信号单独作用时，将二极管用动态电阻 r_f 代替，所得到的电路称为含二极管电路的微变等效电路，如图 1-20(c) 所示。因此，电路中的电流为

$$i_d = \frac{u_s}{R_s + r_f}$$

二极管电路的交流电流的大小与它的动态电阻有关，而动态电阻又由它的静态工作点

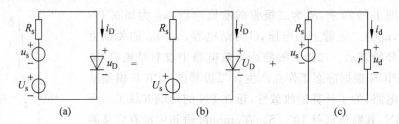

图 1-20 含二极管的交直流共存电路
(a) 全量电路；(b) 直流通道；(c) 交流通道

决定。因此,设置合适的静态工作点对交流信号是至关重要的。

1. 图解法求二极管电路的静态电压和静态电流

如图 1-21 所示,图 1-21(a)中以 A、B 为界将二极管电路划分为左右两部分。右边为二极管,其特性为二极管的伏安特性,如图 1-21(b)中①所示；左边为电源部分,其特性为如下直线方程：

$$U_{AB} = U_s - I_D R_s \tag{1-6}$$

如图 1-21(b)中②所示。两特性曲线的交点 Q 对应的电压和电流,就是二极管电路的静态电压和静态电流,即静态工作点。

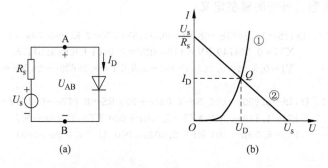

图 1-21 图解法求二极管的静态工作点

半导体二极管在一定的静态工作点下的电压与直流电流之比,称为二极管的静态电阻,即

$$R = \left.\frac{U_D}{I_D}\right|_Q \tag{1-7}$$

二极管的静态工作点不同,其静态电阻也不同。

2. 估算法求二极管的静态电压和静态电流

由二极管的伏安特性曲线可以看出：当二极管的正向电压高于阈值电压 U_{th},二极管正常导电,其压降变化很小。因此,为了简化计算,只要二极管处于正向导电状态,就认为：小功率硅半导体二极管的正向电压 U_F 是 0.7V；小功率锗二极管的正向电压是 0.3V。根据这一近似值可以确定图 1-21 中的静态电流值。

对于硅二极管,正向电流值

$$I_D = \frac{U_s - U_F}{R_s} \approx \frac{U_s - 0.7V}{R_s} \tag{1-8}$$

1.1 PN 结与半导体二极管

锗二极管,正向电流值

$$I_D = \frac{U_s - U_F}{R_s} \approx \frac{U_s - 0.3\text{V}}{R_s} \tag{1-9}$$

需要指出,大功率二极管和一些特殊用途的二极管的正向电压要比小功率二极管大,应根据具体参数进行计算。

1.1.6 二极管的应用

半导体二极管的应用很广泛。在低频及脉冲电路中,可以用于整流、限幅、峰值采样、嵌位等,在高频电路中可以用做检波、调幅、混频等。此处仅介绍二极管限幅器、峰值采样电路和嵌位电路,第 6 章中将对二极管整流电路进行详细介绍。

1. 二极管限幅器

限幅器的作用是限制输出电压的幅度。在图 1-22(a)中,输入信号 $u_i = U_m \sin\omega t$,且 $U_m > U_R$。此处利用理想二极管进行近似分析,则只要 $u_i < U_R$,二极管 D 阳极 a 的电位便低于阴极 b 的电位,$U_{ab} < 0$,因此二极管截止,电阻 R 中无电流,输出电压与输入电压相等,即 $u_o = u_i$。当 $u_i \geqslant U_R$ 时(如图 1-22(b)中 $t_1 \sim t_2$,$t_3 \sim t_4$ 时间范围内),$U_{ab} \geqslant 0$,二极管导通。此时如果认为二极管是理想的,则输出电压 u_o 恒等于 U_R。输出波形的电压幅度被限制在 U_R 以下,从而达到了限幅的目的。

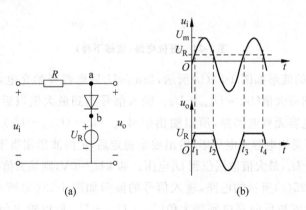

图 1-22 二极管限幅器

2. 峰值采样电路

峰值采样电路的作用是使输出电压等于输入电压的最大值。设图 1-23(a)电路中,D 是理想二极管,输入电压 $u_i(t)$ 的波形如图 1-23(b)中的虚线,电容 C 的初始电压为 0。当 t 在 $0 \sim t_1$ 期间,随着输入电压的增大,电容通过二极管充电,因而 $u_o = u_i$。直到 $t = t_1$ 时电容充电到峰值 U_{m1},此后 u_i 开始下降,a 点电位随 u_i 下降,而 b 点电位被电容电压维持在 U_{m1},因此 $U_{ab} < 0$,二极管截止。因为电容没有放电回路,所以输出电压维持在 U_{m1},直到 $t = t_2$ 后输入电压重新升到高于 U_{m1},电容通过二极管充电,u_o 又随着 u_i 的增大而增大。到 $t = t_3$ 后 u_o 又开始下降,u_o 保持在新的峰值 U_{2m}。可见输出电压总保持在输入电压的最大值。

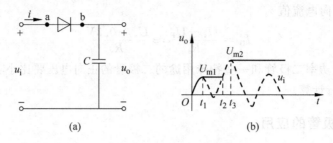

图 1-23 峰值采样电路

3. 嵌位电路

嵌位电路的作用是把输入电压的峰值嵌位在一预定电平上。例如,如果要把输入电压的峰值嵌位在某个电压值 U_s,可采用如图 1-24(a)所示的电路。

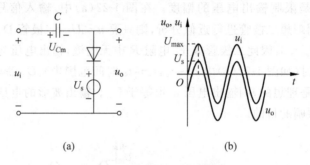

图 1-24 嵌位电路(波形下移)

设输入信号 u_i 的波形如图 1-24(b)所示,当 $u_i \geqslant U_s$ 后电容开始充电,当输入电压达到最大值时,电容充电到最大值 $U_{Cm}=U_{max}-U_s$。输入信号达到最大值以后电压 $u_i \leqslant U_{max}$,二极管反向偏置截止,电容无放电回路,所以输出信号 $u_o = u_i - (U_{max}-U_s) = u_i - U_{max} + U_s$,如图 1-24(b)所示。可见当电容充电完毕,输出波形稳定后,u_o 的波形相当于把输入信号 u_i 的波形向下平移了 $U_{max}-U_s$,最大值被嵌位到 U_s 电压。如果 $U_s=0$V,则最大值被钳位到 0V 电压。

若采用如图 1-25(a)所示的电路,输入信号的波形如图 1-25(b)所示,则输入信号达到最小值时 $-U_{min}$,电容被反向充电到最大值 $U_{Cm}=U_{min}+U_s$,所以输出信号 $u_o=u_i+(U_{min}+U_s)$,输出将整个输入波形向上移动了 $U_{min}+U_s$,最小值被嵌位在 U_s 电压。如果 $U_s=0$V,则最小值被钳位到 0V。

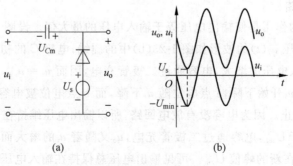

图 1-25 嵌位电路(波形上移)

1.2 特殊二极管

1.2.1 稳压二极管

稳压二极管(zener diode)简称稳压管,它的本质也是一个半导体二极管,其正向特性与普通二极管的正向特性相同。不同的是它可以在反向击穿的情况下工作,且反向击穿电压较低,击穿特性陡峭。由于特殊的制造工艺,稳压管在反向击穿后两端电压稳定且不被破坏,外加电压撤除后其阻断状态仍然可以恢复。稳压管的伏安特性曲线和电路符号如图 1-26 所示。

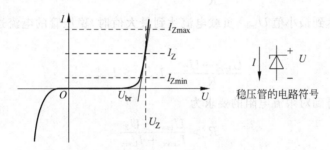

图 1-26 稳压管的伏安特性和电路符号

1. 稳压管的参数

稳压管的主要参数有以下几种。

(1) 稳定电压 U_Z。稳压管击穿后,当电流达到一定值 I_Z 时,稳压管上的电压值称为稳定电压 U_Z。

(2) 稳定电流 I_Z、最大电流 I_{Zmax}、最小电流 I_{Zmin}。I_Z 是稳压管正常工作时的电流参考值。稳压管的电流达这一值时其稳压效果最好。当电流超过最大值 I_{Zmax},或小于最小值 I_{Zmin} 时,稳压管失去稳压效果。在稳压管稳压电路中,电源电压可能会波动,负载电阻也可能变化,要求稳压电路在极限情况下满足一定的电压稳定性的要求。

(3) 动态电阻 r_Z。稳压管在正常工作范围内,其电压变化 ΔU_Z 与电流变化 ΔI_Z 之比,即为动态电阻 r_Z,它是在工作电流 I_Z 处特性曲线切线斜率的倒数。动态电阻越小,说明二极管的稳压作用越好。

(4) 最大耗散功率 P_{Zm}。稳压管工作时 PN 结的功率损耗为 $P_{Zm} = I_Z U_Z$,消耗的功率转换成热能使 PN 结的温度升高,温度超过一定的值,PN 结就会损坏。因此 P_{Zm} 是一个很重要的参数。

(5) 温度系数 α。温度每升高 1℃ 时稳压管稳定电压的相对变化为温度系数 α。硅稳压管在 $U_Z < 4V$ 时,具有负的温度系数(齐纳击穿);$U_Z > 7V$ 时具有正的温度系数(雪崩击穿);U_Z 在 4~7V 时的温度系数很小。

2. 稳压管的应用

稳压管的主要用途是为电路提供一个稳定的电压,如图 1-26 所示是稳压二极管组成的简易稳压电路。

在图 1-27 的稳压电路中，U_I 是电源电压，R_L 是负载，R 是限流电阻。为了能够让稳压管起到稳压作用，必须对其电流加以限制，使其大于最小工作电流 I_{Zmin}（稳压管能够正常击穿），并且小于最大工作电流 I_{Zmax}（稳压管不至于过热而被损坏）。在设计电路时要考虑电源电压的波动引起的稳压管电流的变化，以及负载电流变化引起的稳压管电流的变化。当电源电压达到最大值 U_{Imax}、负载电流达到最小值 I_{Lmin} 时，稳压管电流最大，此时应满足：

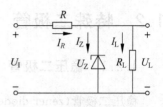

图 1-27 稳压管简易稳压电路

$$\frac{U_{Imax} - U_Z}{R} - I_{Lmin} < I_{Zmax}$$

当电源电压达到最小值 U_{Imin}、负载电流达到最大值时，稳压管的电流达到最小值，此时应满足：

$$\frac{U_{Imin} - U_Z}{R} - I_{Lmax} > I_{Zmin}$$

由以上两式得到对限流电阻的要求为

$$R > \frac{U_{Imax} - U_Z}{I_{Zmax} + I_{Lmin}} \tag{1-10}$$

$$R < \frac{U_{Imin} - U_Z}{I_{Zmin} + I_{Lmax}} \tag{1-11}$$

如果电源电压及其变化范围是确定的，就可以利用如上两式求出限流电阻的阻值范围，实际应用中电阻取其中间值是比较理想的，这样可以保证稳压管的电流的变化处于额定电流 I_Z 上下。如果以上两个不等式联立无解，说明电源电压的变化范围太大，或者是稳压管的工作电流范围太小，需要重新选择器件参数。

极限情况下，可以使稳压管的工作电流达到其最小值和最大值，式(1-10)和式(1-11)取等号，于是

$$R = \frac{U_{Imax} - U_Z}{I_{Zmax} + I_{Lmin}} \tag{1-12}$$

$$R = \frac{U_{Imin} - U_Z}{I_{Zmin} + I_{Lmax}} \tag{1-13}$$

以上两个等式联立的方程组中，可以允许有两个变量。比如，如果稳压管的最大工作电流 I_{Zmax} 和最小工作电流 I_{Zmin}、负载的最大电流 I_{Lmax} 和最小工作电流 I_{Lmin} 已知，电源电压的相对波动范围已知，则可以解出限流电阻 R 和电源电压 U_I。

例 1-1 在图 1-27 的电路中已知 $R_L = 2k\Omega$，稳压管的参数为 $U_Z = 10V$，$I_{Zmax} = 20mA$，$I_{Zmin} = 5mA$。要求当输入电压 U_I 发生 $\pm 20\%$ 波动时，负载电压基本不变。求 U_I 和 R。

解： 因为负载电阻固定，所以负载的电流不变。当输入电压达到上限时，稳压管的电流为 I_{Zmax}，R 中电流 I_R 达到的最大值为

$$I_{Rmax} = I_{Zmax} + \frac{U_Z}{R_L} = 25mA$$

于是得

$$1.2U_I = I_{Rmax}R + U_Z = 25R + 10 \tag{1}$$

当输入电压降到下限时,稳压管的电流为 I_{Zmin},R 中电流 I_R 的达到最小值为

$$I_{Rmin} = I_{Zmin} + \frac{U_Z}{R_L} = 10\text{mA}$$

于是得

$$0.8U_I = I_{min}R + U_Z = 10R + 10\text{V} \tag{2}$$

以上(1)(2)两个方程联立,解得:$U_I = 18.75\text{V}$,$R = 0.5\text{k}\Omega$。

1.2.2 光电二极管

光检测器件是将光信号转换成电信号的器件,光电二极管(photo diode)是其中一种。它的结构需要外加反向电压。当 PN 结受到外部光照射时,由于受到激发而产生电子空穴对,在电场的作用下这些电子和空穴分别进入 N 区和 P 区,产生光电流,产生的光电流的大小与照射光强成正比。光电二极管的特性曲线与光照的关系如图 1-28 所示。

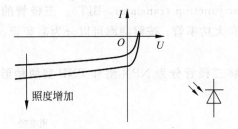

图 1-28 光电二极管的伏安特性和电路符号

为了能使光线顺利照射到 PN 结上,在光电二极管的外壳上开设一个光窗。无光照时的电流很小,约几到上百微安,称为暗电流。

1.2.3 光电池

光电池(photoelectric cell)也是由 PN 结构成的,但是不用外加电压,PN 结能够将光能转换成电能。如图 1-29 所示,当光线照射到空间电荷区时,受光能的激发在空间电荷区产生电子空穴对,在内电场的作用下,电子空穴对很快分离,电子进入 N 区,空穴进入 P 区。从而产生光电流,光电流流过外部负载产生电压。光电池可以用 Si 材料制作,也可以用 GaAs 或其他的Ⅲ族和Ⅴ族材料制作。

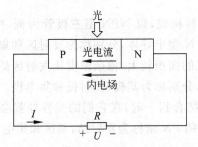

图 1-29 光电池产生电压的机理

1.2.4 发光二极管

发光二极管(light-emitting diode,LED)是用磷砷化镓材料制成的二极管,其电路符号如图1-30所示。发光二极管的伏安特性与一般的二极管相同,但是正向压降大一些,约1.6V。发光二极管在正向电流达到一定值时发光,光的颜色与半导体材料有关,不同材料的发光二极管可以发出红、黄、蓝颜色的光。使用时要注意串联限流电阻,以防电流过大而烧坏发光二极管。

图1-30 发光二极管的符号

1.3 半导体三极管

半导体三极管简称三极管或晶体管,由于它有空穴和电子两种载流子参与导电,因此也称为双极型晶体管(bipolar junction transistor,BJT)。三极管的种类很多,按照功率可以分为小功率管、中功率管和大功率管;按照频率可以分为高频管、低频管;按照材料可分为硅管、锗管等。

根据结构不同,可以将三极管分为NPN型和PNP型两种形式,它们的结构和电路符号如图1-31所示。

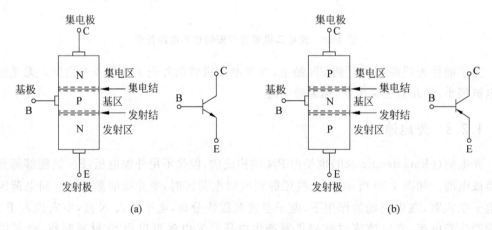

图1-31 三极管的结构和符号
(a) NPN型;(b) PNP型

三极管由三层半导体材料构成,以NPN型三极管为例,中间是一层很薄的P型半导体,称为基区;两边各为一层N型半导体,分别称为发射区和集电区,但是它们并不对称,发射区的掺杂浓度很高,集电区的面积较大,掺杂浓度比发射区低,基区很薄且掺杂浓度很低。从三个区分别引出三个电极,分别称为基极、发射极和集电极。

两种不同型式的半导体结合到一起,在它们的交界处就会形成PN结。三极管中有两个PN结,基区和发射区之间的PN结称为发射结,基区和集电区之间的PN结称为集电结。

1.3 半导体三极管

1.3.1 半导体三极管的电流控制作用

放大电路的核心器件是三极管,三极管是电流控制电流的元件,当其发射结加正向电压(正向偏置)、集电结加反向偏压(反向偏置)时,三极管的基极电 I_B 对集电极电流 I_C 有控制作用。下面以 NPN 型三极管为例进行说明。

为了满足三极管放大的条件,即发射结正向偏置、集电结反向偏置,在如图 1-32 所示的电路中设置了两个电源,分别是基极电源 U_{BB} 和集电极电源 U_{CC}。此电路结构称为共射极结构。

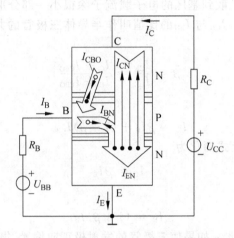

图 1-32　晶体管的电流控制作用示意图

1. 三极管内部载流子的运动

1) 发射区向基区发射电子的过程

由于发射结正偏,发射区的多子(电子)向基区扩散形成电流 I_{EN}。基区的多子(空穴)也向发射区扩散形成从基区到发射区的电流(图中没有画出),但是因为基区的掺杂浓度远低于发射区,因此这个电流很小,近似分析时可以忽略。为了保持发射区内载流子浓度的平衡,由外接电源 U_{CC} 和 U_{BB} 经过发射极向发射区补充电子,便形成了发射极电流 I_E。

2) 电子在基区的扩散和复合

由于基区很薄,杂质浓度很低,扩散到基区的电子只有很少一部分与空穴复合形成电流 I_{BN}。其余部分均作为基区的少子达到集电结。为了保持基区内空穴载流子浓度的平衡,外接电源 U_{BB} 经过基极向基区填充空穴,便形成了基极电流 I_B。

3) 电子被集电区收集

由于集电结反偏使其耗尽层加宽、内电场增强,因此大量从基区扩散而来且没有被复合的电子扩散到集电结的边沿,在强电场的作用下,越过集电结到达集电区,形成漂移电流 I_{CN}。集电区与基区原有的少子(平衡少子)也参与漂移运动,形成电流 I_{CBO},但是它的数量很小,近似分析时一般忽略不计。为了保持集电区内载流子浓度的平衡,外电源 U_{CC} 使大量电子载流子经过集电极释放,从而形成了流入的集电极电流 I_C。

2. 三极管的共射电流放大倍数

根据基尔霍夫定律,可以写出外部电流与内部电流之间的关系:

$$I_C = I_{CN} + I_{CBO} \tag{1-14}$$

$$I_B = I_{BN} - I_{CBO} \tag{1-15}$$

$$I_E = I_{EN} = I_{CN} + I_{BN} \tag{1-16}$$

从三极管外部看:

$$I_E = I_C + I_B \tag{1-17}$$

如上所述,从发射区扩散到基区的电子载流子除很小一部分形成电流 I_{BN} 外,绝大部分进入集电区形成电流 I_{CN}。I_{CN} 与 I_{BN} 的比值叫作半导体三极管的共发射极直流电流放大倍数,即

$$\bar{\beta} = \frac{I_{CN}}{I_{BN}} = \frac{I_C - I_{CBO}}{I_B + I_{CBO}} \tag{1-18}$$

由此可得

$$I_C = \bar{\beta} I_B + (1 + \bar{\beta}) I_{CBO} \tag{1-19}$$

当 I_{CBO} 可以忽略时,上式简化为

$$I_C = \bar{\beta} I_B \tag{1-20}$$

由式(1-17)可以得到

$$I_E = (1 + \bar{\beta}) I_B \tag{1-21}$$

于是我们得到一个结论:如果使三极管的发射极正向偏置、集电极反向偏置,通过控制基极回路很小的电流,便可以实现对集电极较大电流的控制,这就是半导体三极管的电流放大作用。

在图 1-32 中,若在三极管的基极电流 I_B 上叠加动态电流 Δi_B,集电极电流也将在 I_C 的基础上叠加动态电流 Δi_C,Δi_C 与 Δi_B 的比值称为共射交流电流放大倍数,记作 β,即

$$\beta = \frac{\Delta i_C}{\Delta i_B} \tag{1-22}$$

在一定的条件下,三极管的直流电流放大倍数 $\bar{\beta}$ 与交流电流放大倍数 β 近似相等,因此实际工作中往往不加严格区分,常常统一用 β 表示。

1.3.2 半导体三极管的特性曲线

三极管的特性曲线是指三极管各电极电流与各电极电压之间的关系,它用图形的方式说明了三极管的电流放大原理。因为三极管是非线性元件,所以用伏安特性曲线才能对它的特性进行详细的描述。工作时,三极管电路可以按共射极、共基极和共集电极三种方式连接,本书主要讨论共射极电路。图 1-33 为共射接法下,NPN 型三极管特性曲线的测试电路。其中基极与发射极所在的回路为输入回路;集电极与发射极所在的回路为输出回路。三极管的特性分析如下。

1. 输入特性曲线

输入特性是指 u_{CE} 一定时,基极电流和基极电压之间的关系,即 $i_B = f(u_{BE})$。如图 1-34 所示。

1.3 半导体三极管

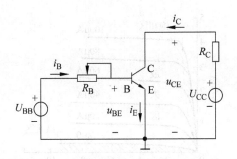

图 1-33 输入特性、输出特性曲线的测试电路

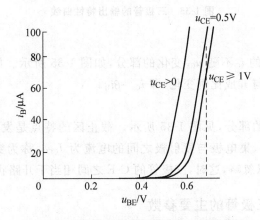

图 1-34 某种型号的三极管的输入特性曲线

在室温条件下，输入特性曲线受 u_{CE} 的影响。u_{CE} 增加，输入曲线向右移动。但是当 $u_{CE} \geqslant$ 1V 后时，u_{CE} 增加，特性曲线则基本保持不变。一般情况下满足 $u_{CE} \geqslant 1$V 的条件，所以通常使用 $u_{CE} \geqslant 1$V 时的特性曲线。

2. 输出特性曲线

输出特性曲线如图 1-35 所示，该曲线是指当 i_B 一定时，输出回路中 u_{CE} 与 i_C 之间的关系曲线，即

$$i_C = f(u_{CE}) \mid_{i_B = 常数} \tag{1-23}$$

给定不同的 i_B 值，便可对应地得到不同的曲线，这样不断地改变 i_B 便可以得到如图 1-35 中所示的一簇曲线。根据输出特性曲线的形状，可将其划分为三个区，即：饱和区、放大区和截止区。

1) 饱和区

指曲线簇中各个曲线的 u_{CE} 较小、曲线变陡的部分，如图 1-35 所示。在饱和区中，三极管的发射结正偏，集电结反偏，三极管失去了放大作用，这时，i_C 的大小由外电路决定，而与 i_B 无关。将此时所对应的 u_{CE} 值称为饱和压降，用 U_{CES} 表示。一般情况下，小功率管的 U_{CES} 小于 0.4V（硅管约为 0.3V，锗管约为 0.1V），大功率管的 U_{CES} 为 1~3V。在理想条件下，认为 U_{CES} 为 0，三极管 C-E 之间相当于短路状态，此时，三极管的 C-E 之间可等效为开关闭合。

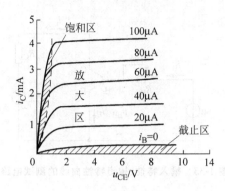

图 1-35 三极管的输出特性曲线

2) 放大区

指曲线簇中各曲线的 i_C 不随 u_{CE} 变化的部分,如图 1-35 所示。放大区的特点是:发射结正偏,集电结反偏,i_C 与 i_B 成比例变化,即 $i_C = \beta i_B$。

3) 截止区

指 $i_B = 0$ 曲线以下的部分,见图 1-35 所示。截止区的特点是发射结零偏或反偏,集电结也反偏,基极电流为 0,集电极与发射极之间的电流为 I_{CEO},称为穿透电流。因为 I_{CEO} 很小,所以理想情况下可以忽略,这时,三极管的 C-E 之间相当于开路状态,类似于开关断开。

1.3.3 半导体三极管的主要参数

三极管的参数说明了管子的特性和使用范围,是选用三极管的依据。了解这些参数的意义对于使用三极管、充分利用其性能来设计合理的电路是非常必要的。同时要注意,由于半导体器件本身特性的分散性,即使同种型号的三极管,不同的元件个体的特性也会不一致,使用时应使用专用仪器测试。

1. 电流放大倍数

前文已经提出,三极管的共射直流放大倍数定义为

$$\bar{\beta} = \frac{I_{CN}}{I_{BN}} = \frac{I_C - I_{CBO}}{I_B + I_{CBO}}$$

当 $I_C \gg I_{CBO}$ 时,$\bar{\beta} \approx \dfrac{I_C}{I_B}$。

交流放大倍数的定义为

$$\beta = \frac{\Delta i_C}{\Delta i_B}$$

三极管的 $\bar{\beta}$ 和 β 可以通过输出特性曲线进行计算。如图 1-35 所示,若 $u_{CE} = 6\text{V}$,当 $I_B = 60\mu\text{A}$ 时,$i_C = 2.5\text{mA}$,因此 $\bar{\beta} = \dfrac{2500}{60} \approx 42$;当 i_B 由 60μA 变到 80μA 时,i_C 由 2.5mA 变为 3.4mA,所以 $\beta = \dfrac{(3.4-2.5) \times 10^3}{80-60} = 45$。可见 $\bar{\beta} \approx \beta$,因此,使用时一般不加区分。小功率三极管的 β 值为 30～100,大功率三极管的 β 值较低,为 10～30。常用低频小功率晶体管的

β 值在几十到几百之间。三极管的 β 值过小则放大能力弱；但是 β 值过大,稳定性差。手册上常用 h_{FE} 表示 β 值。

2. 极间反向饱和电流

极间反向饱和电流是三极管中少数载流子形成的电流,它的大小表明了三极管质量的优劣,直接影响三极管的工作稳定性。

(1) 发射极开路,集电极-基极反向饱和电流 I_{CBO}。I_{CBO} 可以通过图 1-36(a)所示电路进行测量。

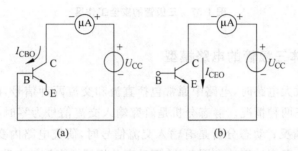

图 1-36 三极管的极间反向饱和电流
(a) I_{CBO} 测试电路；(b) I_{CEO} 测试电路

(2) 基极开路,集电极-发射极反向饱和电流 I_{CEO}。I_{CEO} 又称穿透电流,是三极管基极开路、集电结反偏和发射结正偏时的集电极电流。测试电路如图 1-36(b)所示。

从式(1-19)可以得到 $I_{CEO}=(1+\beta)I_{CBO}$。从前面的分析可知,I_{CBO} 是由于集电结少子的漂移形成的电流,因此受温度影响大。硅管比锗管的极间反向电流小 2~3 个数量级,因此温度稳定性比锗管好。

3. 极限参数

(1) 最大集电极允许电流 I_{Cm}。指三极管允许长期通过的最大集电极电流。当电流超过 I_{Cm} 时,管子的性能显著下降,集电结温度上升,甚至烧坏管子。

(2) 反向击穿电压 $U_{(br)CEO}$。指三极管基极开路时,允许加到 C-E 极间的最大电压。一般三极管为几十伏,高反压的管子的反向击穿电压能达到上千伏。

(3) 集电极最大允许功耗 P_{Cm}。三极管工作时,消耗的功率 $P_C=I_C U_{CE}$,三极管的功耗增加会使集电结的温度上升,过高的温度会损害三极管。因此,$I_C U_{CE}$ 不能超过 P_{Cm}。小功率的管子 P_{Cm} 为几十毫瓦,大功率的管子 P_{Cm} 可达几百瓦以上。

根据三极管的三个极限参数 I_{Cm}、$U_{(br)CEO}$ 和 P_{Cm},可以确定三极管的安全工作区,如图 1-37 所示。三极管工作时必须保证工作在安全工作区内,并留有一定的余量。

4. 特征频率 f_T

由于极间电容的影响,频率增加时管子的电流放大倍数将会下降,f_T 是三极管的 β 值下降到 1 时的频率。高频率三极管的特征频率可达 1000MHz。

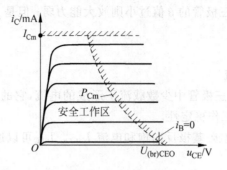

图 1-37　三极管的安全工作区

1.3.4　半导体三极管的电路模型

在分析三极管放大电路时，电路中通常包括直流和交流两种信号，因此，将电路的工作状态分为静态和动态两种情况。静态分析是研究输入交流信号为零时，放大电路中晶体管的直流电压和电流情况；动态分析是有输入交流信号时，研究电路内变化量或者交流分量的情况。静态分析一般用估算法和图解法，而动态分析用微变等效电路法更方便。

下面根据图 1-38 推导三极管的微变等效电路。假设电路已经设置了合适的静态工作点，只研究其中交流信号的作用。

首先以输入特性为依据，研究图 1-38 中从输入端看进去的等效电路。三极管的输入特性曲线如图 1-39 所示，Q 是三极管的静态工作点，加到三极管上的信号是直流信号和附加到直流信号上的交流信号。对于交流信号，可以用 Q 点附近的切线代替特性曲线。这样，交流信号电压和电流的关系就可以用切线的斜率来表示了，即

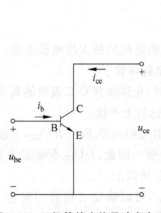

图 1-38　三极管的小信号动态电路

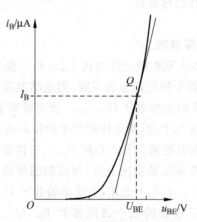

图 1-39　三极管的输入特性曲线

$$\frac{1}{r_{be}} = \frac{\partial i_B}{\partial u_{BE}}\bigg|_Q \tag{1-24}$$

r_{be} 称为三极管的输入电阻，是切线斜率的倒数。所以从输入端看进去，对于电流、电压的微小变化，三极管的输入电路可以用动态电阻 r_{be} 来等效。根据半导体理论，输入电阻可以用下式计算：

1.3 半导体三极管

$$r_{be} \approx 300\Omega + (1+\beta)\frac{26\text{mV}}{I_E} \qquad (1\text{-}25)$$

下面研究输出回路,已知三极管的集电极电流是基极电流的 β 倍,因此,输出端有一个受基极电流控制的受控源。再考虑到输出特性曲线不是完全与横轴平行,u_{CE} 增加时 i_C 稍有增加,于是与受控源并联一个大电阻 r_{ce},称为三极管的输出电阻。

根据前面的分析,可以将三极管等效成如图 1-40 所示的电路,这就是三极管的微变等效电路模型。虽然微变等效电路是针对小交流信号的电路模型,但是它与静态工作点有着密切的关系。另外,我们在近似过程中忽略了电容的影响,即假设三极管工作在中处于低频情况。

三极管的输出电阻 r_{ce} 很大,以后的分析中常常将其忽略。

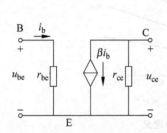
图 1-40 三极管的微变等效电路模型

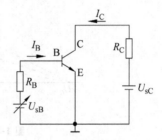
图 1-41 例 1-2 电路图

例 1-2 在图 1-41 电路中,已知:三极管的放大倍数 $\beta=50$,$U_{sC}=12\text{V}$,$R_B=70\text{k}\Omega$,$R_C=6\text{k}\Omega$,分析当 $U_{sB}=-2\text{V}$、2V、5V 时,晶体管的工作状态。

解:当三极管饱和时,集电极电流最大,$I_{C\max} \approx \dfrac{U_{sC}}{R_C} = \dfrac{12}{6}\text{mA} = 2\text{mA}$。

当 $U_{sB}=-2\text{V}$ 时,$I_B=0$,$I_C=0$,三极管处于截止区。

当 $U_{sB}=2\text{V}$ 时,

$$I_B = \frac{U_{sB}-U_{BE}}{R_B} = \frac{2-0.7}{70}\text{mA} = 0.019\text{mA}$$

$I_C = \beta I_B = 50 \times 0.019\text{mA} = 0.95\text{mA}$,$I_C < I_{C\max}(=2\text{mA})$,此时三极管工作于放大区。

当 $U_{sB}=5\text{V}$ 时,

$$I_B = \frac{U_{sB}-U_{BE}}{R_B} = \frac{5-0.7}{70}\text{mA} = 0.061\text{mA}$$

$$\beta I_B = 50 \times 0.061\text{mA} = 3.05\text{mA} > I_{C\max}$$

此时 I_C 和 I_B 已不是 β 倍的关系,三极管工作在饱和状态。

1.3.5 半导体三极管的 SPICE 模型

三极管的 SPICE 模型基于 Gummel-Poon 积分电荷控制模型。限于本书的篇幅与教学学时,在此不再详细介绍,其 SPICE 等效电路和模型方程请参阅相关文献。如果仅使用仿真软件元件库中已有的三极管,可以直接调用元件而不必关注模型的参数定义。三极管的 SPICE 参数及含义请参见附录,在此只作简单介绍,仅供读者了解之用。

和二极管相同，面积因子用于确定一个模型中等效并联三极管的数目，在表中受面积影响的参数用星号"*"表示。面积因子的默认值是1。

三极管的直流参数包括：①决定正向电流增益的参数 BF、ISE(C2)、IK 和 NE；②决定反向电流增益特性的参数 BR、ISC(C4)、IKR 和 VC；③决定正向区域电导和反向区域电导的参数是正反向欧拉电压(Early voltage)VA 和 VB；④反向饱和电流 IS。

欧拉电压是由 EARLY J M 首先提出的，图1-42 是 u_{BE} 一定时的输出特性曲线，u_{CE} 大于一定值时曲线是线性的。将线性段的曲线反向延长将交于横轴上的一点 U_A，U_A 称为欧拉电压。

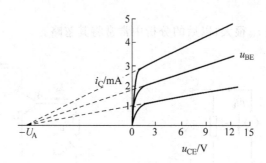

图 1-42 欧拉电压的定义

基极电荷存储效应由以下参数描述：①正向传输时间 TF 和反向传输时间 TR，和由 CJE、PE 以及 ME 决定的 B-E 结耗尽层非线性电容；②B-C 结的电容是 CJC，PC 和 MC、CCS 是集电极-衬底电容常数。饱和电流的温度依赖关系由禁带宽度 EG 和饱和电流温度指数 PT 决定。三极管 2N2222 的模型定义如下。

```
.model  2N2222   NPN (IS=1.87573e-15 BF=153.575 NF=0.897646 VAF=74
+                IKF=0.410821 ISE=3.0484e-09 NE=4 BR=0.1
+                NR=1.00903 VAR=1.92063 IKR=4.10821 ISC=1.94183e-12
+                NC=3.92423 RB=8.70248 IRB=0.1 RBM=0.1
+                RE=0.111394 RC=0.556972 XTB=1.76761 XTI=1
+                EG=1.05 CJE=1.67272e-11 VJE=0.83191 MJE=0.23
+                TF=3.573e-10 XTF=0.941617 VTF=9.22508 ITF=0.0107017
+                CJC=9.98785e-12 VJC=0.760687 MJC=0.345235 XCJC=0.9
+                FC=0.49264 CJS=0 VJS=0.75 MJS=0.5
+                TR=3.55487e-06 PTF=0 KF=0 AF=1)
```

1.4 场效应晶体管

场效应晶体管(field effect transistor，FET)是另一种半导体器件，简称场效应管。它的特点是输入电阻高、功耗小、制造工艺简单，在集成电路中有广泛应用。因场效应晶体管只有一种载流子导电，所以又称为单极型晶体管。场效应管容易受静电击穿而损坏，使用时要注意保护。

1.4 场效应晶体管

场效应管有两种类型：一种称为结型场效应管；另一种是绝缘栅型场效应管。

1.4.1 结型场效应管

1. 工作原理

根据导电沟道的不同，结型场效应管（junction FET，JFET）分成 N 沟道和 P 沟道两种形式，其结构及电路符号如图 1-43 所示。N 沟道结型场效应管（NJFET）是在一块 N 型半导体上分别制作两个 P 型区，然后引出三个电极，分别称为栅极（G）、源极（S）和漏极（D）。而 P 沟道结型场效应管（PJFET）是在一块 P 型半导体上分别制作出两个 N 区，分别引出栅极、漏极和源极。在场效应管中两种类型的半导体的交界面处形成 PN 结，PN 结耗尽层的厚度由"栅-源"极电压 u_{GS} 控制。因此 u_{GS} 的大小可以控制导电沟道的宽窄，由此控制从漏极到源极的电流 i_D。

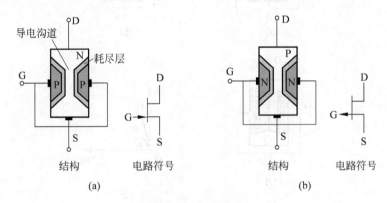

图 1-43 结型场效应管的结构和电路符号
(a) NJFET；(b) PJFET

下面仅以 N 沟道结型场效应管为例说明其工作原理。

N 沟道结型场效应管工作时在 G-S 间加上栅极电压 u_{GS}，在 D-S 间加上漏极电压 u_{DS}，如图 1-44 所示。为了使 u_{GS} 控制漏极电流 i_D，GS 间的 PN 结应该反向偏置，即 $u_{GS}<0$，改变 u_{GS} 即可改变导电沟道的宽窄，从而控制 i_D。u_{GS} 一定时，i_D-u_{DS} 关系曲线称为输出特性曲线，i_D-u_{GS} 关系曲线称为转移特性曲线。

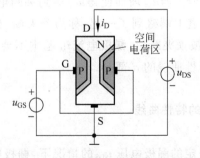

图 1-44 N 沟道结型场效应管的工作电路

当漏极电压 u_{DS} 比较小时，整个导电沟道上的压降比较小，耗尽层从上到下的宽度是一样的。这时如果 $u_{GS}=0$，导电沟道相当于是一个线性电阻，电流 i_D 随着电压 u_{DS} 线性增加，参考图 1-45(a)，i_D-u_{DS} 的关系曲线如图 1-45(d)中的曲线 A。参考图 1-45(b)，当栅-源极电压的绝对值逐渐增加时，耗尽层变宽，导电沟道还是呈现线性电阻的特性，但是由于导电沟道变窄，对应的电阻变大，输出特性曲线对应于图 1-45(d)中的曲线 B。参考图 1-45(c)，当栅-源极电压的绝对值逐渐增加到足够大时，两边的耗尽层碰到了一起，此时导电沟道被"夹断"，导电沟道消失，电流 $i_D=0$，输出特性曲线对应于图 1-45(d)中的曲线 C，此时的栅-源极电压 u_{GS} 称为夹断电压 $U_{GS(off)}$。

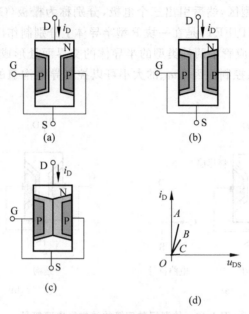

图 1-45　u_{DS} 较小时 N 沟道结型场效应管输出特性曲线与导电沟道的关系

(a) $u_{GS}=0$ 时，DS 间相当于线性电阻；(b) $|U_{GS(off)}|>|u_{GS}|>0$ 时，DS 间电阻变大；

(c) $u_{GS}=U_{GS(off)}$ 时，耗尽层夹断导电沟道；(d) u_{DS} 比较小时的输出特性曲线

当栅-源极电压 $U_{GS(off)}>u_{GS}\geqslant 0$ 时，$i_D>0$ 且随着 u_{DS} 的增加而增加。但是随着 u_{DS} 的增加导电沟道的压降逐渐增加，导致耗尽层的反向偏压从上到下逐渐降低，耗尽层上宽下窄，如图 1-46(b)所示，此时导电沟道的电阻有所增加，因此电流 i_D 随着 u_{DS} 的增加变缓，对应于图 1-47 输出特性曲线的 b 部分。当 u_{DS} 增加使得 u_{GD} 达到夹断电压时，$u_{GD}=U_{GS(off)}$，即 $u_{DS}=u_{GS}-U_{GS(off)}=u_{DS(sat)}$，导电沟道上端碰到了一起，称为预夹断，如图 1-46(c)所示，对应输出特性曲线的 c 点。导电沟道被预夹断后，漏极电流 i_D 基本不会再随着 u_{DS} 的增加而增加，呈现出恒流特性，对应于输出特性曲线的 d 部分。

2．N 沟道结型场效应管的特性曲线

1) 转移特性曲线

所谓转移特性，是指在一定的漏极电压 u_{DS} 的情况下，栅极电压 u_{GS} 对漏极电流 i_D 的控制特性。图 1-48 是 N 沟道结型场效应管的转移特性曲线。

1.4 场效应晶体管

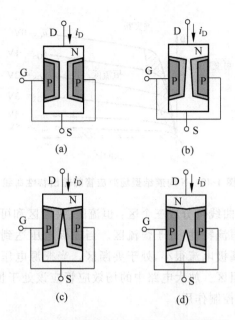

图 1-46 导电沟道随着 u_{DS} 增大的变化情况

(a) u_{DS} 较小时，导电沟道上下均匀；(b) u_{DS} 增大时，导电沟道不均匀，上面变窄；
(c) $u_{GD}=U_{GS(off)}$ 时，导电沟道被予夹断，此时 $u_{DS}=u_{GS}-U_{GS(off)}=u_{DS(sat)}$；(d) $u_{DS}>u_{DS(sat)}$

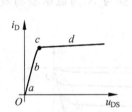

图 1-47 $U_{GS(off)}>u_{GS}>0$ 时 N 沟道结型场效应管的输出特性曲线

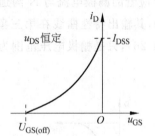

图 1-48 N 沟道结型场效应管的转移特性曲线

图 1-48 中，对应于 $i_D=0$ 的电压 $U_{GS(off)}$ 是夹断电压；当 $u_{GS}=0$ 时的漏极电流称为饱和漏极电流 I_{DSS}。当 u_{DS} 变化时，转移特性移动，形成一簇曲线，但是当 u_{DS} 达到一定值后（比如 5V），特性曲线基本稳定。根据半导体物理中对场效应管内部载流子的分析，对于 N 沟道结型场效应管，在 $U_{GS(off)}<u_{GS}<0$ 的范围内，栅极电压与漏极电流的关系如下：

$$i_D = I_{DSS}\left(1-\frac{u_{GS}}{U_{GS(off)}}\right)^2 (U_{GS(off)}<u_{GS}<0) \tag{1-26}$$

式 (1-26) 称为场效应管的电流方程。

2) 输出特性曲线

按照如上分析，可以理解 $U_{GS(off)}>u_{GS}>0$ 且 u_{GS} 为一定值时的输出特性曲线，当 u_{GS} 变化时曲线导电沟道宽度不同，因此输出特性曲线不要重合，并且 u_{GS} 的绝对值越大导电沟道越窄，曲线越往下移。当 $u_{GD}=U_{GS(off)}$ 时导电沟道被夹断，漏极电流为 $i_D=0$。N 沟道结型场效应晶体管的输出特性曲线如图 1-49 所示。

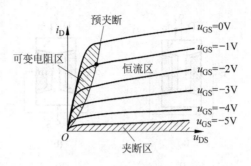

图 1-49　N 沟道结型场效应管的输出特性曲线

场效应管的输出特性曲线可分成三个区：恒流区、夹断区和可变电阻区，见图 1-49。当导电沟道预夹断后，呈现恒流特性，处于恒流区。当栅极电压达到一定的值时，导电沟道被两边的空间电荷区夹断，漏极电流很小，处于夹断区。当栅源电压很小，两边的空间电荷区没有接触时，处于可变电阻区。放大电路中的场效应管应该处于恒流区，只有处于恒流区，栅极电压才对漏极电流有控制作用。

3. P 沟道结型场效应管的特性曲线

P 沟道结型场效应管的转移特性曲线和输出特性曲线如图 1-50 和图 1-51 所示。P 沟道结型场效应管的漏极电流与 N 沟道结型场效应管相反，是从漏极流出，因此 $i_D<0$，栅极电压 $u_{GS}>0$，其输出特性曲线在第三象限。其转移特性方程与 N 沟道结型场效应管相同，仍然如式(1-26)，只是栅极电压范围为 $0<u_{GS}<U_{GS(off)}$。

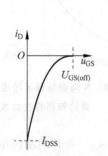
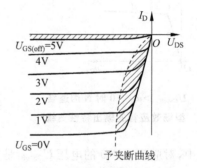

图 1-50　P 沟道结型场效应管的转移特性曲线　　图 1-51　P 沟道结型场效应管的输出特性曲线

1.4.2　绝缘栅型场效应管

虽然结型场效应管输入电阻很高，但是在有些应用场合下还不够高。在温度较高时，栅-源电阻会明显减小。并且在栅-源极间的 PN 结正偏时会出现很大的栅极电流。另外其制作工艺比较复杂，大规模集成比较困难。绝缘栅型场效应管很好地解决了上述问题。二者的导电机理不同，结型场效应管利用控制导电沟道的宽窄来控制电流；而绝缘栅型场效应管利用感应出的电荷多少来控制电流。

绝缘栅型场效应管（metal-oxide-semiconductor FET，MOSFET）由金属（metal）、氧化

物(oxide)和半导体(semiconductor)构成,因此通常称为 MOS 管。根据结构不同,MOS 管分为 P 沟道和 N 沟道两种,每种又有增强型和耗尽型两类。两者的区别在于:增强型在栅-源两极间未加电压时不存在导电沟道;而耗尽型在栅-源极间预埋了导电沟道。不同种类的 MOS 管工作原理类似,下面对 N 沟道和 P 沟道的增强型和耗尽型 MOS 管进行介绍。

1. 增强型 MOS 场效应管(enhancement MOSFET)的工作原理

N 沟道绝缘栅型(NMOS)场效应管的结构和符号如图 1-52 所示。从结构图中可以看出,它主要由金属、氧化物和半导体组成,在 P 型半导体衬底上分别制作出两个高掺杂的 N 型半导体(高掺杂的 N 型半导体用 N^+ 表示),分别引出金属电极漏极(D)和源极(S),在漏极和源极之间覆盖上一层氧化物绝缘层,在绝缘层上再引出电极,称为栅极(G)。图 1-53 是 P 沟道绝缘栅型(PMOS)场效应管的结构和符号,其结构与 NMOS 类似,只不过将 P 型半导体和 N 型半导体互换了一下。由于此结构中没有预埋导电沟道,称为增强型 NMOS 管和增强型 PMOS 管。对于分离元件的 MOS 管,一般将衬底与源极相连接,因此电路符号中衬底与源极是相连的。但是,集成电路中 MOS 管的衬底不一定与源极相连接。

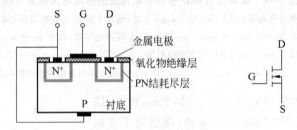

图 1-52 增强型 NMSO 管的结构及电路符号

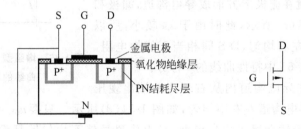

图 1-53 增强型 PMOS 管的结构及电路符号

对于增强型 NMOS 管,在 G-S 间和 D-S 间加正向电压。如果栅极电压 u_{GS} 为 0,D-S 间相当于两个背对背的 PN 结,不能导电,漏极电流 $i_D=0$,如图 1-54(a)所示。如果栅极加正电压,且 $U_{GS(th)} > u_{GS} > 0$,则栅极下方的正电荷空穴被排斥,氧化层下出现耗尽层,但是有限的栅极电压并没有吸引足够的电子,源极和漏极之间没有载流子形成的导电沟道,漏极电流仍然为 0,而且即使 u_{DS} 增加,漏极电流仍然为 0,如图 1-54(b)所示,这种情况对应于图 1-55 输出特性曲线的曲线 B。$U_{GS(th)}$ 称为阈值电压。这说明当 u_{GS} 小于阈值电压时,增强型 NMOS 管是截止的。

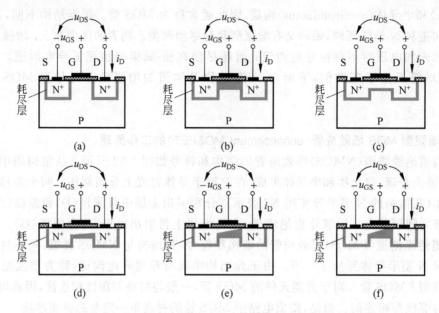

图 1-54 增强型 NMOS 管的导电沟道的形成与预夹断过程

(a) $u_{GS}=0$ 时，没有导电沟道；(b) $U_{GS(th)}>u_{GS}>0$ 时，栅极下的正电荷被排斥，氧化层下出现耗尽层，但是没有导电沟道；(c) $u_{GS}>U_{GS(th)}$，u_{DS} 较小时，出现导电沟道，由于 $u_{GS}\approx u_{GD}$ 导电沟道左右均匀；(d) u_{DS} 增大，由于 $u_{GS}>u_{GD}$，导电沟道变得不均匀；(e) 当 $u_{GD}=u_{GS}-u_{DS}=U_{GS(th)}$，D 端的导电沟道正好消失，此时 $u_{DS}=U_{GS(th)}-u_{GS}=U_{DS(sat)}$；(f) $u_{GD}<U_{GS(th)}$ 时，导电沟道中断起始点左移

当 u_{GS} 进一步增加使得 $u_{GS}>U_{GS(th)}$，如果 u_{DS} 较小，则由于电容效应在栅极下感应出负电荷，使栅极下方附近的 P 型半导体反转为电子为多子的 N 型半导体，称为反转电子层。这样就在栅极下方形成导电沟道，漏极和源极连通，如图 1-54(c) 所示，此时由于 u_{DS} 较小，所以 $u_{GS}\approx u_{GD}$，导电沟道左右均匀，D-S 间相当于线性电阻。这种情况对应于图 1-55 中特性曲线的 c 部分。

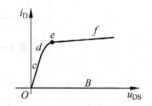

图 1-55 增强型 NMOS 管的输出特性曲线的与导电沟道的关系

如果 u_{DS} 增大，在导电沟道内从右端到左端出现压降，使得 $u_{GS}>u_{GD}$，导电沟道左右不均匀，如图 1-54(d) 所示。只要 $u_{GD}=u_{GS}-u_{DS}>U_{GS(th)}$，导电沟道的最右端仍然会感应出负电荷，导电沟道虽然不均匀但是没有中断。D-S 间的电阻随着 u_{DS} 的增加而增加。这种情况对应于图 1-55 中特性曲线的 d 部分，特性曲线开始弯曲，D-S 间相当于非线性可变电阻。

当 u_{DS} 进一步增大，使得 $u_{GD}=u_{GS}-u_{DS}=U_{GS(th)}$，即 $u_{DS}=U_{GS(th)}-u_{GS}=U_{DS(sat)}$，导电沟道最右端刚好中断，称为预夹断，如图 1-54(e) 所示。对应于特性曲线的 e 点。

当 u_{DS} 进一步增大到 $u_{GD}<U_{GS(th)}$，导电沟道的右部达不到感应出负电荷的阈值电压，导电沟道中断，u_{DS} 越大中断的导电沟道越长，u_{DS} 增加的部分电压基本降在了中断部分的导电沟道上，漏极电流呈现出恒流特性，输出特性曲线基本平行于横轴。这种情况对应于特性曲线的 f 部分。

2. 增强型 NMOS 场效应管（enhancement NMOSFET）的转移特性和输出特性曲线

图 1-56 和图 1-57 是增强型 NMOS 管的转移特性和输出特性曲线。转移特性曲线上 $U_{GS(th)}$ 是形成导电沟道所需要的栅极阈值电压。在 $u_{GS} > U_{GS(th)}$ 的范围内，u_{GS} 一定时增强型 NMOS 呈恒流特性，其漏极电流 i_D 与栅极电压 u_{GS} 的关系为

$$i_D = I_{DO}\left(\frac{u_{GS}}{U_{GS(th)}} - 1\right)^2 \quad (u_{GS} > U_{GS(th)}) \tag{1-27}$$

式(1-27)称为 NMOS 管的电流方程。式中，I_{DO} 是 $u_{GS} = 2U_{GS(th)}$ 时的漏极电流。

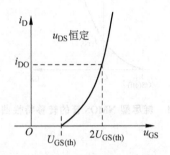

图 1-56　增强型 NMOS 管的转移特性　　图 1-57　增强型 NMOS 管的输出特性曲线

与结型场效应管类似，NMOS 管的输出特性曲线也分成三个区：恒流区、夹断区和可变电阻区，如图 1-57 所示。当 $u_{GS} < U_{GS(th)}$ 时，栅极下方没形成导电沟道，漏极电流为 0，此区域称为夹断区。当 $u_{GS} > U_{GS(th)}$ 且 $u_{GD} > U_{GS(th)}$ 时，栅极下方形成导电沟道，且导电沟道没有夹断，漏极-源极间等效为非线性可变电阻，称为可变电阻区。可变电阻区的 u_{DS} 较小，漏极电流随着 u_{DS} 的增加而增加。当 u_{DS} 继续增加使得导电沟道被预夹断后，漏极电流呈恒流特性，进入恒流区(饱和区)，漏极电流与栅极电压的关系由电流方程决定。由此可以看出，在恒流区内 MOS 管是电压控制电流的器件，相当于压控电流源。

3. 增强型 PMOS 场效应管（enhancement PMOSFET）的转移特性和输出特性曲线

增强型 PMOS 管的结构与符号如图 1-53 所示。为了使栅极电压能够控制漏极电流，其 D-S 间加负电压，栅极也加负电压。因此漏极电流也是从漏极流出，为负值。当栅极电压 $u_{GS} < U_{GS(th)} < 0$ 时，呈恒流特性。其转移特性和输出特性如图 1-58 和图 1-59 所示。增强型 PMOS 的电流方程仍然保持式(1-27)的形式，只不过其中的 i_D、I_{DO} 和 $U_{GS(th)}$ 均为负值。

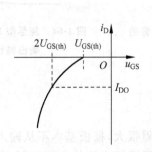

图 1-58　增强型 PMOS 管的转移特性曲线　　图 1-59　增强型 PMOS 管的输出特性曲线

4. 耗尽型 MOS 管的转移特性和输出特性曲线

耗尽型 MOS 管与增强型 MOS 管不同的是预埋了导电沟道。耗尽型 NMOS 管和耗尽型 PMOS 管的电路符号如图 1-60 所示。需要指出的是，由于结构特性的原因，衬底与源极相连的 P 沟道耗尽型 MOS 管是不存在的，因此在 P 沟道耗尽型 MOS 管的符号上源极没有与衬底相连。

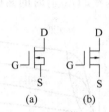

图 1-60 耗尽型 MOS 管的符号
(a) N 沟道耗尽型 MOS 管；(b) P 沟道耗尽型 MOS 管

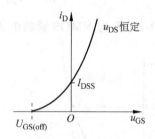

图 1-61 耗尽型 NMOS 管的转移特性曲线

耗尽型 NMOS 管的转移特性曲线如图 1-61 所示。对于耗尽型 NMOS 管，由于预埋的导电沟道的存在，在 NMOS 管的栅极加负电压，消耗预埋的导电电荷，才能使导电沟道夹断，此时的栅极电压即为夹断电压 $U_{GS(off)}$。当 $u_{GS} < U_{GS(off)}$ 时，不存在导电沟道，漏极电流为 0。当 $u_{GS} > U_{GS(off)}$ 时，随着 u_{DS} 的增加，导电沟道被预夹断，呈现恒流特性。耗尽型 NMOS 管在恒流区内，漏极电流与栅极电压的关系，即电流方程如式 (1-28) 所示，它在形式上与 NJFET 的电流方程式 (1-26) 相同。

$$i_D = I_{DSS} \left(1 - \frac{u_{GS}}{U_{GS(off)}}\right)^2 \quad (u_{GS} > U_{GS(off)}) \tag{1-28}$$

与耗尽型 NMOS 管类似，耗尽型 PMOS 管也预埋了导电沟道，只有在栅极加正电压时才能夹断导电沟道，如图 1-63 和图 1-64 所示。其电流方程与式 (1-28) 相同。

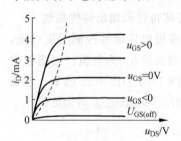

图 1-62 耗尽型 NMOS 管的输出特性曲线

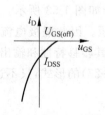

图 1-63 耗尽型 PMOS 管的转移特性曲线

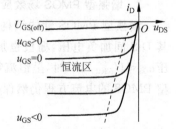

图 1-64 耗尽型 PMOS 管的输出特性曲线

1.4.3 场效应管的等效电路

场效应管是电压控制电流的器件，其栅-源间的电阻很大，栅极基本不从输入电路取电流。从特性曲线上看，当 U_{DS} 一定时，漏极电流主要受栅源极之间的电压控制，所以场效应

1.4 场效应晶体管

管可以看成是一个电压控制的电流源。当场效应管处于恒流区时,漏极电流的变化量与栅极电压的变化量成正比,因此在小信号情况下,其微变等效电路如图1-65所示。

图中 g_m 体现了场效应管栅极电压控制漏极电流的能力,称为跨导,其定义为

$$g_m = \left.\frac{\partial i_D}{\partial u_{GS}}\right|_{u_{GS}} \quad (1-29)$$

跨导是漏极电流与栅极电压的变化量即交流分量之比,为了使场效应管处于恒流区,必须先设置合适的静态工作点。因此跨导是在静态工作点处电流 i_D 对栅极电压 u_{GS} 的微分,只要知道了静态电压 U_{GS} 和电流 I_D,即可利用电流方程求出跨导。如对于结型场效应晶体管的电流方程式(1-26)可得

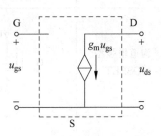

图 1-65 场效应管的微变等效电路

$$g_m = \frac{2 I_{DSS}}{U_{GS(off)}}\left(\frac{u_{GS}}{U_{GS(off)}} - 1\right) \quad (1-30)$$

例 1-3 已知 N 沟道结型场效应管的参数为:饱和电流 $I_{DSS} = 2\text{mA}$,夹断电压 $U_{GS(off)} = -3.5\text{V}$。并已知 $u_{DS} = 5\text{V}$,求当 $u_{GS} = 0\text{V}$、$u_{GS} = U_{GS(off)}/2$ 时的 i_D 和 $u_{DS(sat)}$,并求两种情况下晶体管微变等效电路的跨导。

解:假设 $u_{DS} > u_{DS(sat)}$,根据结型场效应管的电流方程

$$i_D = I_{DSS}\left(1 - \frac{u_{GS}}{U_{GS(off)}}\right)^2 = 2\left(1 - \frac{u_{GS}}{(-3.5)}\right)^2$$

当 $u_{GS} = 0\text{V}$ 时,$i_D = 2\text{mA}$;当 $u_{GS} = U_{GS(off)}/2$ 时,$i_D = 0.5\text{mA}$。

当 NJFET 预夹断时,$u_{GS} - u_{DS(sat)} = U_{GS(off)}$,所以 $u_{DS(sat)} = u_{GS} - U_{GS(off)}$,于是

当 $u_{GS} = 0\text{V}$ 时,$u_{DS(sat)} = 0 - U_{GS(off)} = 3.5\text{V}$;

当 $u_{GS} = U_{GS(off)}/2$ 时,$u_{DS(sat)} = \frac{U_{GS(off)}}{2} - U_{GS(off)} = 1.75\text{V}$。

因为 $u_{DS} = 5\text{V}$,两种情况下均满足 $u_{DS} > u_{DS(sat)}$ 条件,因此电流方程成立,以上结果有效。

根据式(1-30),当 $u_{GS} = 0\text{V}$ 时,$g_m = \frac{2 I_{DSS}}{U_{GS(off)}}\left(\frac{u_{GS}}{U_{GS(off)}} - 1\right) = -\frac{2 \times 2\text{mA}}{-3.5\text{V}} \approx 1.14 \times 10^3 (1/\Omega)$;

当 $u_{GS} = U_{GS(off)}/2$ 时,$g_m = \frac{2 I_{DSS}}{U_{GS(off)}}\left(\frac{1}{2} - 1\right) = -\frac{2\text{mA}}{-3.5\text{V}} \approx 0.57 \times 10^3 (1/\Omega)$。

各种场效应的符号及特性见下表。

表 1-2 各种场效应管的符号及特性

	符 号	转 移 特 性	输 出 特 性
N 沟道耗尽型 MOSFET	D G—衬底 S	i_D 对 u_{GS},过 $u_{GS(off)}$	i_D 对 u_{DS},u_{GS} = 1V, 0V, -1V, -3V

续表

	符　号	转移特性	输出特性
N 沟道增强型 MOSFET		转移特性曲线，i_D 对 u_{GS}，阈值 $u_{GS(th)}$	输出特性曲线族，u_{GS}=6V、5V、4V、3V
P 沟道耗尽型 MOSFET		转移特性曲线，i_D 对 u_{GS}，$u_{GS(off)}$	输出特性曲线族，u_{GS}=−1V、0V、1V、2V
P 沟道增强型 MOSFET		转移特性曲线，i_D 对 u_{GS}，$u_{GS(th)}$	输出特性曲线族，u_{GS}=−6V、−5V、−4V、−3V
P 沟道 JFET		转移特性曲线，i_D 对 u_{GS}，$u_{GS(off)}$	输出特性曲线族，u_{GS}=0V、1V、2V、3V
N 沟道 JFET		转移特性曲线，i_D 对 u_{GS}，$u_{GS(off)}$	输出特性曲线族，u_{GS}=0V、−1V、−2V、−3V

1.5　SPICE 仿真举例

例 1-4　用 SPICE 画出三极管 2N2222 的特性曲线。

为了测试三极管的输出特性曲线，必须为三极管加上基极电源和集电极电源。然后同时对基极电流和集电极电压进行扫描，基极电流每扫描一步，集电极电压扫描一周，输出集电极电流。图 1-66 是对三极管进行测试的电路，电路中 $V_m=0$ 是为了输出集电极电流。

下面是对图 1-66 电路进行直流扫描分析的标准 SPICE 文件，图 1-67 是用 AIM-SPICE 的分析结果。

1.5 SPICE 仿真举例

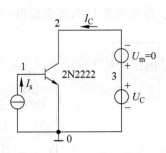

图 1-66 测试三极管输出特性的电路

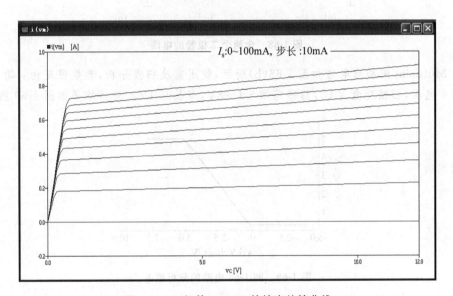

图 1-67 三极管 2N2222 的输出特性曲线

```
OutputCurve of 2N2222
IS 0 1 DC
Q 2 1 0 2N2222
Vm 3 2 DC 0
Vc 3 0 DC
.DC Vc 0 12 0.1 Is 0 100m 10m
.model 2N2222NPN (IS=1.87573e−15 BF=53.575 NF=0.897646 VAF=100
+            IKF=0.410821 ISE=3.0484e−09 NE=4 BR=0.1
+            NR=1.00903 VAR=1.92063 IKR=4.10821 ISC=1.94183e−12
+            NC=3.92423 RB=8.70248 IRB=0.1 RBM=0.1
+            RE=0.111394 RC=0.556972 XTB=1.76761 XTI=1
+            EG=1.05 CJE=1.67272e−11 VJE=0.83191 MJE=0.23
+            TF=3.573e−10 XTF=0.941617 VTF=9.22508 ITF=0.0107017
+            CJC=9.98785e−12 VJC=0.760687 MJC=0.345235 XCJC=0.9
+            FC=0.49264 CJS=0 VJS=0.75 MJS=0.5
+            TR=3.55487e−06 PTF=0 KF=0 AF=1)
.plot DCI(Vm)
.end
```

例 1-5 图 1-68(a)是含有两个二极管的电路。U_i 是输入电压,U_o 是输出电压,用

Multisim 分析电路的传输特性。输入电压 U_i 的变化范围：$-4\sim 8\text{V}$。

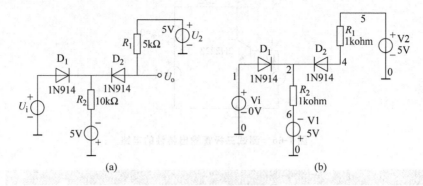

图 1-68　含两个二极管的电路

在 Multisim 中画出电路如图 1-68(b) 所示，使用直流扫描分析，参数设定为：输出变量为节点 4 电压，扫描变量为 U_i，扫描范围 $-4\sim 8\text{V}$，步长 0.1V。分析结果如图 1-69 所示。

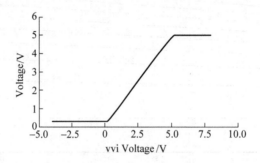

图 1-69　图 1-68 电路的分析结果

例 1-6　利用 Multisim 的 DC 扫描分析功能画出 NJFET 2N3458 的转移特性曲线和输出特性曲线。

首先在 Multisim 中编辑电路如图 1-70 所示，其中 Vm 是为了输出漏极电流增加的 0V 测试电压源。做 DC 扫描分析，扫描 V1（即 u_{GS}），输出 Vm 中的电流（即 i_D），扫描范围 $-3.2\text{V}\sim 0\text{V}$，补偿 0.1V，结果见图 1-71 所示。用光标可以测量出 $I_{DSS}=2.9\text{mA}$，$U_{GS(off)}\approx -2.7\text{V}$。

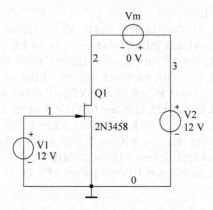

图 1-70　对 2N3458 做 DC 分析的电路

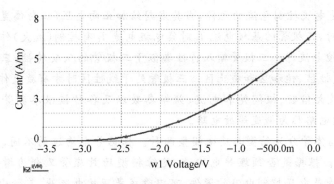

图 1-71　2N3458 的转移特性曲线

画输出特性曲线时要用两个扫描源，第一个扫描源是 V2（即 u_{GS}），扫描范围 0～20V，步长 0.2V；第二个扫描源是 V1（即 u_{GS}），扫描范围 -3.2～0V，步长选为 0.4V。输出 Vm 中的电流（即 i_D）。结果见图 1-72。

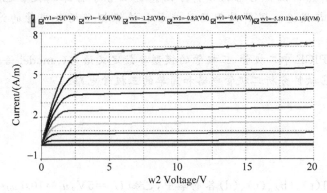

图 1-72　2N3458 的输出特性曲线

本章小结

本章介绍了二极管、三极管与场效应晶体管的结构、原理与特性参数，是进一步学习电子技术的基础。

(1) 在本征半导体中掺入不同的杂质，便形成 P 型半导体与 N 型半导体。将两种半导体制造在同一个基片上，在其交界面处形成 PN 结。PN 结是半导体器件的基础结构，要正确理解其单向导电性、击穿特性、电容效应、开关弛豫特性与温度特性。

(2) 二极管内部是 PN 结。二极管的主要参数包括：最大整流电流 I_F、最大反向工作电流 U_{rm}、反向电流 I_r、最大工作频率 f_m 等。二极管的电路模型有折线模型、微变等效电路模型；而 SPICE 模型参数较多，适应于计算机仿真计算。二极管电路的分析方法有图解法与估算法两种。

特殊二极管内部也是 PN 结结构，包括稳压二极管、发光二极管、光电二极管、光电池等，也是常用的电子器件。

（3）三极管是电流控制电流的元件，当其发射结加正向电压（正向偏置）、集电结加反向电压（反向偏置）时，三极管的基极电流 I_B 对集电极电流 I_C 有控制（放大）作用。因此可以将三极管看成是流控电流源。三极管输入特性类似于二极管的伏安特性，三极管的输出特性有三个区域，即线性区、饱和区和截止区。三极管处于线性区时才有放大作用。三极管的特性参数有：电流放大倍数、极间饱和电流、频率参数以及各种极限参数等。对于小交流信号，三极管的等效电路称为微变等效电路。

（4）场效应晶体管分为结型与绝缘栅型两种。根据导电沟道的不同，每种又分为 P 沟道与 N 沟道两种。根据是否预埋导电沟道，绝缘栅型场效应管又分为增强型与耗尽型两种。场效应晶体管是电压控制电流的器件，可以看成是压控电流源，其输出特性也分为三个区域：线性区、可变电阻区和夹断区，只有处于线性区时才具有电流控制作用。场效应晶体管的转移特性（栅极电压 u_{GS} 对漏极电流 i_D 的控制特性）可以用其电流方程表示。

（5）通过本章的学习，要掌握二极管和三极管的工作原理、特性曲线和等效电路，熟悉其特性参数。掌握二极管电路的分析方法。稳压管等特殊二极管也是经常用到的器件，要了解其特性与用途。了解结型场效应管和绝缘栅型场效应管的结构、工作原理和特性。

（6）要了解 SPICE 中二极管、三极管的模型参数定义语句（.model 语句）和元件的调用语句。会用 SPICE 软件分析二极管电路和简单的三极管电路。

习题

1.1 题图 1-1(a)、(b)、(c)、(d)各电路中，已知 $U_s=5\text{V}$，$u_i=10\sin\omega t$ V。二极管采用理想化模型。试画出输出电压 u_o 的波形，并标明有关的纵坐标值。

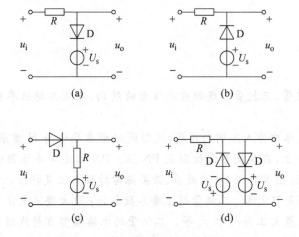

题图 1-1

1.2 用估算法求题图 1-2 所示电路中硅半导体二极管的静态电压和电流，并计算二极管的静态电阻。已知电路中 $R_1=R_3=200\Omega$，$R_2=R_4=300\Omega$。

习题

1.3 题图 1-3(a)、(b) 各电路中,已知 $U_s=5\text{V}$, $u_i=10\sin\omega t$ V。二极管采用理想化模型。试画出输出电压 u_o 的波形,并标明有关的纵坐标值。

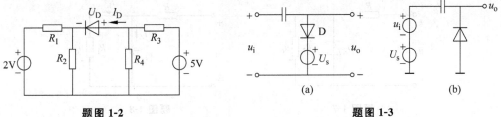

题图 1-2　　　　　　　　　　　题图 1-3

1.4 在题图 1-4 电路中,假设二极管 D 是理想二极管,正向压降是 0。稳压管的稳定电压是 3V。

(1) 画出 u_o-u_i 关系曲线,u_i 的变化范围是 $-10\text{V}\sim +10\text{V}$;

(2) 在相同的输入电压范围内画出电流 i 的变化曲线。

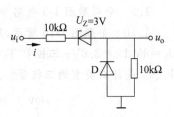

题图 1-4

1.5 题图 1-5(b)、(c) 电路中的输入信号如图 1-5(a) 所示,假设(b)中二极管正向压降为 0,(c)中二极管的正向压降为 0.6V。画出两电路输出信号波形。

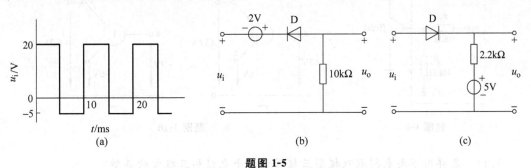

题图 1-5

1.6 题图 1-6 中硅稳压管的稳定电压是 6.3V,按题图 1-6(a)、(b)、(c) 三种方式连接时,求输出电压 U_o。

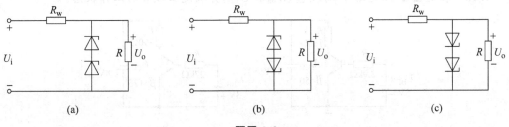

题图 1-6

1.7 题图 1-7 是稳压管稳压电路,已知 $u_i=30\text{V}$,$R=1\text{k}\Omega$。稳压管的稳定电压 $U_Z=10\text{V}$,稳定电流范围:$I_{Z\max}=20\text{mA}$,$I_{Z\min}=5\text{mA}$。分析当输入电压 u_i 波动 $\pm 10\%$ 时,电路能否正常工作?如果波动 $\pm 30\%$,电路还能否正常工作?

1.8 题图 1-8 电路中,负载要求的稳定电压是 $u_o=10\text{V}$,负载电流是 $i_L=12\text{mA}$,稳压管的特性是:$U_Z=10\text{V}$,$I_{Z\max}=30\text{mA}$,$I_{Z\min}=5\text{mA}$。输入电压的正常值是 25V。

(1)设计电阻 R,使稳压管正常工作于 $i_Z=18\text{mA}$;(2)如果负载电流增大到 $i_L=20\text{mA}$,分析所设计的电路在此时的稳压范围(使输出正常的输入电压范围)。

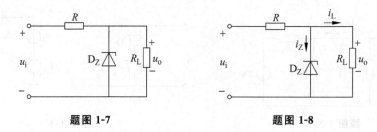

题图 1-7　　　　　　　　　题图 1-8

1.9　分析题图 1-9 电路中,输入电压 u_i 分别是 0V、3V、5V 时,三极管的工作状态。

1.10　如题图 1-10 所示,用直流电压表测量三极管 T_1 各极对地电位分别是:$U_a=3\text{V}$,$U_b=8\text{V}$,$U_c=3.6\text{V}$;三极管 T_2 各极对地电位分别是:$U_a=-9\text{V}$,$U_b=-6\text{V}$,$U_c=-6.2\text{V}$。T_1、T_2 是什么类型的三极管?是锗管还是硅管?a、b、c、d、e、f 各是什么极?

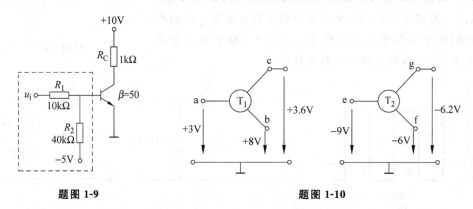

题图 1-9　　　　　　　　　题图 1-10

1.11　怎样用万用表判别双极型三极管的三个电极和三极管的类型?

1.12　测得三只锗三极管的极间电压是:①$U_{BE}=-0.2\text{V}$,$U_{CE}=-3\text{V}$;②$U_{BE}=-0.2\text{V}$,$U_{CE}=-0.1\text{V}$;②$U_{BE}=5\text{V}$,$U_{CE}=-5\text{V}$。试分析它们的工作状态。

1.13　在题图 1-11 电路中,求 U_{CE}、U_{BE} 和 U_{CB},并确定三极管的工作状态。

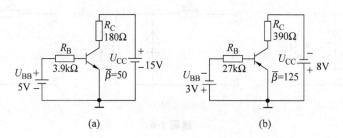

题图 1-11

1.14　题图 1-12 电路中,已知 $\bar{\beta}=50$,为了使三极管饱和,R_B 应该取何值?(假设三极管饱和电压 $U_{CES}=0.3\text{V}$)。

1.15　在题图 1-13 的电路中,求 U_{DS} 和 U_{GS}。(提示:场效应晶体管栅极电流为 0,因此

栅极电阻上没有电压降)

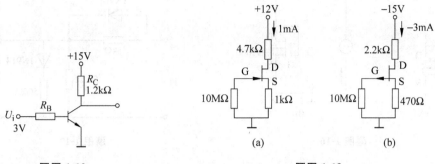

题图 1-12   题图 1-13

1.16 已知题图 1-14 中各场效应晶体管上的电压如图所示,各场效应晶体管的阈值电压的绝对值$|U_{GS(th)}|=2V$。指出各场效应晶体管的工作状态。

1.17 题图 1-15 是一个 P 沟道 JFET 电路,计算其栅-源电压u_{GS}。已知此 P 沟道 JFET 的特性参数为$U_{GS(off)}=2.5V, I_{DSS}=-2.5mA$。(提示:先根据电流方程求出$u_{GS}$,略去不合理的解。再判断晶体管是否处于恒流区,从而判断结果是否正确)

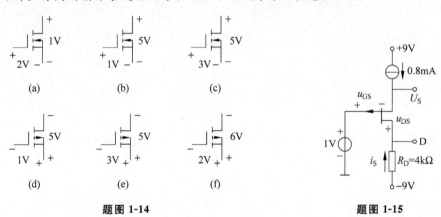

题图 1-14   题图 1-15

1.18 将增强型 N 沟道 MOS 管的栅极与漏极相连后,可以当作一个二端的非线性电阻使用,如题图 1-16(a)所示。利用增强型 N 沟道 MOS 管的输出特性曲线分析它的伏安特性曲线,说明它可以作为非线性电阻的理由。为画出它的伏安特性曲线,在 Multisim 中使用 MOS 管 2N7000 画出如题图 1-16(b)电路,利用 DC 扫描分析画出其伏安特性曲线,电流源扫描范围为 1~200mA,步长 0.1mA。

1.19 用 Multisim 分析题图 1-17 电路,画出此电路的转移特性曲线,即u_o-u_i曲线。u_i 的变化范围是 0~10V。

1.20 习题 1.5 中,二极管 D 的型号是 1N4007。用 Multisim 画出输出信号波形,并与分析结果比较。

1.21 已知某 NPN 型三极管的 SPICE 参数:IS=1.05721e-15,BF=400,NF=1.04308,VAF=80。用 SPICE 画出其输出特性曲线。要求:I_B的扫描范围为 0~100mA,步长 10mA;U_{CE}的扫描范围为 0~16V,步长 0.1V。

第 1 章 半导体器件

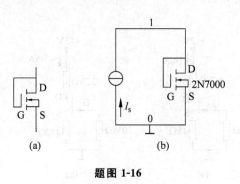

题图 1-16

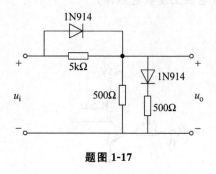

题图 1-17

第 2 章

基本放大电路

2.1 放大电路的主要性能指标

放大电路的基本功能就是把微弱的电信号(电压、电流)放大到适用的程度,它是模拟电路中的主要电路形式和研究对象。放大电路应用非常广泛,无论是日常使用的收录机、电视机,还是精密的测量仪器、复杂的自动控制系统,其中都有各种各样的放大电路。放大电路的种类很多,按工作频率可分为直流放大器、低频放大器、中频放大器、高频放大器、视频放大器等;按用途可分为电流放大器和电压放大器;按信号大小可分为小信号放大电路和大信号放大电路。本章所介绍的是中频小信号电压放大电路,结合一些最基本的电路介绍放大电路的工作原理和分析方法。

晶体管是放大电路的核心器件,就分析方法而言,不论电路中采用的是双极型晶体管还是场效应晶体管,它们并无本质区别。因此,本章以讨论双极型晶体管电路为主,适当地介绍一些含场效应晶体管的电路。

放大电路中的信号是模拟信号,模拟信号是指幅度随时间连续变化的信号。本章介绍的放大电路中,放大器件(晶体管)总是工作在线性状态下,电路的输出信号与输入信号是线性关系,因此也称之为线性放大器。

放大电路可以等效成有一个输入端口和一个输出端口的四端网络,放大电路的性能指标有放大倍数、带宽、输入阻抗和输出阻抗等,其定义参考图 2-1。

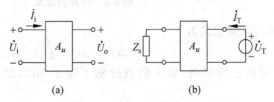

图 2-1 放大电路

1. 电压放大倍数

放大倍数是描述一个放大电路放大能力的指标，其中电压放大倍数定义为输出电压与输入电压之比，即

$$\dot{A}_u = \frac{\dot{U}_o}{\dot{U}_i} \tag{2-1}$$

上式中 $\dot{U}_o$、$\dot{U}_i$ 分别表示输出电压相量和输入电压相量，而 $\dot{A}_u$ 仅表示放大倍数是复数。

2. 输入阻抗与输出阻抗

输入阻抗的定义为

$$Z_i = \frac{\dot{U}_i}{\dot{I}_i} \tag{2-2}$$

放大电路的输出阻抗是其戴维南等效电路的输出阻抗，因为电路含受控源，求输出阻抗时可以用加压求流法。参考电路图 2-1(b)所示，将电路的独立电源置零，受控源保留，在输出端加电压 $\dot{U}_T$，求出电流 $\dot{I}_T$，则输出阻抗为

$$Z_o = \frac{\dot{U}_T}{\dot{I}_T} \tag{2-3}$$

对于低频信号，输入阻抗和输出阻抗与频率无关，因此可以用输入电阻 r_i 和输出电阻 r_o 代替。

3. 放大电路的带宽

由于放大电路中含有储能元件，且当频率增高到一定值时，晶体管的结电容也不能忽略，因此放大电路的放大倍数与频率有关。当频率降低或升高到一定程度时放大倍数将随频率的变化下降。放大电路的上限截止频率 f_H 与下限截止频率 f_L 定义为放大倍数下降到最大值的 $\frac{1}{\sqrt{2}}$ 时的频率，如图 2-2 所示。

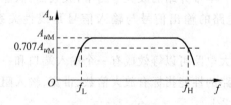

图 2-2 带宽的定义

放大电路的带宽定义为

$$\Delta f = f_H - f_L \tag{2-4}$$

在上、下限截止频率处，放大倍数分别下降了 3dB，因此 $\Delta f = f_H - f_L$ 也称为三分贝带宽。

2.2 共射极电压放大电路

用单个晶体管可以组成最简单的放大电路。双极型晶体管可以看成流控电流源,场效应晶体管可以看成压控电流源,它们都是三端器件,组成电路时必须有一端作为输入端和输出端的公共端,这样根据公共端的不同,就形成了三种组态的放大电路。以晶体管为例,有共射极放大电路、共集电极放大电路和共基极放大电路。不同组态的电路其特性是不同的,下面以共射极放大电路为例,介绍放大电路的工作原理和分析方法。

2.2.1 共射放大电路的组成与工作原理

基本共射极放大电路如图 2-3 所示。电路中晶体管是电流放大元件,是电路的核心;U_{CC}是直流电源,是电路能量的来源;U_{CC}通过基极电阻 R_B 为晶体管提供静态基极电流(偏置电流),使晶体管处于放大区,所以,R_B 也称为偏置电阻;集电极电阻 R_C 的作用是将变化的集电极电流转化为变化的集电极电压;C_1、C_2 称为耦合电容,其容量要足够大,输入信号 u_i 通过 C_1 耦合到晶体管的基极上,输出信号通过 C_2 耦合输出。但是,对于直流信号而言,它们都相当于开路。R_L 是电路的负载。

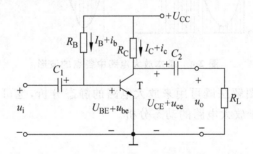

图 2-3 共射极放大电路的基本结构

可以看出,放大电路是典型的交直流共存电路。在没有输入信号的情况下,电路中在 U_{CC} 的作用下存在静态的基极电流 I_B 和基极电压 U_{BE},同时也存在静态的集电极电流 I_C 和集电极电压 U_{CE}。输入信号经过 C_1 耦合到晶体管的基极上,使基极电压在静态电压 U_{BE} 的基础上波动,从而使基极电流在静态基极电流的基础上波动,于是集电极电流 i_C 和集电极电压 u_{CE} 在各自的静态值的基础上跟着变化,如图 2-4 所示。用 u_{be}、i_b、i_c、u_{ce} 分别代表叠加在 U_{BE}、I_B、I_C、U_{CE} 上的交流成分。u_{ce} 经过输出耦合电容 C_2 耦合输出成为输出信号 u_o。

2.2.2 放大电路的分析方法

放大电路的分析包括直流分析和交流分析两部分。直流分析又称为静态分析,主要目的是求静态工作点 I_B、U_{BE}、I_C、U_{CE} 和 I_E;交流分析又称动态分析,即分析放大电路的电压放大倍数、输入电阻、输出电阻等。

对放大电路的分析方法有估算法、图解法和微变等效电路法。估算法主要用于估算放

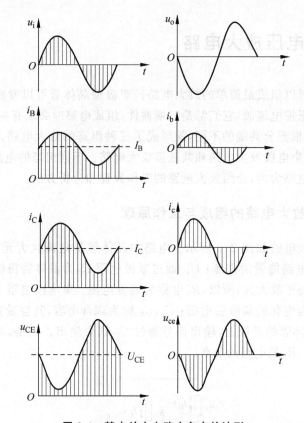

图 2-4 基本放大电路中各点的波形

大电路的静态工作点；图解法既可用来放大电路的静态分析，也可用来放大电路的动态分析；微变等效电路法用于放大电路的动态分析。

1. 静态分析

放大电路是一个交直流共存的非正弦交流电路，如果交流信号很小，可以近似认为三极管是线性的。因此，在小信号的条件下，可以利用叠加的方法分别分析直流信号和交流信号的作用。进行直流分析时只考虑直流电源的作用，将交流信号源置零。对直流信号而言，电容 C_1、C_2 相当于开路。因此，对放大电路进行静态分析时，首先将交流信号去掉，将电容断路，构成只有直流信号工作的电路，即直流通道，如图 2-5 所示。静态分析就是针对直流通道进行的。

1）估算法

估算法的步骤是：首先画出电路的直流通道；然后根据直流通道列出输入回路和输出回路的回路方程；再根据三极管的电流放大关系求静态工作点。

根据图 2-5，设三极管为硅管，其 $U_{BE} \approx 0.7V$，则

$$I_B = \frac{U_{CC} - U_{BE}}{R_B} \approx \frac{U_{CC} - 0.7V}{R_B} \quad (2-5)$$

对于锗三极管，一般取 $U_{BE} \approx 0.2V$。小信号放大电路

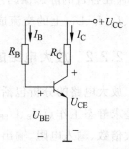

图 2-5 放大电路的直流通道

2.2 共射极电压放大电路

中的电源电压一般为几伏到几十伏,即满足 $U_{CC} \gg U_{BE}$,所以式(2-5)也可以近似为

$$I_B \approx \frac{U_{CC}}{R_B} \tag{2-6}$$

已知三极管的放大倍数是 β,则有

$$I_C = \beta I_B \quad I_E = (1+\beta) I_B$$

根据输出回路,列出电压方程可得

$$U_{CE} = U_{CC} - I_C R_C \tag{2-7}$$

例 2-1 利用估算法求图 2-6(a)电路的静态工作点。已知:$U_{CC}=12\mathrm{V}$,$R_B=280\mathrm{k}\Omega$,$R_C=3\mathrm{k}\Omega$,三极管为硅管($U_{BE}\approx 0.7\mathrm{V}$),$\beta=50$。

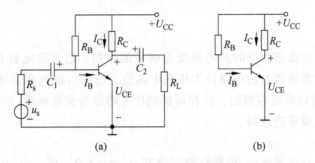

图 2-6 例 2-1 电路

解:首先画出电路的直流通道如图 2-7(b)所示,根据输入回路,基极电流

$$I_B = \frac{U_{CC} - U_{BE}}{R_B} \approx \frac{U_{CC} - 0.7\mathrm{V}}{R_B} = \frac{12-0.7}{280}\mathrm{mA} \approx 0.04\mathrm{mA} = 40\mu\mathrm{A}$$

根据电流放大关系可以求出集电极电流

$$I_C = \beta I_B = 50 \times 0.04\mathrm{mA} = 2\mathrm{mA}$$

于是,由输出回路可以求出

$$U_{CE} = U_{CC} - I_{CQ} R_C = 12\mathrm{V} - 2 \times 3\mathrm{V} = 6\mathrm{V}$$

2) 图解法

图解法是用作图的方法,在三极管的输出特性曲线上求出电路的静态工作点的方法。把图 2-5 直流通道变换成图 2-7(a)的形式,用虚线将电路分成两部分。从虚线左边看,I_C 与 U_{CE} 的关系由三极管的输出特性曲线决定。而从虚线的右边看,I_C 与 U_{CE} 的关系满足直线方程 $u_C = U_{CC} - i_C R_C$,这条直线称为直流负载线。输出特性曲线与直流负载线的交点就是要求的静态工作点 Q,如图 2-7(b)所示。

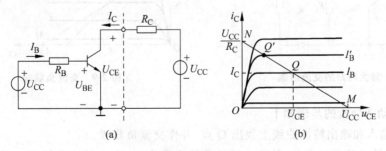

图 2-7 图解法求静态工作点

利用图解法求静态工作点的步骤如下。

（1）在三极管的输出特性曲线所在的坐标系中画出直流负载线 $u_C = U_{CC} - i_C R_C$。直流负载线与两坐标轴的交点分别是 $M(U_{CC}, 0)$ 和 $N(0, U_{CC}/R_C)$，连接这两点就可以得到直流负载线，如图 2-7(b) 所示。

（2）根据式(2-4)估算出 I_B。

（3）在输出特性上找到对应于 I_B 的这条输出特性曲线，它与直流负载线的交点便是 Q 点。

由图 2-7(b) 可以看出 R_B 对静态工作点的影响：改变 R_B 时，Q 点沿直流负载线移动。R_B 减小，则 Q 向上移动，I_C 增大，U_{CE} 减小；R_B 增加，则 Q 向下移动，I_C 减小，U_{CE} 增加。

2. 动态分析

对放大电路进行动态分析时只考虑交流信号的作用。把直流电源 U_{CC} 置零，保留交流信号源 u_i。因为这里所涉及的电路均工作在中频段，设计时，使电容足够大，电容容抗远小于电阻 R_B 和 R_C，可以将电容短路。这样所得到的电路称为交流通道，如图 2-8 所示。动态分析就是针对交流通道进行的。

1) 图解法

在图 2-8 电路交流通道中，根据欧姆定律有 $u_{ce} = -i_c R'_L$，$R'_L = R_L // R_C$，交流信号 i_c 和 u_{ce} 满足如下关系：

$$\frac{i_c}{u_{ce}} = -\frac{1}{R'_L} \tag{2-8}$$

因为交流分量是叠加到直流分量上的变化量，即 $u_{CE} = U_{CE} + u_{ce}$，$i_C = I_C + i_c$，所以可以将上式写成

$$\frac{\Delta i_C}{\Delta u_{CE}} = -\frac{1}{R'_L} \tag{2-9}$$

因此说明交流信号的变化沿着通过静态工作点、斜率为 $-\dfrac{1}{R'_L}$ 的直线进行，这条直线称为放大电路的交流负载线，如图 2-9 所示。

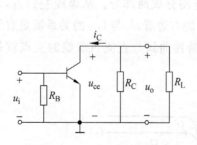

图 2-8　放大电路的交流通道

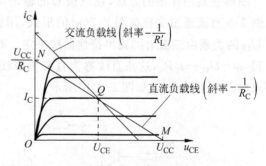

图 2-9　交流负载线

图解法动态分析的步骤如下。

（1）在输入和输出特性曲线上找出 Q 点，并作交流负载线。

（2）根据输入信号的变化，从输入特性曲线上画出 u_{BE} 和 i_B 的变化波形。从输出特性曲

2.2 共射极电压放大电路

线上作交流负载线,并根据 i_B,画出 i_C 和 u_{CE} 的变化波形。u_{CE} 的交流分量就是输出电压 u_o。

图 2-10 表示了图解法的分析过程,由此可以求出电压放大倍数为

$$A = -\frac{u_o}{u_i} = -\frac{\Delta u_{CE}}{\Delta u_{BE}}$$

式中负号表示输出电压与输入电压反相。

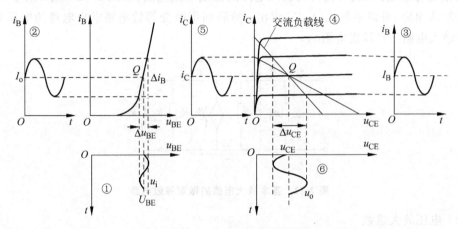

图 2-10 放大电路的动态图解分析

由以上分析可见,静态工作点的位置必须设置适当,否则放大电路的输出波形容易产生非线性失真。如图 2-11(a)所示,静态工作点设置过低,输入信号的负半周进入截止区,使 i_B、i_C 近似等于零,从而使输出 u_{CE} 的波形发生失真,称为截止失真。

如果静态工作点设置太高,如图 2-11(b)所示,则输入信号的正半周进入饱和区。此时,i_B 增大时 i_C 不再随之增大,因此也将引起 u_{CE} 波形发生失真,称为饱和失真。

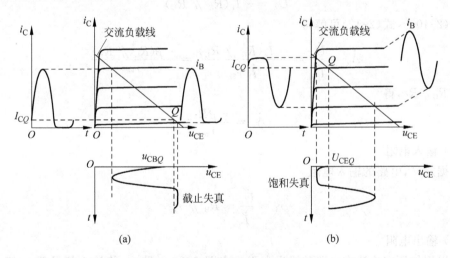

图 2-11 放大电路的非线性失真
(a) 截止失真;(b) 饱和失真

从以上分析可知,只有当静态工作点处于交流负载线的中部时,才能得到输出幅度较大的电压。

2）微变等效电路法

图解法很直观地说明了放大电路的放大过程，也适合分析大信号电路和存在非线性失真的电路。但是该方法作图繁琐，也不容易得到精确的结果。对于小信号放大电路可以用微变等效电路法进行分析：首先画出放大电路的交流通道（见图2-8），在交流通道中将三极管用其微变等效电路代替，便得到放大电路的微变等效电路，如图2-12所示，图中r_{be}是晶体管的输入电阻，可以根据式(1-25)求出；然后利用微变等效电路求出电路的电压放大倍数A_u、输入电阻r_i和输出电阻r_o。

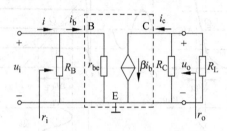

图 2-12 基本放大电路的微变等效电路

（1）电压放大倍数

从图2-12电路的输入回路，根据欧姆定律，有

$$\dot{U}_i = \dot{I}_b \, r_{be} \tag{2-10}$$

电流放大关系

$$\dot{I}_c = \beta \dot{I}_b \tag{2-11}$$

在输出回路中，根据欧姆定律得

$$\dot{U}_o = -\dot{I}_c (R_C \mathbin{/\mkern-6mu/} R_L) \tag{2-12}$$

联立式(2-10)～式(2-12)可解得

$$\dot{A}_u = \frac{\dot{U}_o}{\dot{U}_i} = \frac{-\dot{I}_c (R_C \mathbin{/\mkern-6mu/} R_L)}{\dot{I}_b \, r_{be}} = \frac{-\beta (R_C \mathbin{/\mkern-6mu/} R_L)}{r_{be}} \tag{2-13}$$

令$R'_L = R_C \mathbin{/\mkern-6mu/} R_L$，得

$$\dot{A}_u = \frac{-\beta R'_L}{r_{be}} \tag{2-14}$$

（2）输入电阻

根据定义，电路的输入电阻

$$r_i = \frac{\dot{U}_i}{\dot{I}} = R_B \mathbin{/\mkern-6mu/} r_{be} \tag{2-15}$$

（3）输出电阻

可以用加压求流法求电路的输出电阻。在图2-12电路中，将输入信号置0，则$i_b = 0$，$\beta i_b = 0$，如图2-13所示。在输出端（注意R_L不能算在内）施加电压u_T，求出在u_T作用下输出端的电流i_T，则输出电阻为

$$r_o = \frac{\dot{U}_T}{\dot{I}_T} = R_C \tag{2-16}$$

2.2 共射极电压放大电路

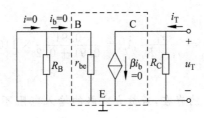

图 2-13 加压求流法求输出电阻

例 2-2 电路如图 2-14(a)所示。试求：

(1) 电路的静态工作点；

(2) 电压放大倍数 $\dot{A}_u = \dfrac{\dot{U}_o}{\dot{U}_i}$ 和 $\dot{A}_{us} = \dfrac{\dot{U}_o}{\dot{U}_s}$ ；

(3) 输入电阻 r_i 和输出电阻 r_o。

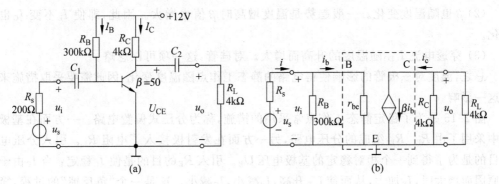

图 2-14 例 2-2 电路图

解：(1) 用估算法求静态工作点，设 $U_{BE}=0.7\text{V}$，则

$$I_B = \frac{U_{CC} - U_{BE}}{R_B} \approx \frac{12 - 0.7}{300 \times 10^3} \mu\text{A} = 37.67 \mu\text{A}$$

$$I_C = \beta I_B = 50 \times 37.67 \mu\text{A} = 1.88 \text{mA}$$

$$I_E = (1+\beta) I_B = 51 \times 37.67 \mu\text{A} = 1.92 \text{mA}$$

$$U_{CE} = U_{CC} - I_C R_C = 12\text{V} - 1.88 \times 4\text{V} = 4.48\text{V}$$

(2) 晶体管的输入电阻

$$r_{be} = 300\Omega + (1+\beta)\frac{26\text{mV}}{I_E} = 300\Omega + 51 \times \frac{26\text{mV}}{1.92\text{mA}} = 909.63\Omega$$

根据图 2-14(a)的电路得到微变等效电路，见图 2-14(b)，电压放大倍数

$$\dot{A}_u = \frac{\dot{U}_o}{\dot{U}_i} = \frac{-\beta(R_C \mathbin{/\mkern-5mu/} R_L)}{r_{be}} = -\frac{50 \times 2000}{909.63} = -110$$

(3) 求电路的输入电阻与输出电阻

输入电阻

$$r_i = \frac{\dot{U}_i}{\dot{I}} = R_B \mathbin{/\mkern-5mu/} r_{be} = 0.91\text{k}\Omega$$

所以，对 u_s 的放大倍数

$$\dot{A}_{us} = \frac{\dot{U}_o}{\dot{U}_i} = \frac{r_i}{r_i + R_s} \dot{A}_u = \frac{0.91}{0.91 + 0.2} \times 110 = -90$$

输出电阻 $r_o = R_C = 4\text{k}\Omega$。

可见，由于信号源的内阻的存在，若放大电路的输入电阻不够大，对信号源电动势的放大倍数将下降。

2.2.3 静态工作点稳定的放大电路

图 2-3 所示的简单放大电路有一个缺点，即静态工作点受温度的影响比较严重。温度增高能从下面几个方面影响三极管的性能。

(1) BE 结伏安特性的变化，使得 U_{BE} 变化。对于硅管每增加 1℃，U_{BE} 将减小 2mV，U_{BE} 的减小将导致 I_B 的增加，从而影响静态工作点。

(2) β 也随温度变化。一般趋势是温度增高时 β 值也增大。因此，即使 I_B 不变 I_C 也会变化。

(3) 穿透电流 I_{CEO} 随温度的升高而增大。对硅管，这一项可以忽略。

总之，温度对三极管的影响使得电路的静态工作点随温度变化，因此需要采取措施来减小这一影响。

图 2-15 是为了稳定静态工作点常采用的措施，称为分压式偏置电路。一方面在基极电路中采用了由 R_{B1}、R_{B2} 组成的分压电路，另一方面在发射极接入了电阻 R_E。引入分压电路的目的是为了得到一个相对稳定的基极电压 U_B。引入 R_E 的目的是使 I_C 稳定：当 I_C 由于任何原因而增大时，I_E 加大，从而使 U_E 升高，I_B 减小，I_C 减小。这是一个"负反馈"的过程，简单地表示为

$$I_C \uparrow \rightarrow I_E \uparrow \rightarrow U_E \uparrow \rightarrow U_{BE} = U_B - U_E \downarrow \rightarrow I_B \downarrow$$
$$I_C \downarrow \leftarrow$$

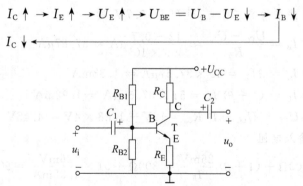

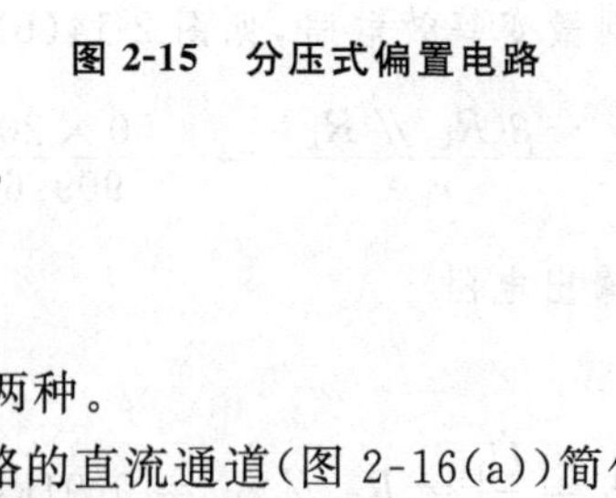

图 2-15 分压式偏置电路

下面对电路进行具体分析。

1. 静态分析

估算静态工作点的方法有两种。

(1) 先用戴维南定理将电路的直流通道（图 2-16(a)）简化（图 2-16(b)）。

图 2-16(a) 中虚线部分戴维南等效电路的电动势和内阻为

2.2 共射极电压放大电路

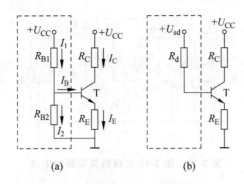

图 2-16 利用戴维南定理求静态工作点

$$U_{sd} = U_{CC} \frac{R_{B2}}{R_{B1} + R_{B2}}$$

$$R_d = R_{B1} // R_{B2}$$

再由基尔霍夫定律得

$$U_{sd} = I_B R_d + I_E R_E + U_{BE} \tag{2-17}$$

$$I_E = I_B + I_C \tag{2-18}$$

由电流控制关系

$$I_C = \beta I_B \tag{2-19}$$

联立式(2-17)~式(2-19)可以解得

$$I_B = \frac{U_{sd} - U_{BE}}{R_d + (1+\beta) R_E} \tag{2-20}$$

于是可以求出静态工作点

$$I_C = \beta I_B$$

$$U_{CE} = U_{CC} - I_C R_C - I_E R_E$$

式(2-20)说明,接在发射极电路中的电阻折合到基极回路来看,相当于扩大了$(1+\beta)$倍。记住电阻的这一折合概念对分析放大电路会带来方便。

(2) 如果满足$R_{B1} // R_{B2} \ll (1+\beta)R_E$,则$I_2 \gg I_B$,可以近似认为$U_B$是由$R_{B1}$和$R_{B2}$分压而得的。于是

$$U_B = \frac{R_{B2}}{R_{B1} + R_{B2}} U_{CC} \tag{2-21}$$

$$I_C \approx I_E = \frac{U_B - U_{BE}}{R_E} \tag{2-22}$$

$$U_{CE} = U_{CC} - I_C R_C - I_E R_E$$

为了不使偏置电路的损耗太大,一般取$R_{B1} // R_{B2} = 0.1(1+\beta)R_E$;为了使电源电压合适,取$U_E \approx U_{BE}$;同时,应使集电极的静态电压约为电源电压的一半,即$U_C \approx U_{CC}$。

2. 动态分析

图 2-15 电路的微变等效电路如图 2-17 所示。

在输入回路,根据基尔霍夫定律列出电压方程为

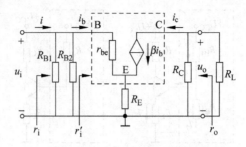

图 2-17 图 2-15 电路的微变等效电路

$$\dot{U}_i = \dot{I}_b r_{be} + (1+\beta)\dot{I}_b R_E \tag{2-23}$$

在输出回路根据欧姆定律

$$\dot{U}_o = -\beta \dot{I}_b R'_L \tag{2-24}$$

其中 $R'_L = R_C \mathbin{/\mkern-6mu/} R_L$。于是得电压放大倍数

$$\dot{A}_u = \frac{\dot{U}_o}{\dot{U}_i} = \frac{-\dot{I}_c(R_C \mathbin{/\mkern-6mu/} R_L)}{\dot{I}_b r_{be} + (1+\beta)\dot{I}_b R_E} = -\frac{\beta(R_C \mathbin{/\mkern-6mu/} R_L)}{r_{be} + (1+\beta)R_E} \tag{2-25}$$

输入电阻

$$r_i = (R_{B1} \mathbin{/\mkern-6mu/} R_{B2}) \mathbin{/\mkern-6mu/} r'_i = (R_{B1} \mathbin{/\mkern-6mu/} R_{B2}) \left(\frac{\dot{U}_i}{\dot{I}_B}\right)$$
$$= (R_{B1} \mathbin{/\mkern-6mu/} R_{B2}) \mathbin{/\mkern-6mu/} [r_{be} + (1+\beta)R_E] \tag{2-26}$$

输出电阻

$$r_o = R_C$$

式(2-26)也说明了电阻从发射极电路到基极电路的折合关系。

由式(2-25)可知,电路中增加了 R_E 会降低交流放大倍数。为此在 R_E 两端并联一个足够大的电容 C_E(此电容称为旁路电容),如图 2-18 所示。C_E 对直流信号相当于开路,对静态工作点无影响。对交流信号相当于短路,使得 R_E 对交流信号不起作用。此时放大电路的微变等效电路如图 2-19 所示。

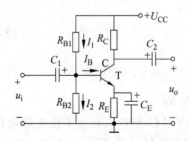

图 2-18 R_E 加了旁路电容的分压式偏置电路

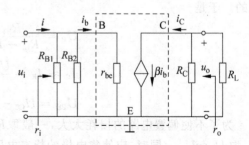

图 2-19 图 2-18 电路的微变等效电路

根据图 2-19,可以计算出并联旁路电容后的交流电压放大倍数、输入电阻和输出电阻分别为

$$\dot{A}_u = -\frac{\beta R'_L}{r_{be}}$$

2.2 共射极电压放大电路

$$r_i = \frac{\dot{U}_i}{\dot{I}} = (R_{B1} /\!/ R_{B2}) /\!/ r_{be}$$

$$r_o = R_C$$

与式(2-24)及式(2-2)对比,可见加入 C_E 后电压放大倍数提高了,但输入电阻下降了。

例 2-3 分析图 2-20(a)电路的静态工作点、放大倍数以及输入电阻、输出电阻。

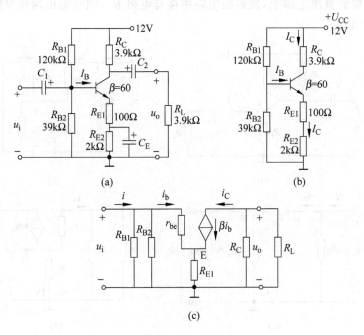

图 2-20 例题 2-3 电路

解:(1) 静态分析

图 2-20(b)是该电路的直流通道,有关参数计算如下:

$$U_B = \frac{R_{B2}}{R_{B1}+R_{B2}}U_{CC} = \frac{39}{39+120} \times 12\text{V} = 2.94\text{V}$$

$$I_C \approx I_E = \frac{U_B - U_{BE}}{R_{E1}+R_{E2}} = \frac{2.94-0.7}{0.1+2}\text{mA} = 1.07\text{mA}$$

$$U_{CE} = U_{CC} - I_E(R_C + R_{E1} + R_{E2}) = 12\text{V} - 1.07 \times (3.9+0.1+2)\text{V} = 6.4\text{V}$$

$$r_{be} = 300\Omega + (1+\beta)\frac{26\text{mV}}{I_E} = 300\Omega + 1482.24\Omega = 1.78\text{k}\Omega$$

(2) 动态分析

该电路的微变等效电路见图 2-20(c)计算过程如下:

$$\dot{A}_u = \frac{\dot{U}_o}{\dot{U}_i} = -\frac{\beta R_L'}{r_{be}+(1+\beta)R_{E1}} = -\frac{60 \times (3.9 /\!/ 3.9)}{1.78+61 \times 0.1} = -14.8$$

$$r_i = R_{B1} /\!/ R_{B2} /\!/ [r_{be}+(1+\beta)R_{E1}] = 6.21\text{k}\Omega$$

$$r_o = R_C = 3.9\text{k}\Omega$$

此例说明串接在射极电路中的电阻 R_{E1} 会使放大倍数降低,同时使输入电阻增大。

2.3 射极跟随器

射极跟随器是一种应用很广的放大电路,它的具体电路见图 2-21(a)。其电路特点是集电极直接连接到直流电源上,发射极电路中接有电阻 R_E,同时输出端从发射极引出,所以又称为射极输出器。

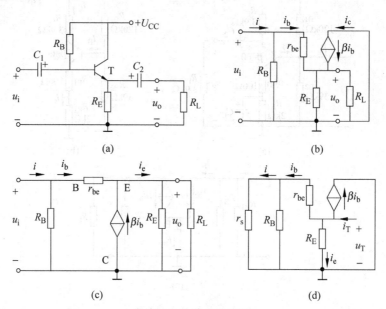

图 2-21 射极跟随器电路

(a)射极跟随器;(b)微变等效电路;(c)微变等效电路的另一种画法;(d)加压求流法求输出电阻

1. 静态分析

将电路中的电容 C_1、C_2 断开,便可以得到直流通道,然后利用发射极电阻折合的方法,由输入电路可以得

$$I_B = \frac{U_{CC} - U_{BE}}{R_B + (1+\beta) R_E} \qquad (2-27)$$

因此

$$I_E = (1+\beta) I_B$$
$$U_E = I_E R_E$$
$$U_{CE} = U_{CC} - U_E$$

2. 动态分析

将 C_1、C_2 短路,并将直流电源置零(对地短路),三极管用其微变等效电路代替,便构成射极跟随器的微变等效电路如图 2-21(b)所示。图 2-21(c)是微变等效电路的另一种画法。此电路的输入输出信号是以集电极为公共端的,所以通常称为共集电极电路。由图 2-21(b)得

2.3 射极跟随器

$$\dot{U}_i = \dot{I}_b r_{be} + \dot{I}_e R'_L \quad (R'_L = R_E /\!/ R_L)$$

$$\dot{I}_e = (1+\beta)\dot{I}_b$$

$$\dot{U}_o = \dot{I}_e R'_L$$

联立以上三式得

$$\dot{A}_u = \frac{\dot{U}_o}{\dot{U}_i} = \frac{(1+\beta)R'_L}{r_{be}+(1+\beta)R'_L} \tag{2-28}$$

所求得的放大倍数有两个特点：①是正数,表示输出电压与输入电压同相；②因为 $(1+\beta)R'_L \gg r_{be}$,所以 A_u 小于1,但接近于1。说明输出电压和输入电压相差不多,因此输出和输入波形几乎相同。这就是跟随器名称的由来,有时也称其为电压跟随器。因为它的 A_u 总是小于1,所以射极跟随器没有电压放大能力,只有电流放大能力。

由图 2-21(b)可求出输入电阻

$$r_i = R_B /\!/ [r_{be}+(1+\beta)R'_L]$$

由于 $(1+\beta)R'_L$ 这一项的引入,使得射极跟随器的输入电阻远大于共射极放大电路的输入电阻。

此外,还可以用加压求流法求输出电阻：将微变等效电路中的信号源置零,保留受控源；在输出端加上电压 u_T,然后求出输入电流 i_T,二者之比便是输出电阻。参见图 2-21(d), r_s 是信号源的内阻,可知

$$\dot{I}_e = \frac{\dot{U}_T}{R_E}$$

$$\dot{I}_b = \frac{\dot{U}_T}{r_{be}+r_s /\!/ R_B}$$

$$\dot{I}_c = \beta \dot{I}_b$$

$$\dot{I}_T = \dot{I}_b + \dot{I}_e + \beta \dot{I}_b$$

联立以上四式可求出

$$r_o = \frac{\dot{U}_T}{\dot{I}_T} = \frac{\dot{U}_T}{\dot{I}_b+\dot{I}_e+\beta\dot{I}_b} = \frac{\dot{U}_T}{\dfrac{\dot{U}_T}{r_{be}+r_s /\!/ R_B}+\dfrac{\dot{U}_T}{R_E}+\beta\dfrac{\dot{U}_T}{r_{be}+r_s /\!/ R_B}}$$

$$= \frac{1}{\dfrac{1}{R_E}+(1+\beta)\dfrac{1}{r_{be}+r_s /\!/ R_B}} = \frac{1}{\dfrac{1}{R_E}+\dfrac{1}{(r_{be}+r_s /\!/ R_B)/(1+\beta)}}$$

从上式可知

$$r_o = R_E /\!/ \left(\frac{r_{be}+r_s /\!/ R_B}{1+\beta}\right) \tag{2-29}$$

上式中,由于 $\dfrac{r_{be}+r_s /\!/ R_B}{1+\beta}$ 项中分母是 $1+\beta$,其值较大,而 r_{be} 和 r_s 较小,所以射极跟随器的输出电阻很小,具有很强的带负载能力。式(2-29)也说明把电阻 r_{be} 和 r_s 从基极折合到发射极,电阻缩小了 $1+\beta$ 倍。

射极跟随器虽然不能放大电压信号,但其他应用广泛。用作放大器的输入级可以提高

输入电阻,用作输出级可以提高带负载能力,用作中间级可以起到阻抗匹配作用。

例 2-4 射极输出器电路如图 2-22 所示,已知三极管的放大倍数 $\beta=100$。求电压放大倍数 $A_u=\dfrac{\dot U_o}{\dot U_i}$、输入电阻 r_i 和输出电阻 r_o,以及电压放大倍数 $A_{us}=\dfrac{\dot U_o}{\dot U_s}$。

解:先求三极管的静态电流

$$I_B = \frac{U_{CC}-U_{BE}}{R_B+(1+\beta)R_E} \approx \frac{12-0.7}{430+101\times 2}\text{mA} = 0.0178\text{mA}$$

$$r_{be} = 300\Omega + \frac{26\text{mV}}{I_B} = 1.76\text{k}\Omega$$

微变等效电路如下图所示。

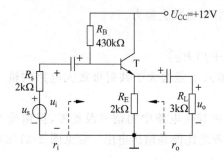
图 2-22 例 2-4 电路

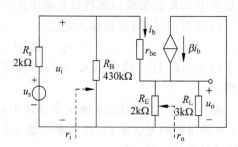
图 2-23 例 2-4 电路的微变等效电路

电压放大倍数

$$A_u = \frac{\dot U_o}{\dot U_i} = \frac{(1+\beta)R_E}{r_{be}+(1+\beta)R_E} = \frac{101\times 2}{1.76+101\times 2} = 0.99$$

输入电阻

$$r_i = R_B /\!/ [r_{be}+(1+\beta)R_B /\!/ R_L] = 430 /\!/ [1.76+(1+100)\times 1.2]\text{k}\Omega = 96.62\text{k}\Omega$$

输出电阻

$$r_o = R_E /\!/ \left(\frac{r_{be}+R_s /\!/ R_B}{1+\beta}\right) = 2 /\!/ \left(\frac{1.76+2 /\!/ 430}{1+100}\right)\Omega = 36.46\Omega$$

对信号 u_s 的电压放大倍数

$$A_{us} = \frac{\dot U_o}{\dot U_s} = \frac{r_i}{r_i+R_s}A_u = \frac{96.62}{96.62+2}\times 0.99 = 0.97$$

2.4 场效应管放大电路

场效应管组成的放大电路和半导体三极管组成的放大电路一样,都要设置合适的静态工作点。不同的是,场效应管是电压控制器件,要为场效应管的各电极之间设置正确的工作电压。场效应管的偏置电路有两种,即自偏压电路和分压式偏置电路。自偏压偏置电路的应用范围小,因此本书只介绍分压式偏置电路。

2.4 场效应管放大电路

1. 静态分析

场效应管放大电路的静态工作点分析，主要目的是求 U_{DS}、U_{GS} 和 I_D。求解方法与三极管电路类似，即先找出直流通道，然后再求各直流参数。

图 2-24 放大电路中用的是 N 沟道结型场效应管。R_{G1}、R_{G2}、R_{G3} 组成偏置电路，场效应管栅极电压由 R_{G1}、R_{G2} 分压得到

$$U_G = \frac{R_{G2}}{R_{G1}+R_{G2}}U_{DD}$$
$$U_S = I_D R_S$$

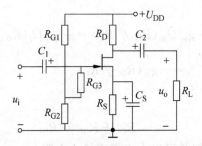

图 2-24 分压式偏置的场效应管放大电路

则

$$U_{GS} = U_G - U_S = \frac{R_{G2}}{R_{G1}+R_{G2}}U_{DD} - I_D R_S \quad (2\text{-}30)$$

上式与 N 沟道 JFET 的电流方程 $i_D = I_{DSS}\left(1-\dfrac{u_{GS}}{U_{GS(off)}}\right)^2$（见式(1-26)）联立，可以求出此电路的静态工作点，详见下例。

例 2-5 如图 2-24 电路，已知电路参数：$R_{G1}=2\text{M}\Omega$，$R_{G2}=47\text{k}\Omega$，$R_D=30\text{k}\Omega$，$R_S=2\text{k}\Omega$，$U_{DD}=18\text{V}$。场效应管 $u_{GS(off)}=-1\text{V}$，$I_{DSS}=0.5\text{mA}$。试确定电路的静态工作点。

解：将所给参数代入式(2-30)和电流方程(1-26)得以下方程组：

$$\begin{cases} I_D = 0.5(1+u_{GS})^2 \\ u_{GS} = \dfrac{47}{47+2000} \times 18 - 2I_D \end{cases}$$

解出

$$I_D = (0.95 \pm 0.64)\text{mA}$$

而 $I_{DSS}=0.5\text{mA}$，所以应该取

$$I_D = 0.95\text{mA} - 0.64\text{mA} = 0.31\text{mA}$$

代入上式得

$$u_{GS} = -0.22\text{V}$$
$$U_{DS} = U_{DD} - I_D(R_D - R_S) = 8.1\text{V}$$

2. 动态分析

动态分析可以用图解法和微变等效电路法，与分析三极管电路类似，下面只介绍微变等

效电路法。首先画出电路的交流通道,然后将场效应管用其微变等效电路代替,得到微变等效电路。图 2-24 电路的微变等效电路如图 2-25 所示。

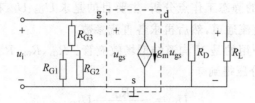

图 2-25 图 2-24 电路的微变等效电路

1) 电压放大倍数

$$\dot{U}_\text{o} = -g_\text{m} \dot{U}_\text{gs}(R_\text{D} /\!/ R_\text{L}) = -g_\text{m} \dot{U}_\text{i}(R_\text{D} /\!/ R_\text{L})$$

$$\dot{A}_u = \frac{\dot{U}_\text{o}}{\dot{U}_\text{i}} = -g_\text{m}(R_\text{D} /\!/ R_\text{L})$$

2) 输入电阻

$$r_\text{i} = R_\text{G3} + R_\text{G1} /\!/ R_\text{G3}$$

R_G3 不影响静态工作点,但是可以大大提高输入电阻。

3) 输出电阻

与三极管共射极放大电路类似,输出电阻

$$r_\text{o} = R_\text{D}$$

例 2-6 图 2-26 是场效应管构成的源极跟随器,其中的场效应管为 N 沟道耗尽型 MOS 管。$R_\text{G1} = 20\text{M}\Omega, R_\text{G2} = 20\text{M}\Omega, R_\text{S} = 10\text{M}\Omega, R_\text{L} = 10\text{M}\Omega$。场效应管的跨导 $g_\text{m} = 3\text{mA/V}$。试画出其微变等效电路,并计算电压放大倍数 A_u、输入电阻 r_i 和输出电阻 r_o。

解:将 MOS 管用其微变等效电路替换,将电容开路,便得到微变等效电路如图 2-27 所示。

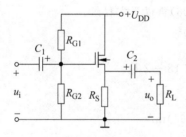

图 2-26 源极跟随器

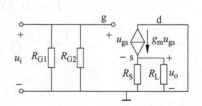

图 2-27 图 2-26 电路的微变等效电路

由输出回路得

$$\dot{U}_\text{o} = (g_\text{m} \dot{U}_\text{gs}) R'_\text{L}, \quad R'_\text{L} = R_\text{L} /\!/ R_\text{s}$$

由输入回路

$$\dot{U}_\text{gs} = \dot{U}_\text{i} - \dot{U}_\text{o}$$

所以

$$\dot{U}_o = g_m(\dot{U}_i - \dot{U}_o)R'_L$$

解得中频放大倍数

$$\dot{A}_u = \frac{R_S}{1 + g_m R'_L} = \frac{3 \times 5}{1 + 3 \times 5} = 0.94$$

输入电阻

$$r_i = R_{G1} /\!/ R_{G2} = 10\text{M}\Omega$$

输出电阻可用加压求流法求得

$$r_o = \frac{R_S}{1 + g_m R_S} = 0.33\text{k}\Omega$$

由以上分析可见,源极跟随器具和射极跟随器具有相同的特点:放大倍数小于1,但接近于1,输出信号和输出信号同相;输入电阻大,适用于作输入级;输出电阻小,带负载能力强,也适合做电路的输出级。

2.5 多级阻容耦合放大电路

前面讲过的放大电路的电压放大倍数一般只能达到几十到几百倍。然而在实际工作中,输入信号往往非常微弱,要将其放大到能推动负载工作的程度,仅通过由单个放大器件组成的单级放大电路放大,是达不到要求的。因此,必须通过多个单级放大电路连续多次放大,才可满足实际需要。图2-28中,将各级放大电路串联起来,其总的电压放大倍数是各级放大倍数的乘积,即

图 2-28 多级放大电路

$$\dot{A}_T = \dot{A}_1 \dot{A}_2 \dot{A}_3 \tag{2-31}$$

多级放大电路是由两级或两级以上的单级放大电路连接而成的。多级放大电路中,级与级之间的连接方式称为耦合方式。为了能够实现放大,级与级之间耦合时,必须满足以下条件:

(1) 保证各级都有合适的静态工作点;
(2) 保证信号在级与级之间能够顺利地传输。

电路的耦合方式有:阻容耦合、直接耦合与变压器耦合。本章介绍第一种耦合方式,后两种耦合方式将在以后的相关章节中介绍。

2.5.1 阻容耦合多级放大电路的分析

级与级之间通过电容连接传递信号的方式称为阻容耦合方式。图2-29是一个两级阻容耦合放大电路。选择适当的电容值,使它对中频交流信号可视为短路,使前级输出信号能够顺利传递到下一级的输入端。由于电容的隔直作用,各级的静态工作点互相不影响。

由于阻容耦合放大电路各级的静态工作点互相独立,分析方法与单级放大电路没有区别,因此此处不再讨论。下面只讨论动态分析,分析方法仍采用微变等效电路法。图2-29的微变等效电路如图2-30所示。

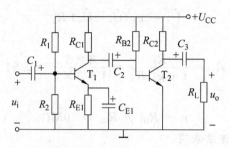

图 2-29 两级阻容耦合放大电路

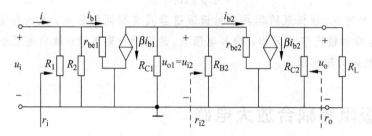

图 2-30 图 2-29 的微变等效电路

1. 放大倍数

第一级的放大倍数,注意到第二级的输入电阻 r_{i2} 即是第一级电路的负载,所以

$$\dot{A}_{u1} = \frac{\dot{U}_{o1}}{\dot{U}_i} = -\frac{\beta_1(R_{C1} // R_{B2} // r_{be2})}{r_{be1}}$$

第二级的放大倍数

$$\dot{A}_{u2} = \frac{\dot{U}_o}{\dot{U}_{o1}} = -\frac{\beta_2(R_{C2} // R_L)}{r_{be2}}$$

第一级的输出就是第二级的输入,因此

$$\dot{A}_u = \frac{\dot{U}_o}{\dot{U}_i} = \frac{\dot{U}_o}{\dot{U}_{o1}} \frac{\dot{U}_{o1}}{\dot{U}_i} = \dot{A}_{u1} \dot{A}_{u2}$$

2. 输入电阻与输出电阻

由图可得输入电阻

$$r_i = R_1 // R_2 // r_{be1}$$

输出电阻

$$r_o = R_{C2}$$

例 2-7 电路图如图 2-31 所示,三极管均为硅管。试:

(1) 计算两级电路的静态工作点;

(2) 画出该电路的微变等效电路;

(3) 求各级电压放大倍数 $\dot{A}_{u1}$、$\dot{A}_{u2}$ 和总放大倍数 $\dot{A}_u$。

2.5 多级阻容耦合放大电路

(4) 计算输入电阻 r_i 和输出电阻 r_o。

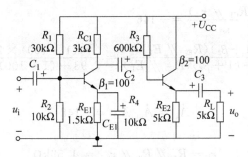

图 2-31　例 2-7 电路图

解：(1) 第一级是分压式偏置电路，为简化计算，忽略 I_B。则其静态工作点是

$$U_{B1} = \frac{R_2}{R_1 + R_2} U_{CC} = \frac{10}{30+10} \times 12\text{V} = 3\text{V}$$

$$I_{C1} \approx I_{E1} = \frac{U_{B1} - U_{BE1}}{R_{E1}} = \frac{3-0.7}{1.5}\text{mA} = 1.53\text{mA}$$

$$I_{B1} = \frac{I_{C1}}{\beta_1} = \frac{1.53}{100}\mu\text{A} = 15.3\mu\text{A}$$

$$U_{CE1} \approx U_{CC} - I_C(R_{E1} + R_{C1}) = 12\text{V} - 1.53 \times (1.5+3)\text{V} = 5.12\text{V}$$

第二级是射极跟随器，其静态工作点为

$$I_{B2} = \frac{U_{CC} - U_{BE2}}{R_3 + (1+\beta_2)R_{E2}} = \frac{12-0.7}{600 + (1+100) \times 5}\mu\text{A} = 10.2\mu\text{A}$$

$$I_{C2} = \beta I_{B2} = 1\text{mA}$$

$$U_{CE2} = U_{CC} - I_{E2}R_{E2} = 7\text{V}$$

(2) 微变等效电路如图 2-32 所示。

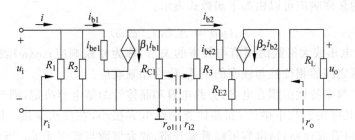

图 2-32　图 2-31 电路的微变等效电路

(3) 求放大倍数

根据静态分析结果求出 r_{be1} 和 r_{be2}：

$$r_{be2} = 300\Omega + (1+\beta_2)\frac{26\text{mV}}{I_{E2}} = 2.93\text{k}\Omega$$

$$r_{be1} = 300\Omega + (1+\beta_1)\frac{26\text{mV}}{I_{E1}} = 2.02\text{k}\Omega$$

第二级的输入电阻

$$r_{i2} = R_3 \mathbin{/\mkern-5mu/} [r_{be2} + (1+\beta_2)(R_{E2} \mathbin{/\mkern-5mu/} R_L)] = 600 \mathbin{/\mkern-5mu/} [2.93 + (100+1) \times 2.5]\text{k}\Omega \approx 179\text{k}\Omega$$

各级放大倍数

$$\dot{A}_{u1} = -\frac{\beta_1(R_{C1} /\!/ r_{i2})}{r_{be1}} = -146$$

$$\dot{A}_{u2} = \frac{(1+\beta_2)(R_{E2} /\!/ E_L)}{r_{be2}+(1+\beta_2)(R_{E2} /\!/ E_L)} = \frac{(1+100)\times 2.5}{2.93+(1+100)\times 2.5} \approx 1$$

总放大倍数

$$\dot{A}_u = \dot{A}_{u1}\dot{A}_{u2} = -148$$

(4) 输入电阻

$$r_i = R_1 /\!/ R_2 /\!/ r_{be1} = 1.59\text{k}\Omega$$

第一级的输出电阻为

$$r_{o1} = R_{C1} = 3\text{k}\Omega$$

第二级是射极跟随器,输出电阻为

$$r_o = R_{E2} /\!/ \left(\frac{r_{be2}+R_{C1}/\!/R_{B3}}{1+\beta_2}\right) = r_o = 5 /\!/ \left(\frac{2.93+3/\!/600}{1+100}\right)\Omega \approx 58.7\Omega$$

*2.5.2 阻容耦合放大电路的频率特性

以前的讨论中,放大器的电压放大倍数均认为是与频率无关的量,这实际是在某种特定的频率范围内近似处理的结果。实际上,放大电路中存在着储能元件,如隔直电容、旁路电容、晶体管的结电容和分布电容等,它们的容抗均与频率有关。因此,放大器的电压放大倍数应该与频率有关。在电子技术的实际应用中,所处理的信号一般不是单一频率的信号,例如:音频信号的频率范围是 20Hz~20kHz,图像信号是 0~6MHz。所以放大器的电压放大倍数与频率的关系是应该要研究的内容,但是限于篇幅及学时,本书对放大电路的频率特性只作简单介绍。

放大电路的频率响应可以由如下函数式表示:

$$\dot{A}_u(j\omega) = A_u(\omega)\angle\varphi(\omega) \tag{2-32}$$

式中 $A_u(\omega)$ 表示电压放大倍数的幅值与频率的关系,称为幅频响应;$\varphi(\omega)$ 表示放大器输出电压与输入电压之间的相位差与频率的关系,称为相频响应。

放大电路的频率特性由耦合电容、旁路电容和晶体管的结电容决定,耦合电容和旁路电容较大,一般为几微法到几十微法,而晶体管的结电容很小,在皮法量级。因此,在中频范围,耦合电容可以看成短路,结电容可以看成开路,放大倍数与频率无关;当频率降低时,耦合电容的容抗不能忽略,结电容仍然可以看成开路,放大倍数随着频率的降低而降低;当频率升高时,耦合电容仍然可以看成短路,但是结电容不能再看成开路,晶体管的放大倍数随着频率的升高而降低,因而电路的放大倍数随着频率的升高而降低。

下面以单管放大电路(图 2-3)为例,简单介绍频率特性的分析方法。考虑到耦合电容和三极管结电容的作用,图 2-3 电路的微变等效电路如图 2-33(a)所示。

图中,C_1 和 C_2 是输入和输出耦合电容,虚线框内是三极管的高频等效电路,b′是三极管内部的一个等效点,C'_π 是结电容的等效电容,它与三极管基极-发射极之间的结电容 C_π 的关系是

$$C'_\pi = g_m R'_L C_\pi \tag{2-33}$$

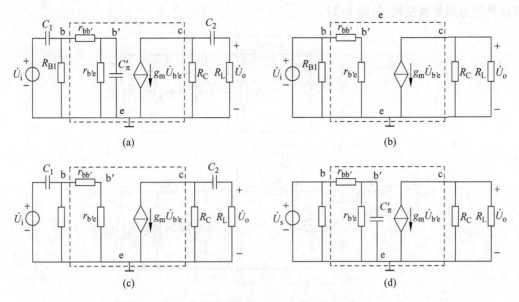

图 2-33 考虑电容影响的微变等效电路

1. 中频电压放大倍数

在中频范围内，耦合电容可以看成短路，三极管的结电容看成开路。等效电路简化为图 2-32(b)，电压放大倍数

$$A_{uM} = \frac{\dot{U}_o}{\dot{U}_i} = \frac{r_{b'e}}{r_{be}}(-g_m R'_L) \tag{2-34}$$

其中，$r_{be} = r_{bb'} + r_{b'e}$，$R'_L = R_L // R_C$。中频放大倍数与频率无关。

2. 低频电压放大倍数

低频时结电容可以看成开路。为了简化分析，认为 C_2 很大，只考虑 C_1 的作用，并认为 R_{B1} 很大，将其开路。等效电路简化为图 2-32(c)。由输入回路可得

$$\dot{U}_{b'e} = \frac{1}{r_{be} + \frac{1}{j\omega C_1}} \dot{U}_i$$

$$\dot{U}_o = -g_m \dot{U}_{b'e} R'_L$$

电压放大倍数

$$\dot{A}_{uL}(j\omega) = \frac{\dot{U}_o}{\dot{U}_i} = -g_m R'_L \left(\frac{r_{b'e}}{r_{be} + \frac{1}{j2\pi f C_1}} \right) = \frac{A_{uM}}{1 + \frac{1}{j2\pi f r_{be} C_1}} = \frac{A_{uM}}{1 + \frac{f_L}{jf}} \tag{2-35}$$

其中，f_L 为下限截止频率，$f_L = \frac{1}{2\pi r_{be} C_1}$。

3. 高频电压放大倍数

高频时耦合电容短路，等效电路简化为图 2-33(d)。利用戴维南定理，将输入回路中电

容以外的电路等效变换,见图 2-34。

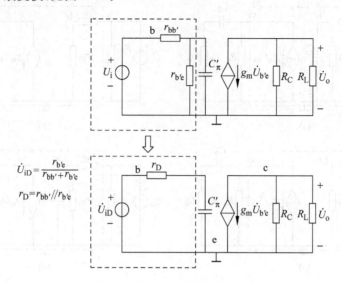

图 2-34　图 2-33(a)高频时的等效电路

电压放大倍数

$$\dot{A}_{uH}(j\omega) = \frac{\dot{U}_o}{\dot{U}_i} = -g_m R'_L \left[\frac{\frac{1}{j2\pi f C'_\pi}}{r_D + \frac{1}{j2\pi f C'_\pi}} \right] \frac{r_{b'e}}{r_{be}} = \frac{A_{uM}}{1+j2\pi f r_D C'_\pi} = \frac{A_{uM}}{1+\frac{jf}{f_H}} \quad (2-36)$$

式中,f_H 为上限截止频率,$f_H = \frac{1}{2\pi r_D C'_\pi}$。

根据以上分析,可以画出总的电压放大倍数的频率特性曲线,见图 2-35。

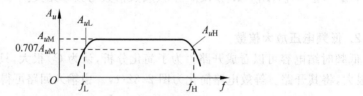

图 2-35　幅频特性曲线

当下限截止频率很小时,频带宽度(bandwidth,BW)约等于上限截止频率,即 BW ≈ f_H。中频放大倍数与带宽的乘积称为放大电路的增益带宽积(gain bandwidth product,GBP)。由此可得单管放大电路的增益带宽积

$$\text{GBP} = |A_{uM} f_H| = \frac{r'_{be}}{r_{be}}(g_m R'_L) \frac{1}{2\pi r_D C'_\pi} = \frac{1}{2\pi r_{bb'} C'_\pi} \quad (2-37)$$

上式说明,一旦放大电路中的三极管选定,其增益带宽积就基本确定了,这个结论具有普遍性。

4. 总的电压放大倍数

综合以上分析结果,可得总的电压放大倍数为

$$\dot{A}_u(j\omega) = \frac{A_{uM}}{\left(1+\dfrac{jf}{f_H}\right)\left(1+\dfrac{f_L}{jf}\right)} \tag{2-38}$$

式(2-38)与图 2-35 相对应,表明了由于电路中存在各种电容,三极管放大电路的放大倍数随频率的变化情况。在低频和高频的情况下,放大倍数随着频率的变化而变化,而对于中频区域,放大倍数基本是不变的。

2.6 放大电路的仿真举例

例 2-8 如图 2-36 所示的单管放大电路。用 Multisim 分析计算静态工作点、放大倍数及带宽。

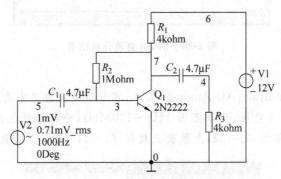

图 2-36 例 2-8 电路

解:(1) 直流分析

即计算静态工作点。选择 Simulate|Analysis|DC Operating Point 菜单,在分析特性菜单中选择要输出的参数,如图 2-37 所示。选择输出基极电流、集电极电流和发射极电压。默认情况下左边的参数表中只有各节点电压和独立源的电流,为增加三极管的各极电流,单击 `Add device/model parameter` 按钮,在弹出窗口中选择"@qq1[ib]和@qq1[ic]"即可将其加入到参数表中。仿真结果见图 2-38。由图可知 $U_{CE}=7.39\text{V}$,$I_C=1.14\text{mA}$,$I_B=6.77\mu\text{A}$。

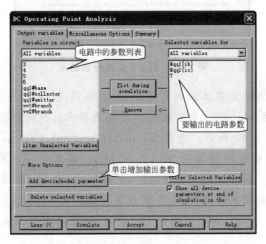

图 2-37 选择输出参数

图 2-38 例 2-8 直流分析结果

(2) 交流分析

选择 Simulate|Analysis|AC Analysis 菜单,在分析特性窗口中选择输出参数和频率范围,此处选择输出节点 4 电压,频率范围 1Hz~100MHz,分析结果见图 2-39。用光标线可以测量中频电压放大倍数 $A_u=82$,上限截止频率 $f_H=14$MHz,下限截止频率 $f_L=13$Hz。

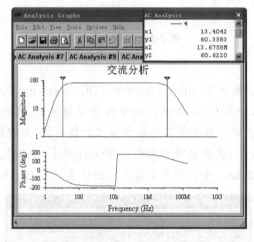

图 2-39 例 2-8 交流分析结果

例 2-9 在图 2-3 所示的基本放大电路中,电源电压是 12V,三极管型号 2N2222,集电极电阻 $R_C=4$kΩ。利用 Multisim 的参数扫描功能选择 R_B,为电路设置合适的静态工作点。

解: 编辑电路如图 2-40 所示。选择 Simulate|Analysis|Parameter Sweep,设置分析参数如图 2-41 所示,基极电阻扫描范围 500kΩ~2MΩ。每变化一次基极电阻,进行一次 DC 分析,输出集电极电压。分析结果见图 2-42。由图可知,当 R_B(图 2-40 电路中是 R_2)约为 1.2MΩ 时,U_{CE} 约等于电源电压的一半,所以取基极电阻为 1.2MΩ。

将基极电阻改为 1.2MΩ,对电路进行 DC 分析,得到静态工作点如图 2-43 所示。

2.6 放大电路的仿真举例

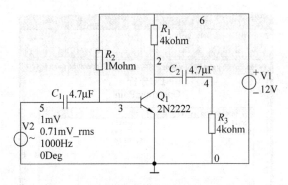

图 2-40 例 2-9 电路

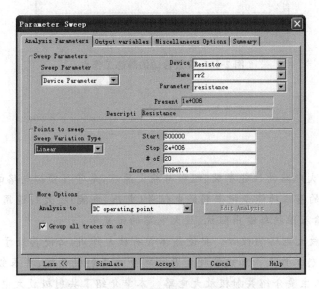

图 2-41 例 2-9 电路参数扫描分析设置

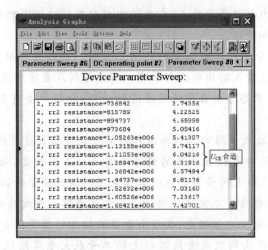

图 2-42 例 2-9 参数扫描分析结果

图 2-43　设置合适的静态工作点

本章小结

本章介绍的放大电路的性能参数、组成与放大原理,是学习模拟电路的基础。

(1) 放大电路的基本功能是把微弱的电信号(电压、电流)放大到适用的程度,它的技术指标有放大倍数、输入阻抗与输出阻抗、放大电路的带宽等。

(2) 晶体管是放大电路的核心。要使晶体管有放大作用,必使其处于线性区,因此必须为其设置合适的静态工作点。三极管放大器电路分为共射极电路、共基极电路和共集电极电路三种形式,本书主要介绍共射极放大电路。本章介绍了共射极放大电路的基本形式、分压式偏置电路与射极输出器。分压式偏置电路可以通过负反馈稳定静态工作点。射极输出器具有输入电阻高、输出电阻低的特点,在电路中可以起到阻抗匹配作用。要掌握这些放大电路的组成、分析方法和特点。

(3) 对放大电路的分析包括静态分析与动态分析。静态分析确定静态工作点,动态分析确定电路的放大倍数、输入输出电阻与带宽。静态分析在直流通道进行分析,分析方法有图解法与估算法两种。动态分析在交流通道进行分析,分析方法有图解法与微变等效电路法两种。

(4) 掌握场效应管放大电路的工作原理和分析方法。场效应管组成的放大电路和三极管组成的放大电路一样,都要设置合适的静态工作点。不同的是,场效应管是电压控制器件,要为场效应管的栅源极之间设置合适的工作电压。场效应管的偏置电路有两种,即自偏压式电路和分压式偏置电路。本章只介绍分压式偏置电路。场效应管放大电路的静态工作点由偏置电路的结构与电流方程确定,其放大电路的动态特性用微变等效电路法分析。

(5) 多级放大电路是由两级或者两级以上的单管放大电路经阻容耦合连接而成的,总的放大倍数为各级放大倍数的乘积。由于电容的隔直作用,对多级阻容耦合放大电路进行分析时,必须对各级电路进行单独分析,各级的静态工作点互不影响。而对其进行动态分析时，必须考虑各级之间的影响：后一级电路的输入电阻是前一级电路的负载。要掌握阻容耦合多级放大电路的特点与分析方法，了解阻容耦合放大电路的频率特性。

(6) 由于耦合电容以及三极管结电容的存在，放大电路有一定的频带宽度。其下限截止频率由耦合电容决定，上限截止频率由结电容决定。根据分析可知，如果耦合电容足够大，即下限截止频率比较小时，放大电路的增益带宽积只与所选三极管的频率特性有关。

(7) SPICE 是电路分析和设计的重要工具。通过本章的学习，掌握用 SPICE (Multisim)进行直流分析、交流分析、参数扫描分析等分析方法，能够用 SPICE(Multisim)进行三极管和场效应晶体管放大电路的设计。

习题

2.1 从静态工作点的设置和微变等效电路判断，题图 2-1 所示各电路对输入的正弦交流信号有无放大作用，并说明原因。假设图中各电容对交流信号均可视为短路。

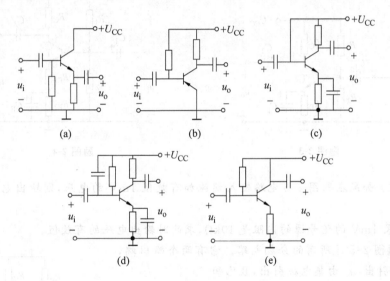

题图 2-1

2.2 题图 2-2 为共射极放大电路。已知 $U_{CC}=12\text{V}, R_B=200\text{k}\Omega, R_C=3\text{k}\Omega, R_L=1.5\text{k}\Omega$，三极管的 $\beta=40$。

(1) 估算该放大电路的静态工作点；
(2) 若想使静态时 $U_{CE}=9\text{V}$，则 R_B 应取多大？
(3) 若想使静态时 $I_C=1.5\text{mA}$，则 R_B 应取多大？
(4) 如果把 R_C 由 $3\text{k}\Omega$ 换成 $3.9\text{k}\Omega$，试定性说明此时的静态 $I_B、I_C、U_{CE}$ 将发生什么变化？

2.3 假设习题 2.2 中电路的参数保持原始值。
(1) 画出该电路的微变等效电路；
(2) 求 r_{be} 及中频放大倍数 $\dot{A}_u$；

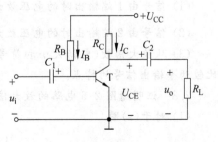

题图 2-2

(3) 求放大器的输入电阻 r_i 和输出电阻 r_o。

(4) 若输入信号不变而将 R_B 阻值降低，试问此时输出信号是否会发生变化？为什么？变化趋势是怎样的？

2.4 题图 2-3 所示电路，如 $U_{CC}=12V, R_1=7.5k\Omega, R_2=2.5k\Omega, R_C=2k\Omega, R_E=1k\Omega$，三极管 $\beta=50$。

(1) 求该电路的静态工作点；

(2) 画出该电路的微变等效电路；

(3) 求电压放大倍数、输入电阻和输出电阻。

2.5 把题图 2-3 中的 R_E 分成 R_{E1} 和 R_{E2} 两部分，$R_{E1}=R_{E2}=R_E/2$，其他条件不变，如题图 2-4 所示。

(1) 电路的静态工作点与题图 2-3 相比有无变化？

(2) 中频放大倍数有何变化？

(3) 输入电阻和输出电阻有何变化？

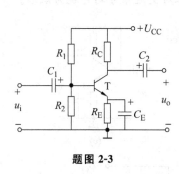

题图 2-3

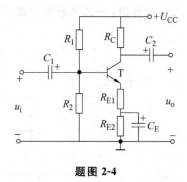

题图 2-4

2.6 (1) 如果在题图 2-3 电路输入端施加有效值 1mV 的电压，则输出电压的有效值为多大？

(2) 如果 1mV 的信号源的内阻是 $10k\Omega$，求此时输出电压的有效值。

2.7 题图 2-5 是所谓的分相电路。它有两个输出端，u_{o1} 从发射极引出，u_{o2} 由集电极引出，且已知

$$R_C = \frac{1+\beta}{\beta}R_E \approx R_E$$

求：

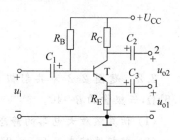

题图 2-5

(1) 信号由 1 端输出时的电压放大倍数 $\dot{A}_{u1}$；

(2) 信号由 2 端输出时的电压放大倍数 $\dot{A}_{u2}$；

(3) 从放大倍数（包括大小和符号）和输出电阻两方面比较两个输出信号的特点。

2.8 证明题图 2-6 电路的放大倍数分别为

(1) 对于(a)图

$$\dot{A}_u \approx -\frac{\beta_1 \beta_2 R_C}{r_{be1}+\beta_1 r_{be2}}$$

(2) 对于(b)图

$$\dot{A}_u \approx \frac{\beta_1 \beta_2 R_E}{r_{be1} + \beta_1 r_{be2} + \beta_1 \beta_2 R_E}$$

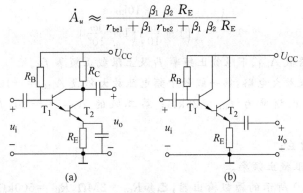

题图 2-6

2.9 单管交流放大器如题图 2-7 所示。已知 C_1、C_2 电容足够大,三极管 $U_{BE} \approx 0.7\text{V}$。
(1) 求电路的静态工作点 (I_B, I_C, U_{CE});
(2) 画出微变等效电路;
(3) 求电路的电压放大倍数 $\dot{A}_u = \dfrac{\dot{U}_o}{\dot{U}_i}$。
(4) 求此电路的输入电阻 r_i 和输出电阻 r_o。

2.10 两级阻容耦合放大电路如题图 2-8 所示,设两个晶体管参数相同($\beta=300$, $r_{be}=1\text{k}\Omega$),信号源电压有效值 $U_s=10\text{mV}$,试求输出电压有效值 U_o。

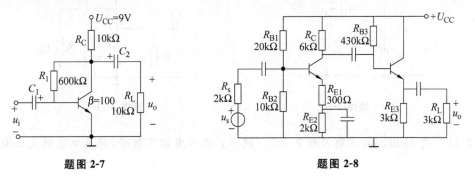

题图 2-7　　　　　　　　　题图 2-8

2.11 画出题图 2-9 所示的多级放大电路的微变等效电路。
(1) 写出各级放大倍数的表达式和总的放大倍数的表达式;
(2) 写出输入电阻和输出电阻的表达式。

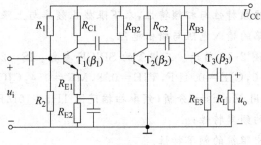

题图 2-9

2.12 已知某放大电路的电压放大倍数为

$$\dot{A}_u = \frac{-10\mathrm{j}\omega}{\left(1+\dfrac{\mathrm{j}\omega}{10}\right)\left(1+\dfrac{\mathrm{j}\omega}{10^5}\right)}$$

试求中频电压放大倍数 A_{uM}、下限截止频率 f_L 及上限截止频率 f_H。

2.13 一个两级放大电路,第一级的中频电压放大倍数 $A_{uM1}=-100$,下限截止频率为 $f_{L1}=10\mathrm{Hz}$,上限截止频率为 $f_{H1}=20\mathrm{kH}$;第二级的 $A_{uM2}=-20$,$f_{L2}=100\mathrm{Hz}$,$f_{H2}=150\mathrm{kHz}$。试求:

(1) 总的电压增益;

(2) 总的上、下限截止频率。

2.14 如图 2-10 所示的源极输出器,已知 $R_{G1}=2\mathrm{M}\Omega$,$R_{G2}=500\mathrm{k}\Omega$,$R_{G3}=1\mathrm{M}\Omega$,$R_D=20\mathrm{k}\Omega$,$R_S=4\mathrm{k}\Omega$,$U_{DD}=12\mathrm{V}$,场效应管的跨导 $g_m=1\mathrm{mS}$,试求电路的电压放大倍数、输入电阻和输出电阻。

2.15 自偏压式放大电路如题图 2-11 所示,$U_{DD}=+28\mathrm{V}$,$R_D=5\mathrm{k}\Omega$,$R_G=5\mathrm{M}\Omega$,$R_S=2\mathrm{k}\Omega$,$R_L=7.5\mathrm{k}\Omega$,$I_{DSS}=4\mathrm{mA}$,开启电压 $U_{GS(off)}=-4\mathrm{V}$,$g_m=4\mathrm{mS}$,电容 C_1、C_2、C_S 足够大。

(1) 计算电路的静态工作点 I_D、U_{GS} 和 U_{DS};

(2) 计算电路的电压放大倍数 $\dot{A}_u$。

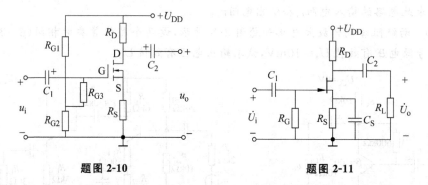

题图 2-10 　　　　　　　　题图 2-11

2.16 用 Multisim 求解习题 2.10。(提示:使用虚拟三极管,将其电流放大倍数改为 BF=300)

2.17 分压式偏置放大电路如图 2-18 所示。设三极管为 NPN 型硅管,型号为 2N3904,$\beta=416$。电路参数为:$R_C=3.3\mathrm{k}\Omega$,$R_E=1.3\mathrm{k}\Omega$,$R_{B1}=33\mathrm{k}\Omega$,$R_{B2}=9\mathrm{k}\Omega$,$R_L=5.1\mathrm{k}\Omega$,$C_1=C_2=10\mu\mathrm{F}$,$C_E=50\mu\mathrm{F}$,$U_{CC}=12\mathrm{V}$。试用 Multisim 分析:

(1) 求静态工作点;

(2) 画出该电路的幅频特性与相频特性,求下限截止频率与上限截止频率;

(3) 仿真测试该电路的输入电阻与输出电阻。

2.18 电路图如题图 2-12 所示。三极管的 SPICE 参数:IS=2E-16,BF=50,BR=1,RB=5,RC=1,RE=0,CJE=0.4PF,VJE=0.8,ME=0.4,CJC=0.5PF,VJC=0.8,CCS=1PF,VA=100。用 Multisim 分析(频率扫描范围 1Hz~10MHz):

(1) 电压放大倍数的频率特性;

(2) 输入阻抗和输出阻抗的频率特性。

提示：请注意输入阻抗和输出阻抗的定义。找到用仿真软件测试输入阻抗和输出阻抗的办法。

2.19 题图 2-13 是用 JFET 2N 3370 组成的共源电路。电路参数为：$U_{DD}=20\text{V}$，$R_{G1}=500\text{k}\Omega$，$R_{G2}=20\text{k}\Omega$，$R_{G3}=5.1\text{M}\Omega$，$R_D=50\text{k}\Omega$，$R_1=1\text{k}\Omega$，$R_2=5\text{k}\Omega$，$C_1=1\mu\text{F}$，$C_2=4.7\mu\text{F}$，$C_3=100\mu\text{F}$，$R_L=50\text{k}\Omega$。用 Multisim 分析：

（1）电压放大倍数的频率特性；

（2）输入信号频率 1kHz、有效值 10mV，观察输出波形并与输入信号对比；输入信号有效值是 500mV 时，输出信号又如何？

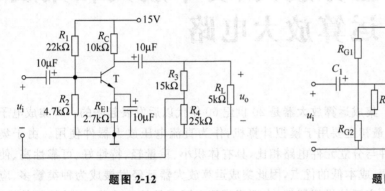

题图 2-12　　　　　　　　题图 2-13

第 3 章

差分放大、功率放大和集成运算放大电路

集成运算放大器是 20 世纪 60 年代以后发展起来的一种集成电子器件，最初主要用于模拟计算机，作为直流电压放大器件使用。由于集成器件与分立元件电路相比，具有体积小、重量轻、特性好、可靠性高、使用方便、成本低的优点，因此集成运算放大器已经发展成为种类繁多、应用最为广泛的模拟器件，占据了模拟电子学的核心地位，在计算机技术、控制技术、无线电技术和各类非电类信号测量的电路中有重要的应用。

集成运算放大器(简称集成运放)是一种直接耦合的多级放大电路，其内部结构一般由输入级、中间级(也称增益级)和输出级组成，如图 3-1 所示，各部分电路的要求各不相同。为了克服直接耦合电路零点偏移的缺点，输入级采用差分放大电路的结构。中间级的目的是提高电路整体的放大倍数，但是其输出功率不够大，因此输出级采用功率放大电路，为负载提供一定的输出电流。电容 C_F 的作用是进行频率补偿，避免自激振荡。本章将分别介绍差分放大电路和功率放大电路的基本结构和工作原理，在此基础上介绍集成运算放大器的特性、等效电路和运放电路的分析方法。

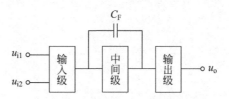

图 3-1 集成运算放大器的组成

3.1 差分放大电路

由于耦合电容的存在，阻容耦合放大电路只能用于放大中频信号，不能放大直流和低频信号。要放大缓慢变化的信号或直流信号，则必须

3.1 差分放大电路

改变信号在放大电路之间的传送方式(一般采用直接耦合的方式)。差分放大器采用直接耦合的方式传送信号,因此,可用于放大直流信号、低频信号和中频信号。差分放大器也是集成运算放大器的一个基本单元电路。

3.1.1 直接耦合电路的特殊问题

将图 3-2(a)所示的两级放大电路中的电容去掉,则可得图 3-2(b)所示的直接耦合放大电路。下面将以该电路为例来说明直接耦合电路中存在的特殊问题。

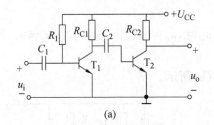 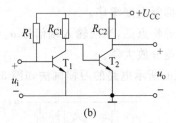

图 3-2 由基本放大电路构成的两级放大电路
(a) 阻容耦合;(b) 直接耦合

1. 各级之间静态工作点互相影响

如果仅把阻容耦合多级放大电路的耦合方式改为直接耦合方式,则放大电路有可能由于静态工作点的变化而不能正常工作。例如,图 3-2(b)所示电路的静态分析如下:令 $u_i=0$,即输入端短路,则三极管 T_1 的静态工作点位于截止区,T_2 的发射结正向导通,使 T_1 的集电极电位为 0.7V;三极管 T_2 的静态工作点位于饱和区。因此该放大电路不能正常工作。图 3-2(b)所示的电路结构可改进为图 3-3 所示的电路,以便设置合适的静态工作点。在图 3-3 所示的电路中,静态工作点还会受到负载电阻和信号源内阻的影响。

2. 温度漂移

从理论上讲,在图 3-3 所示的电路中,如果输入信号为零,则输出端的电压应该为直流量。但实际上,其输出电压可能会按图 3-4 所示的波形变化,这种现象称为零点漂移。产生零点漂移的原因有晶体管特性对温度变化的敏感性、直流电源波动、器件老化等。其中,温度是主要原因,故零点漂移也称为温度漂移(简称为温漂)。在多级放大电路中,前一级的温漂将作为后一级的输入信号,经过多级放大后,零点漂移的作用将不可忽视。在信号较小时,零点漂移甚至会淹没信号。为克服零点漂移,需要在电路中引入直流负反馈或在电路的结构上作一些改变,差分放大器就是一种可以克服零点漂移的放大器。

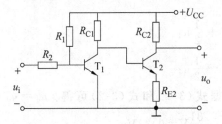 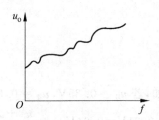

图 3-3 图 3-3(b)所示电路的改进   图 3-4 图 3-3 的电路的输出波形

3.1.2 基本差分放大电路

图3-5(a)所示为一基本差动放大器。该放大电路由左右完全对称的两个基本放大电路组成,即图中 $R_{11}=R_{21}$,$R_{C1}=R_{C2}$,$R_{B1}=R_{B2}$,晶体管 T_1 与 T_2 的性能完全一致。

设 U_{C1} 和 U_{C2} 分别为静态时晶体管 T_1 与 T_2 的集电极的电位,Δu_{C1} 和 Δu_{C2} 分别为温度漂移引起的集电极电位变化量,则在该放大电路中,当 $u_{i1}=u_{i2}=0$ 时,$u_o=U_{C1}-U_{C2}=0$;当温度变化时,$u_o=(U_{C1}+\Delta u_{C1})-(U_{C2}+\Delta u_{C2})=0$。因此,该电路的输出中去掉了直流量,并能够很好地抑制温度漂移。

该电路的特点是,当两输入端信号 $u_{i1}=u_{i2}$ 时,$u_o=0$;当 $u_{i1}\neq u_{i2}$ 时,$u_o\neq 0$。所以这类放大器被称为差分放大器。

图3-5(a)所示电路的习惯画法如图3-5(b)所示。

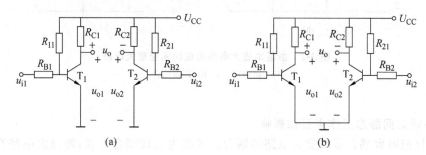

图3-5 基本差动放大器

1. 差模信号、共模信号与信号的分解

将差分电路中的两个输入信号稍作变换,写成如下形式:

$$u_{i1} = \frac{u_{i1}+u_{i2}}{2} + \frac{u_{i1}-u_{i2}}{2}$$

$$u_{i2} = \frac{u_{i1}+u_{i2}}{2} - \frac{u_{i1}-u_{i2}}{2}$$

从上两式可知,两个输入信号 u_{i1}、u_{i2} 分别由两个信号分量组成,定义 $u_c=\frac{u_{i1}+u_{i2}}{2}$ 为共模信号(共模分量),$u_d=u_{i1}-u_{i2}$ 为差模信号(差模分量),即

$$u_c = \frac{u_{i1}+u_{i2}}{2} \tag{3-1}$$

$$u_d = u_{i1}-u_{i2} \tag{3-2}$$

于是

$$u_{i1} = u_c + \frac{1}{2}u_d$$

$$u_{i2} = u_c - \frac{1}{2}u_d$$

例如,若 $u_{i1}=0.35\text{V}$,$u_{i2}=0.31\text{V}$,则根据式(3-1)和式(3-2)可得:$u_d=u_{i1}-u_{i2}=0.35\text{V}-0.31\text{V}=0.04\text{V}$,$u_c=\frac{u_{i1}+u_{i2}}{2}=\frac{0.35+0.31}{2}\text{V}=0.33\text{V}$。

2. 共模电压放大倍数 A_c

在差分放大电路中，如果 $u_{i1} = u_{i2}$，输入信号中只有共模信号成分，即 $u_d = 0$，此时输出电压 u_o 与共模输入信号 u_c 之比定义为共模电压放大倍数（common-mode gain），即

$$A_c = \frac{u_o}{u_c} \tag{3-3}$$

对于一个性能比较好的差动放大电路，$A_c \ll 1$。当差动放大电路左右完全对称时，$A_c = 0$。

3. 差模电压放大倍数 A_d

在差分放大电路中，如果 $u_{i1} = -u_{i2}$，输入信号中只有差模信号成分，即 $u_c = 0$，$u_d = u_{i1} - u_{i2} = 2u_{i1}$，此时输出电压与差模信号之比称为差模电压放大倍数（differential-mode gain），即

$$A_d = \frac{u_o}{u_d} \tag{3-4}$$

A_d 一般比较大。定义：$A_{d1} = \frac{u_{o1}}{u_{i1}}$，$A_{d2} = \frac{u_{o2}}{u_{i2}}$，分别为左、右两边放大电路对差模信号的放大倍数。因为 $u_{i1} = -u_{i2} = u_d$，$u_{o1} = -u_{o2} = \frac{u_o}{2}$，所以

$$A_d = A_{d1} = A_{d2} \tag{3-5}$$

设差分放大电路静态时（即 $u_{i1} = u_{i2} = 0$）的输出电压为 U_{oQ}，差模电压放大倍数为 A_d，共模电压放大倍数为 A_c，两个输入端对地的电位分别为 u_{i1} 和 u_{i2}，则

$$u_o = U_{oQ} + A_d(u_{i1} - u_{i2}) + A_c \frac{(u_{i1} + u_{i2})}{2} \tag{3-6}$$

4. 共模抑制比

共模抑制比（common-mode rejection ratio, CMRR）记为 K_{CMRR}，其定义为

$$K_{CMRR} = \left|\frac{A_d}{A_c}\right| \text{(dB)} \quad \text{或} \quad K_{CMRR} = 20\lg\left|\frac{A_d}{A_c}\right| \text{(dB)} \tag{3-7}$$

例如，若 $A_d = -200$，$A_c = 0.1$，则 $K_{CMRR} = 20\lg\left|\frac{-200}{0.1}\right| \text{dB} = 66\text{dB}$。

共模抑制比是衡量差分放大器性能的一项重要指标。共模抑制比越大，说明放大器对差模信号有较好的放大能力，对共模信号有较强的抑制能力。

3.1.3 双电源长尾式差动放大电路

当环境温度变化时，图 3-3 所示的基本差分放大电路的静态工作点发生变化。为稳定静态工作点，在图 3-3 所示的电路中引入射极电阻 R_E；另外，为了增加输出信号的变化幅度，放大电路采用正、负双电源供电。改进后的电路如图 3-6 所示。根据其结构特点，该电路称为双电源长尾式差分放大电路。

在图 3-6 所示的电路中，$R_{C1} = R_{C2} = R_C$，$R_{B1} = R_{B2} = R_B$，晶体管 T_1 与 T_2 的性能一致。电位器 R_W 为调零电位器，其阻值很小，通过滑动端调整电路，保证在 $u_{i1} = u_{i2} = 0$ 时，$u_o = 0$。该电路中，射极电阻 R_E 与分压式偏置共射放大电路中射极电阻的工作原理相同，起抑制温

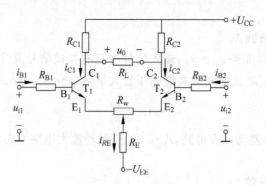

图 3-6 双电源长尾式差分放大电路

度漂移、稳定静态工作点的作用。R_E 抑制温度漂移的过程为一个"负反馈"。假设环境温度上升,负反馈过程如下:

$T(℃)↑ \Rightarrow I_{C1}、I_{C2}↑ \Rightarrow I_{RE}(≈2I_{C1})↑ \Rightarrow U_{E1}、U_{E2}↑ \Rightarrow U_{BE1}、U_{BE2}↓ \Rightarrow I_{B1}、I_{B2}↓ \Rightarrow I_{C1}、I_{C2}↓$

分析结果说明,该负反馈阻止集电极电流的变化,从而稳定静态工作点。

1. 静态分析

假设图 3-6 所示电路左右两端完全对称,$R_w = 0$。令 $u_{i1} = u_{i2} = 0$。由于电路左右两侧对称,两个三极管的静态工作点相同,R_L 两端电位相等、流过的电流为 0,所以在直流通路中 R_L 相当于开路。双电源长尾式差分放大电路的直流通路如图 3-7 所示。在电路中由负电源 $-U_{EE}$ 给 T_1 和 T_2 提供基极电流。

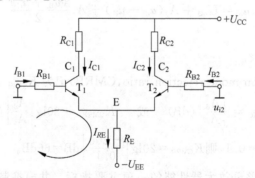

图 3-7 双电源长尾式差分放大电路的直流通路

设 $β_1 = β_2 = β$。按图 3-4 中箭头所示的方向列回路的电压方程,有

$$I_{B1} R_{B1} + U_{BE1} + 2(1+β) I_{B1} R_E - U_{EE} = 0$$

可得

$$I_{B1} = \frac{U_{EE} - U_{BE1}}{R_{B1} + 2(1+β) R_E}$$

$$U_E = -I_{B1} R_{B1} - U_{BE1}$$

$$U_{C2} = U_{C1} = U_{CC} - I_{C1} R_{C1}$$

$$U_{CE2} = U_{CE1} = U_{C1} - U_E$$

根据计算结果,判定静态工作点的设置是否合适。

2. 动态分析

首先分析图 3-7 所示的电路中射极电阻 R_E 对差模信号的作用。当输入信号为差模信号时，$u_{i1}=-u_{i2}$，$i_{b1}=-i_{b2}$，$i_{e1}=-i_{e2}$，所以差模信号在 R_E 上产生的电流为 0，差模信号在 R_E 上产生的压降也为零。因此对差模信号而言，R_E 相当于短路，可以得到如图 3-8 所示的差模信号通路。下面利用差模信号通路，分析差分放大电路的动态性能，如差模电压放大倍数、输入电阻、输出电阻等。

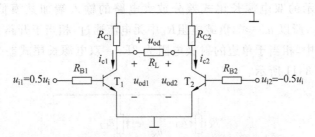

图 3-8　双电源长尾式差分放大电路的差模信号通路

1) 差模电压放大倍数

在图 3-8 所示的差模信号通路中，由于 $u_{i1}=-u_{i2}$，所以 $u_{C1}=-u_{C2}$，负载电阻 R_L 的半阻值点的电位为 0，相当于单边放大电路的负载电阻为 $0.5R_L$。双电源长尾式差分放大电路的单边微变等效电路如图 3-9 所示。分析该等效电路，可得

$$A_d = A_{d1} = A_{d2} = -\frac{\beta(R_{C1} \mathbin{/\mkern-4mu/} 0.5R_L)}{R_{B1} + r_{be1}} \tag{3-8}$$

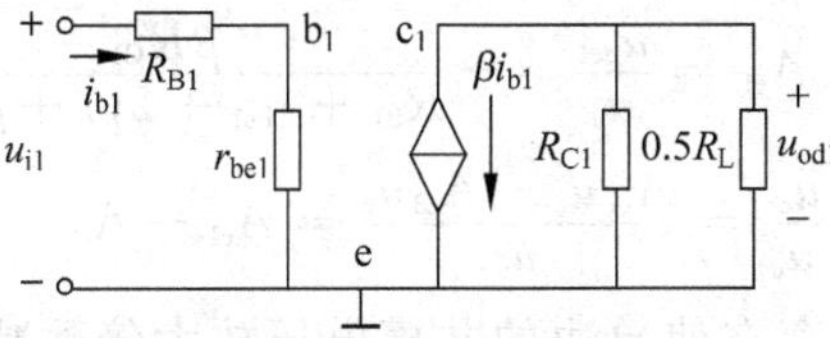

图 3-9　双电源长尾式差分放大电路的单边差模微变等效电路

2) 输入电阻和输出电阻

双电源长尾式差分放大电路的微变等效电路如图 3-10 所示。

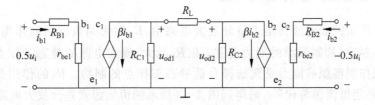

图 3-10　双电源长尾式差分放大电路的微变等效电路（差模）

列写该电路输入回路的电压方程，有

$$u_i = i_{b1} R_{B1} + i_{b1} r_{be1} - i_{b2} r_{be2} - i_{b2} R_{B2}$$

因为 $i_{b1}=-i_{b2}$，$R_{B1}=R_{B2}$，所以

$$u_i = 2\,i_{b1}\,R_{B1} + 2\,i_{b1}\,r_{be1}$$

$$r_{id} = \frac{u_i}{i_{b1}} = 2(R_{B1} + r_{be1}) \tag{3-9}$$

在图 3-10 所示电路中，令 $u_i = 0$，则 i_{b1}、i_{b2}、i_{c1}、i_{c2} 均为 0，所以输出电阻为

$$r_{od} = 2\,R_{C1} \tag{3-10}$$

即输入电阻和输出电阻分别为单边放大电路输入电阻和输出电阻的两倍。

3) 共模信号通路及共模放电压大倍数

当在图 3-5 所示的双电源长尾式差分放大电路的输入端加共模信号 u_c 时，$i_{c1} = i_{c2}$，$i_{RE} = 2\,i_{e1}$，$u_{oc1} = u_{oc2}$，所以 $u_{oc} \approx 0$，负载电阻 R_L 中无电流通过，相当于开路。将射极电阻 R_E 折算到单边放大电路中，相当于单边的射极电阻为 $2R_E$。双电源长尾式差分放大电路的共模信号等效电路如图 3-11 所示。

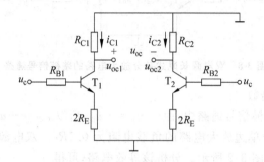

图 3-11 双电源长尾式差分放大电路的共模信号等效电路

可得两个单边电路的放大倍数 A_{c2}、A_{c1}，以及整个电路对共模输入信号的放大倍数 A_c：

$$A_{c2} = A_{c1} = \frac{u_{oc1}}{u_c} = -\frac{\beta R_{C1}}{R_{B1} + r_{be1} + 2(1+\beta)\,R_E} \tag{3-11}$$

$$A_c = \frac{u_{oc}}{u_c} = \frac{A_{c1}\,u_c - A_{c2}\,u_c}{u_c} = A_{c1} - A_{c2} \tag{3-12}$$

由式(3-11)可见，R_E 的存在使单边的共模电压放大倍数减小，当电路不完全对称时，式(3-12)所表示的共模电压放大倍数将会减小，所以 R_E 起到抑制共模信号和零点漂移的作用。

3.1.4 恒流源式差分放大电路

在图 3-6 所示的双电源长尾式差分放大电路中，R_E 越大则负反馈的作用越强，共模电压放大倍数 A_c 越小，抑制温漂的能力越强；但 R_E 越大，放大电路的静态工作点却越接近截止区。即增强抑制温飘的能力受到选择合适静态工作点的制约。R_E 的作用是保证静态工作点稳定，如果用恒流源替代 R_E，则得到图 3-12 所示的恒流源式差分放大电路。

在图 3-12 所示的恒流源式差分放大电路中，只要电路左右侧对称，静态时，电路中三极管的静态电流 $I_{E1} = I_{E1} = 0.5\,I_s$，恒定不变。因此恒流源式差放抑制温漂、稳定静态工作点的能力强于双电源长尾式差放。对于共模信号，恒流源的作用相当于双电源长尾式差放中射极电阻 $R_E \to \infty$，根据式(3-12)，其共模电压放大倍数趋于 0，共模抑制比趋于无穷。实际的恒流源式差放电路如图 3-13 所示，电路中 T_3 工作在线性放大区，有

3.1 差分放大电路

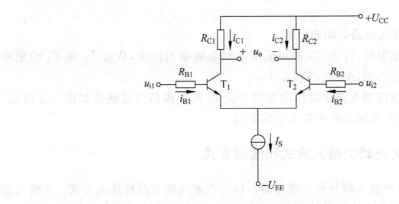

图 3-12 恒流源式差分放大电路

$$U_{B3} \approx \frac{R_1}{R_1 + R_2} \times (-U_{EE})$$

$$I_{C3} \approx I_{E3} \approx \frac{U_{B3} - U_{BE3} - (-U_{EE})}{R_3}$$

因此 I_{C3} 基本不变,于是在图 3-13 所示的电路中,负电源、T_3、R_1、R_2 和 R_3 一起构成了恒流源。在画恒流源式差分放大电路时,通常采用图 3-12 所示的简易画法。

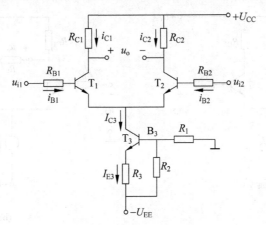

图 3-13 恒流源式差放的实际电路

1. 恒流源式差分放大电路的静态分析

在恒流源式差分放大电路中,由于电路对称,所以有

$$I_{E1} = I_{E2} = 0.5 I_s$$

$$I_{C1} = I_{C2} \approx 0.5 I_s$$

$$I_{B1} = I_{B2} \approx \frac{0.5 I_s}{1 + \beta_1}$$

$$U_{CE2} = U_{CE1} = U_{C1} - U_{E1} = (U_{CC} - I_{C1} R_{C1}) - (-I_{B1} R_{B1} - U_{BE1})$$

根据计算结果,判定静态工作点的设置是否合适。

2. 恒流源式差分放大电路的动态分析

对于共模信号,恒流源使 T_1 和 T_2 的射极电流和基极电流恒定,从而 T_1 和 T_2 的集电极电位恒定不变,所以 $u_{oc}=0, A_c=0, K_{CMRR} \to \infty$。

对于差模信号,在恒流源支路中差模电流信号为 0,其差模信号通路仍如图 3-5 所示,动态性能的分析与双电源长尾式差分放大电路相同。

3.1.5 差分放大电路的输入方式和输出方式

差分放大电路有两个输入端和两个输出端。信号在输入端有两种接入方式:若输入信号从两个输入端输入,则称之为双端输入,如图 3-14(a)所示的输入形式;若输入信号从一个输入端输入,另一个输入端接地,称之为单端输入,如图 3-14(b)电路所示的输入形式。信号的输出端也有两种方式:若信号从一个输出端取出,称之为单端输出,如图 3-14(a)所示的输出形式;若信号从两个输出端差模取出,则称之为双端输出,如图 3-14(b)的输出形式。所以差分放大电路的输入和输出有四种接法:单端输入/单端输出、单端输入/双端输出、双端输入/单端输出、双端输入/双端输出。图 3-14(a)的电路是双端输入/单端输出,图 3-14(b)的电路是单端输入/双端输出。

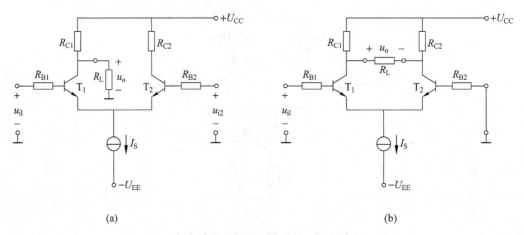

图 3-14 差分放大电路的输出、输出形式

1. 双端输入和单端输入与差模电压放大倍数

图 3-15 所示的电路虚线框中的电路称为均压器。将输入信号 u_i 通过均压器,分别接到差分放大电路的两个输入端,由于差分放大电路对称,均压器的输出端,即差分放大电路的两个输入端有

$$u_{i1} = 0.5u_i, \quad u_{i2} = -0.5u_i$$

即通过均压器,可以把输入信号转换成纯差模信号的形式提供给差分放大电路。

若输入信号采用双端输入,例如 $u_{i1} = -u_{i2} = 0.5u_i$,则

$$u_d = u_{i1} - u_{i2} = u_i$$

3.1 差分放大电路

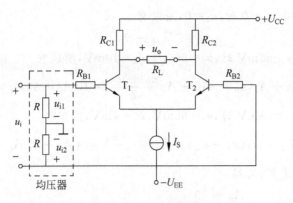

图 3-15 均压器

$$u_c = \frac{u_{i1} + u_{i2}}{2} = 0$$

若输入信号采用单端输入,如图 3-14(b)所示,$u_{i1} = u_i$,$u_{i2} = 0$,则

$$u_d = u_{i1} - u_{i2} = u_i$$

$$u_c = \frac{u_{i1} + u_{i2}}{2} = 0.5 u_i$$

可见,不管信号是采用双端输入还是单端输入,差模信号均相同,因此输入端的连接方式不影响差模电压放大倍数等动态性能。

2. 双端输出和单端输出与差模电压放大倍数

若输出信号采用双端输出,则

$$u_{od} = u_{od1} - u_{od2} = 2u_{od1}$$

$$u_i = u_{i1} - u_{i2} = 2u_d$$

$$A_d = \frac{u_{od}}{u_{i1} - u_{i2}} = \frac{2u_{od1}}{2u_{i1}} = A_{d1}$$

若输出信号采用单端输出,例如从 T_1 的集电极输出,则

$$u_{od} = u_{od1}$$

$$u_i = u_{i1} - u_{i2} = 2u_d$$

$$A_d = \frac{u_{od}}{u_{i1} - u_{i2}} = \frac{u_{od1}}{2u_{i1}} = 0.5 A_{d1}$$

根据上述分析,可得如下结论:当差分放大电路采用双端输出时,差模电压放大倍数等于单边放大倍数;当差分放大电路采用单端输出时,差模电压放大倍数等于单边放大倍数的一半。采用单端输出时,若从 T_2 的集电极输出,则输出信号与从 T_1 的集电极输出的信号极性相反。

例 3-1 在做双端输入/双端输出差放电路实验时,测得数据如下:当 $u_{i1} = 0$,$u_{i2} = 0$ 时,$u_o = 0$;当 $u_{i1} = 65 \text{mV}$,$u_{i2} = 55 \text{mV}$ 时,$u_o = 203 \text{mV}$;当 $u_{i1} = 62 \text{mV}$,$u_{i2} = 58 \text{mV}$ 时,$u_o = 83 \text{mV}$。求:

(1) 差模电压放大倍数;
(2) 共模抑制比。

解：已知当 $u_{i1}=0$、$u_{i2}=0$ 时，$u_o=0$，所以有
$$U_{oQ}=0$$
当 $u_{i1}=65\text{mV}$、$u_{i2}=55\text{mV}$ 时，$u_c=60\text{mV}$，$u_d=10\text{mV}$，所以有
$$u_o=U_{oQ}+A_d(u_{i1}-u_{i2})+A_c\frac{u_{i1}+u_{i2}}{2}=10\,A_d+60\,A_c=203\text{V}$$
当 $u_{i1}=62\text{mV}$、$u_{i2}=58\text{mV}$ 时，$u_c=60\text{mV}$，$u_d=4\text{mV}$，所以有
$$u_o=U_{oQ}+A_d(u_{i1}-u_{i2})+A_c\frac{u_{i1}+u_{i2}}{2}=4\,A_d+60\,A_c=83\text{V}$$
将上述方程联立求解，可得
$$A_d=20$$
$$A_c=0.05$$
$$K_{\text{CMRR}}=20\lg\left(\frac{20}{0.05}\right)\text{dB}\approx52\text{dB}$$

例 3-2　在图 3-16 所示的差分放大电路中，$\beta_1=\beta_2=60$，$R_{C1}=R_{C2}=15\text{k}\Omega$，$R_{B1}=R_{B2}=1\text{k}\Omega$，$R_L=15\text{k}\Omega$。

(1) 若输出信号从 T_1 的集电极引出，求放大倍数 A_d；

(2) 若输出信号从 T_2 的集电极引出，求放大倍数 A_d；

(3) 当输出信号从 T_2 的集电极引出时，可否把电阻 R_{C1} 去掉，将 T_1 的集电极直接接到 $+15\text{V}$ 电源？

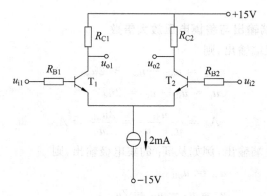

图 3-16　例 3-2 图

解：依题意，有
$$I_{E1}=I_{E2}=1\text{mA}$$
$$r_{be1}=r_{be2}=300\text{k}\Omega+61\times\frac{26}{1}\text{k}\Omega\approx1.89\text{k}\Omega$$

(1) 若输出信号从 T_1 的集电极引出，则输出信号与输入信号反相，有
$$A_d=0.5\,A_{d1}=-0.5\times\frac{\beta_1(R_{C1}\,/\!/\,R_L)}{R_{B1}+r_{be1}}=-0.5\times\frac{60\times(15\,/\!/\,15)}{1+1.89}\approx-77.9$$

(2) 若输出信号从 T_2 的集电极引出，则输出信号与输入信号同相，有
$$A_d=-0.5\,A_{d1}=0.5\times\frac{\beta_1(R_{C1}\,/\!/\,R_L)}{R_{B1}+r_{be1}}=0.5\times\frac{60\times(15\,/\!/\,15)}{1+1.89}\approx77.9$$

(3) 当输出信号从 T_2 的集电极引出时，可以去掉电阻 R_{C1}，将 T_1 的集电极直接接到

+15V 电源。因为去掉电阻 R_{C1} 后,左右两个单边放大电路的输入回路仍然对称,两个三极管的射极电流恒定为电流源电流的一半。所以电路的静态工作点稳定,抑制零点漂移的能力不变。

3.2 功率放大电路

信号经过电压放大后,还需要进行功率放大,才能要驱动执行机构,如仪表指针偏转、扬声器发声等。功率放大电路(power amplifier)简称功放,对电压放大倍数没有要求,但要求信号无失真、电路的效率高以及有较强的带负载能力。

因为功率放大电路通常为多级放大电路的最后一级,因此在功率放大电路中,电流、电压都比较大,必须注意不能超过功率管的极限值,如集电极的最大电流 I_{Cm}、集射极反向击穿电压 $U_{CEO(br)}$、集电极允许的最大功耗 P_{Cm}。在分析功放电路时,不能采用用于小信号的微变等效电路法,而应该采用图解法。

3.2.1 功率放大电路的主要技术指标和电路特点

1. 功率放大电路的主要技术指标

1) 最大输出功率

功率放大电路的输出功率就是负载上得到的信号功率,在输入信号为正弦波时,输出功率表示为 $P_o = U_o I_o$,其中 U_o、I_o 分别为负载上交流电压和电流的有效值。最大输出功率 P_{om} 是当电路的参数确定、输出不出现失真的条件下,负载上可能得到的交流功率最大值。

2) 最高转换效率

功率放大电路的最高转换效率是负载上得到的交流功率最大值 P_{om} 与电源提供功率的平均值 P_V 之比,即 $\eta_m = \dfrac{P_{om}}{P_V}$,$P_V$ 是电源电压与电源提供的电流平均值的乘积。提高功率放大器的转换效率可以在相同输出功率的条件下减小功放电路内部的能量损耗。

2. 直接耦合射极输出器电路作为功率放大器存在的问题

在第 2 章中介绍的射极输出器具有输出电阻小的特点,可以提供较大的输出电流。只要将其静态工作点设置在负载线的中点附近,就可以得到最大的电压变化范围,而且,只要电压波动范围处于线性范围,输出波形就没有失真。因此,从输出不失真的功率方面来说,射极输出器可以作为功率放大电路使用。图 3-17(a)是一个直接耦合的射极输出器,当输入信号为 0 时,通过电阻 R_1、R_B 的分压为电路设置合适的静态工作点。R_L 是负载,因为输出是直接耦合,所以交流负载线和直流负载线是重合的,如图 3-17(b)所示。为了得到最大的输出电压波动范围,可以将静态工作点设置在负载线上的饱和点和截止点的中间位置。为了计算方便,可以忽略饱和电压,即认为三极管饱和时其压降为 0;同时忽略截止电流,即认为三极管截止时漏电流为 0。这样,静态工作点

$$U_{CEQ} = \frac{U_{CC}}{2}$$

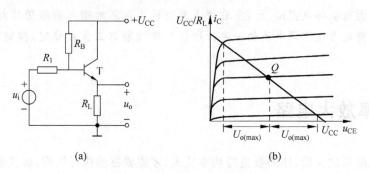

图 3-17 直接耦合的射极输出器

$$I_{CQ} = \frac{U_{CC}}{2R_L}$$

最大输出电压的最大值为

$$U_{om(max)} = \frac{U_{CC}}{2}$$

直流电源的输出电流为静态电流与动态电流的叠加,即

$$i_C = I_{CQ} + i_c = I_{CQ} + I_{cm}\sin(\omega t + \varphi)$$

式中,I_{cm} 是动态电流的峰值;ω、φ 分别是电流的角频率和初相。于是直流电源的平均功率为

$$P_V = \frac{1}{T}\int_0^T U_{CC}\, i_C\, dt = \frac{U_{CC}}{T}\int_0^T i_C\, dt = \frac{U_{CC}^2}{2R_L}$$

负载 R_L 得到的最大功率为

$$P_{om} = \frac{\left(\dfrac{U_{om(max)}}{\sqrt{2}}\right)^2}{R_L} = \frac{\left(\dfrac{U_{CC}}{2\sqrt{2}}\right)^2}{R_L} = \frac{U_{CC}^2}{8R_L}$$

因此最大效率为

$$\eta_m = \frac{P_{om}}{P_V} = \frac{\dfrac{U_{CC}^2}{8R_L}}{\dfrac{U_{CC}^2}{2R_L}} = 25\%$$

考虑到三极管的饱和电压和截止电流的影响,输出电压的波动范围小于 $\dfrac{U_{CC}}{2}$,因此实际的效率 $\eta < 25\%$。

选择功率放大电路的电路结构时有两个基本原则。一个是为了得到不失真的输出电压,放大器的静态工作点设计在负载线的中心位置,如上所述电路。输入为正弦波时,在整个信号周期内晶体管都处于导通状态,输出波形基本上无失真。三极管的这种工作状态称为甲类工作状态,如图 3-18(a)所示。这种电路在没有信号输入时晶体管中仍有电流流过,使得电路的静态功率消耗较大,工作效率低。另一个是将晶体管的静态工作点设为 0($I_{CEQ}=0$),以减少晶体管的功率损耗。这样,三极管的导通时间只有半个周期,为了在输出端得到整个波形,利用两个晶体管轮流导通的方式,将输出波形合成为一个完整的正弦波。三极管的这种工作状态称为乙类工作状态,如图 3-18(b)所示。这种电路中,由于晶体管死区电压的影响,在输入信号很小时可能出现两个晶体管都不导通的情况,每个晶体管的导通时间实际小于半个周期,这时出现的失真称为"交越失真"。为了消除这种失真,可以适当提高晶体管的静态工作点,将晶体管的静态工作点设置在如图 3-18(c)中所示的位置,晶体管的导通时间大于半个周期,晶体管的这种工作状态称为甲乙类工作状态。

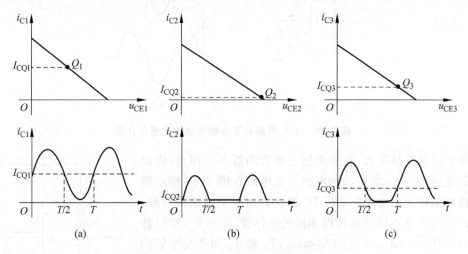

图 3-18 放大电路的类型和电流波形
(a) 甲类功放; (b) 乙类功放; (c) 甲乙类功放

3.2.2 互补对称式功率放大电路

互补对称式功率放大电路(complementary symmetric power amplifier)采用两个不同类型(NPN 型和 PNP 型)的、特性相同的晶体管(即输入、输出特性相同、温度特性一致等),两只晶体管在信号的正半周和负半周交替工作。

1. OCL 电路

1) OCL 电路的组成与工作原理

OCL 电路为无输出电容的功率放大电路,基本电路结构和波形图如图 3-19(a)所示。它采用了大小相同、极性相反的两个直流电源 $+U_{CC}$ 和 $-U_{CC}$,基极接输入信号 u_i,发射极接负载 R_L,实际上是在乙类状态工作的射极输出器。由于电路结构上、下两部分对称,因此静态时 $u_i=0$,$U_B=0$,$U_E=0$,功率管 T_1 和 T_2 均处于截止区。该电路中,由于 $U_B=0$、$U_E=0$,所以输入端和输出端无需耦合电容,信号可采用直接耦合的方式输入和输出,所以称为无输出电容型(output capacitorless,OCL)电路。

在图 3-19(a)所示的电路中,输入正弦波信号为 u_i,在正半周 $u_i>0$,T_1 导通,T_2 截止,负载电流由 $+U_{CC}$ 通过 T_1 提供,$u_o=u_i$;在负半周 $u_i<0$,T1 截止,T2 导通,负载电流由 $-U_{CC}$ 经过 T_2 提供,$u_o=u_i$。所以在输出端可以得到完整的信号。但是由于 T_1 和 T_2 的静态工作点 Q 位于截止区,其发射结存在正向死区电压,只有在输入信号超过死区电压时三极管才导通,使得两个三极管的导通时间都小于半个周期。所以在输入信号过零处,输出有失真,称为交越失真。当输入信号为正弦波时,电路输入、输出信号的波形图如图 3-19(b)所示。

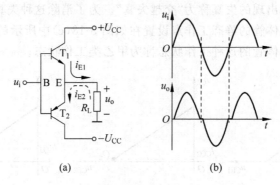

图 3-19 OCL 电路的基本结构和输出信号波形

为了克服交越失真,就要调整三极管的静态工作点,将原电路修改成如图 3-20 所示的电路。该电路在图 3-19 所示原理电路的基础上增加了 R_1、R_2、D_1 和 D_2。由于电路结构对称,T_1 和 T_2 为两个不同型但特性相同的晶体管,$R_1 = R_2$,所以静态时 $U_A = U_E = 0$,$U_{B1} \approx U_D$,$U_{B2} \approx U_D$,T_1 和 T_2 两个功率管的发射结处于弱导通状态,因此可以克服图 3-19 所示电路中的交越失真。在输入正弦波信号的正半周,T_1 继续导通、T_2 截止,$u_o = u_i$;在负半周,T_1 截止、T_2 继续导通,$u_o = u_i$,在输出端可以得到完整的信号波形。三极管在一个信号周期的工作时间略大于半个周期,处于甲乙类工作状态。

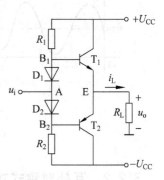

图 3-20 OCL 互补对称功率放大电路

2) OCL 电路的效率

假设 u_i 为正弦波,T_1 和 T_2 的饱和管压降为 0,忽略饱和区和截止区,图 3-19 所示功放电路的最大输出信号的幅值为 $U_{om(max)} = U_{CC}$,所以输出的最大功率为

$$P_{om} = \frac{U_{om(max)}^2}{R_L} = \left(\frac{U_{CC}}{\sqrt{2}}\right)^2 \cdot \frac{1}{R_L} = \frac{U_{CC}^2}{2R_L} \tag{3-13}$$

T_1 和 T_2 集电极电流的平均值为

$$I_{C1(av)} = I_{C2(av)} = \frac{1}{2\pi}\int_0^\pi \frac{U_{CC}}{R_L}\sin\omega t \, d(\omega t) = \frac{U_{CC}}{\pi R_L} \tag{3-14}$$

两个电源输出的总功率为

$$P_V = 2P_{V1} = 2U_{CC}I_{C1(av)} = \frac{2U_{CC}^2}{\pi R_L} \tag{3-15}$$

电路的最大效率为

$$\eta_m = \frac{P_{om}}{P_V} \times 100\% = \frac{\pi}{4} \times 100\% \approx 78.5\% \tag{3-16}$$

3) 复合管与电压倍增器电路

功率放大器的输出电流较大,而大功率晶体管的电流放大倍数 β 较小(通常大功率晶体管的电流放大倍数为 20 左右),难以满足功放电路要求。例如音响电路输出端接有 8Ω 的负载电阻,输出端交流电压有效值为 6V,可以计算负载上得到的交流电流有效值大约为 750mA,如果功放电路的晶体管电流放大倍数是 20 倍的话,就要求前级的电压放大电路有

3.2 功率放大电路

37.5mA 的输出电流,而前级电压放大电路难以提供这么大的电流。况且,电路中还需要两只性能相同的大功率晶体管,一只是 NPN 型的,另一只是 PNP 型的,实际上也很难满足要求。通常的功率放大电路是利用复合管来解决大功率晶体管的驱动电流和配对问题。"复合管"就是利用多个晶体管组合成一个等效的、电流放大倍数较高的晶体管,如图 3-21 所示。

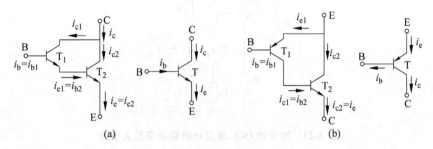

图 3-21 复合管
(a) NPN 型;(b) PNP 型

根据图 3-21(a)可得

$$i_c = i_{c1} + i_{c2} = \beta_1 i_{b1} + \beta_2 i_{b2} = \beta_1 i_{b1} + \beta_2 i_{e1}$$
$$= \beta_1 i_{b1} + \beta_2 (1 + \beta_1) i_{b1}$$
$$= (\beta_1 + \beta_2 + \beta_1 \beta_2) i_{b1}$$

由此可以得到复合管的电流放大倍数

$$\beta = \frac{i_c}{i_b} = (\beta_1 + \beta_2 + \beta_1 \beta_2) \approx \beta_1 \beta_2 \qquad (3-17)$$

连接复合管时要注意每只晶体管的电流方向要符合正常工作的方向;等效晶体管的类型仅由第一只晶体管决定,等效晶体管的电流放大倍数近似为各晶体管的电流放大倍数之积。

为了控制复合管的导通状态,需要为其提供与 U_{BE} 成倍数的电压,可以采用图 3-22 所示的 U_{BE} 电压倍增器电路。

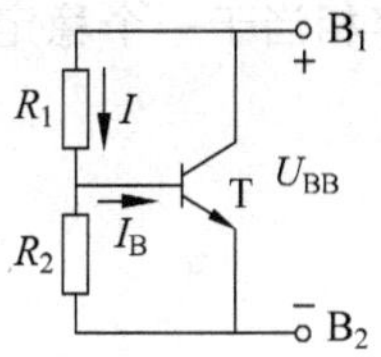

三极管 T 工作在线性区,参数设置使电路中 $I \gg I_B$,设 U_{BB} 为 B_1 和 B_2 之间的电压,则有

$$\frac{U_{BB}}{U_{BE}} \approx \frac{R_1 + R_2}{R_2} \qquad (3-18)$$

图 3-22 U_{BE} 电压倍增电路

上式表明,只要合理选择 R_1、R_2,在 B_1、B_2 间便可得到若干倍 U_{BE} 的电压。

4)实用的 OCL 准互补对称功率放大电路

实用的 OCL 准互补对称功率放大电路如图 3-23 所示。该电路为一个两级放大电路。T_1 构成共射电压放大电路,U_{B1Q} 为 T_1 基极的静态电位,与前级电路有关。后一级为 OCL 准互补对称功率放大电路,其中 T_3、T_4 构成 NPN 型复合功率管,T_5、T_6 构成 PNP 型复合功率管,采用复合管可以提高功放电路的电流驱动能力;T_2、R_1、R_2 构成 U_{BE} 电压倍增电路;R_4、R_6 为泄流电阻,分别对两个复合管中的第一只晶体管的反向饱和电流分流,减小被第二只晶体管放大的量,从而减小复合管反向饱和电流 I_{CEO};R_5、R_7 分别形成电流负反馈,提高电路的稳定性,同时也对 T_4 和 T_6 管起到电流保护作用。

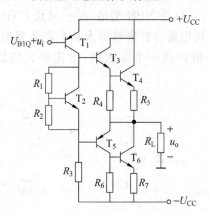

图 3-23 实用的 OCL 准互补对称功率放大电路

在该电路中,为使功率管处于弱导通状态,若忽略 R_5,则 T_3 管的基极电位应设置为 $2U_{BE}$(约 1.4V),T_5 管的基极电位应设置为 $-U_{BE}$(约 $-0.7V$),U_{BE} 电压倍增电路应设置为 $3U_{BE}$。

2. OTL 电路

1) OTL 电路的构成和工作原理

OTL(output transformerless)电路为无输出变压器的功率放大电路,OTL 互补对称功率放大电路如图 3-24 所示。该电路采用单电源供电,T_1 和 T_2 为两个不同型但特性相同的晶体管,$R_1 = R_2$。该电路的静态工作点设置为 $U_A = U_E = 0.5U_{CC}$,$U_{B1} \approx 0.5U_{CC} + U_D$,$U_{B2} \approx 0.5U_{CC} - U_D$,两个功率管的发射结处于弱导通状态以克服交越失真。由于 E 点的静态电位不等于 0,输出端需串接一个大滤波电容提取信号。静态时电容的端电压为 $0.5U_{CC}$;有信号时,电容的充电和放电时间常数较大,电容的端电压基本保持为 $0.5U_{CC}$ 不变,因此电容相当于一个稳定的、端电压为 $0.5U_{CC}$ 的直流电源。

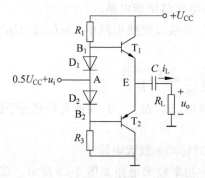

图 3-24 OTL 互补对称功率放大电路

该电路在工作时,信号通过前级放大电路后得到 u_i,叠加在 $0.5U_{CC}$ 的直流量上接至功放的输入端。在 u_i 的正半周,T_1 导通、T_2 截止,$u_o = u_i$,直流电源给负载供能,输出信号的最大峰值为 $0.5U_{CC}$;在负半周,T_1 截止、T_2 导通,$u_o = u_i$,由输出端的大电容 C 供能。在该电路中,功率管在一个信号周期的工作时间略大于半个周期,处于甲乙类工作状态。

2) OTL 电路的效率

假设 u_i 为正弦波,T_1 和 T_2 的饱和管压降为 0,忽略饱和区和截止区,图 3-24 所示功放电路输出信号的最大幅值 $U_{om(max)} = 0.5U_{CC}$,所以输出的最大功率为

$$P_{om} = \frac{U_{om(max)}^2}{R_L} = \left(\frac{0.5U_{CC}}{\sqrt{2}}\right)^2 \cdot \frac{1}{R_L} = \frac{U_{CC}^2}{8R_L} \qquad (3\text{-}19)$$

T_1 和 T_2 集电极电流的平均值为

$$I_{C1(av)} = I_{C2(av)} = \frac{1}{2\pi}\int_0^\pi \frac{0.5U_{CC}}{R_L}\sin\omega t\,d(\omega t) = \frac{U_{CC}}{2\pi R_L} \qquad (3\text{-}20)$$

直流电源输出的总功率为

$$P_V = U_{CC}\,I_{C1(av)} = \frac{U_{CC}^2}{2\pi R_L} \qquad (3\text{-}21)$$

电路的最大效率为

$$\eta_m = \frac{P_{om}}{P_V} \times 100\% = \frac{\pi}{4} \times 100\% \approx 78.5\% \qquad (3\text{-}22)$$

3) 实用的 OTL 准互补对称功率放大电路

图 3-25 为一个实用的准互补对称功率放大电路。电路中 T_1 构成的分压偏置电路起前置放大作用;T_2、T_3 构成 NPN 型复合功率管;T_4、T_5 构成 PNP 型复合功率管,以提高功放电路的电流驱动能力。R_6、R_8 为泄流电阻,用于减小复合管反向饱和电流 I_{CEO};R_7、R_9 为小电阻,引入负反馈以提高电路的稳定性,并起限流作用。

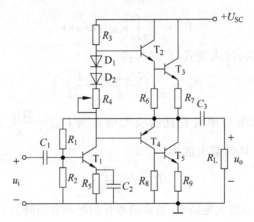

图 3-25 实用的 OCL 准互补对称功率放大电路

该电路设置静态工作点时,通过调整电阻 R_4,使 T_2 和 T_4 的基极得到合适的电位,使复合管均处于弱导通状态以消除交越失真,输出电容 C_3 的静态电压为 $0.5U_{CC}$。在该电路中,功率管在一个信号周期的工作时间大于半个周期,功率放大电路处于甲乙类工作状态。

3.2.3 功率管的选择

在选用功率管时,有三个主要参数:集电极-发射极反向击穿电压 $U_{CEO(br)}$,集电极最大电流 I_{Cm},功率管的最大耗散功率 P_{Tm}。

在互补对称功率放大电路中,晶体管的特性相同,电路的结构对称,两个功率管的参数

选择也相同。OCL 和 OTL 互补对称功率放大电路中功率管的选择方法基本相同。下面以图 4.10 所示的 OCL 互补对称功率放大电路为例来选择功率管。

1. 集电极-发射极反向击穿电压 $U_{CEO(br)}$ 的选择

在 OCL 互补对称功率放大电路中,以选择 T_1 为例,当 T_2 饱和导通时,T_1 的集电极-发射极承受的反向电压最大,约为 $2U_{CC}$。选择功率管时要求其集电极-发射极反向击穿电压 $U_{CEO(br)} > 2U_{CC}$。

2. 集电极最大电流 I_{Cm} 的选择

在 OCL 互补对称功率放大电路中,集电极最大电流为输出信号的峰值电流,即

$$I_{Cm} = \frac{U_{CC} - U_{CES}}{R_L} \approx \frac{U_{CC}}{R_L}$$

选择功率管时要求其集电极最大电流 $I_{Cm} > U_{CC}/R_L$。

3. 集电极最大耗散功率 P_{Tm} 的选择

在 OCL 互补对称功率放大电路中,设输出信号的峰值为 U_{om},则有

$$u_{CE} = U_{CC} - U_{om}\sin\omega t \tag{3-23}$$

$$i_C = \frac{U_{om}\sin\omega t}{R_L} \tag{3-24}$$

$$P_T = \frac{1}{2\pi}\int_0^\pi u_{CE}\, i_C\, d(\omega t) \tag{3-25}$$

将式(3-23)、式(3-24)代入到式(3-25),得

$$P_T = \frac{1}{R_L}\left(\frac{U_{CC}U_{om}}{\pi} - \frac{U_{om}^2}{4}\right) \tag{3-26}$$

令 $\dfrac{dP_T}{dU_{om}} = 0$,可以求出功率管管耗的极大值点为 $U_{om} = \dfrac{2U_{CC}}{\pi}$。将 $U_{om} = \dfrac{2U_{CC}}{\pi}$ 代入到式(3-26),可得功率管管耗的最大值为

$$P_{Tm} = \frac{U_{CC}^2}{\pi^2 R_L} \tag{3-27}$$

在 OCL 互补对称功率放大电路中,若设功率管的饱和管压降为 0,则输出的最大功率为

$$P'_{om} = \frac{U_{CC}^2}{2R_L}$$

所以有

$$P_{Tm} = \frac{2}{\pi^2} P'_{om} \approx 0.2 P'_{om} \tag{3-28}$$

选择功率管时要求其最大耗散功率 $P_{Tm} > 0.2 P'_{om}$。在应用式(3-28)时,一定要注意 P'_{om} 为忽略功率管的饱和管压降时电路输出的最大功率。在实际选择晶体管时必须留有一定的余量,并按照要求安装散热片,以防止功率管的温度过高。

例 3-3 在图 3-9(a)所示的 OCL 功率放大电路中,输入电压 u_i 为正弦信号,负载电阻 $R_L = 8\Omega$,直流电源电压分别是 $+U_{CC} = 12V$,$-U_{CC} = -12V$,晶体管的饱和管压降 $U_{CES} = 2V$。求:

(1) 最大输出功率 P_{om}；
(2) 直流电源提供的最大功率 P_V 和此时的最大效率 η_m；
(3) 功率管的极限参数 P_{Tm}、I_{Cm} 和 $U_{CEO(br)}$ 如何选择？

解：(1) 输出信号的最大峰值和最大输出功率分别为

$$U_{om(max)} = U_{CC} - U_{CES} = 12V - 2V = 10V$$

$$P_{om} = \frac{\left(\frac{U_{om(max)}}{\sqrt{2}}\right)^2}{R_L} = \frac{10^2}{2 \times 8}W = 6.25W$$

(2) T_1 和 T_2 集电极电流的平均值为

$$I_{C1(av)} = I_{C2(av)} = \frac{1}{2\pi}\int_0^\pi \frac{U_{CC} - U_{CES}}{R_L}\sin\omega t\, d(\omega t) = \frac{U_{CC} - U_{CES}}{\pi R_L}$$

直流电源的输出功率为

$$P_V \approx 2U_{CC} I_{C1(av)} = 2 \times 12 \times \frac{10}{\pi \times 8}W \approx 9.55W$$

电路的最大效率为

$$\eta_m = \frac{P_{om}}{P_V} \times 100\% = \frac{6.25}{9.55} \times 100\% \approx 65.4\%$$

(3) 设功率管的饱和管压降为 0 时输出的最大功率为 P'_{om}。在电路中有

$$P'_{om} = \frac{U_{CC}^2}{2R_L} = \frac{12^2}{2 \times 8}W = 9W$$

$$P_{Tm} \approx 0.2 P'_{om} = 0.2 \times 9W = 1.8W$$

$$U_{CEO(br)} = 2U_{CC} - U_{CES} = 2 \times 12V - 2V = 22V$$

$$I_{Cm} = \frac{U_{CC} - U_{CES}}{R_L} = \frac{12-2}{8}A = 1.25A$$

即功率管极限参数的选择：$P_{Tm} > 1.8W$，$U_{CEO(br)} > 22V$，$I_{Cm} > 1.25A$。

*3.2.4 变压器耦合式功率放大电路简介

1. 变压器耦合式功率放大电路

早期的功率放大电路采用变压器耦合的功率放大电路，电路如图 3-26 所示。静态时变压器中无交流信号，集电极电阻等效为 0，$U_{CE} = U_{CC}$；动态时集电极电阻等效为 $k^2 R_L$，其中 k 为变压器的变比，即 $k = N_1/N_2$。

在图 3-26 所示的变压器耦合功率放大电路中，$U_{CE} = U_{CC}$。所以直流负载线为一条垂直于横轴的直线，如图 3-27 所示。静态工作点 Q 选在线性区的中心位置，功率管在整个信号周期均处于导通状态，处于甲类工作状态。设 $R'_L = k^2 R_L$，电路中交流量满足关系式 $u_{ce} = -i_e R'_L$，所以交流负载线为过 Q 点、斜率为 $-1/R'_L$ 的一条直线，如图 3-27 所示。图中 $I_{c(mm)}$ 和 $U_{o(mm)}$ 分别表示正弦信号 i_c 和 u_o 的峰峰值。

若忽略饱和区和截止区，在输入为正弦波信号时，变压器一次侧端电压的最大峰值 $U'_{om(max)} \approx U_{CC}$，集电极信号电流的最大峰值 $I'_{Lm(max)} \approx I_{CQ}$，所以有

$$P_{om} \approx U'_{o(max)} \times I'_{L(max)} = 0.5 U'_{om(max)} \times I'_{Lm(max)} \approx 0.5 U_{CC} \times I_{CQ}$$

可得图 3-26 所示电路的最大效率约为

$$\eta_m = \frac{P_{om}}{P_V} \approx \frac{0.5 U_{CC} I_{CQ}}{U_{CC} I_{CQ}} = 50\%$$

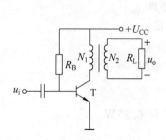
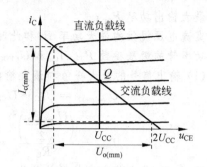

图 3-26　变压器耦合功率放大电路图　　　　图 3-27　图解变压器耦合功率放大电路

2. 推挽式功率放大电路

推挽式功率放大电路如图 3-28 所示。信号采用变压器耦合。该电路采用了互补对称的结构,电路中 $R_{B1}=R_{B2}$,功率管 T_1 和 T_2 特性相同。

图 3-28 所示的推挽式功率放大电路的直流通路如图 3-29 所示。由图可见,两个功率管均构成分压式偏置共射放大电路,电路中 $U_B≈0.5U_{CC}$,U_C 比 U_B 低 0.7V 左右,使两个功率管的静态工作点均设在截止区偏上一点,I_B、I_C 很小,以减少静态损耗。

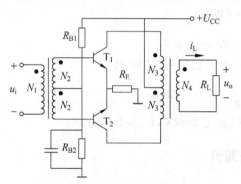
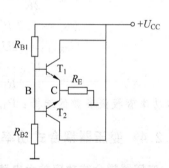

图 3-28　推挽式功率放大电路　　　　图 3-29　推挽式功率放大电路的直流通路

图 3-28 所示的推挽式功率放大电路的交流通路如图 3-30 所示。由图可知,输入变压器将输入信号分成两个大小相等、相位相反的信号,分别送到 T_1 和 T_2 的基极,使 T_1 和 T_2 轮流导通:在信号正半周,功率管 T_1 导通、T_2 截止;在信号负半周,功率管 T_2 导通、T_1 截止。输出变压器将 T_1 和 T_2 集电极的输出信号合为一个信号,耦合到二次侧输出至负载。

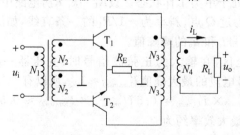

图 3-30　推挽式功率放大电路的交流通路

在推挽式功率放大电路中,若输入为正弦波,在一个信号周期内,功率管的导通时间大于半个信号周期,处于甲乙类工作状态。

3.2.5 集成功率放大器简介

集成电路把电路中的晶体管、小电容、电阻及其连线做在同一个半导体基片上,在其内部电路中,电阻元件由硅半导体构成,范围在几十欧到 $20\text{k}\Omega$,精度低;高阻值电阻用三极管有源元件实现或由引线外接;几十皮法以下的小电容用 PN 结的结电容构成,电路中的大电容要引线外接;二极管一般用三极管的发射结构成。集成电路的优点是工作稳定、使用方便、体积小、重量轻、功耗小。由于电路元件制作在同一个芯片上,所以元件参数偏差方向一致,温度均一性好。

集成功率放大器的种类很多,应用极为普遍,通常可以将功率放大器分为专用型和通用型两类。下面介绍一种在音响电路、对讲机和信号发生器中普遍应用的通用型集成功率放大器——LM386。

LM386 的外形为双列直插式结构,管脚图如图 3-31 所示。LM386 的内部电路如图 3-32 所示,为直接耦合的三级放大电路:输入级是差分放大电路;中间级为带恒流源负载的电压放大电路;输出级是 OTL 互补对称式功率放大电路。

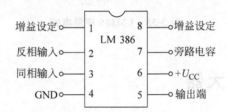

图 3-31 LM386 的管脚图

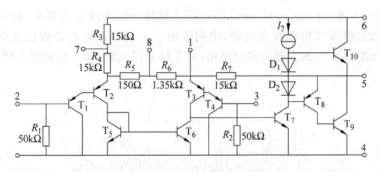

图 3-32 LM386 的内部电路图

在输入级,$T_1 \sim T_4$ 组成由复合管的差分放大电路,T_5 和 T_6 构成这一级的偏置电路,输入信号分别由 T_1 和 T_4 的基极输入。输出信号与管脚 2(T_1 的基极)的输入信号反相,与管脚 3(T_1 的基极)的输入信号同相,所以管脚 2 称为反相输入端,管脚 3 称为同相输入端。第 1、8 管脚为增益设定端,当 1、8 管脚不做任何连接时,集成功放的电压放大倍数约为 20;如果在这两个管脚之间连接一个电容器,便可以短路掉 $1.35\text{k}\Omega$ 电阻对信号的作用,增益扩大到 200 倍;如果在这两个管脚之间连接阻容串联电路,电路的增益可以在 20 到 200 之间任意选取。

在中间级，T_7 构成带有恒流源负载的共发射极电压放大电路。对信号而言，恒流源 I_7 的存在相当于该共射电压放大电路的集电极电阻为 ∞，可以增加电路的电压放大倍数，提高驱动能力。$T_8 \sim T_{10}$ 组成了互补对称式功率放大电路，T_8 和 T_9 构成复合 PNP 管，二极管 D_1 和 D_2 构成静态偏置电路，防止输出信号的交越失真。第 5 管脚为电路的输出端，电阻 R_7 将输出信号引回到 T_3 发射极形成反馈通路，与电阻 R_5 和 R_6 构成深度的电压串联负反馈，用来稳定输出电压。

LM386 的主要特点是工作频带宽、功耗低，电源电压的使用范围为 $4 \sim 12V$，其典型应用电路如图 3-22 所示。图中 C_2 是旁路电容，用来防止电路出现自激振荡；C_3 是 OTL 功放电路的输出电容，由外部接入。

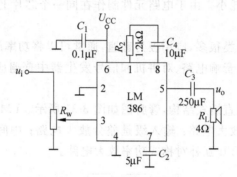

图 3-33　LM386 应用电路

3.3　集成运算放大器

3.3.1　集成运算放大器的电路结构和性能特点

集成运算放大器(operational amplifier)是直接耦合的多级放大电路，输入级是差分放大电路，输出级是推挽式功率放大电路，中间级由一个直接耦合的多级放大电路组成。如图 3-34 是一个集成运算放大器的内部电路，第 1 级是输入级，第 2 级和第 3 级是中间级，第 4 级是输出级。

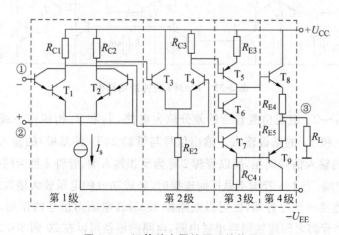

图 3-34　运算放大器的原理结构图

3.3 集成运算放大器

集成运算放大器对输入级要求高输入阻抗,尽量减小零点漂移;对中间级要求有足够大的电压放大倍数;对输出级要求有较强的带负载能力,即输出电阻 r_o 小。在图 3-34 所示的原理电路中,输入级为复合管恒流源式差动放大器,可以减小温漂,提高共模抑制比,电路中的复合管除了提高电流驱动能力外,还可以增加输入电阻。第 2 级和第 3 级是中间级,第 2 级为双电源长尾式差动放大电路,可以减小温漂,提高共模抑制比,第 3 级由 T_5 构成共射电压放大电路。第 2 级和第 3 级提供足够大的电压放大倍数。输出级为 OTL 互补对称式功率放大电路,带负载的能力强。如还需提高输入电阻,输入级还可用场效应管构成差动放大电路。

集成运放有两个信号输入端和一个信号输出端。一个输入端信号的极性与输出端信号的相反,称为反相端,用"一"号表示;另一个输入端信号的极性与输出端信号相同,称为同相端,用"十"号表示。可以根据各级放大电路的输入信号和输出信号的相位特点判断输入端的极性。集成运算放大器具有电压放大功能,等效为一个压控电压源,考虑到输入电阻和输出电阻,其等效电路如图 3-35 所示。

集成运算放大器的上述结构特点决定了它具有以下特性:

(1) 差模输入电阻 r_{id} 很大,在兆欧量级;

(2) 共模抑制比 K_{CMR} 很大;

(3) 输出电阻 r_o 很小,几欧到几十欧;

(4) 差模信号的开环电压放大倍数 A_{od} 很大,一般为 $10^5 \sim 10^7$。

运放输出电压的正、负向最大值(分别称为正饱和电压 $+U_{OM}$,负饱和电压 $-U_{OM}$),接近于正负向直流电源电压。在图 3-34 中,若设晶体管 T_8 和 T_9 的集射极饱和导通电压为 0.3V,则当 T8 饱和导通时,运放的输出电压达到其正向最大值($U_{CC}-0.3V$);当 T_9 饱和导通时,运放的输出电压达到其反向最大值($-U_{CC}+0.3V$)。对于实际的运放,由于电路比图 3-34 更复杂,因此输出电压比电压电源电压不止低 0.3V,可能更大。对于低电源电压的应用,为了充分利用电源电压,提高输出电压的变化幅度,有些集成运放采用了特殊的技术,使得输出电压可以达到电源电压,即所谓轨到轨(rail-to-rail)运放。

运放的电路符号如图 3-36(a)、(b)所示,本书采用图 3-36(a)符号,图 3-36(b)所示的符号也是一种常用符号。

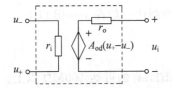

图 3-35 运算放大器的等效电路图

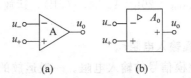

图 3-36 运算放大器的电路符号

在使用时,经常将运放的特性理想化。理想运放的特点是:

(1) 开环放大倍数为 ∞;

(2) 输入电阻为 ∞;

(3) 输出电阻 $r_o=0$。

综合上述运放的特性,可知,当运放的输出未达到饱和电压,即 $|u_o| \leqslant U_{OM}$ 时,运放等效

为图 3-35 所示的压控电压源,运放处于线性区;当 $|u_o| \geqslant U_{OM}$ 时,运放输出正饱和或者负饱和,输出电压为 $\pm U_{OM}$,这时运放就没有放大作用了,处于饱和区(非线性区)。运算放大器的传输特性曲线如图 3-37(a)所示。当 $|u_+ - u_-| \leqslant \varepsilon$ 时,运放处于线性区;当 $|u_+ - u_-| \geqslant \varepsilon$ 时运放饱和,处于非线性区。运放的开环放大倍数 A_{od} 越大,线性区越窄,对于理想运放,$A_{od} = \infty$,其传输特性如图 3-27(b)所示。

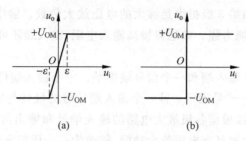

图 3-37　集成运算放大器的传输特性
(a)实际运放；(b)理想运放

实际运放的线性范围是很小的。比如,集成运放 LM741 的开环放大倍数是 200000 倍,当电源电压为 $\pm 15V$ 时,输出饱和电压是 $\pm U_{OM} \approx \pm 14V$,则 $\varepsilon = \dfrac{14}{200000} mV = 0.7 mV$。这是一个很小的电压,即使运放输入端不加任何信号,只要输入端悬空,空间的感应电压信号也可能会使其输出饱和。为了让运放处于线性区从而起到放大作用,必须引入负反馈限制其输入电压。有关负反馈和运放电路的分析,见后续章节。

3.3.2　集成运算放大器的主要参数

1. 开环差模电压放大倍数 A_{od}

A_{od} 指运放在无外加反馈回路的情况下的差模电压放大倍数。A_{od} 还可用分贝表示:$20\lg|A_{od}|$(dB)。性能较好的运放,其开环放大倍数可达 140dB 以上。

2. 共模抑制比 K_{CMRR}

K_{CMRR} 定义为开环差模电压放大倍数 A_{od} 与共模电压放大倍数 A_{oc} 之比。K_{CMRR} 也常用分贝表示:$K_{CMRR} = 20\lg|A_{od}/A_{oc}|$(dB)。运放的共模抑制比一般在 100dB 以上。

3. 差模输入电阻 r_{id}

r_{id} 为差模信号的输入电阻。一般运放的 $r_{id} > 1M\Omega$,有的可达 $100M\Omega$ 以上。

4. 输入失调电压 U_{IO} 和输入失调电压的温漂 $\dfrac{dU_{IO}}{dT}$

在输入信号为 0 时,为了使输出电压为零,需要在输入端增加的补偿电压称为输入失调电压 U_{IO}。U_{IO} 越小表明电路匹配越好。理想运放的 $U_{IO} = 0$。需要注意的是,参数手册上给出的失调电压是个统计参数,同一型号的器件,不同元件的失调电压有大有小,有正有负,手册给出的是最大值。

3.3 集成运算放大器

输入失调电压 U_{IO} 随温度 T 变化。$\dfrac{dU_{IO}}{dT}$ 为 U_{IO} 的温度系数,是衡量运放温漂的重要指标。U_{IO} 可以通过调零电位器补偿,但不可能完全补偿。$\dfrac{dU_{IO}}{dT}$ 越小表明运放的温漂越小。理想运放的 $\dfrac{dU_{IO}}{dT}=0$。

5. 输入失调电流 I_{IO} 和输入失调电流的温漂 $\dfrac{dI_{IO}}{dT}$

输入失调电流 I_{IO} 定义为 $I_{IO}=|I_{B1}-I_{B2}|$,反映了集成运放输入电流不对称的程度。I_{IO} 越小越好,理想运放的 $I_{IO}=0$。

$\dfrac{dI_{IO}}{dT}$ 的意义与 $\dfrac{dU_{IO}}{dT}$ 类似,是 I_{IO} 的温度系数。对于理想运放,$\dfrac{dI_{IO}}{dT}=0$。

如果考虑运放的失调电压和失调电流,则运放的等效电路如图 3-38 所示。图中 A 是理想运放,U_{IO} 是输入失调电压,I_{B1} 和 I_{B2} 是运放两个输入端的静态偏置电流。

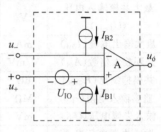

图 3-38 考虑到运放失调参数的等效电路

6. 最大共模输入电压 U_{Icmax}

U_{Icmax} 为运放工作时允许输入的最大共模电压值。当共模电压超过 U_{Icmax} 时,运放将失去其运放特性。

7. 最大差模输入电压 U_{Idmax}

U_{Idmax} 为运放工作时允许输入的最大差模电压值。

8. -3dB 带宽

-3dB 带宽即为运放的通频带。放大倍数下降到正常值的 $1/\sqrt{2}$ 时所对应的频率为运放的上限截止频率,也为其 -3dB 带宽。

9. 转换速率 S_r

转换速率 S_r 定义为运放工作时所允许的输入信号的最大变化率。运放正常工作时要求输入信号的变化速率小于 S_r,即 $\left|\dfrac{du_i}{dt}\right|<S_r$。$S_r$ 也是输出信号可能的最大变化速率,对于正弦信号而言,幅度越大,则信号的最大变化率越大,因此,S_r 是限制输出信号幅度的重要参数。例如,如果运放的输出信号为 $u_o=U_m\sin2\pi ft$,则输出信号的变化率为 $\dfrac{du_o}{dt}=2\pi fU_m\cos2\pi ft$。由于转换速率的限制,输出信号变化率的最大值必须小于转换速率,即 $2\pi fU_m<S_r$,因此,$U_m<\dfrac{S_r}{2\pi f}$。由此可知,如果转换速率一定,则频率越高,允许的输出电压的幅度越小。

10. 增益带宽积(单位增益带宽)GBP

GBP 为运算放大器的带宽与放大倍数的乘积。用运放组成的电路的带宽增益积为常数。GBP 也是当电路的放大倍数为 1 时的带宽,因此也称为单位增益带宽。

运放还有其他一些参数,这里不再一一介绍,使用时请参考器件的参数手册。表 3-1 列出了几种常用集成运算放大器的参数供参考。

表 3-1 几种常用的集成运算放大器的参数

运放型号 参数名称及单位		最小	LM741 典型	最大	最小	LM324 典型	最大	最小	TL084 典型	最大
电源电压 $U_{CC}(U_{EE})$	V		±15			双电源±1.5~±16 单电源 3~32			±15	
电源电流(I_{oC})	mA		1.5	2.8					1.4	2.8
最大输出电压(U_{OM})	V		±14						±13.5	
最大差模输入电压 (U_{Idmax})	V		±30			±32			±30	
最大共模输入电压 (U_{Icmax})	V		±12			$U_{CC}^+-1.5$			小于±15 与电源电压	
最大输出电流(I_{OM})	mA	10		40	40		60			
开环放大倍数(A_{od})	V/mV	20	200		25	100		25	200	
共模抑制比(K_{CMR})	dB	70	90		65	85		70	80	
差模输入电阻(r_{id})	MΩ	0.3	2.0						10^6	
输入失调电压(U_{IO})	mV		2.0	6.0		9			3	6
输入失调电压温漂 (dU_{IO}/dT)	mV/℃					7			18	
输入失调电流(I_{IO})	nA	20		200		150		5		100
输入失调电流温漂 (dI_{IO}/dT)	mA/℃					10				
轮换速率(S_r)	V/μs		0.5			0.4			13	
单位增益带宽(GBP)	MHz					1			3	

本章小结

本章介绍了差分放大电路、功率放大电路的组成、工作原理和分析方法,以及集成运算放大器的组成、特性和基本参数。是进一步学习使用集成运算放大器设计电路的基础。

(1) 差分放大电路采用直接耦合的方式传递信号,可放大直流信号、低频信号和中频信号。差分放大电路具有对称的电路结构,能够抑制零点漂移的功能。双电源长尾式差放电路中的射极电阻 R_E 和恒流源式差放电路中的恒流源,增强了电路稳定静态工作点、抑制零点漂移的能力。

(2) 输入信号可以分解为差模信号和共模信号。差分放大电路对差模信号和共模信号的作用不同,差模电压放大倍数、共模电压放大倍数、共模抑制比、输入电阻和输出电阻反映了其动态性能。

(3) 差分放大器的输入信号可采用双端或单端输入,信号的接入方式不影响差模动态性能。输出信号也可采用单端或双端输出。输出的接法对差模电压放大倍数和输出电阻有影响。当采用双端输出时，差模电压放大倍数等于单边放大电路的电压放大倍数，输出电阻为单边放大电路输出电阻的 2 倍。当采用单端输出时，差模电压放大倍数等于单边放大电路电压放大倍数的一半，输出电阻等于单边放大电路的输出电阻。

（4）功率放大器一般作为多级放大电路的输出级，在输入信号的控制下把直流电源的功率转换给负载。对功率放大器的要求是向负载提供最大的不失真功率，并且有高的转换效率。由于功放的工作信号较大，晶体管的电压、电流和功率通常在极限条件下工作，分析功率放大电路时不能采用微变等效电路法。

（5）功率放大电路多采用互补对称式结构。它是用两个类型不同但特性相同的晶体管各自组成直接耦合的射极输出器，各自工作半个周期，在负载上合成完整的波形。OCL 电路没有输出电容，但是需要双电源供电；OTL 电路虽然在电路中增加了一个大电容，但是仅需要一个电源，电路的结构得到了简化。为了克服交越失真，可以为晶体管设置一个比较低的静态工作点。两种电路的工作原理相同，在理想条件下，最高效率均为 78.5%。

（6）集成功率放大器使用方便，只需连接少量的外围元件，就可以构成实用的电路，而且多数集成功放电路内部都有保护电路，用来防止功率管由于过压和过流而损坏。

（7）运算放大器是一种集成化的直接耦合多级放大电路。它的输入级采用差动放大电路，用以抑制零点漂移；输出级采用推挽式互补功率放大电路，以减小输出电阻并提高其带负载能力。运算放大器具有输入电阻高、输出电阻低、共模抑制比高、差模放大倍数很高等特点。

（8）理解运算放大器的等效电路对于分析和设计运放电路是很重要的。等效电路都是在一定的近似条件下的等效。如果不考虑运放的失调参数，运放等效成为输入电阻高、输出电阻低的压控电压源；如果考虑到失调参数，其等效电路中多了两个电流源（偏置电流）和一个电压源（输入失调电压）；对于理想运放，其等效电路就是一个输入电阻为无穷、输出电阻为 0、控制倍数为无穷的压控电压源。

（9）运算放大器的特性可以用传输特性曲线表示。传输特性曲线有线性区和饱和区（非线性区），运放处于线性区时才能放大信号；当输入信号超过线性区时，输出饱和。

习题

3.1 在题图 3-1 所示的双电源长尾式差放电路中，已知 $\beta_1 = \beta_2 = 50$。
(1) 计算静态工作点；
(2) 画出差模信号的微变等效电路，并计算差模电压放大倍数；
(3) 画出对共模信号的微变等效电路，并计算其单边共模电压放大倍数和共模电压放大倍数。

3.2 在题图 3-1 所示的双电源长尾式差放电路中，$\beta_1 = \beta_2 = 50$，$r_{be1} = r_{be2} = 2\text{k}\Omega$，$u_{i1} = 10\text{mV}$，$u_{i2} = 0$。求：
(1) 差模信号 u_d 和共模信号 u_c；
(2) 输出端对地的输出信号 u_{o1} 和 u_{o2}。

3.3 在题图 3-2 所示的恒流源式差放电路中，已知 $\beta_1=\beta_2=50$。计算：

(1) 静态工作点；

(2) 差模电压放大倍数；

(3) 单边共模电压放大倍数和共模电压放大倍数。

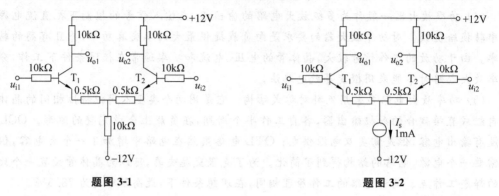

题图 3-1　　　　　　　　题图 3-2

3.4 在题图 3-3 所示的差分放大电路中，已知场效应管 T_1 和 T_2 的低频跨导 $g_m=5\text{mS}$。计算电路的差模电压放大倍数和输入电阻。

3.5 在做双端输入/单端输出差放电路实验时，测得数据如下：当 $u_{i1}=u_{i2}=5\text{mV}$ 时，$u_o=5\text{V}$；当 $u_{i1}=9\text{mV}$、$u_{i2}=1\text{mV}$ 时，$u_o=4\text{V}$。有人根据上述数据求得 $A_{ud}=-125$，$A_{uc}=1000$。试问分析结果是否正确？为什么？

3.6 在题图 3-4 所示的放大电路中，$\beta_1=\beta_2=\beta_3=50$，$U_{BE1}=U_{BE2}=U_{BE3}=0.7\text{V}$，$r_{be1}=r_{be2}=r_{be3}=1\text{k}\Omega$。

(1) 计算静态工作点；

(2) 若 $u_{i1}=12\text{mV}$，$u_{i2}=2\text{mV}$，求 u_o。

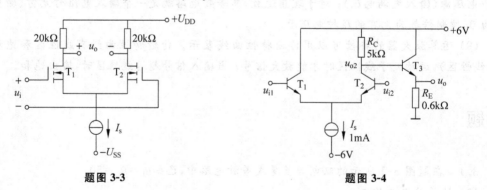

题图 3-3　　　　　　　　题图 3-4

3.7 题图 3-5 所示的 OCL 功率放大电路，静态时 $U_A\approx 0$，$T_1\sim T_5$ 的 U_{BE} 均为 0.7V。问：

(1) $T_1\sim T_5$ 各起什么作用？

(2) 静态时 T_3 的集电极电位应该调到多大？

3.8 在题图 3-5 所示的电路中，$R_L=8\Omega$，$U_{CC}=15\text{V}$。

(1) 如果 T_1 和 T_2 的饱和管压降可以忽略不计（即 $U_{CES}\approx 0$），求最大输出功率；

(2) 如果 T_1 和 T_2 的饱和管压降 $|U_{CES}|\approx 2\text{V}$，求最大输出功率。

习题

3.9 题图 3-6 所示的电路为多级放大电路中作为最后一级的功率放大电路,已知 $U_{CC}=12\text{V}, R_L=3.5\Omega$。$U_{B1Q}$ 为 T_1 基极的静态电位,u_i 为正弦信号。假设 T_1 和 T_2 的饱和管压降电压 $|U_{CES}|\approx 0$(假设所有的三极管 $U_{BE}=0.7\text{V}$)。

(1) U_{B1Q} 应设置为何值?

(2) 求最大输出功率 P_{om}、最高工作效率 η_m 和晶体管的最大管耗 P_{Tm}。

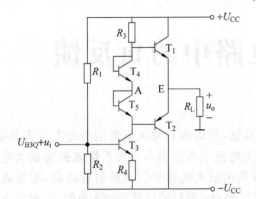
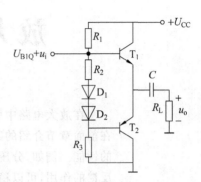

题图 3-5 习题 3-7   题图 3-6

3.10 用复合管构成的 OTL 电路如题图 3-7 所示。已知 $U_{CC}=24\text{V}$,假定 T_2 和 T_4 的饱和管压降 $|U_{CES}|\approx 3\text{V}$(假设所有的三极管 $U_{BE}=0.7\text{V}$)。

(1) T_1 和 T_3 基极的静态电位为多少?如果不合适应该调整哪个元件?

(2) 求负载能得到的最大输出功率 P_{om}、最高工作效率 η_m 和晶体管的最大管耗 P_{Tm}。

3.11 已知某型号的运放的电源电压为 $\pm U_{CC}=\pm 15\text{V}$,输出饱和电压为 $\pm U_{om}=\pm 13.5\text{V}$,开环放大倍数为 10^4 倍,转换速率为 $0.4\text{V}/\mu\text{s}$。

(1) 求此运放输入信号 $u_i=u_+-u_-$ 的线性范围 $\pm\varepsilon$;

(2) 如果运放的输出信号频率为 20kHz,求允许的输出电压的最大值 U_m。

3.12 如题图 3-8 所示电路,定性地画出各电路的电压传输特性曲线,并确定各电路在给定的输入信号下的输出电压。

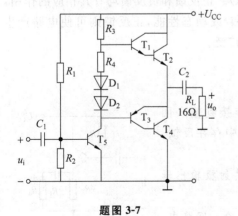
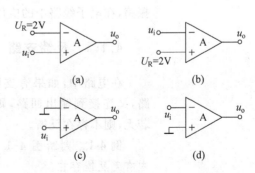

题图 3-7   题图 3-8

(a) $u_1=2.1\text{V}$;(b) $u_1=2.1\text{V}$;(c) $u_1=1\text{V}$;(d) $u_1=1\text{V}$

第 4 章

放大电路中的负反馈

在放大电路中引入负反馈,可以改善放大电路的静态和动态性能。在前面章节介绍的某些放大电路中已经引入了负反馈来提高放大电路的性能。例如,分压式偏置共射放大电路中引入的射极电阻,起直流负反馈的作用,可以稳定静态工作点;射极输出器的输入电阻大、输出电阻小、带负载的能力强。放大电路的这些性能特点均是因为在电路中引入了负反馈。

本章将先介绍反馈的概念和表示方法,然后介绍反馈的分类及判断方法,最后介绍深度负反馈下放大电路的电压放大倍数的估算方法。

4.1 反馈的概念及其表示方法

将放大电路输出端的电压或电流信号的一部分或全部引回到输入端,称之为为反馈(feedback)。若引回的信号削弱了输入信号的作用,称之为负反馈(negative feedback);若引回的信号增强了输入信号的作用,称之为正反馈(positive feedback)。正反馈和负反馈均有其相应的作用,负反馈可改善放大电路的静态和/或动态性能,正反馈则可使电路产生振荡,在电子线路中的应用也很广泛。

4.1.1 反馈支路

在电路中,如果有支路既连接到输入回路,又连接到输出回路,则电路中存在反馈;若无,则不存在反馈。

例 4-1 判断图 4-1 所示的射极输出器中有无反馈存在。

解:在图示电路中,R_E 既在输入回路中,又在输出回路中,输出电压 u_o 全部回馈到输

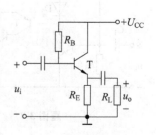

图 4-1 射极输出器

4.1 反馈的概念及其表示方法

入回路,所以电路中存在反馈。

例 4-2 判断图 4-2 所示的电路中有无反馈存在。

解:在图 4-2 所示的电路中,R_5 和 R_6 既与运放的输出端连接,又与运放的输入端连接,所以电路中存在反馈。

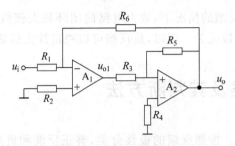

图 4-2 运放构成的电路

在图 4-2 所示的电路中,R_5 的两端分别连接在第 2 级运放电路的输出端和输入端,所引入的反馈称为局部反馈;R_6 的两端连接在第 2 级电路的输出端和第 1 级电路的输入端,所引入的反馈称为级间反馈。当电路中同时存在级间反馈和局部反馈时,级间反馈决定整个电路反馈的性质,在判断反馈的性质时,只需考虑级间反馈。

4.1.2 负反馈的框图表示

在电子电路中,如果不存在反馈支路,即不存在反馈,则称为开环系统。如果存在反馈,则称为闭环系统。一个闭环系统可以用图 4-3 所示的框图来表示。

图 4-3 反馈的框图表示

在负反馈放大电路中存在三个环节:放大、反馈和比较。假定输入信号为正弦信号,则可设输入信号为 $\dot{X}_i$,输出信号为 $\dot{X}_o$,反馈信号为 $\dot{X}_f$,且 $\dot{X}_i$ 与 $\dot{X}_f$ 同相。比较环节可用输入信号与反馈信号相减表示,相减得到的信号称为差值信号,记为 $\dot{X}_d$,即 $\dot{X}_d = \dot{X}_i - \dot{X}_f$;放大环节的输入为 $\dot{X}_d$,输出为 $\dot{X}_o$,可用开环放大倍数 $\dot{A}_o$ 表示该环节,$\dot{A}_o = \dot{X}_o / \dot{X}_d$;反馈环节的输入为 $\dot{X}_o$,输出为 $\dot{X}_f$,可用反馈系数 $\dot{F}$ 表示该环节,$\dot{F} = \dot{X}_f / \dot{X}_o$。负反馈的框图如图 4-4 所示。

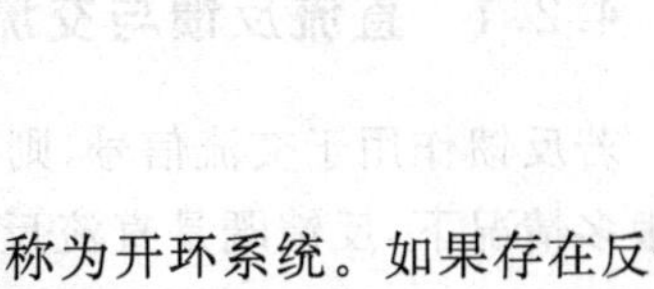

图 4-4 负反馈放大电路的框图表示

根据图 4-4 所示的负反馈框图,可得电路的闭环放大倍数为

$$\dot{A}_f = \frac{\dot{X}_o}{\dot{X}_i} = \frac{\dot{X}_o}{\dot{X}_f + \dot{X}_d} = \frac{1}{\dfrac{\dot{X}_f}{\dot{X}_o} + \dfrac{\dot{X}_d}{\dot{X}_o}} = \frac{1}{\dot{F} + \dfrac{1}{\dot{A}_o}} = \frac{\dot{A}_o}{1 + \dot{A}_o \dot{F}} \tag{4-1}$$

$|1+\dot{A}\dot{F}|$ 定义为反馈深度(return difference or desensitivity)。当 $|\dot{A}\dot{F}|\gg 1$ 时,称为深度负反馈(strong negative feedback)。在深度负反馈时,有

$$\dot{A}_{\mathrm{f}}\approx\frac{1}{\dot{F}} \tag{4-2}$$

由此可见,在深度负反馈的情况下,放大电路的闭环放大倍数与反馈网络有关,而与放大元器件(如晶体管)的参数无关。所以,负反馈可以稳定放大倍数。

4.2 反馈的分类及其判断方法

反馈有多种分类方法。按照反馈的极性分类,有正反馈和负反馈;根据反馈作用于直流信号还是交流信号,可分为直流反馈和交流反馈。电路中设置直流负反馈,是为了稳定静态工作点。对于交流负反馈,还可根据反馈信号的来源和比较方式进一步分类,如电压反馈和电流反馈,串联反馈和并联反馈。本节将介绍反馈的各种分类、判断方法和各种负反馈对电路的作用。

4.2.1 直流反馈与交流反馈

若反馈作用于交流信号,则称之为交流反馈;若作用于直流信号,则称之为直流反馈。在很多情况下,反馈既是直流反馈,也是交流反馈。在判断反馈是直流反馈还是交流反馈时,要看反馈回路中能通过直流信号还是交流信号,或者是交、直流信号都能通过。控制交、直流信号能否通过反馈回路的方法,是利用电容的隔直作用或者对交流信号的短路作用。因此,判断交、直流反馈,需要看反馈回路中电容的位置及其所起作用。

例 4-3 判断图 4-5 所示电路中 R_{f} 构成的反馈是直流反馈还是交流反馈。

解:在图 4-5 所示放大电路中,交、直流信号都可从 T_2 的集电极经由 R_{f} 和 R_{E1} 构成的反馈网络作用到第一级放大电路的输入回路,再经由第 1 级放大电路的集电极输出到第 2 级放大电路的输入端,最后回到 T_2 的集电极。反馈回路中没有电容,交、直流信号均可通过,所以该反馈既有交流反馈,也有直流反馈。

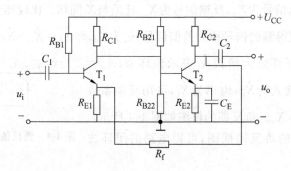

图 4-5 例 4-3 图

例 4-4 判断图 4-6 所示电路中 R_{f} 构成的反馈是直流反馈还是交流反馈。

解:与图 4-5 所示电路相比,图 4-6 所示电路增加了与 R_{f} 串联的电容 C_{f}。电容具有通

4.2 反馈的分类及其判断方法

交流、隔直流的作用,因此,交流信号可以经由 R_f—C_f 支路反馈到输入回路,而直流量则不能。所以在该电路中,经 R_f—C_f 构成的反馈是交流反馈。电容 C_f 称为隔直电容。

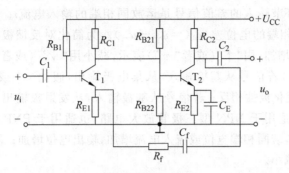

图 4-6　例 4-4 图

例 4-5　判断图 4-7 所示电路中 R_f 构成的反馈是直流反馈还是交流反馈。

解：与图 4-5 所示电路相比,图 4-7 所示电路是增加了与 R_{E1} 并联的电容 C_{E1}。电容具有通交流、隔直流的作用,所以交流信号被电容 C_{E1} 旁路掉,不能进入到输入回路,而直流量则可以。所以在该电路中,经 R_f 构成的反馈是直流反馈。电容 C_{E1} 称为旁路电容。

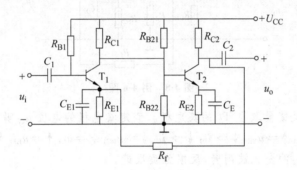

图 4-7　例 4-5 图

4.2.2 反馈极性的判断

反馈的极性用瞬时极性法来判断。在放大电路中,假定在反馈环路上任何一点的电压或者电流有一个变化,通常为输出端电压或电流的变化,从该变化开始,沿反馈回路依次判断每一个环节的输入量极性变化对其输出量极性变化的影响,直到回到变化的起始点,从而判断反馈是增强还是削弱最初的变化。若削弱最初的变化,则为负反馈;反之为正反馈。对于交流反馈,下面一般从输出信号开始进行(更准确地说,是反馈环节的输入信号),按照"输出→反馈→放大→输出"的顺序进行判断。

在用瞬时极性法判断反馈极性时,不管反馈是交流反馈、直流反馈,还是交直流反馈共存,均可在原电路中用电压、电流全量的变化极性来判断。在判断交流反馈的极性时,假定直流量不变,全量的变化量即为交流量的变化量;在判断直流反馈的极性时,假定交流量不变,全量的变化量即为直流量的变化量。所以,没有必要在判断直流反馈的极性时一定采用直流通路,在判断交流反馈的极性时一定采用交流通路。

在判断极性时,要充分利用各种放大电路的特点。当放大电路的放大器件是三极管时,放大环节输入的差值信号是三极管的基极电流i_B,或者基极与射极的电压u_{BE};当放大器件是集成运放时,放大环节输入的差值信号是运放同相端的输入电流i_{d+}、反相端的输入电流i_{d-},或者同相端与反相端的电位差$u_{id}(=u_+-u_-)$。为简化对反馈极性判断过程的描述,电压(位)和电流瞬时增加,用"↑"(或者"+")表示,减小用"↓"(或者"-")表示。在三极管构成的放大电路中,若信号从基极输入,从集电极输出,假如i_B↑或u_{BE}↑,集电极电位u_c↓,即输入与输出变化极性相反;若信号从基极输入,从发射极输出,则输入与输出变化极性相同。该结论既适用于 NPN 型三极管放大电路,也适用于 PNP 型三极管放大电路。在运放构成的电路中,若同相端电位或流入电流增加,输出电位增加;若反相端电位或流入电流增加,输出电位减小。

例 4-6 判断图 4-8 所示电路中支路R_f构成的反馈是正反馈还是负反馈。

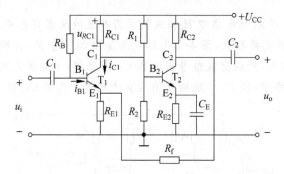

图 4-8 例 4-6 图

解:该电路中,反馈量取自T_2的集电极。假定集电极的电位u_{C2}瞬时增加,则

$$u_{C2}\uparrow \Rightarrow u_{E1}\uparrow \Rightarrow u_{BE1}\downarrow \Rightarrow i_{B1}\downarrow \Rightarrow i_{C1}\downarrow \Rightarrow u_{RC1}\downarrow \Rightarrow u_{C1}\uparrow \Rightarrow u_{BE2}\uparrow \Rightarrow u_{C2}\downarrow$$

可见,经过反馈后,u_{C2}的变化被削弱,反馈为负反馈。

上述判断过程可以简化。在由三极管构成的放大电路中,信号从基极输入,从集电极输出,则三极管集电极电位u_{C2}的极性与i_B或u_{BE}的极性相反。判断过程$u_{BE1}\downarrow \Rightarrow i_{B1}\downarrow \Rightarrow i_{C1}\downarrow \Rightarrow u_{RC1}\downarrow \Rightarrow u_{C1}\uparrow$,可以简化为$u_{BE1}\downarrow \Rightarrow u_{C1}\uparrow$;判断过程$u_{C1}\uparrow \Rightarrow u_{BE2}\uparrow \Rightarrow u_{C2}\downarrow$,可以简化为$u_{C1}\uparrow \Rightarrow u_{C2}\downarrow$。

例 4-7 判断图 4-9 所示电路中R_6构成的反馈是正反馈,还是负反馈。

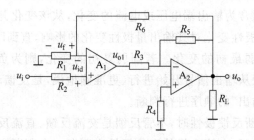

图 4-9 例 4-7 图

解:该电路中的放大器件为集成运放,反馈量取自A_2的输出端。假定输出电压u_o瞬时增加,则

$$u_o\uparrow \Rightarrow u_f\uparrow（即\ u_{1-}\uparrow）\Rightarrow u_{id}\downarrow \Rightarrow u_{o1}\downarrow \Rightarrow u_{2-}\downarrow \Rightarrow u_o\uparrow$$

可见,经过反馈后,u_o 的变化被增强,反馈为正反馈。

4.2.3 电压反馈和电流反馈

当反馈为交流负反馈时,需要进一步判断负反馈是对输出电压还是对输出电流起作用。若反馈信号取自输出电压,则反馈为电压反馈;若反馈信号取自输出电流,则为电流反馈。一般来说,所取信号是负载上的电压或电流(输出电压或输出电流),但是有时可能只是靠近输出端的电压或电流,不一定是负载上的电压和电流。

判断电压反馈还是电流反馈,实际是要找到反馈环节 $\dot X_f = \dot F \dot X_o$ 中,决定反馈信号 $\dot X_f$ 的 $\dot X_o$。因为 $\dot X_f = \dot F \dot X_o$,所以当所取的信号为 $\dot X_o = 0$ 时,反馈信号 $\dot X_f$ 也是 0。由此可以判断哪个信号是所取的信号 $\dot X_o$,从而判断是电压反馈还是电流反馈。

电压反馈和电流反馈的一般判断方法为:在交流通路中,设输出电压 $u_o = 0$,若反馈信号还存在,则为电流反馈;若反馈信号不存在,则为电压反馈。

例 4-8 在图 4-10(a) 所示的电路中,电阻 R_{E1} 构成交流负反馈。判断该负反馈为电压反馈还是电流反馈。

解:图示电路的交流通路如图 4-10(b) 所示。在交流通路中,若令输出端电压 $u_o = 0$,电流 i_e 仍然存在,仍有输出电流回馈到输入端,所以为电流反馈。进一步分析,反馈网络所取的信号是 i_e,亦即反馈信号与 i_e 成正比,$u_f = R_{E1} i_e$。反馈是从 i_e 开始的,而不是输出电流。

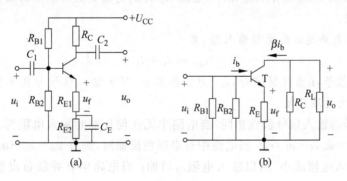

图 4-10 例 4-8 图

例 4-9 在图 4-11 所示的电路中,电阻 R_2 构成负反馈。判断该负反馈为电压反馈还是电流反馈。

解:在图示电路中,设输出电压 $u_o = 0$,则图中 R_2 的右端相当于接地,R_2 的电流与输出没有任何关系,没有输出信号回馈到输入端,所以为电压反馈。

由于电压负反馈抑制输出电压的变化,使放大电路的输出特性接近理想电压源,所以电压负反馈有稳定输出电压、减小输出电阻的功能;而电流负反馈则抑制输出电流的变化,使放大电路的输出特性接近理想电流源,具有稳定输出电流、增大输出电阻的功能。

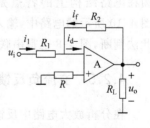

图 4-11 例 4-9 图

电压反馈在电路结构上的特点是输出信号和反馈信号从放大元器件的同端点取出,例如在图 4-11 所示的电路中,反馈信号和输出信号均取自集成运放的输出端。电流反馈在电路结构上的特点是输出信号和反馈信号从放大元器件的不同端点取出,例如在图 4-10 所示的电路中,反馈取自三极管的发射极,而输出取自三极管的集电极。在判断反馈是电压反馈还是电流反馈时,可利用电路特点快速判断。

4.2.4 串联反馈和并联反馈

对于交流负反馈,还需要进一步判断反馈信号与输入信号是以电压还是电流的形式比较。如果反馈信号回到输入端,与输入信号以电压的形式相比较,则反馈称为串联反馈;若以电流的形式相比较,则称为并联反馈。可以列交流通路中输入回路的电路方程,如果反馈信号出现在电压方程中,则与输入信号以电压的形式比较,为串联反馈;若反馈信号出现在电流方程中,则为并联反馈。

例 4-10 在图 4-10(a)所示的电路中,电阻 R_{E1} 构成交流负反馈。判断该负反馈为串联反馈还是并联反馈。

解:该电路的交流通路如图 4-10(b)所示。分析输入回路,有

$$u_i = u_{be} + u_f$$

其中,u_i 为输入信号,u_f 为反馈信号,u_{be} 为差值信号,可见输入信号与反馈信号以电压的形式相比较,所以为串联反馈。

例 4-11 在图 4-11 所示的电路中,电阻 R_2 构成交流负反馈。判断该负反馈为串联反馈还是并联反馈。

解:在图示电路运放的反相输入端,有

$$i_{d-} = i_1 + i_f$$

其中,i_1 为输入信号,i_f 为反馈信号,i_{d-} 为差值信号,可见输入信号与反馈信号以电流的形式相比较,所以为并联反馈。

设反馈信号与输入信号极性相同,当电路中无任何反馈时输入电阻为 r_i。若电路中无任何反馈,则 $u_i = u_{id}$,$i = u_{id}/r_i$。当电路中有串联负反馈时,则有 $u_{id} = u_i - u_f$,$i = u_{id}/r_i$,所以 u_f 使 u_{id} 减小,输入电流减小,所以输入电阻 r_{if} 增加;当电路中有并联负反馈时,则 $u_i = u_{id}$,$i = i_d + i_f$,i_f 使输入电流 i 增加,所以输入电阻 r_{if} 减小。

并联反馈在电路结构上的特点是输入信号和反馈信号均接入放大元器件的同一端,例如在图 4-11 所示的电路中,输入信号和反馈信号均接入到集成运放的反相输入端。串联反馈在电路结构上的特点是输入信号和反馈信号接入到放大元器件的不同端,例如在图 4-10 所示的电路中,输入信号接到三极管的基极,反馈信号接入到三极管的发射极。据此法判断,图 4-8 也是串联反馈。

4.2.5 交流负反馈的组态

在分析放大电路中反馈的性质时,首先判断反馈的极性,若是直流反馈,判断反馈极性即可;若是交流负反馈,还需判断其反馈组态。交流负反馈的 4 种组态分别为:电压串联负反馈、电流串联负反馈、电压并联负反馈、电流并联负反馈。

4.2 反馈的分类及其判断方法

因为反馈组态不同,反馈系数 $\dot{F}$ 和开环放大电路的放大倍数 $\dot{A}$ 也不同。如果是电压串联负反馈,所取的输出信号是输出电压 $\dot{U}_\text{o}$。反馈信号也是电压 $\dot{U}_\text{f}$,反馈系数 $\dot{F}_{uu}=\dfrac{\dot{U}_\text{f}}{\dot{U}_\text{o}}$,开环环放大倍数 $\dot{A}_{uu}=\dfrac{\dot{U}_\text{o}}{\dot{U}_\text{d}}$,闭环放大倍数 $\dot{A}_{uuf}=\dfrac{\dot{U}_\text{o}}{\dot{U}_\text{i}}$;如果是电压并联负反馈,所取的输出信号是输出电压 $\dot{U}_\text{o}$,反馈信号是电流 $\dot{I}_\text{f}$,反馈系数 $\dot{F}_{iu}=\dfrac{\dot{I}_\text{f}}{\dot{U}_\text{o}}$,开环放大倍数 $\dot{A}_{ui}=\dfrac{\dot{U}_\text{o}}{\dot{I}_\text{d}}$,闭环放大倍数 $\dot{A}_{uif}=\dfrac{\dot{U}_\text{o}}{\dot{I}_\text{i}}$。各种反馈组态的反馈系数与电压放大倍数见表 4-1。

表 4-1 各种反馈组态的反馈系数与放大倍数

反馈组态	反馈系数	开环放大倍数	闭环放大倍数
电压串联负反馈	$\dot{F}_{uu}=\dfrac{\dot{U}_\text{f}}{\dot{U}_\text{o}}$	$\dot{A}_{uu}=\dfrac{\dot{U}_\text{o}}{\dot{U}_\text{d}}$	$\dot{A}_{uuf}=\dfrac{\dot{U}_\text{o}}{\dot{U}_\text{i}}$
电压并联负反馈	$\dot{F}_{iu}=\dfrac{\dot{I}_\text{f}}{\dot{U}_\text{o}}$	$\dot{A}_{ui}=\dfrac{\dot{U}_\text{o}}{\dot{I}_\text{d}}$	$\dot{A}_{uif}=\dfrac{\dot{U}_\text{o}}{\dot{I}_\text{i}}$
电流串联负反馈	$\dot{F}_{ui}=\dfrac{\dot{U}_\text{f}}{\dot{I}_\text{o}}$	$\dot{A}_{iu}=\dfrac{\dot{I}_\text{o}}{\dot{U}_\text{d}}$	$\dot{A}_{iuf}=\dfrac{\dot{I}_\text{o}}{\dot{U}_\text{i}}$
电流并联负反馈	$\dot{F}_{ii}=\dfrac{\dot{I}_\text{f}}{\dot{I}_\text{o}}$	$\dot{A}_{ii}=\dfrac{\dot{I}_\text{o}}{\dot{I}_\text{d}}$	$\dot{A}_{iif}=\dfrac{\dot{I}_\text{o}}{\dot{I}_\text{i}}$

例 4-12 分压式偏置共射电压放大电路如图 4-10 所示。
(1) 判断电路中的反馈是交流反馈还是直流反馈;
(2) 分析该电路稳定静态工作点的过程;
(3) 判断交流负反馈的组态。

解:(1) 在该电路中,R_{E1}、R_{E2} 既和输入回路有关,又和输出回路有关,构成的反馈支路中,R_{E1} 和 R_{E2} 一起构成直流反馈,R_{E1} 构成交流反馈。

(2) 假定环境温度升高,则反馈过程如下。设温度 $T(℃)$ 瞬间增加,则

$$T(℃)\uparrow \Rightarrow I_\text{B}\uparrow, \quad I_\text{C}\uparrow \Rightarrow U_\text{E}\uparrow \Rightarrow U_{\text{BE}}\downarrow \Rightarrow I_\text{B}\downarrow, \quad I_\text{C}\downarrow$$

可见反馈为负反馈,温度变化对静态工作点的影响被抑制。

(3) 交流通路如图 4-11 所示。在输入回路,有 $u_\text{i}=u_{\text{be}}+u_\text{f}$,为串联反馈。或者,根据反馈信号与输入信号分别进入到三极管的不同极(发射极和基极)来判断,是串联反馈;反馈所取的信号是 i_e,反馈信号与 i_e 成正比,$u_\text{f}=R_{E1}i_\text{e}$,是电流反馈。或者,若令 $u_\text{o}=0$,输出电流 i_c 仍存在,反馈信号 u_f 将 i_c 回馈到输入回路,为电流反馈。

所以,该电路的反馈为电流串联负反馈。

例 4-13 射极输出器电路如图 4-12(a)所示。试分析反馈的极性,并判断负反馈的组态。

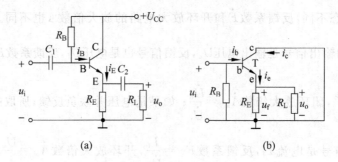

(a)　　　　　　　　　　　　(b)

图 4-12　例 4-13 图

解：在电路中 R_E 构成直流反馈，R_E 和 R_L 并联构成交流反馈。假设射极电流 i_E 瞬间增加，则

$$i_E \uparrow \Rightarrow u_E \uparrow \Rightarrow u_{BE} \downarrow \Rightarrow i_B \downarrow \Rightarrow i_E \downarrow$$

可见，经过反馈后，i_E 的变化被削弱，反馈为负反馈。

射极输出器的交流通路如图 4-12(b)所示。在输入回路，有 $u_i = u_{be} + u_f$，为串联反馈；若令 $u_o = 0$，则输入回路中没有输出信号，所以为电压反馈。射极输出器中的反馈为电压串联负反馈。

在第 2 章分析过，射极输出器具有输入电阻大、输出电阻小、带负载的能力强等性能特点。其根本原因是射极输出器中的反馈为电压串联负反馈。

例 4-14　电路如图 4-13 所示。试分析电路中反馈的极性，并判断负反馈的组态。

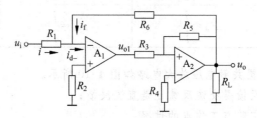

图 4-13　例 4-14 图

解：分析 R_6 支路构成的级间反馈。在利用瞬时极性法判断反馈极性时，最好从反馈网络所取的信号开始，此反馈网络是电压反馈，所以从输出电压开始判断。反馈极性的判断如下。设输出电压 u_o 瞬间增加，则

$$u_o \uparrow \Rightarrow i_f \uparrow \Rightarrow i_{d-} \uparrow \Rightarrow u_{o1} \downarrow \Rightarrow u_{2+} \downarrow \Rightarrow u_o \downarrow$$

可见，经过反馈后，u_o 的变化被削弱，所构成的反馈为负反馈。

由图示电路可见，在输入端有 $i - i_d + i_f = 0$，输入信号与反馈信号以电流的形式比较，所以为并联反馈；若设 $u_o = 0$，则 R_6 右端接地，没有输出信号通过 R_6 进入到输入端，故为电压反馈。或者，因为反馈信号与输入信号进入到了运放的同一个输入端，所以是并联反馈。

综上所述，该电路的反馈为电压并联负反馈。

例 4-15　图 4-14 所示的电路为由分立元件构成的晶体管毫伏表的放大电路。试分析其各级放大电路的特点和反馈的作用。

解：第 1 级放大电路为由 T_1 构成的射级输出器。

第 2 级放大电路为由 T_2 构成的分压式偏置共射放大电路，起电压放大的作用。

4.2 反馈的分类及其判断方法

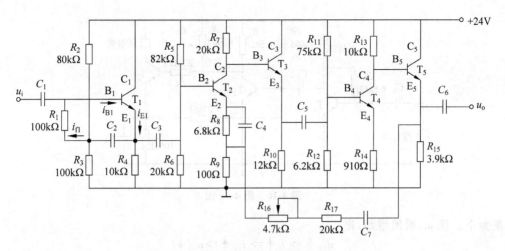

图 4-14　例 4-15 图 1

第 3 级放大电路为由 T_3 构成的射级输出器,以增加第 2 级放大电路的负载电阻,减小第 4 级放大电路的信号源内阻,从总体上增加了放大电路的电压放大倍数。

第 4 级放大电路为由 T_4 构成的分压偏置式放大电路,起电压放大的作用。

第 5 级放大电路为由 T_5 构成的射级输出器,以提高带负载的能力。

在第 1 级射极输出器中存在电压串联负反馈(例 4-12 已分析),此外,R_1 支路也引入了交流反馈,参考图 4-15,该反馈的极性判断如下。设 u_{E1} 瞬间增加,则

$$u_{E1}\uparrow \Rightarrow i_{f1}\uparrow \Rightarrow i_{B1}\uparrow \Rightarrow i_{E1}\uparrow \Rightarrow u_{E1}\uparrow$$

所以反馈极性为正。第 1 级放大电路的微变等效电路如图 4-15 所示,反馈电压 $u_f=u_o$,输入电阻为

$$r_i = \frac{u_i}{i} = \frac{u_i}{\dfrac{u_i-u_f}{R_1 /\!/ r_{be1}}} = \frac{u_i}{u_i-u_f}(R_1 /\!/ r_{be1})$$

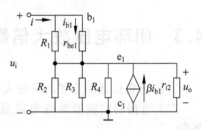

图 4-15　例 4-15 图 2

可见只要负反馈深度足够,使 $u_f \approx u_i$,则 $r_i \to \infty$。可见该正反馈虽然会削弱负反馈的作用,但能提高输入电阻。这种通过正反馈提高输入电阻的方法称为"自举",这类电路称为自举电路。

R_{16}—R_{17}—C_7 支路在第 5 级和第 2 级放大电路之间引入了交流反馈,反馈的极性判断如下。设 u_{E5} 瞬间增加,则

$$u_{E5}\uparrow \Rightarrow u_{E2}\uparrow \Rightarrow u_{BE2}\downarrow \Rightarrow u_{C2}\uparrow \Rightarrow u_{E3}\uparrow \Rightarrow u_{C4}\downarrow \Rightarrow u_{E5}\downarrow$$

所以反馈极性为负。反馈信号取自第 5 级的输出电压,在第 2 级输入端以电压的形式比较,所以反馈组态为电压串联负反馈,可以增加第 2 级的输入电阻,减小输出电阻,稳定放大电路的电压放大倍数。

例 4-16　图 4-16 所示为一个助听器的电路。微音器为把声音变成电能的器件,也称为传声器或麦克风。试分析电路中各反馈的极性和反馈作用。

解: 图示电路为由三个 PNP 型三极管构成的 3 级共射电压放大电路。

在电路的第 1 级,R_1 在本级构成了反馈,该反馈既为直流反馈,又为交流反馈,其极性

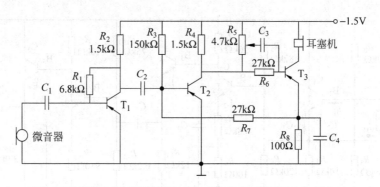

图 4-16 例 4-16 图

判断如下。设 u_{C1} 瞬间增加,则

$$u_{C1} \uparrow \Rightarrow i_f \uparrow \Rightarrow i_{B1} \uparrow \Rightarrow u_{C1} \downarrow$$

所以反馈极性为负。反馈信号取自第 1 级的输出电压,在输入端以电流的形式比较,所以反馈组态为电压并联反馈。微音器为高阻抗信号源,若采用串联负反馈,放大电路输入端口获取的输入信号小,信号的放大不理想,而第 1 级用并联负反馈则可获得满意的放大倍数(习题 4.6 估算该电路的电压放大倍数)。

电阻 R_7 跨接在第 2 级和第 3 级放大电路之间,形成直流反馈,其极性判断如下。设 u_{E3} 瞬间增加,则

$$U_{E3} \uparrow \Rightarrow U_{B2} \uparrow \Rightarrow U_{C2} \downarrow \Rightarrow U_{B3} \downarrow \Rightarrow U_{E3} \downarrow$$

所以反馈极性为负,可稳定静态工作点。

4.3 闭环电压放大倍数的计算

计算有负反馈的分立元件放大电路的放大倍数,有以下三种方法。

(1) 直接利用微变等效电路进行计算。这种方法往往由于反馈支路的存在,计算很复杂。

(2) 对于深度负反馈的放大电路,可以利用反馈公式,近似估算闭环放大倍数。只要求出反馈系数就可以很容易地求出闭环放大倍数,而反馈系数一般是比较容易求出的。

(3) 利用式(4-1)计算。先求出反馈系数和开环放大倍数,然后代入式(4-1)进行计算。因为在求开环放大倍数时去掉了电路中的反馈效应,因此可以利用微变等效电路的方法求开环放大倍数。但是,开环放大电路并不是直接去掉反馈支路的电路,必须要考虑到反馈电路对输入、输出端的负载效应。也就是说,开环放大电路是去掉反馈网络的反馈效应、保留其负载效应的电路。

4.3.1 深度负反馈放大电路闭环电压放大倍数的估算

在 4.1 节分析过,在具有深度负反馈的放大电路中,深度负反馈 $|\dot{A}_\circ \dot{F}| \gg 1$,有

$$\dot{A}_f = \frac{\dot{A}_\circ}{1 + \dot{A}_\circ \dot{F}} \approx \frac{1}{\dot{F}}$$

4.3 闭环电压放大倍数的计算

这就是式(4-2)。先求出反馈系数 $\dot{F}$,代入上式即可求出闭环放大倍数。如果是电压串联负反馈,用式(4-2)求出的就是闭环电压放大倍数。如果是其他组态的负反馈,利用(4-2)式求出的放大倍数就不是电压放大倍数。比如,如果是电流串联负反馈,参考表 4-1,反馈系数是 $\dot{F}_{ui} = \dfrac{\dot{U}_f}{\dot{I}_i}\left(\dfrac{V}{A}\right)$(括号里是量纲),用式(4-2)求出的闭环放大倍数是 $\dot{A}_{iuf} = \dfrac{\dot{I}_o}{\dot{U}_i}\left(\dfrac{A}{V}\right)$。这时,需要根据电路结构,将 $\dot{A}_{iuf}$ 转换成电压放大倍数 $\dot{A}_{uuf}$。

另外,根据定义,有

$$\dot{A}_f = \frac{\dot{X}_o}{\dot{X}_i}, \quad \dot{F} = \frac{\dot{X}_f}{\dot{X}_o}$$

所以有

$$\dot{X}_i \approx \dot{X}_f \tag{4-3}$$

$$\dot{X}_d = \dot{X}_i - \dot{X}_f \approx 0 \tag{4-4}$$

式(4-3)和式(4-4)意味着,对于深度负反馈电路,总输入信号等于反馈信号。净输入信号等于总输入信号减反馈信号,因此净输入信号约为 0。利用式(4.3)和式(4.4)就可以直接估算各种组态深度负反馈放大电路的闭环电压放大倍数。估算闭环电压放大倍数的步骤如下:

(1) 从反馈支路找出 $\dot{X}_f$ 与 $\dot{X}_o$ 的关系;

(2) 从输出回路找出 $\dot{U}_o$ 与 $\dot{X}_o$ 的关系;

(3) 从输入回路找出 $\dot{X}_i$ 与 $\dot{U}_i$ 或 $\dot{U}_s$($\dot{U}_s$ 是含有内阻的信号源的信号电动势)的关系;

(4) 代入 $\dot{X}_i \approx \dot{X}_f$,则可求出闭环电压放大倍数。

例 4-17 估算图 4-12(a)所示射极输出器的电压放大倍数。

解:在射极输出器中,有

$$\dot{U}_f = \dot{U}_o, \quad \dot{U}_i \approx \dot{U}_f, \quad \dot{F}_{uu} = \frac{\dot{U}_f}{\dot{U}_o} = 1$$

所以

$$\dot{A}_{uuf} \approx \frac{1}{\dot{F}_{uu}} = 1$$

若采用微变等效电路分析射极输出器,可得

$$\dot{A}_{uuf} = \frac{(1+\beta)(R_E \mathbin{/\mkern-6mu/} R_L)}{r_{be} + (1+\beta)(R_E \mathbin{/\mkern-6mu/} R_L)} \approx 1$$

两种方法的分析结果一致。

例 4-18 图 4-17 所示电路中的反馈为电压串联负反馈。试估算其闭环电压放大倍数 $\dot{A}_{uf}$。

解:首先,根据反馈网络确定反馈量与输出量的关系,有

$$\dot{U}_f \approx \frac{R_{E1}}{R_{E1} + R_f}\dot{U}_o。$$

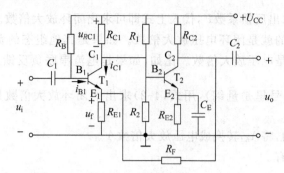

图 4-17 例 4-18 图

根据串联反馈的特点,有

$$\dot{U}_i \approx \dot{U}_f$$

所以,闭环电压放大倍数为

$$\dot{A}_{uuf} = \frac{\dot{U}_o}{\dot{U}_i} \approx \frac{\dot{U}_o}{\dot{U}_f} = \frac{R_{E1} + R_f}{R_{E1}}$$

例 4-19 图 4-18 所示电路中的反馈为电流并联负反馈(请自行判断)。试分析其闭环电压放大倍数 $\dot{A}_{usf}$。

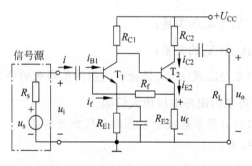

图 4-18 例 4-19 图

解:根据深度并联负反馈的特点,有

$$\dot{I} \approx \dot{I}_f$$

$$\dot{I}_{b1} \approx 0$$

$$\dot{U}_{be1} = \dot{I}_{b1} r_{be1} \approx 0$$

根据反馈网络确定反馈量与输出量的关系,有

$$\dot{I}_f \approx -\frac{R_{E2}}{R_{E2} + R_f} \dot{I}_{e2}$$

所以,有

$$\dot{U}_s = \dot{I} R_s + \dot{U}_{be1} \approx \dot{I} R_s \approx \dot{I}_f R_s$$

$$\dot{A}_{usf} = \frac{\dot{U}_o}{\dot{U}_s} \approx \frac{-\dot{I}_{e2}(R_{C2} \mathbin{/\mkern-6mu/} R_L)}{\dot{I}_f R_s} \approx \frac{(R_{E2} + R_f)(R_{C2} \mathbin{/\mkern-6mu/} R_L)}{R_{E2} R_s}$$

4.3 闭环电压放大倍数的计算

例 4-20 图 4-19 所示电路中的反馈为电压并联负反馈(例 4-14 中已分析)，试分析其闭环电压放大倍数 $\dot{A}_{uf}$。

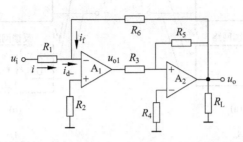

图 4-19 例 4-20 图

解：此电路是电压并联负反馈，因为运放的放大倍数很大，所示是深度负反馈，因此净输入信号 $i_{d-}=0$，即流过 A_1 差模输入电阻上的电流是 0，因此 $u_- - u_+ = 0$。同时，R_2 上的压降也是 0。所以有 $u_- = u_+ = 0$。

于是

$$i = -i_f$$

$$\frac{u_i - u_{1-}}{R_1} = \frac{u_{1-} - u_o}{R_6}$$

$$A_{uf} = \frac{u_o}{u_i} = -\frac{R_6}{R_1}$$

*4.3.2 负反馈放大电路闭环电压放大倍数的计算

如果直接利用式(4-1)计算闭环放大倍数，首先要求反馈系数 $\dot{F}$ 和开环放大倍数 $\dot{A}$。$\dot{F}$ 一般比较容易求出，但是开环放大电路并不是直接去掉反馈网络的电路，因为反馈网络除有反馈效应 $\left(\text{以 } \dot{F} = \frac{\dot{X}_f}{\dot{X}_o} \text{ 体现}\right)$ 外，还有对输入、输出端的负载效应。所以开环放大倍数是去掉反馈网络的反馈效应，而保留负载效应的电路。要把原电路转换为开环放大电路，不同的反馈组态做法不同。

我们以电压并联负反馈电路为例说明电路的转换原则。将电压并联负反馈电路的放大部分和反馈网络分开，用图 4-20(a)表示，图中"放大电路"并不对应框图中的"开环放大电路"。因为在图 4-3 框图中，反馈网络中只具有反馈效应。也就是说我们首先应该将反馈网络中除反馈效应的其他效应(对输入、输出端的负载效应)提取出来，并归入到放大部分后，放大部分才能对应于图 4-3 反馈框图中的开环放大电路。

反馈网络是有一个输入端口和一个输出端口的双口网络，根据网络理论，一个双口网络的端口变量可以有六种不同的参数方程表示，分别是 Z 参数方程、Y 参数方程、H 参数方程、G 参数方程、传输及反传输参数方程。对于电压并联负反馈电路，用 Y 参数方程及其等效电路表示反馈网络。因此，反馈网络的等效电路如图 4-20(b)所示，其中 Y_{if} 是对输入端的负载效应，Y_{of} 是对输出端的负载效应，Y_{rf} 是反馈效应，Y_{ff} 是输入信号直接经过反馈网络传输到输出端，即所谓的前馈效应。然后，将 Y_{if} 和 Y_{of} 归入放大电路中，如图 4-20(c)所示，

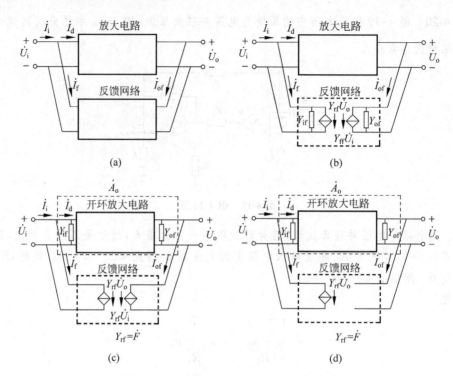

图 4-20 电压并联负反馈放大电路的变换

考虑到一般前馈效应很小，因此将其忽略，电路变换成图 4-20(d)。图 4-20(c)中虚线框的部分与图 4-3 中的开环放大电路对应，相应的 $\dot{A}_\circ$ 就是开环放大倍数，只要根据电路把 $\dot{A}_\circ$ 计算出来，就可以根据式(4-1)计算闭环放大倍数 $\dot{A}_f$ 了。

所以，如果是电压并联负反馈电路，要得到开环放大电路的方法是：先将输出端短路，得到输入电路。这实际是让反馈信号 $Y_{rf}\dot{U}_\circ=0$，反馈网络对输入端的负载效应 Y_{if} 就被归入到输入回路中了；然后，将输入短路，即使前馈信号 $Y_{ff}\dot{U}_i=0$，将 Y_{of} 归入到输出回路中，得到输出回路；最后将输入回路和输出回路以及中间电路合并成一个电路，得到开环放大电路。对于其他反馈组态，利用类似的分析方法可以得到电路的转换原则，此处不再一一进行分析，只将结果列出。

(1) 求输入电路：对于电压反馈，令输出电压为 0，找出它的输入回路；如为电流反馈，将输出端开路，再找出它的输入回路。

(2) 求输出电路：对于并联反馈，令输入电压为 0，找出它的输出回路；如为串联反馈，将输入端开路（令输入电流为 0），再找出它的输出回路。

例 4-21 分压式偏置电路如图 4-21 所示。已知 $R_{B1}=100\text{k}\Omega$，$R_{B2}=33\text{k}\Omega$，$R_{E2}=2.4\text{k}\Omega$，$R_{E1}=100\Omega$，$R_C=5\text{k}\Omega$，$R_L=5\text{k}\Omega$。三极管的放大倍数 $\beta=60$，$r_{be}=1.62\text{k}\Omega$。电源电压 $U_{CC}=+15\text{V}$。利用反馈公式计算电路的闭环电压放大倍数。

解： 此电路 R_{E1} 对于交流信号是电流串联负反馈，所取的输出信号为 $\dot{I}_c$，$\dot{I}_c$ 流过 R_{E1} 形成反馈电压。反馈系数为

4.3 闭环电压放大倍数的计算

$$\dot{F}_{ui} = \frac{\dot{U}_e}{\dot{I}_c} = R_{E1} = 0.1\text{k}\Omega$$

其微变等效电路如图 4-22(a) 所示。使 $\dot{I}_c=0$，实际是将三极管的集电极开路，得到输入回路的微变等效电路如图 4-22(b) 所示。使输入电流为 0，即三极管的 $\dot{I}_b=0$，得到输出回路如图 4-22(c) 所示。然后将输入回路和输出回路合并成开环放大电路，如图 4-22(d) 所示。

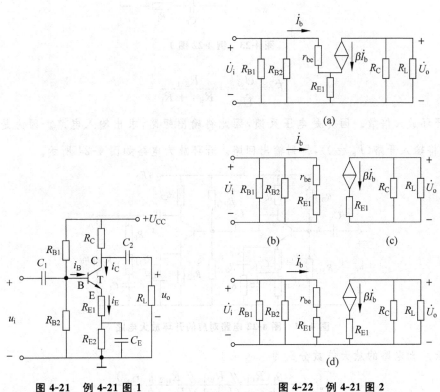

图 4-21　例 4-21 图 1　　　　　图 4-22　例 4-21 图 2

求开环放大电路的放大倍数，参考图 4-22(d)，得

$$\dot{A}_{iuo} = \frac{\dot{I}_c}{\dot{U}_i} = \frac{\beta \dot{I}_b}{\dot{I}_b(r_{be}+R_{E1})} = \frac{\beta}{r_{be}+R_{E1}} = \frac{60}{1.72}\ \Omega^{-1} \approx 34.88\ \Omega^{-1}$$

根据式(4-1)求闭环放大倍数

$$\dot{A}_{iuf} = \frac{\dot{I}_c}{\dot{U}_i} = \frac{\dot{A}_{iuo}}{1+\dot{A}_{iuo}\dot{F}_{ui}} = \frac{34.88}{1+34.88\times0.1}\ \Omega^{-1} = 7.772\ \Omega^{-1}$$

把放大倍数转换成电压放大倍数

$$\dot{A}_{iuf} = \frac{\dot{U}_o}{\dot{U}_i} = \frac{-\dot{I}_c R'_L}{\dot{U}_i} = -\dot{A}_{iuf} R'_L = -7.772\times2.5\text{V/V} = -19.43\text{V/V}$$

例 4-22　多级反馈放大电路如图 4-23 所示，求闭环放大倍数。

解：此电路中反馈网络 C_f、R_f 和 R_{E11} 是电压串联负反馈，反馈系数是

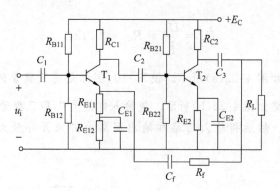

图 4-23　例 4-22 图 1

$$\dot{F} = \frac{\dot{U}_{e1}}{\dot{U}_o} = \frac{R_{E11}}{R_{E11} + R_f}$$

求开环放大倍数。因为是电压反馈，因此将输出短路，求出输入电路。因为是串联反馈，所以将输入开路（$\dot{I}_{b1}=0$），得到输出回路。开环放大电路如图 4-24 所示。

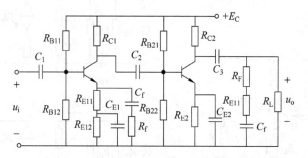

图 4-24　图 4-22 电路对应的开环放大电路

两级放大电路的放大倍数分别为

$$A_{u1} = -\frac{\beta_1 (R_{C1} \parallel R_{B21} \parallel R_{B22} \parallel r_{be2})}{r_{be1} + (1+\beta_1)(R_{E11} \parallel R_f)}$$

$$A_{u2} = -\frac{\beta_2 (R_{C2} \parallel (R_F + R_{E11}) \parallel R_L)}{r_{be2}}$$

$$A_{uuo} = A_{u1} \times A_{u1}$$

再利用式（4-1）即可求出电压放大倍数，即

$$\dot{A}_{uuf} = \frac{\dot{U}_o}{\dot{U}_i} = \frac{\dot{A}_{uuo}}{1 + \dot{A}_{uuo}\dot{F}_{uu}}$$

4.4　负反馈对放大电路的影响

1. 负反馈对放大倍数的影响

负反馈使放大倍数下降，但可稳定放大倍数。（注：此处的放大倍数指广义放大倍数）
附录 A 中证明，闭环与开环放大倍数相对变化率的关系为

$$\frac{|\Delta A_f|}{A_f} = \frac{\Delta A_o}{A_o} \cdot \frac{1}{|1+\dot{A}_o \dot{F}|} \tag{4-5}$$

2. 负反馈对输入电阻和输出电阻的影响

串联负反馈使电路的输入电阻增加，并联负反馈使电路的输入电阻减小。

电压负反馈使电路的输出电阻减小，电流负反馈使电路的输出电阻增加。

附录 A 中分析了各种负反馈组态下，闭环与开环输入电阻和输出电阻的关系。

3. 负反馈对波形的改善

设正弦信号通过开环放大电路，在输出端产生了非线性失真，即前半周幅度小后半周幅度大，如图 4-25 所示。若在该电路中引入电压串联负反馈，则反馈信号 u_f 正半周幅度小、负半周幅度大，差值信号 x_d 正半周幅度大、负半周幅度小，这样输出信号的正半周幅度增大、负半周幅度减小，结果使正、负半周的幅度趋于一致，输出波形得到了改善。如图 4-26 所示。

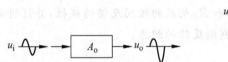

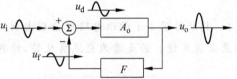

图 4-25　开环放大电路中的非线性失真　　　图 4-26　负反馈对非线性失真的改善

4. 负反馈对通频带的影响

引入负反馈后，放大电路的闭环通频带 B_f 要比开环通频带 B_o 宽。附录 A 证明：

$$B_f = (1+A_o F) B_o \tag{4-6}$$

在深度负反馈下，$A_f \approx 1/F$，所以有

$$A_f B_f \approx \left(\frac{1}{F} + A_o\right) B_o \approx A_o B_o \tag{4-7}$$

即深度负反馈下，放大电路的增益带宽积恒定。

本章小结

本章介绍了反馈的各种分类及其判断方法，各种负反馈的作用，以及深度负反馈时电压放大倍数的估算。

（1）按极性划分，反馈可分为正反馈和负反馈。当电路中的电压或电流有变化时，负反馈削弱其变化，而正反馈则增强其变化。采用瞬时极性法可以判断反馈的极性。

（2）若反馈作用于直流信号则称之为直流反馈，作用于交流信号则称之为交流反馈。判断反馈为直流反馈还是交流反馈要看反馈回路中的电容。若回路中串接了隔直电容，则为交流反馈；若并接了旁路电容，则为直流反馈；若反馈回路中既无旁路电容，也无隔直电

容，则反馈既是直流反馈，也是交流反馈。

（3）交流负反馈有四种组态。根据反馈信号是取自从输出电压还是输出电流，反馈可以分为电压反馈和电流反馈；根据反馈信号在输入端是以电流还是电压的形式影响输入信号，反馈又可分为串联反馈和并联反馈。四种组态分别为：电压串联负反馈、电流串联负反馈、电压并联负反馈和电流并联负反馈。

（4）直流负反馈可以稳定静态工作点。交流负反馈的各种组态对其动态性能有各种不同的影响：电压负反馈稳定输出电压，减小输出电阻；电流负反馈稳定输出电流，增大输出电阻；串联负反馈增大输入电阻；并联负反馈减小输入电阻，等等。

（5）一般情况下，先求出开环放大倍数和反馈系数，便可以利用式（4-1）的反馈公式求闭环放大倍数。在深度负反馈时，$\dot{X}_i \approx \dot{X}_f$，$\dot{X}_d = \dot{X}_i - \dot{X}_f \approx 0$。利用这些该特点，可估算深度负反馈时放大电路的电压放大倍数。

习题

4.1 判断题图4-1所示电路中分别由R_{f1}和R_{f2}构成的级间反馈的极性，并说明是直流反馈还是交流反馈。若反馈为交流负反馈，请判断反馈的组态。

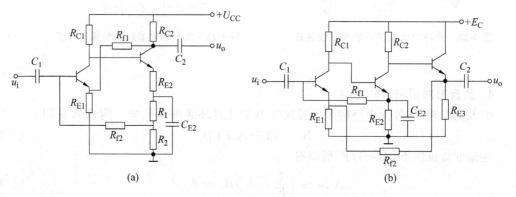

题图 4-1

4.2 电路如题图4-2所示，试分析由电阻R_f引入反馈的极性，若为负反馈，判断组态。

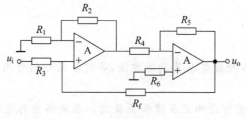

题图 4-2

4.3 电路如题图4-3所示，试分析电阻R_{f1}和R_{f2}所引入反馈的极性，若为负反馈，判断组态。

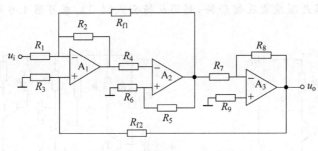

题图 4-3

4.4 在题图 4-4 所示的电路中要达到下述效果应引入什么负反馈？反馈电阻 R_f 应如何连接？

(1) 减小输入电阻，静态工作点保持不变。这时所接反馈对输出电阻有何影响？

(2) 减小输出电阻，静态工作点保持不变。这时所接反馈对输入电阻的影响又如何？

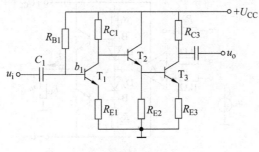

题图 4-4

4.5 分析题图 4-5 所示的电路中反馈的极性和组态。

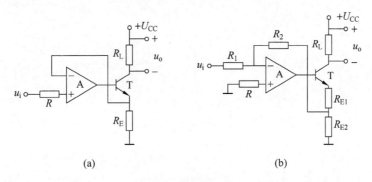

题图 4-5

4.6 试用估算法求题图 4-6 所示电路的闭环放大倍数 $\dot{A}_{usf}$。

4.7 用估算法求题图 4-7 所示电路的闭环放大倍数 $\dot{A}_{uf}$。

4.8 电路如题图 4-8 所示。

(1) 要求有高的输入电阻 R_{if}，问信号源与 R_f 应如何连接到电路中？

(2) 要求连接好的电路 $\dot{A}_{uf}=20$，问 R_f 为何值？

*4.9 假设不满足深度负反馈条件，利用反馈公式(4-1)，求习题4.6和习题4.7电路的闭环放大倍数。

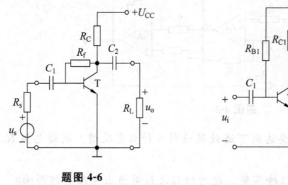

题图 4-6

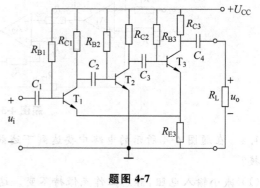

题图 4-7

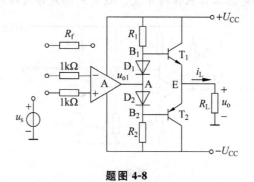

题图 4-8

第 5 章

集成运算放大器的应用

集成运算放大器广泛应用于各种电子线路中,如各种线性和非线性信号处理电路、波形发生电路等。集成运放的性能优越,其输入电阻大、输出电阻小、开环放大倍数大,并且具有很强的抑制零漂的能力,已基本取代了分立元件构成的放大电路。按照集成运算放大器在电路中所表现的特性,其应用可分为线性应用和非线性应用。

5.1 集成运算放大器的特点

当集成运算放大器工作在线性区时,其输出电压 $u_{od}=A_{od}u_{id}$,其中 $u_{id}=u_+-u_-$,A_{od} 为开环差模放大倍数。集成运放的输出电压 u_{od} 与输入电压 u_{id} 的关系曲线称为电压传输特性,如图 5-1 所示。由于运放的输出电压不可能超出 $(-U_{OM}, U_{OM})$,所以其线性放大区($|u_{id}|<\varepsilon$)很小。若 $U_{OM}=12V, A_{od}=10^6$,则集成运放的线性区 $|u_{id}|<12\mu V$。A_{od} 越大,运放的线性区范围越小。当其工作在非线性区时,运放输出级功放的功率管处于饱和导通状态。此时若 $u_{id}>0$,则输出电压为其最大正向输出电压 $+U_{OM}$(亦称正向饱和电压);若 $u_{id}<0$,输出电压为最大反向输出电压 $-U_{OM}$(亦称反向饱和电压),U_{OM} 略低于运放的工作电压。

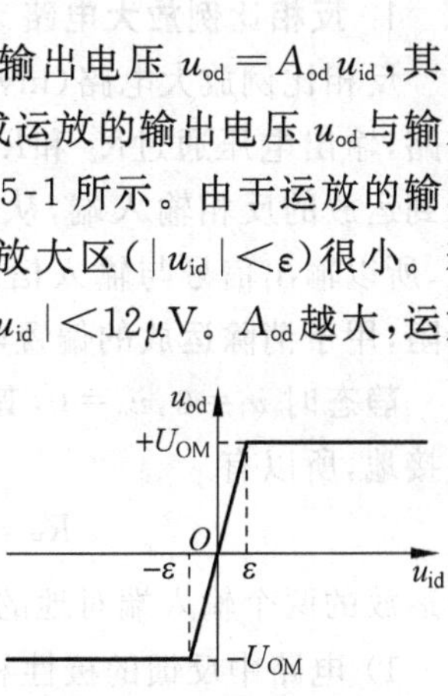

图 5-1 集成运算放大器的电压传输特性

在由集成运放构成的线性信号处理器中,运放工作在线性放大区。为扩大输入信号的线性范围,电路中引入了负反馈。因为运放的开环放大倍数大($10^5 \sim 10^7$)、输入电阻大(兆欧级),所以在线性处理器中,工作在线性区的运放具有以下特点:

$$u_+ - u_- = \frac{u_{od}}{A_{od}} \approx 0 \Rightarrow u_+ \approx u_- \tag{5-1}$$

$$i_{d+} \approx 0 \tag{5-2}$$

$$i_{d-} \approx 0 \qquad (5-3)$$

式(5-1)说明,运放的同相端与反相端之间相当于短路,但又不是真正的短路,故该特性称为虚短路(virtual short circuit)。式(5-2)和式(5-3)说明,同相端与反相端相当于开路,但又不是真正的开路,故该特性称为虚开路(virtual open circuit)。由于运放的输出电阻小(几十到几百欧),引入电压负反馈后输出电阻更小,所以负载的大小不影响输出电压,当用运放构成多级线性电路时,各级线性电路之间互不影响,可以拆分成若干单级放大电路进行分析。

当电路中集成运算放大器处于开环状态,或者引入了正反馈,则集成运放工作在非线性区。当集成运放工作在非线性区时,虚短路可以不成立,但虚开路、输出电阻为 0 这两个特点仍然成立。

5.2 集成运放构成的线性处理器

由集成运放所构成的线性处理器有信号运算电路、有源滤波电路等。在分析这些线性电路时,通常将运放的特性理想化,在列电压方程和电流方程时,将理想运放的特点作为基本出发点,即虚开路($i_{d+}=0, i_{d-}=0$)、虚短路($u_+ = u_-$)、输出电阻为 0。

5.2.1 单运放构成的信号运算电路

1. 反相比例放大电路

反相比例放大电路(inverting amplifiers)如图 5-2 所示。该电路为一个单运放构成的电路,输出电压通过 R_2 和 R_1 串联分压后,把部分输出电压反馈到运放的反相输入端,从而引入负反馈;信号从反相端接入,所以输出信号与输入信号反相。电路中电阻 R_P 称为平衡电阻,用于消除运放的偏置电流造成的输出误差。

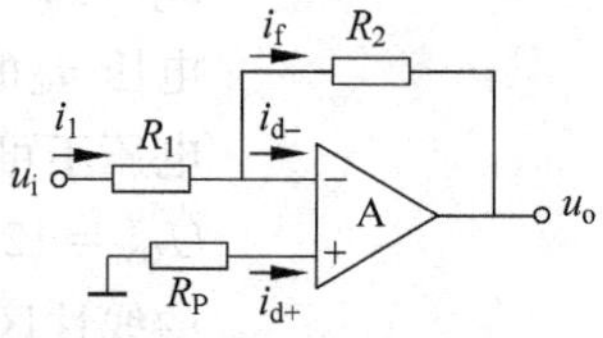

静态时 $u_i = 0, u_o = 0$,其反相端相当于经 R_1 和 R_2 并联电路接地,所以有

图 5-2 反相比例放大电路

$$R_P = R_1 /\!/ R_2 \qquad (5-4)$$

即运放的两个输入端对地的静态电阻相等。

1) 电路中反馈的极性和组态

电路中反馈极性的判断如下。设 u_o 瞬时增大,则

$$u_o \uparrow \Rightarrow i_f \downarrow \Rightarrow i_{d-} \uparrow \Rightarrow u_o \downarrow$$

可见,反馈削弱了 u_o 的变化。又由于反馈信号取自输出电压,在输入端以电流的形式比较($i_1 - i_f - i_{d-} = 0$),所以电路中的反馈为电压并联负反馈。

2) 电压放大倍数

在运放的同相输入端,由虚开路 $i_{d+} = 0$,可得电阻 R_P 的端电压为 0,所以 $u_+ = 0$。

由虚短路,有 $u_- = u_+ = 0$。

在运放的反相输入端,由虚开路,可得 $i_{d-} = 0, i_1 = i_2$,所以有

5.2 集成运放构成的线性处理器

$$\frac{u_i - u_-}{R_1} = \frac{u_- - u_o}{R_2} \Rightarrow \frac{u_i}{R_1} = -\frac{u_o}{R_2}$$

可得

$$A_u = \frac{u_o}{u_i} = -\frac{R_2}{R_1} \tag{5-5}$$

由式(5-5)可知,若要求图 5-2 所示的反相比例放大电路提供较大的电压放大倍数,在保证放大电路的输入电阻足够大的前提下,电路需要阻值较大的R_2,而大电阻的精度差,所以A_u误差大,图 5-2 所示的电路结构不再适用。

3)输入电阻

$$r_i = \frac{u_i}{i_1} = \frac{u_i}{\dfrac{u_i - u_-}{R_1}} = R_1 \tag{5-6}$$

4)共模电压

在该电路中,$u_- = u_+ = 0$,所以该电路的共模电压为 0。

例 5-1 试分析图 5-3 所示电路的电压放大倍数,并求其平衡电阻R_P。

解:根据运放工作在线性区的特点,在该电路中有

$$u_- = u_+ = 0$$

在反相输入端$i_{d-} = 0, i_1 = i_2$,所以

$$\frac{u_i}{R_1} = \frac{-v_M}{R_2} \quad ①$$

在 M 点,采用节点电位法求 M 点电位,可得

$$v_M = \frac{\dfrac{u_o}{R_4} + \dfrac{u_-}{R_2}}{\dfrac{1}{R_2} + \dfrac{1}{R_3} + \dfrac{1}{R_4}} = \frac{\dfrac{u_o}{R_4}}{\dfrac{1}{R_2} + \dfrac{1}{R_3} + \dfrac{1}{R_4}} \quad ②$$

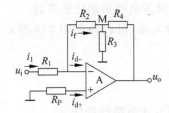

图 5-3 例 5-1 图

将式②代入到式①,得

$$A_u = \frac{u_o}{u_i} = -\frac{R_2}{R_1}\left(\frac{R_4}{R_2} + \frac{R_4}{R_3} + 1\right) \tag{5-7}$$

为保证输入级电路结构在静态时对称,可得

$$R_P = R_1 \mathbin{/\mkern-6mu/} [R_2 + (R_3 \mathbin{/\mkern-6mu/} R_4)] \tag{5-8}$$

式(5-7)表明,图 5-3 所示电路为反相比例放大电路。该电路可以不需要大电阻,而通过调整R_1/R_2、R_4/R_2、R_4/R_3等比值,就能获得较大的电压放大倍数。

2. 同相比例放大电路

同相比例放大电路(noninverting amplifiers)如图 5-4 所示。电路中,输出电压通过R_2和R_1串联分压后,把部分输出电压反馈到运放的反相输入端,形成入负反馈;信号从同相端接入,所以输出信号与输入信号同相。平衡电阻$R_P = R_1 \mathbin{/\mkern-6mu/} R_2$。

1)电路中反馈的极性和组态

电路中反馈极性的判断如下。设u_o瞬时增大,则

$$u_o \uparrow \Rightarrow u_f \uparrow (即\ u_- \uparrow) \Rightarrow u_o \downarrow$$

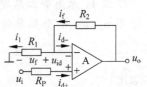

图 5-4 同相比例放大电路

可见,反馈削弱了 u_o 的变化。又由于反馈信号取自输出电压,在输入端以电压的形式比较($u_i = u_{id} + u_f$),所以电路中的反馈为电压串联负反馈。

2) 电压放大倍数

在运放的同相输入端,由虚开路可得 $i_{d+} = 0$,电阻 R_P 的端电压为 0,所以 $u_+ = u_i$。

由虚短路,可得 $u_- = u_+ = u_i$。

在运放的反相输入端,由虚开路,可得 $i_{d-} = 0$,$i_1 = i_f$,所以有

$$\frac{u_-}{R_1} = \frac{u_o - u_-}{R_2} \Rightarrow \frac{u_i}{R_1} = \frac{u_o - u_i}{R_2}$$

可得

$$A_u = \frac{u_o}{u_i} = 1 + \frac{R_2}{R_1} \tag{5-9}$$

3) 输入电阻

$$r_i = \frac{u_i}{i_{d+}} \to \infty$$

4) 共模电压

在电路中,$u_- = u_+ = u_i$,所以该电路的共模电压为 u_i,对运放的共模抑制比要求高。

在同相比例放大电路中,若将输出电压全部引回到反相输入端,可以得到图 5-5 所示电路。

根据运放工作在线性区的特点,在图 5-5 所示的电路中,有

$$u_o = u_- = u_+ = u_i$$

所以,该电路称为电压跟随电器(voltage follower),为同相比例放大电路的特例。

3. 信号的和差运算电路

1) 反相求和电路(inverting adder)

例 5-2 反相求和电路如图 5-6 所示,试分析电路中输出信号与输入信号的关系。

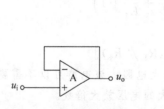

图 5-5 电压跟随电路

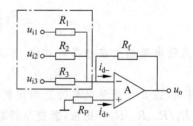

图 5-6 反相求和电路

解:该电路可用多种方法分析。

方法 1:采用叠加原理分析。可直接采用反相比例放大电路的分析结果。

当 u_{i1}、u_{i2}、u_{i3} 分别单独作用时,有

$$u_o' = -\frac{R_f}{R_1}u_{i1}, \quad u_o'' = -\frac{R_f}{R_2}u_{i2}, \quad u_o''' = -\frac{R_f}{R_3}u_{i3}$$

所以有

$$u_o = u_o' + u_o'' + u_o''' = -\frac{R_f}{R_1}u_{i1} - \frac{R_f}{R_2}u_{i2} - \frac{R_f}{R_3}u_{i3}$$

5.2 集成运放构成的线性处理器

方法 2：采用戴维南定理分析电路。将图 5-6 所示电路中虚线框内的有源二端网络（一端为反相端，另一端为接地端）等效为电压源，得到如图 5-7 所示的电路，其中

$$R_s = R_1 \mathbin{/\mkern-5mu/} R_2 \mathbin{/\mkern-5mu/} R_3$$

$$u_s = \frac{\dfrac{u_{i1}}{R_1} + \dfrac{u_{i2}}{R_2} + \dfrac{u_{i3}}{R_3}}{\dfrac{1}{R_1} + \dfrac{1}{R_2} + \dfrac{1}{R_3}} = \left(\frac{u_{i1}}{R_1} + \frac{u_{i2}}{R_2} + \frac{u_{i3}}{R_3}\right) R_s$$

根据反相比例放大电路的分析结果，有

$$u_o = -\frac{R_f}{R_s} u_s = -\frac{R_f}{R_1} u_{i1} - \frac{R_f}{R_2} u_{i2} - \frac{R_f}{R_3} u_{i3}$$

方法 3：根据运放工作在线性区的特点分析电路。在反相输入端 $i_{d-} = 0$，可以用图 5-8 所示的等效电路求反相输入端的电位。用节点电位法分析电路，可得

$$u_- = \frac{\dfrac{u_{i1}}{R_1} + \dfrac{u_{i2}}{R_2} + \dfrac{u_{i3}}{R_3} + \dfrac{u_o}{R_f}}{\dfrac{1}{R_1} + \dfrac{1}{R_2} + \dfrac{1}{R_3} + \dfrac{1}{R_f}}$$

根据运放工作在线性区的特点，$u_- = u_+ = 0$。所以有

$$\frac{u_{i1}}{R_1} + \frac{u_{i2}}{R_2} + \frac{u_{i3}}{R_3} + \frac{u_o}{R_f} = 0$$

可得

$$u_o = -\frac{R_f}{R_1} u_{i1} - \frac{R_f}{R_2} u_{i2} - \frac{R_f}{R_3} u_{i3}$$

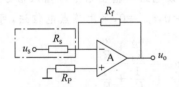
图 5-7 采用戴维南定理等效的电路图

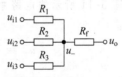
图 5-8 求反相输入端电位的等效电路

例 5-2 的分析结果表明，在反相求和电路中，输出电压与各输入电压信号为反相比例之和的关系，且各路信号的比例可通过改变电阻 R_1、R_2、R_3 等单独调节，互不影响。

2) 同相求和电路(noninverting adder)

例 5-3 同相求和电路如图 5-9 所示，试分析该电路中输出信号与输入信号的关系。

解：可以采用多种方法分析该电路。

方法 1：采用戴维南定理分析电路。将图 5-9 所示电路中虚线框内的有源二端网络等效为电压源，得到如图 5-10 所示的等效电路，其中

$$R_s = R_1 \mathbin{/\mkern-5mu/} R_2 \mathbin{/\mkern-5mu/} R_3$$

$$u_s = \left(\frac{u_{i1}}{R_1} + \frac{u_{i2}}{R_2} + \frac{u_{i3}}{R_3}\right) R_s$$

图 5-10 所示的等效电路为同相比例放大电路，根据前面的分析结果，有

$$u_o = \left(1 + \frac{R_f}{R_4}\right) u_s = (R_1 \mathbin{/\mkern-5mu/} R_2 \mathbin{/\mkern-5mu/} R_3)\left(1 + \frac{R_f}{R_4}\right)\left(\frac{u_{i1}}{R_1} + \frac{u_{i2}}{R_2} + \frac{u_{i3}}{R_3}\right)$$

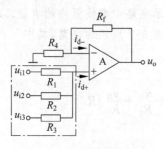

图 5-9 同相求和电路图

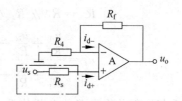

图 5-10 同相求和电路的等效电路

方法 2：根据运放工作在线性区的特点分析电路。根据虚开路 $i_{d-}=0, i_{d+}=0$，用节点电位法分析图 5-9 所示电路，可得

$$u_-=\frac{R_4}{R_4+R_F}u_o, \quad u_+=\frac{\dfrac{u_{i1}}{R_1}+\dfrac{u_{i2}}{R_2}+\dfrac{u_{i3}}{R_3}}{\dfrac{1}{R_1}+\dfrac{1}{R_2}+\dfrac{1}{R_3}}$$

根据虚短路 $u_-=u_+$，有

$$u_o=\left(1+\frac{R_f}{R_4}\right)u_+=(R_1 /\!/ R_2 /\!/ R_3)\left(1+\frac{R_f}{R_4}\right)\left(\frac{u_{i1}}{R_1}+\frac{u_{i2}}{R_2}+\frac{u_{i3}}{R_3}\right)$$

例 5-3 的分析结果表明，在单运放构成的同相求和电路中，输出电压和各输入电压信号为同相比例之和的关系，但各路信号的比例调节相互影响，不能单独调整。

3) 加减运算电路(noninverting adder)

例 5-4 加减运算电路如图 5-11 所示，试分析该电路中输出信号与输入信号的关系。

解： 在图 5-11 所示的电路中，根据虚开路 $i_{d-}=0, i_{d+}=0$，采用节点电位法，可得

$$u_-=\frac{\dfrac{u_{i1}}{R_1}+\dfrac{u_{i2}}{R_2}+\dfrac{u_o}{R_f}}{\dfrac{1}{R_1}+\dfrac{1}{R_2}+\dfrac{1}{R_f}}, \quad u_+=\frac{\dfrac{u_{i3}}{R_3}+\dfrac{u_{i4}}{R_4}}{\dfrac{1}{R_3}+\dfrac{1}{R_4}}$$

根据虚短路 $u_-=u_+$，有

$$\left(\frac{u_{i1}}{R_1}+\frac{u_{i2}}{R_2}+\frac{u_o}{R_f}\right)(R_1 /\!/ R_2 /\!/ R_f)=\left(\frac{u_{i3}}{R_3}+\frac{u_{i4}}{R_4}\right)(R_3 /\!/ R_4)$$

可得

$$u_o=-\frac{R_f}{R_1}u_{i1}-\frac{R_f}{R_2}u_{i2}+\left(\frac{u_{i3}}{R_3}+\frac{u_{i4}}{R_4}\right)\frac{(R_3 /\!/ R_4)R_f}{R_1 /\!/ R_2 /\!/ R_f}$$

例 5-5 电路如图 5-12 所示，试分析该电路中输出信号与输入信号的关系。

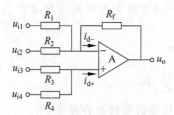

图 5-11 单运放构成的加减运算电路

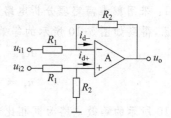

图 5-12 单运放构成的加减运算电路

5.2 集成运放构成的线性处理器

解：在图 5-12 所示的电路中，$i_{d-}=0, i_{d+}=0$，所以有

$$u_- = \frac{R_2}{R_1+R_2}u_{i1} + \frac{R_1}{R_1+R_2}u_o, \quad u_+ = \frac{R_2}{R_1+R_2}u_{i2}$$

根据虚短路 $u_- = u_+$，有

$$\frac{R_2}{R_1+R_2}u_{i2} = \frac{R_2}{R_1+R_2}u_{i1} + \frac{R_1}{R_1+R_2}u_o$$

可得

$$u_o = \frac{R_2}{R_1}(u_{i2} - u_{i1})$$

结果说明，图 5-12 所示的电路为差分放大电路。

4. 微分运算电路

微分运算电路(differentiator)如图 5-13 所示。根据运放工作在线性区的特点，在该电路中有

$$u_- = u_+ = 0, \quad i_1 = i_f$$

又

$$i_1 = C\frac{du_i}{dt}, \quad i_f = -\frac{u_o}{R}$$

所以有

$$u_o = -RC\frac{du_i}{dt} \tag{5-10}$$

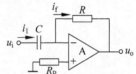

图 5-13 微分电路

可见，输入与输出信号为反相微分关系。

5. 积分运算电路

积分运算电路(integrator)图 5-14 所示。根据运放工作在线性区的特点，在该电路中，有

$$u_- = u_+ = 0, \quad i_1 = i_f$$

又

$$i_1 = \frac{u_i}{R}, \quad i_f = -C\frac{du_o}{dt}$$

所以有

$$u_i = -RC\frac{du_o}{dt} \Rightarrow u_o = -\frac{1}{RC}\int_{-\infty}^{t} u_i dt \tag{5-11}$$

式(5-11)表明，图 5-15 所示电路中输出信号与输入信号为反相积分关系。若积分电路中电容的初始储能为 0，在输入端加正的直流电压，输出将反相积分，经过一定的时间后输出达到 $-U_{OM}$，其输出波形如图 5-15 所示，图中 T_M 称为积分时限。

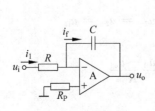

图 5-14 积分电路

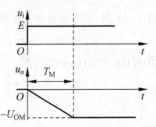

图 5-15 积分电路 u_i 与 u_o 的波形图

信号运算电路应用广泛。除上述列举的信号运算电路外,还有指数运算电路、对数运算电路、乘法和除法运算电路等,这里不再一一介绍。

5.2.2 多运放构成的线性电路

由于运放的输出电阻小,负载的大小不会影响运放构成的放大器的放大倍数。当分析由多个运放构成的线性电路时,可以利用运放工作在线性区的特点,先单独分析各个运放的输入与输出的关系,然后得到输入和输出的关系。

例 5-6 电路如图 5-16 所示,试分析该电路输出信号与输入信号的关系。

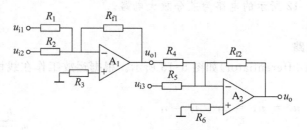

图 5-16 例 5-6 的电路图

解:该电路由两个反相求和电路串接而成。将两级电路分开分析,利用前面的分析结果,有

$$u_{o1} = -\frac{R_{f1}}{R_1}u_{i1} - \frac{R_{f1}}{R_2}u_{i2} \quad ①$$

$$u_o = -\frac{R_{f2}}{R_4}u_{o1} - \frac{R_{f2}}{R_5}u_{i3} \quad ②$$

将式①代入到式②,可得

$$u_o = \frac{R_{f2}}{R_4}\frac{R_{f1}}{R_1}u_{i1} + \frac{R_{f2}}{R_4}\frac{R_{f1}}{R_2}u_{i2} - \frac{R_{f2}}{R_5}u_{i3}$$

例 5-7 电路如图 5-17 所示,试分析该电路输出信号与输入信号的关系。

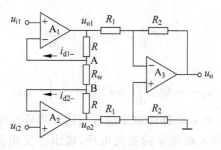

图 5-17 例 5-7 的电路图

解:在图 5-17 所示的电路中,根据虚短路,有

$$u_A = u_{1-} = u_{1+} = u_{i1}, \quad u_B = u_{2-} = u_{2+} = u_{i2}$$

根据虚开路 $i_{1d-} = 0, i_{2d-} = 0$,有

$$\frac{u_{o1} - u_A}{R} = \frac{u_A - u_B}{R_w} = \frac{u_B - u_{o2}}{R}$$

可得

5.2 集成运放构成的线性处理器

$$u_{o1} - u_{o2} = \frac{2R + R_w}{R_w}(u_{i1} - u_{i2}) \qquad ①$$

A_3 构成差分放大电路,有

$$u_{3-} = \frac{R_1}{R_1 + R_2} u_o + \frac{R_2}{R_1 + R_2} u_{o1}, \quad u_{3+} = \frac{R_2}{R_1 + R_2} u_{o2}$$

根据虚短路 $u_{3-} = u_{3+}$,有

$$u_o = \frac{R_2}{R_1}(u_{o2} - u_{o1}) \qquad ②$$

将式①代入到式②,可得

$$u_o = \frac{R_2}{R_1} \times \frac{2R + R_w}{R_w}(u_{i2} - u_{i1})$$

根据上述分析,图 5-17 所示电路为由三个运放构成的差分放大电路,电路中两个输入信号均从运放的同相端输入,输入电阻大。该电路常用于电子测量仪器的电路中,所以也称为仪表放大器。

5.2.3 有源滤波电路

有源滤波电路(active filters)是运算放大器的重要应用之一。在上册第 3 章中已介绍过无源滤波器。无源滤波器的主要缺点有:带负载能力差;当直接级联构成多级滤波器时,各级滤波器相互影响,给滤波电路的分析和设计带来困难。而有源滤波器则可以改善无源滤波器的这些缺陷。

本节将以图 5-18 所示的一阶有源低通滤波器(first-order active low-pass filter)为例,来介绍有源滤波电路的结构特点、分析方法及其优缺点。

图 5-18 所示的一阶有源低通滤波电路由一个无源一阶 RC 滤波电路与同相比例放大器级联而成。对 RC 滤波器而言,其负载为同相比例放大器的输入电阻 r_{id},$r_{id} \to \infty$,消除了负载对 RC 滤波器性能的影响,同相比例放大器对滤波器的输出还有放大作用。对负载而言,运放的输出电阻 $r_o \approx 0$,提高了带负载的能力。

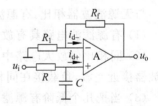

图 5-18 一阶有源低通滤波器

根据虚开路,$i_{d-} = 0, i_{d+} = 0$。在该电路中,有

$$\dot{U}_- = \frac{R_1}{R_f + R_1}\dot{U}_o, \quad \dot{U}_+ = \frac{\frac{1}{j\omega C}}{R + \frac{1}{j\omega C}}\dot{U}_i = \frac{1}{1 + j\omega CR}\dot{U}_i$$

由虚短路 $\dot{U}_+ = \dot{U}_-$,可得

$$T(j\omega) = \frac{\dot{U}_o}{\dot{U}_i} = \left(1 + \frac{R_f}{R_1}\right)\frac{1}{1 + j\omega CR} \qquad (5-12)$$

设 $\omega_c = 1/RC$,则有

$$T(\omega) = \frac{1 + \dfrac{R_f}{R_1}}{\sqrt{1 + \left(\dfrac{\omega}{\omega_c}\right)^2}}, \quad \varphi(\omega) = -\arctan\left(\frac{\omega}{\omega_c}\right)$$

① 当 $\omega=0$ 时，
$$T(\omega) = 1 + \frac{R_f}{R_1}, \quad \varphi(\omega) = 0°$$

② 当 $\omega=\omega_c$ 时，
$$T(\omega) = \frac{1 + \dfrac{R_f}{R_1}}{\sqrt{2}}, \quad \varphi(\omega) = -45°$$

③ 当 $\omega \to \infty$ 时，
$$T(\omega) \to 0, \quad \varphi(\omega) \to -90°$$

该电路的幅频特性和相频特性曲线如图 5-19 所示，图中 T_{max} 为 $T(\omega)$ 的最大值。由于式(5-12)所示的传递函数中出现 ω 的一次项，故该滤波器称为一阶低通滤波器。

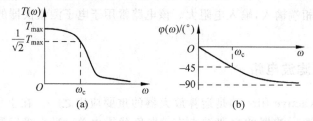

图 5-19　一阶有源低通滤波电路的幅频特性曲线和相频特性曲线

在图 5-17 所示电路中，前级一阶无源低通 RC 滤波器的传递函数为

$$T(j\omega) = \frac{\dot{U}_o}{\dot{U}_i} = \frac{1}{1 + j\omega CR}$$

与无源滤波器相比，有源滤波电路的优点如下。

（1）有源滤波电路具有放大信号的功能，且放大倍数容易调节。

（2）同相比例放大电路中存在电压串联负反馈，其 $r_i \to \infty, r_o \approx 0$，从而使前级的无源 RC 滤波器接近空载，负载接在同相比例放大器的输出端，所以带负载的能力强。

（3）当把几个低阶有源滤波电路串接构成高阶滤波电路时，其传递函数为各低阶有源滤波电路的传递函数之积，无需考虑级间影响。

将两个一阶有源低通滤波电路级联得到二阶有源滤波电路，如图 5-20 所示。根据一阶有源低通滤波电路的分析结果，其传递函数为

$$T(j\omega) = T_1(j\omega) T_2(j\omega) = \left(1 + \frac{R_f}{R_1}\right)^2 \frac{1}{(1 + j\omega CR)^2}$$

尽管有源滤波电路具备上述优点，但不宜用于高频电路，不宜在高电压、大电流情况下使用。

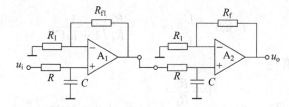

图 5-20　二阶有源低通滤波电路

5.2.4 运放线性电路的实际应用举例

1. 电压源和电流源

1) 电压源

电压源可由同相或反相比例放大电路构成。比例放大电路中存在电压负反馈,所构成的电压源,不仅输出电压的大小调节方便,而且电路的输出电阻很小,带负载的能力强。

图 5-21 所示的电路为由反相比例放大电路构成的电压源,其输出电压为

$$U_\circ = -\frac{R_2}{R_1}U_s$$

输出电压为负,其大小可以通过电位器 R_2 调节。

2) 电流源

图 5-22 所示的电路为一个负载不接地的电流源。在该电路中,若设 $u_\circ=0$,仍有负载电流反馈回输入端,与输入信号以电流的形式相比较,电路中的反馈为电流并联负反馈。其中反馈的极性判断如下。设负载电流 i_L 瞬时增加,则

$$i_L\uparrow \Rightarrow i_2\downarrow \Rightarrow i_{d-}\uparrow \Rightarrow 运放的输出电压 u_{oA}\downarrow \Rightarrow i_L\downarrow$$

可见,反馈削弱了 i_L 的变化。反馈为负反馈。

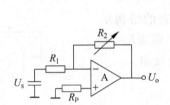
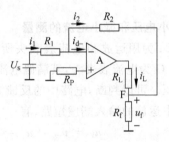

图 5-21 反相比例放大器构成的电压源　　图 5-22 负载不接地的电流源电路

电路中运放输入端虚短路和虚开路,有 $u_-=u_+=0, i_1=i_2$。所以

$$\frac{U_s}{R_1}=-\frac{U_f}{R_2}\Rightarrow U_f=-\frac{R_2}{R_1}U_s$$

$$i_L=\frac{U_f}{R_f /\!/ R_2}=\frac{R_f+R_2}{R_f R_1}U_s$$

上式表明,当电路参数确定时,负载电阻 R_L 的电流为常数,即图 5-22 所示的电路为负载电阻 R_L 提供恒定电流。该电路的缺点是负载不接地。

图 5-23 所示电路为负载一端接地的电流源。在该电路中,存在正、负两种反馈,反馈回反相端和同相端的输出量分别为

$$u'_-=\frac{R_1}{R_1+R_2}u_A=\frac{1}{1+R_2/R_1}u_A$$

$$u'_+=\frac{R_1 /\!/ R_L}{R_2+(R_1 /\!/ R_L)}u_A=\frac{1}{1+R_2/(R_1 /\!/ R_L)}u_A$$

由于 $(R_1 /\!/ R_L)<R_1$,所以 $|u'_-|>|u'_+|$,即反馈到同相输入端的量小于反馈回反相输入端的量,电路中负反馈强于正反馈,

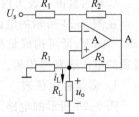

图 5-23 负载接地的电流源电路

电路中的反馈总体表现为负反馈。

由虚开路，$i_{d-}=0, i_{d+}=0$。所以，可用节点电位法分别求出：

$$u_-=\frac{\frac{U_s}{R_1}+\frac{u_A}{R_2}}{\frac{1}{R_1}+\frac{1}{R_2}}, \quad u_+=\frac{\frac{u_A}{R_2}}{\frac{1}{R_1}+\frac{1}{R_2}+\frac{1}{R_L}}$$

由虚短路 $u_+=u_-$，可得

$$u_A=-\left(\frac{1}{R_1}+\frac{1}{R_2}+\frac{1}{R_L}\right)\frac{R_2 R_L}{R_1}U_s$$

将 u_A 的关系式代入到 u_+ 的表示式中，得

$$u_+=-\frac{R_L}{R_1}U_s$$

所以

$$i_L=\frac{u_+}{R_L}=-\frac{U_s}{R_1}$$

可见，负载电流与负载电阻的大小无关，即图 5-23 所示的电路为负载电阻 R_L 提供恒定电流。

2. 微小电压和微小电流的测量

图 5-24 为用运放和电流表表头所构成的电压表的结构示意图，图中 G 为电流表表头，其满偏电流为 I_G，表头内阻为 R_G，u_x 为被测电压。可以判断，电路中的反馈为电流串联负反馈。

电路中运放的输入端虚短路，有

$$u_F=u_-=u_+=u_x$$

运放输入端虚开路，$i_{d-}=0$，所以

$$i_G=\frac{u_f}{R_f}=-\frac{u_x}{R_f}$$

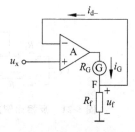

图 5-24 单量程电压表的原理电路

可见，流过表头的电流 i_G 与被测电压 u_x 成正比。该电路可用于测量电压，且电压表的刻度线性。用该原理电路构成的电压表具有以下优点。

(1) 电压表的量程为 $i_G R_f$。量程小时，R_f 可以选用精密小电阻，能较准确地测量小电压。

(2) 电路引入了串联负反馈，输入电阻高，对被测电路影响小。

(3) 测量值与表头内阻 R_G 无关，表头的互换性好。

在图 5-24 所示的电路中，若 $R_f=10\Omega$，表头的满偏电流 $I_G=100\mu A$，则满偏电压 $U_G=i_G R_f=1mV$，即可构成量程为 1mV 的电压表。下面将以 1mV 量程的电压表为基础构成多量程的电压表和电流表。

1) 多量程电压表

图 5-25 所示的电路为一个多量程电压表的原理图。该电路由 1mV 量程的电压表和三个电阻（R_1、R_2 和 R_3）构成，电压表有 1mV、10mV 和 100mV 三个量程。

在该电路中，当量程为 1mV 时，$u_x'=u_x$；当量程为 10mV 时，$u_x'=\frac{R_1}{R_1+R_2}u_x$；当量程为

5.2 集成运放构成的线性处理器

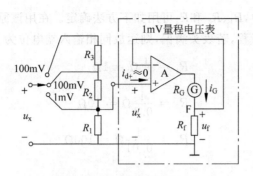

图 5-25 多量程电压表的原理电路

100mV 时，$u'_x = \dfrac{R_1}{R_1+R_2+R_3} u_x$。即 $u'_x = k u_x$，在量程为分别为 1mV、10mV 和 100mV 时，k 分别为 1、$\dfrac{R_1}{R_1+R_2}$ 和 $\dfrac{R_1}{R_1+R_2+R_3}$。表头的电流为

$$i_G = \frac{u_F}{R_f} = \frac{u'_x}{R_f} = k\frac{u_x}{R_f}$$

可见，流过表头的电流 i_G 与被测电压 u_x 成正比。该电路可用于测量电压，刻度线性。

图 5-25 所示的电路中，R_1、R_2 和 R_3 可用如下方法确定。在用该原理电路构成的电压表测量电压时，不论用哪个量程，若表头满偏，则运放同相输入端电位为 1mV，所以有

$$\frac{R_1}{R_1+R_2} \times 10 = 1$$

$$\frac{R_1}{R_1+R_2+R_3} \times 100 = 1$$

例如，电路参数可选 $R_1=100\text{k}\Omega$，$R_2=900\text{k}\Omega$，$R_3=9000\text{k}\Omega$。

2）多量程电流表

图 5-26 为一个多量程电流表的原理图。该电路由 1mV 量程的电压表和三个电阻（R_1、R_2 和 R_3）构成，电流表有 1mA、100μA 和 10μA 三个量程。

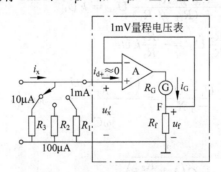

图 5-26 多量程电流表的原理电路

在该电路中，$u'_x = k i_x$。当量程为 1mA 时，$k=R_1$；当量程为 100μA 时，$k=R_2$；当量程为 10μA 时，$k=R_3$。表头的电流为

$$i_G = \frac{u_f}{R_f} = \frac{u'_x}{R_f} = \frac{k}{R_f} i_x$$

可见，流过表头的电流 i_G 与被测电流 i_x 成正比。该电路可用于测量电流，刻度线性。

图 5-26 所示电路中，R_1、R_2 和 R_3 可用如下方法确定。在用该原理电路构成的电流表测量电流时，不论用哪个量程，若表头满偏，则运放同相输入端电位为 1mV，所以

$$R_1 = \frac{1}{1}\Omega = 1\Omega$$

$$R_2 = \frac{1}{0.1}\Omega = 10\Omega$$

$$R_3 = \frac{1}{0.01}\Omega = 100\Omega$$

3. 电容倍增电路

电容倍增电路如图 5-27 所示。在该电路中，A_1 构成电压跟随器，A_2 构成反相比例放大器，电容 C 将 u_{o2} 引回到 A_1 的同相输入端。

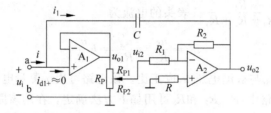

图 5-27 电容倍增电路

电路中反馈极性的判断如下。设 u_{o2} 瞬时增加，则

$$u_{o2}\uparrow \Rightarrow u_{1+}\uparrow \Rightarrow u_{o1}\uparrow \Rightarrow u_{2-}\uparrow \Rightarrow u_{o2}\downarrow$$

可见，反馈削弱了 u_{o2} 的变化。反馈极性为负，是负反馈。

下面分析 ab 端口的等效阻抗。设在 ab 端口加正弦交流电压 $\dot{U}_i$，则

$$\dot{U}_{o1} = \dot{U}_{1-} = \dot{U}_{1+} = \dot{U}_i$$

$$\dot{U}_{i2} = \frac{R_{P2} \parallel R_1}{R_{P1} + (R_{P2} \parallel R_1)} \dot{U}_{o1} = k\dot{U}_i$$

$$\dot{U}_{o2} = -\frac{R_2}{R_1}\dot{U}_{i2} = -\frac{R_2}{R_1}k\dot{U}_i$$

$$\dot{I} = \dot{I}_1 = \frac{\dot{U}_i - \dot{U}_{o2}}{-\mathrm{j}X_C} = \frac{\left(1+\dfrac{R_2}{R_1}k\right)\dot{U}_i}{\dfrac{1}{\mathrm{j}\omega C}} = \mathrm{j}\omega C\left(1+\frac{R_2}{R_1}k\right)\dot{U}_i$$

$$Z = \frac{\dot{U}_i}{\dot{I}} = \frac{1}{\mathrm{j}\omega C\left(1+\dfrac{R_2}{R_1}k\right)}$$

ab 端口的等效阻抗为容抗，可等效为电容 C_{ab}，其等效电容值为

$$C_{ab} = C\left(1+\frac{R_2}{R_1}k\right)$$

可见，在输入端，电容值扩大到原电容值的 $\left(1+\dfrac{R_2}{R_1}k\right)$ 倍，倍数可通过电位器 R_P 调节。

5.2 集成运放构成的线性处理器

4. 二极管温度传感器

硅二极管 PN 结正向压降的温度系数大约是 $-2\text{mV}/℃$，可工作在 $-100 \sim +200℃$ 的环境下，其灵敏度比热敏电阻高 $50 \sim 200$ 倍。利用 PN 结的温度特性，可以用运放构成二极管温度传感器，电路如图 5-28 所示，图中 U_R 为基准电压。

在图 5-28 所示的电路中，$u_- = u_+ = U_R$，$i_{d-} = 0$，所以有

$$i_D = i_R = \frac{u_-}{R} = \frac{U_R}{R} \qquad ①$$

$$u_o = u_- + u_D = U_R + u_D \qquad ②$$

式①表明，二极管工作在恒流状态下。设二极管的正向特性曲线如图 5-29 所示，当温度增加时，半导体中载流子的浓度增加，特性曲线左移。当温度变化时，二极管正向压降 u_D 将沿图 5-29 中虚线所示的水平线随温度变化，若温度变高，u_D 沿虚线向左变化。式②表明，该电路可以将温度的变化转换成电压的变化。

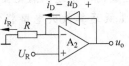

图 5-28 运放构成的二极管温度传感器电路

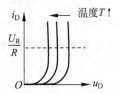

图 5-29 二极管正向特性曲线随温度的变化

5. 宽带电压放大电路

在用运放设计放大电路时，要考虑转换速率和带宽增益积两个方面对电路带宽的限制。

转换速率 S_r 限制了输出电压的变化速率，即只有输出电压的变化速率小于转换速率时信号才能正常放大。设输出信号为 $u_o = U_{om}\sin 2\pi ft$，则电压变化速率为

$$\frac{du_o}{dt} = 2\pi f U_{om} \cos 2\pi ft \qquad (5\text{-}13)$$

由上式可得输出电压变化率的最大值为 $2\pi f U_{om}$，电压幅值 U_{om} 越大则其变化率越大。满功率带 f_{PBW} 宽定义为

$$f_{PBW} = \frac{S_r}{2\pi U_{om}} \qquad (5\text{-}14)$$

满功率带宽体现了转换速率和输出幅度对带宽的限制。因此，如果给定了转换速率和输出幅度，就能确定带宽的最大值。

放大电路的带宽与增益的乘积是常数。如果用一级运放设计电路，为了达到要求的放大倍数，其带宽就可能达不到要求。比如，若运放的带宽增益积为 1MHz，用 1 级运算放大电路实现放大 100 倍的目的，则带宽仅为

$$f_{H1} = \frac{f_{GBP}}{100} = 10\text{kHz}$$

为了展宽带宽，必须增加放大电路的级数。假设使用 n 级运算放大器实现放大 A_o 倍的目的，则每级的带宽为

$$f_{Hn} = A_o^{1-\frac{1}{n}} f_{H1} \tag{5-15}$$

总的放大倍数为

$$\dot{A} = \frac{\dot{U}_o}{\dot{U}_i} = \frac{A_0}{\left(1 + j\dfrac{f}{A_o^{1-\frac{1}{n}} f_{H1}}\right)^n} \tag{5-16}$$

因此，总的带宽是

$$f_n = f_{H1} A^{1-\frac{1}{n}} \sqrt{2^{\frac{1}{n}} - 1} \tag{5-17}$$

例 5-8 用一片集成运算放大器 LM324N（增益带宽积 $f_{GBP}=1\text{MHz}$，转换速率 $S_r=0.5\text{V}/\mu\text{s}$）设计作一个高输入阻抗的宽带电压放大电路，将输入电压为 5mV 的电压放大 100 倍。要求：输出波形没有明显失真，放大电路的上限截止频率大于 100kHz。

解： 由已知条件，可得 $U_{om}=500\sqrt{2}\text{mV}$。将其代入式(5-14)，得 LM324 的满功率带宽为

$$f_{PBW} = \frac{S_r}{2\pi U_{om}} = \frac{0.5 \times 10^6}{2\pi \times 500\sqrt{2} \times 10^3}\text{Hz} \approx 112.6\text{kHz}$$

本例要求电路的带宽为 100kHz<112.6kHz，因此运放的转换速率满足要求。

本例中使用的运放的带宽增益积为 1MHz，如果用 1 级运算放大电路将信号放大 100 倍，带宽为

$$f_{H1} = \frac{f_{GBP}}{100} = 10\text{kHz}$$

为了展宽带宽，必须增加放大电路的级数。假设需使用 n 级运算放大器实现 100 倍的放大倍数，将 $A=100$ 代入到式(5-17)，总的带宽为

$$f_n = f_{H1} 100^{1-\frac{1}{n}} \sqrt{2^{\frac{1}{n}} - 1}$$

用上式计算出带宽与电路级数关系的对照表如表 5-1 所示。

根据表 5-1 数据，使用运放构成 4 级放大电路，则理论带宽为 137.5kHz，达到要求。例如 4 级放大电路每级的放大倍数均为 3.16，为了增加输入电阻，采用同相比例放大电路的形式。电路如图 5-30 所示。

表 5-1 带宽与电路级数关系的对照表

n	1	2	3	4	5	6	7	8
f_n	f_{H1}	6.44 f_{H1}	10.98 f_{H1}	13.75 f_{H1}	15.35 f_{H1}	16.24 f_{H1}	16.70 f_{H1}	16.91 f_{H1}

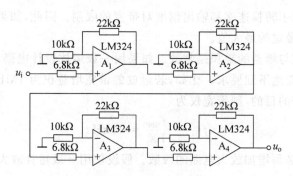

图 5-30 宽带放大电路

5.2 集成运放构成的线性处理器

5.2.5 运放的失调参数对放大电路的影响

运放有两个失调参数,反映了集成运放输入端静态时不对称的程度。

(1) 输入失调电压 U_{IO}:为了使运放在输入电压为 0 时输出电压为 0,需要在输入端加的补偿电压。

(2) 输入失调电流 I_{IO}:定义为 $|I_{B1} - I_{B2}|$,反映了集成运放输入偏置电流不对称的程度。

若考虑这两个参数,运放的等效电路如图 5-31 所示。

运放的失调电流很小,直接测量有困难。图 5-32 所示电路为测量运放失调电流的电路。虚线框内为考虑失调参数时运放的等效电路。电路中 $R_1 = R_5$,$R_2 = R_4$,S_1 和 S_2 为联动开关。方框中是考虑到集成运算放大器输入失调电压和偏置电流不对称时的等效电路,其中 A 为理想运放,U_{IO} 为输入失调电压,I_{B1} 和 I_{B2} 为两个输入端的静态偏置电流。开关同时闭合时测得输出电压为 U_{o1},同时断开时测得输出电压为 U_{o2}。

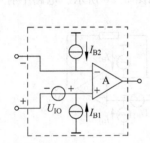
图 5-31 考虑失调参数时运放的等效电路

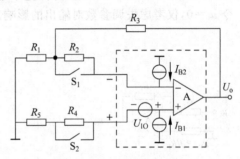
图 5-32 运放失调参数的测量电路

设 $I_{IO} = I_{B1} - I_{B2}$。下面分析 I_{IO} 与 U_{o1} 和 U_{o2} 的关系。开关同时闭合时的等效电路如图 5-33 所示。在该电路中有

$$u_+ = U_{IO} + I_{B1} R_5$$

$$u_- = I_{B2}(R_1 /\!/ R_3) + \frac{R_1}{R_1 + R_3} U_{o1}$$

根据虚短路,$u_+ = u_-$,可得

$$I_{B1} R_5 - I_{B2}(R_1 /\!/ R_3) = \frac{R_1}{R_1 + R_3} U_{o1} - U_{IO} \qquad ①$$

开关同时断开时的等效电路如图 5-34 所示。在该电路中有

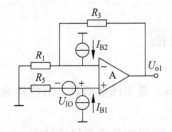
图 5-33 开关同时闭合时的等效电路

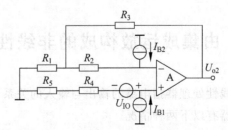
图 5-34 开关同时断开时的等效电路

$$u_+ = U_{IO} + I_{B1}(R_4 + R_5)$$

$$u_- = I_{B2}[R_2 + (R_1 /\!/ R_3)] + \frac{R_1}{R_1 + R_3}U_{o2}$$

根据虚短路，$u_+ = u_-$，可得

$$I_{B1}(R_4 + R_5) - I_{B2}[R_2 + (R_1 /\!/ R_3)] = \frac{R_1}{R_1 + R_3}U_{o2} - U_{IO} \quad ②$$

②－①，并代入 $R_4 = R_2$，得

$$(I_{B1} - I_{B2})R_2 = \frac{R_1}{R_1 + R_3}(U_{o2} - U_{o1})$$

$$I_{IO} = \frac{R_1}{R_2(R_1 + R_3)}(U_{o2} - U_{o1})$$

即得输入失调电流。亦可用叠加原理分析图 5-33 所示电路。

在分析线性电路时，一般情况下将运放当成理想器件。但在某些情况下，不能忽视失调参数对放大电路的影响。以图 5-35 所示的反相比例放大电路为例进行分析。

令 $u_i = 0$，仅考虑失调参数对输出的影响。等效电路如图 5-36 所示。电路中有

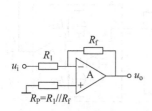

图 5-35　反相比例放大电路

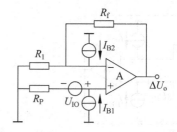

图 5-36　仅考虑反相比例放大电路中失调参数的等效电路

$$u_+ = U_{IO} + I_{B1}R_p = U_{IO} + I_{B1}(R_1 /\!/ R_f)$$

$$u_- = I_{B2}(R_1 /\!/ R_f) + \frac{R_1}{R_1 + R_f}\Delta U_o$$

根据虚短路，$u_+ = u_-$，可得

$$\Delta U_o = R_f(I_{B1} - I_{B2}) + \left(1 + \frac{R_f}{R_1}\right)U_{IO}$$

由上式可见，反馈电阻 R_f 越大，由输入失调电流引起的误差越大；输入失调电压引起的误差为 $\left(1 + \frac{R_f}{R_1}\right)U_{IO}$。在 R_f、R_f/R_1 比较大时，要考虑失调参数对输出的影响。

5.3　由集成运放构成的非线性处理器

非线性处理器指电路的输出与输入的关系 $u_o = f(u_i)$ 是非线性函数。运放构成的非线性处理器有以下两种情况。

(1) 电路中的运放开环，或者运放电路中有正反馈，即运放处于非线性状态。

(2) 电路中的运放处于线性状态，但外围电路有非线性元件（如二极管、三极管、稳压管等）。

5.3 由集成运放构成的非线性处理器

例如,在图 5-37 所示的电路中,电路中的反馈为电压并联负反馈。设 D 为理想二极管。当 $u_i > 0$ 时,输出电压小于 0,二极管 D 截止,R_{f1} 将输出电压引回到运放的反相输入端,有

$$u_o = -\frac{R_{f1}}{R_1} u_i$$

当 $u_i < 0$ 时,输出电压 $u_o > 0$,二极管 D 导通,R_{f1} 和 R_{f2} 一起将输出电压引回到运放的反相输入端,则

$$u_o = -\frac{R_{f1} \mathbin{/\mkern-6mu/} R_{f2}}{R_1} u_i$$

电路的电压传输特性曲线如图 5-38 所示。输出与输入电压的关系非线性,电路为非线性电路。

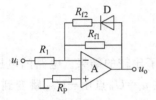
图 5-37　运放非线性应用例图

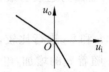
图 5-38　例图电路的电压传输特性曲线

5.3.1　限幅器

限幅器(clipping circuit)电路如图 5-39 所示。电路由反相比例放大电路与稳压管电路级联而成,其中 R 为限流电阻,阻值在 100Ω 左右,D_Z 为双向稳压管。

电路中,反相比例放大电路的输出为

$$u_{o1} = -\frac{R_f}{R_1} u_i$$

设双向稳压管的稳定输出电压分别为 $+U_Z$ 和 $-U_Z$。当 $|u_{o1}| < U_Z$ 时,双向稳压管 D_Z 处于反向截止状态,$u_o = u_{o1}$;当 $u_{o1} > U_Z$ 时,D_Z 正向稳压,$u_o = U_Z$;当 $u_{o1} < -U_Z$ 时,D_Z 反向稳压,$u_o = -U_Z$。若输入电压 u_i 为正弦波,且 u_{o1} 的峰值大于 U_Z,则输出电压的波形图如图 5-40 所示。

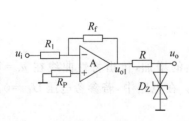
图 5-39　限幅电路

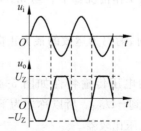
图 5-40　限幅电路电压的波形图

5.3.2　电压比较器

在电压比较器(voltage comparator)中,运放开环或者电路引入了正反馈。比较器可分

为上行比较器和下行比较器两种。在上行比较器中,被比较的信号从同相端输入;在下行比较器中,信号从反相端输入。若电压比较器电路中引入了正反馈,因其电压传输特性曲线具有迟滞回线的形状,故称之为迟滞比较器(regenerative comparator)。

1. 上行电压比较器

上行电压比较器的电路如图 5-41 所示。在该电路中,运放工作在开环状态,输入信号 u_i 从同相端输入,参考电压 U_R 从反相端输入。

电路的工作情况如下。当 $u_i > U_R$ 时,由于运放的开环电压放大倍数很大,输出为运放的最大正向电压,即

$$u_o = +U_{OM}$$

当 $u_i < U_R$ 时,输出为运放的最大反向电压,即

$$u_o = -U_{OM}$$

在该电路中,u_i 和 U_R 进行比较,输出的状态反映了比较的结果。电路的电压传输特性如图 5-42 所示。随着 u_i 的增加,电压传输特性曲线在 $u_i = U_R$ 点由 $-U_{OM}$ 跳变到 $+U_{OM}$。所以该电路称为上行电压比较器。在电路中,若参考电压 $U_R = 0$,则称之为上行过零电压比较器(zero-corssing comparator)。

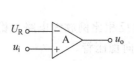
图 5-41 上行电压比较器的电路图

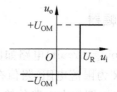
图 5-42 上行电压比较器的电压传输特性曲线

2. 下行电压比较器

下行电压比较器的电路图如图 5-43 所示。在该电路中,运放工作在开环状态,信号 u_i 从运放的反相端输入,参考电压 U_R 从同相端输入,u_i 和 U_R 进行比较。

电路的工作情况如下。当 $u_i > U_R$ 时,输出为运放的最大反向电压,即

$$u_o = -U_{OM}$$

当 $u_i < U_R$ 时,输出为运放的最大正向电压,即

$$u_o = +U_{OM}$$

电路的电压传输特性如图 5-44 所示,随着 u_i 的增加,传出特性曲线在 $u_i = U_R$ 点由 $+U_{OM}$ 跳变到 $-U_{OM}$。所以称之为下行电压比较器。在电路中,若参考电压 $U_R = 0$,则称为下行过零电压比较器。

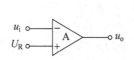
图 5-43 下行电压比较器的电路图

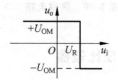
图 5-44 下行电压比较器的电压传输特性曲线

5.3 由集成运放构成的非线性处理器

电压比较器具有以下特点。
(1) 电路简单。
(2) 容易引入干扰。如果在阈值点附近有干扰,则输出电压在$-U_{OM}$和$+U_{OM}$之间振荡。
(3) 当运放的开环电压放大倍数不够大时,输出信号的波形在跳转点的边沿不陡峭。

3. 下行迟滞比较器

下行迟滞比较器的电路如图 5-45 所示。电路中信号由反相端输入,基准电压U_R从同相端输入。该电路引入了正反馈以加速输出的跳转,使输出波形在跳转点边沿陡峭。电路中,运放工作在非线性状态,其输出为$+U_{OM}$或者$-U_{OM}$。

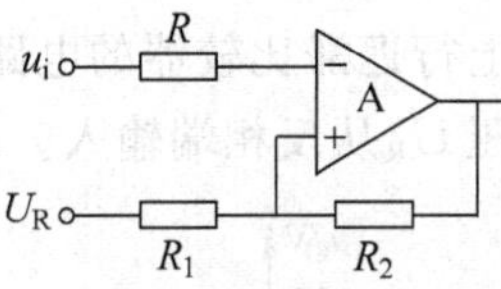

当$u_o=+U_{OM}$时,运放同相端电位为

$$u_+ = \frac{R_1}{R_1+R_2}U_{OM} + \frac{R_2}{R_1+R_2}U_R$$

当$u_o=-U_{OM}$时,运放同相端电位为

$$u_+ = -\frac{R_1}{R_1+R_2}U_{OM} + \frac{R_2}{R_1+R_2}U_R$$

图 5-45 下行迟滞比较器

将输入电压u_i分别与上述两个电压比较。把其中值较大的记作U_H,值较小的记作U_L,分别称为上、下限阈值电压。即令

$$U_H = \frac{R_1}{R_1+R_2}U_{OM} + \frac{R_2}{R_1+R_2}U_R \tag{5-18}$$

$$U_L = -\frac{R_1}{R_1+R_2}U_{OM} + \frac{R_2}{R_1+R_2}U_R \tag{5-19}$$

设电路的初始输出为$u_o=+U_{OM}$。电路的工作情况如下。
(1) $u_o=+U_{OM}$时,$u_+=U_H$。只要$u_i<U_H$,则$u_o=+U_{OM}$保持不变;当u_i增加到$u_i>U_H$时,输出由$+U_{OM}$跳变到$-U_{OM}$。
(2) u_o跳变到$-U_{OM}$后,$u_+=U_L$。只要$u_i>U_L$,$u_o=-U_{OM}$保持不变;当u_i减小到$u_i<U_L$时,输出由$-U_{OM}$跳变到$+U_{OM}$。

下行迟滞比较器的电压传输特性曲线如图 5-46 所示。$u_i=U_H$和$u_i=U_L$为u_o的两个跳转点,U_H-U_L称为回差。如果干扰信号小于回差,则不会引起输出的震荡。当下行迟滞比较器中$U_R=0$时,电压传输特性曲线沿横轴左移$\frac{R_2}{R_1+R_2}U_R$即可。

例 5-9 电路如图 5-47 所示,已知$R_1=10\text{k}\Omega$,$R_2=5\text{k}\Omega$,$u_i=12\sin\omega t(\text{V})$。设运放的极限输出电压为$\pm12\text{V}$,画出输出电压$u_o$的波形图。

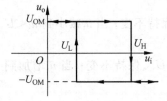

图 5-46 下行迟滞比较器的电压传输曲线

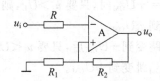

图 5-47 例 5-9 图 1

解：图示电路为下行迟滞比较器，$U_R=0$。阈值电压为

$$U_H = \frac{R_1}{R_1+R_2}U_{OM} = \frac{10}{15} \times 12\text{V} = 8\text{V}$$

$$U_L = -\frac{R_1}{R_1+R_2}U_{OM} = -8\text{V}$$

在输入电压的波形图上标出 U_H 和 U_L，得到输出电压的翻转点。输出电压的波形图如图 5-48 所示。

4. 上行迟滞比较器

上行迟滞比较器的电路如图 5-49 所示。电路中引入了正反馈，信号从同相端接入，基准电压 U_R 从反相端输入。电路中，运放工作在非线性状态，其输出为 $+U_{OM}$ 或者 $-U_{OM}$。

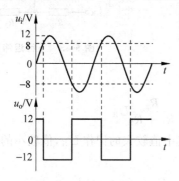

图 5-48　例 5-9 图 2

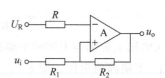

图 5-49　上行迟滞比较器

当 $u_o=+U_{OM}$ 时，有

$$u_+ = \frac{R_1}{R_1+R_2}U_{OM} + \frac{R_2}{R_1+R_2}u_i$$

当 $u_o=-U_{OM}$ 时，有

$$u_+ = -\frac{R_1}{R_1+R_2}U_{OM} + \frac{R_2}{R_1+R_2}u_i$$

分别令 $u_+=U_R$，得到两种输出下的翻转点。将其中的上限和下限阈值电压分别记为 U_H 和 U_L，有

$$U_L = -\frac{R_1}{R_2}U_{OM} + \frac{R_1+R_2}{R_2}U_R \tag{5-20}$$

$$U_H = \frac{R_1}{R_2}U_{OM} + \frac{R_1+R_2}{R_2}U_R \tag{5-21}$$

将输入电压 u_i 分别与 U_H 和 U_L 比较。设电路的初始输出为 $u_o=+U_{OM}$，电路的工作情况如下。

(1) $u_o=+U_{OM}$ 时，只要 $u_i>U_L$，则 $u_o=+U_{OM}$ 保持不变；当 u_i 减小到 $u_i<U_L$ 时，输出由 $+U_{OM}$ 跳变到 $-U_{OM}$。

(2) u_o 跳变到 $-U_{OM}$ 后，只要 $u_i<U_H$，则 $u_o=-U_{OM}$ 保持不变；当 u_i 增加到 $u_i<U_H$ 时，输出由 $-U_{OM}$ 跳变到 $+U_{OM}$。

5.3 由集成运放构成的非线性处理器

上行迟滞比较器的电压传输特性曲线如图 5-50 所示。$u_i = U_H$ 和 $u_i = U_L$ 为 u_o 的两个跳转点。当上行迟滞比较器中 $U_R = 0$ 时,电压传输特性曲线沿横轴左移 $\dfrac{R_1+R_2}{R_2}U_R$ 即可。

5. 比较器的应用举例

例 5-10 电阻选择器电路如图 5-51 所示。电路中 R_N 为标准电阻,R_x 是待筛选电阻。试分析电路。

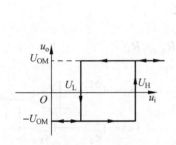

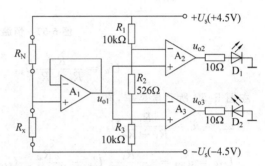

图 5-50 上行迟滞比较器的电压传输曲线　　　图 5-51 电阻选择器

解:电路中 A_1 构成电压跟随器,A_2、A_3 分别构成电压比较器,R_1、R_2、R_3 组成分压电路。在电路中,有

$$u_{2+} = u_{3+} = u_{o1} = -U_s + \frac{R_x}{R_N + R_x} \times 2U_s$$

$$u_{2-} = -U_s + \frac{R_2 + R_3}{R_1 + R_2 + R_3} \times 2U_s = -U_s + \frac{10.526}{20.526} \times 2U_s$$

$$u_{3-} = -U_s + \frac{R_3}{R_1 + R_2 + R_3} \times 2U_s = -U_s + \frac{10}{20.526} \times 2U_s$$

当 $u_{2+} > u_{2-}$ 时,$u_{o2} = +U_{OM}$,发光二极管 D_1 亮。可得 D_1 亮的条件为

$$\frac{R_x}{R_N + R_x} > \frac{10.526}{20.526} \Rightarrow \frac{R_x}{R_N} > 1.05$$

当 $u_{3+} < u_{3-}$ 时,$u_{o3} = -U_{OM}$,发光二极管 D_2 亮。可得 D_2 亮的条件为

$$\frac{R_x}{R_N + R_x} < \frac{10}{20.526} \Rightarrow \frac{R_x}{R_N} < 0.95$$

根据上述分析,可知电路的工作情况:当 $0.95R_N < R_x < 1.05R_N$ 时,发光二极管 D_1、D_2 均不亮,电阻合格,误差在 ±5% 以内;当 $R_x > 1.05R_N$ 时,发光二极管 D_1 亮,表示电阻偏大,误差超出 5%;当 $R_x < 0.95R_N$ 时,发光二极管 D_2 亮,表示电阻偏小,误差超出 −5%。

例 5-11 恒温调节系统如图 5-52 所示。设置好温度 T 及其误差范围 $\pm \Delta T$,用电阻炉对被调节对象进行温度控制:当温度超过 $T + \Delta T$ 时,电阻炉断电;当温度低于 $T - \Delta T$ 时,电阻炉通电。试分析该电路的工作情况。

解:在图示电路中,集成运放 A 构成下行迟滞比较器,其等效电路如图 5-53 所示。其中

$$u_i = \frac{R_1}{R_1 + R_T}U_s, \quad R_{s1} = R_T \;/\!/\; R_1$$

第 5 章 集成运算放大器的应用

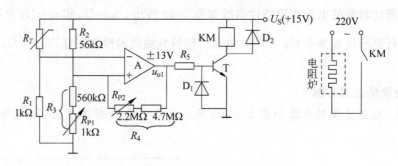

图 5-52 恒温调节系统

$$U_R = \frac{R_3}{R_3 + R_2} U_s, \quad R_{s2} = R_2 /\!/ R_3$$

在图 5-53 所示电路中,有

$$u_- = u_i = \frac{R_1}{R_1 + R_T} U_s$$

$$U_H = u_{+H} = \frac{R_4}{R_{s2} + R_4} U_R + \frac{R_{s2}}{R_{s2} + R_4} U_{OM}$$

$$= \frac{R_3 R_4}{R_2 R_3 + R_2 R_4 + R_3 R_4} U_s +$$

$$\frac{R_2 R_3}{R_2 R_3 + R_2 R_4 + R_3 R_4} U_{OM}$$

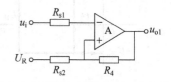

图 5-53 恒温调节系统中下行迟滞比较器的等效电路

$$U_L = u_{+L} = \frac{R_3 R_4}{R_2 R_3 + R_2 R_4 + R_3 R_4} U_s - \frac{R_2 R_3}{R_2 R_3 + R_2 R_4 + R_3 R_4} U_{OM}$$

在图 5-52 所示的电路中,热敏电阻把温度的变化转换成电压的变化,由反相端输入;U_R 对应所设定的温度,通过调节 R_{P1} 改变设定。设比较器的初始输出 $u_{o1} = +U_{OM}$,电路的工作过程如下。

(1) $u_{o1} = +U_{OM}$,三极管 T 饱和导通,接触器 KM 的线圈通电,电阻炉工作,温度逐渐上升。随温度上升,热敏电阻的阻值逐渐减小,u_i 逐渐增加,当增加到 $u_i > U_H$ 时,比较器输出翻转为 $u_{o1} = -U_{OM}$。

(2) $u_{o1} = -U_{OM}$,T 截止,接触器 KM 的线圈断电,电阻炉停止加热,温度逐渐下降。随温度降低,热敏电阻的阻值逐渐增加,u_i 逐渐减小,当减小到 $u_i < U_L$ 时,比较器输出翻转为 $u_{o1} = +U_{OM}$。

当比较器输出翻转为 $u_{o1} = +U_{OM}$,则又回到情况(1)。

由上述分析可知,该控制系统可以自动调节温度,当温度超过 $T + \Delta T$ 时,电阻炉断电;当温度低于 $T - \Delta T$ 时,电阻炉通电。温度 T 通过调节 R_{P1} 设定,ΔT 由比较器的回差决定,通过 R_{P2} 调整。

5.4 波形发生电路

电路接上工作电源后,在输入端不外接任何信号的情况下,输出端有频率和幅度稳定的信号输出,这种现象称为自激振荡(oscillations),此类电路称为信号发生电路。常用的信号

5.4 波形发生电路

发生电路有方波发生电路、三角波发生电路和正弦波发生电路等。

5.4.1 方波发生电路

1. 方波发生电路的工作原理

方波发生电路(square waveform generator)如图 5-54 所示。电路由下行迟滞比较器构成,$U_R=0$,反相端的信号由输出电压 u_o 通过 RC 电路对电容 C 充、放电获得。

电路中,比较器的上、下限阈值电压分别为

$$U_H = \frac{R_1}{R_1+R_2}U_{OM}, \quad U_L = -\frac{R_1}{R_1+R_2}U_{OM}$$

设方波发生器输出端的初始值为 $+U_{OM}$,电容端电压的初始值为 0。方波发生电路的工作情况如下:

(1) $0 \sim t_1$ 阶段:$u_o=+U_{OM}$,$u_+=U_H$,u_o 通过电阻 R 给 C 充电,u_C 从 0 开始按指数规律逐渐上升,在 $t=t_1$ 时刻,u_C 上升到 U_H,u_o 立即由 $+U_{OM}$ 跳变到 $-U_{OM}$。

(2) $t_1 \sim t_2$ 阶段:$u_o=-U_{OM}$,$u_+=U_L$,电容 C 通过电阻 R 和运放的输出端放电,u_C 从 U_H 开始按指数规律逐渐下降,在 $t=t_2$ 时刻,u_C 下降到 U_L,u_o 立即由 $-U_{OM}$ 跳变到 $+U_{OM}$。

(3) $t_2 \sim t_3$ 阶段:$u_o=+U_{OM}$,$u_+=U_H$,u_o 通过电阻 R 给 C 充电,u_C 从 U_L 开始按指数规律逐渐上升,在 $t=t_3$ 时刻,u_C 上升到 U_H,u_o 立即由 $+U_{OM}$ 跳变到 $-U_{OM}$,回到(2)。

电路的状态按上述规律周期性变化,从而在输出端得到方波。u_o 和 u_C 的波形图如图 5-55 所示。

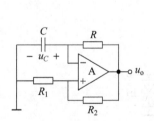

图 5-54 方波发生电路

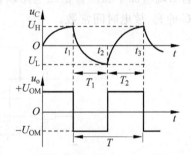

图 5-55 方波发生电路中 u_C 和 u_o 的波形图

由方波发生电路工作过程的分析可见,在方波发生电路中,下行迟滞比较器起开关作用,实现高低电平的转换;RC 电路起反馈和延迟作用,获得一定的频率。

根据图 5-55 所示的波形图,可以计算方波的周期。在电容放电阶段($t_1 \sim t_2$),初始值为 U_H,新稳态值为 $-U_{OM}$,$\tau=RC$,所以有

$$u_C(t) = -U_{OM} + (U_H + U_{OM})e^{-\frac{t}{RC}}$$

$$u_C(T_1) = -U_{OM} + (U_H + U_{OM})e^{-\frac{T_1}{RC}} = U_L$$

可得

$$T_1 = RC\ln\left(1+\frac{2R_1}{R_2}\right)$$

在电容充电阶段($t_2 \sim t_3$),初始值为 U_L,新稳态值为 $+U_{OM}$,$\tau = RC$,所以有

$$u_C(t) = U_{OM} + (U_L - U_{OM})\,e^{-\frac{t}{RC}}$$

$$u_C(T_2) = U_{OM} + (U_L - U_{OM})\,e^{-\frac{T_2}{RC}} = U_H$$

$$T_2 = RC\ln\left(1 + \frac{2R_1}{R_2}\right)$$

所以有

$$T = T_1 + T_2 = 2RC\ln\left(1 + \frac{2R_1}{R_2}\right) \tag{5-22}$$

$$f = \frac{1}{T} = \frac{1}{2RC\ln\left(1 + \frac{2R_1}{R_2}\right)} \tag{5-23}$$

2. 占空比可调的序列脉冲发生电路

占空比(duty ratio)定义为脉冲序列信号在一个周期内,高电平时间与周期的比值。以图 5-55 所示的方波为例,占空比为

$$D = \frac{T_2}{T_1 + T_2} \times 100\% \tag{5-24}$$

方波发生器产生的方波,$D=0.5$。若要输出的脉冲波形频率不变、占空比可调,则需要改变电容充、放电的时间常数,电路如图 5-56 所示。与图 5-54 所示的方波发生电路相比,该电路在输出端增加了稳压管稳压电路以稳定输出方波的幅值,并可通过二极管 D_1 和 D_2 调整电容 C 的充、放电时间常数。

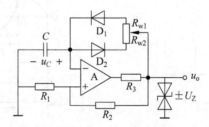

图 5-56 占空比可调的序列脉冲发生电路

利用图 5-54 所示方波发生器的分析结果,在图 5-56 所示的序列脉冲发生电路中,有

$$T_2 = R_{w1}C\ln\left(1 + \frac{2R_1}{R_2}\right), \quad T_1 = R_{w2}C\ln\left(1 + \frac{2R_1}{R_2}\right)$$

可得

$$T = T_1 + T_2 = (R_{w1} + R_{w2})C\ln\left(1 + \frac{2R_1}{R_2}\right)$$

$$D = \frac{T_2}{T_1 + T_2} \times 100\% = \frac{R_{w1}}{R_{w1} + R_{w2}} \times 100\%$$

上述结果表明,图 5-56 所示电路产生的序列脉冲,周期和频率不变,占空比可调。

5.4.2 三角波发生电路

1. 三角波发生电路的工作原理

三角波发生电路(triangular waveform generator)如图 5-57 所示。该电路由上行迟滞电压比较器和反相积分电路级联而成，反相积分电路的输出电压为电压比较器的输入信号。

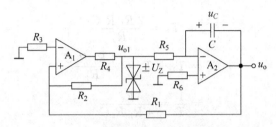

图 5-57 三角波发生电路

A_1 构成上行迟滞比较器，输出为 $+U_Z$ 或者 $-U_Z$，阈值电压为

$$U_H = \frac{R_1}{R_2}U_Z, \quad U_L = -\frac{R_1}{R_2}U_Z$$

A_2 构成反相积分电路，有

$$u_o = -\frac{1}{R_5 C}\int u_{o1}\,dt$$

设初始条件为 $u_{o1}=U_Z$，$u_C=0$，此时 $u_o=u_{2-}=u_{2+}=0$。电路的工作情况如下。

(1) $u_{o1}=+U_Z$，反相积分器中电容没有初始储能，u_C 由 0 开始线性增加，u_o 由 0 开始线性减小，当减小到 $u_o<U_L$ 时，输出 u_{o1} 翻转为 $-U_Z$。

(2) $u_{o1}=-U_Z$，反相积分器中 u_C 线性减小，u_o 从 U_L 开始线性增加，当增加到 $u_o>U_H$ 时，输出 u_{o1} 翻转为 $+U_Z$。

(3) $u_{o1}=+U_Z$，反相积分器中 u_C 开始线性增加，u_o 从 U_H 线性减小，当减小到 $u_o<U_L$ 时，输出 u_{o1} 翻转为 $-U_Z$，回到(2)。

电路的状态如上所述，呈周期性变化。u_o 和 u_{o1} 的波形图如图 5-58 所示。

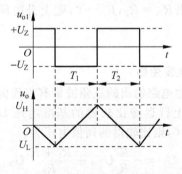

图 5-58 三角波发生电路各电压的波形图

根据图 5-58 所示的波形图，三角波的上升时间为 T_1，在该段时间内输出端的电压由 U_L 上升到 U_H，即

$$\frac{1}{R_5 C}\int_0^{T_1} U_Z \mathrm{d}t = \frac{U_Z T_1}{R_5 C} = U_H - U_L$$

三角波的下降时间为 T_2，在该段时间内输出端的电压由 U_H 下降到 U_L，即

$$-\frac{1}{R_5 C}\int_0^{T_2} U_Z \mathrm{d}t = -\frac{U_Z T_2}{R_5 C} = U_L - U_H$$

由此可得

$$T_1 = T_2 = \frac{2 R_1 R_5 C}{R_2}$$

$$T = T_1 + T_2 = \frac{4 R_1 R_5 C}{R_2} \tag{5-25}$$

$$f = \frac{1}{T} = \frac{R_2}{4 R_1 R_5 C} \tag{5-26}$$

2. 上升时间和下降时间可调的三角波发生电路

上升时间和下降时间可调的三角波发生电路如图 5-59 所示。

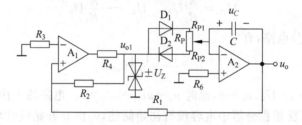

图 5-59 上升和下降时间可调的三角波发生电路

根据前面的分析，在该电路中有

$$T_1 = \frac{2 R_1 R_{P2} C}{R_2}, \quad T_2 = \frac{2 R_1 R_{P1} C}{R_2}, \quad T = \frac{2 R_1 R_P C}{R_2}$$

可见，在该电路中，可以通过调节电位器 R_P 的滑动头，改变充电/放电回路的电阻来调节输出三角波的上升时间和下降时间，调整过程中三角波的周期保持不变。若调整到 $R_{P1}=0$，$R_{P2}=R_P$，则下降时间 $T_2=0$；若 $R_{P1}=R_P$，$R_{P2}=0$，则上升时间 $T_1=0$。在这两种情况下，输出为锯齿波。

3. 有直流偏置量的三角波发生器

图 5-60 所示的三角波发生电路输出的三角波带有直流偏置量。与图 5-57 所示的三角波发生电路相比，该电路中，上行迟滞比较器的基准电压 U_R 可通过调节 R_w 的滑动头在 $(-E, E)$ 的范围内调节。$U_R \neq 0$，则比较器的阈值电压为

$$U_L = -\frac{R_1}{R_2} U_{OM} + \frac{R_1 + R_2}{R_2} U_R$$

$$U_H = \frac{R_1}{R_2} U_{OM} + \frac{R_1 + R_2}{R_2} U_R$$

分析如前，输出端的三角波仍在 U_H 和 U_L 之间变化。因此三角波的直流偏置量为 $\frac{R_1 + R_2}{R_2} U_R$。

5.4 波形发生电路

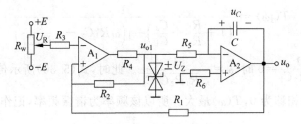

图 5-60 有直流偏移量的三角波发生器

5.4.3 正弦波发生电路

1. 产生正弦波自激振荡的条件

电路要产生正弦波自激振荡,必须具备两个条件:电路中有正反馈和选频网络。

信号为正弦量时正反馈的框图如图 5-61 所示。图中,$\dot{A}_\circ$ 为开环放大倍数,$\dot{F}$ 为反馈系数,$\dot{X}_i$ 为输入信号,$\dot{X}_f$ 为反馈信号,$\dot{X}_\circ$ 为输出信号,$\dot{X}_d$ 为差值信号。图中假设 $\dot{X}_i$ 和 $\dot{X}_f$ 同相。在产生正弦波自激振荡时,$\dot{X}_i = 0$,所以有

$$\dot{X}_\circ = \dot{X}_d \dot{A}_\circ = \dot{X}_f \dot{A}_\circ = \dot{X}_\circ \dot{F} \dot{A}_\circ$$

可得

$$\dot{A}_\circ \dot{F} = 1 \tag{5-27}$$

若要在输出端得到稳定的正弦信号,必须使 $\dot{A}_\circ \dot{F} = 1$。该条件可以分解为振幅条件和相位条件,分别为

$$|\dot{A}_\circ \dot{F}| = 1 \tag{5-28}$$

$$\varphi_A + \varphi_F = 2n\pi \tag{5-29}$$

式(5-29)中,n 为整数。相位条件即要求反馈的极性为正反馈。

选频网络有 RC 选频网络和 LC 选频网络两类。在用集成运放构成的正弦波信号发生电路中,常采用图 5-62 所示的文氏桥 RC 选频电路(wien bridge RC oscillator)。

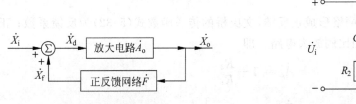

图 5-61 正反馈框图　　　　图 5-62 文氏桥 RC 选频电路

文氏桥 RC 选频电路的传递函数为

$$T(j\omega) = \frac{\dot{U}_\circ}{\dot{U}_i} = \frac{R_2 \mathbin{/\mkern-5mu/} \dfrac{1}{j\omega C_2}}{R_1 + \dfrac{1}{j\omega C_1} + \left(R_2 \mathbin{/\mkern-5mu/} \dfrac{1}{j\omega C_2}\right)}$$

展开整理后得

$$T(j\omega) = \cfrac{1}{\left(1+\cfrac{R_1}{R_2}+\cfrac{C_2}{C_1}\right)+j\left(\omega R_1 C_2 - \cfrac{1}{\omega R_2 C_1}\right)} \tag{5-30}$$

当 $\omega R_1 C_2 - \cfrac{1}{\omega R_2 C_1} = 0$ 时，$\omega = \cfrac{1}{\sqrt{R_1 R_2 C_1 C_2}}$。此时，式(5-30)所示传递函数分母的虚部为 0。此时 $T(j\omega)$ 的相移为 0，$T(\omega)$ 最大。所以该频率为谐振频率，记作 ω_0。有

$$f_0 = \frac{1}{2\pi\sqrt{R_1 R_2 C_1 C_2}} \tag{5-31}$$

如果选择 $R_1 = R_2 = R$，$C_1 = C_2 = C$，则

$$T(j\omega) = \frac{1}{3+j\left(\omega RC - \cfrac{1}{\omega RC}\right)} \tag{5-32}$$

$$f_0 = \frac{1}{2\pi RC} \tag{5-33}$$

$$T(f_0) = \frac{1}{3} \tag{5-34}$$

此时，文氏桥电路的频率特性曲线如图 5-63 所示。

2. 正弦波发生电路

正弦波发生发生器(sinusoidal waveform generator)的原理电路如图 5-64 所示。由同相比例放大电路和文氏桥 RC 选频电路构成。

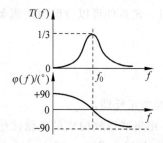

图 5-63　文氏桥 RC 电路的频率特性曲线

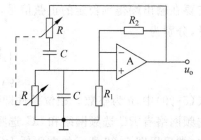

图 5-64　正弦波发生器的原理电路

在该电路中，选频网络形成正反馈，文氏桥的传递函数式(5-32)为反馈系数；正反馈开环后的放大电路为同相比例放大电路。即

$$\dot{A}_\circ = 1 + \frac{R_2}{R_1}$$

$$\dot{F} = \frac{1}{3+j\left(\omega RC - \cfrac{1}{\omega RC}\right)}$$

若文氏桥 RC 选频电路中 $R_2 = 2R_1$，则在谐振点有

$$\dot{A}_\circ = 3, \quad \dot{F} = 1/3, \quad \dot{A}_\circ \dot{F} = 1$$

所以电路可产生自激振荡，输出频率为 $f_0 = \cfrac{1}{2\pi RC}$ 的正弦波。正弦波的频率可通过选频网络的两个电位器或者两个电容同轴调节。

5.4 波形发生电路

3. 可以自动起振并稳幅的正弦波发生电路

实际的正弦波发生电路有起振和自动稳幅的功能。电路在起振时,幅值较小,需要正反馈加大幅值,这时$|\dot{A}_\circ \dot{F}|>1$,且$\varphi_A+\varphi_F=2n\pi$,则电路可起振,起振过程中,输出正弦波的幅值将逐渐增大,当幅值达到需要的幅值后,电路参数自动调整,$|\dot{A}_\circ \dot{F}|=1$,且$\varphi_A+\varphi_F=2n\pi$,使输出幅值稳定。

图 5-65 所示电路的正弦波发生电路中,R_T为半导体热敏电阻。在起振时,R_T略大于 $2R_1$,使$|\dot{A}_\circ \dot{F}|>1$,以便起振;在起振过程中,$u_\circ$逐渐增大,功率损耗使热敏电阻$R_T$的温度逐渐升高,而其阻值随温度的升高而逐渐减小,当减小到$R_T=2R_1$时,$|\dot{A}_\circ \dot{F}|=1$,从而稳幅。

在图 5-66 所示正弦波发生电路中,$R_{21}=2R_1$,R_{22}为一小电阻。在起振时,输出电压的幅值较小,不足以使 D_1 或 D_2 导通,所选参数使$(R_{21}+R_{22})>2R_1$,$|\dot{A}_\circ|>3$,所以$|\dot{A}_\circ \dot{F}|>1$,电路能自动起振;当振幅逐渐增加,使 D_1 或 D_2 导通,R_{22}短路,$|\dot{A}_\circ|=3$,$|\dot{A}_\circ \dot{F}|=1$,从而使输出正弦波的幅值稳定在某值。

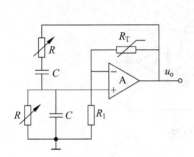 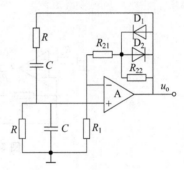

图 5-65　可自启动的正弦波发生电路 1　　　图 5-66　可自启动的正弦波发生电路 2

5.4.4　应用举例

例 5-12　图 5-67 为频率和占空比均可独立调节的方波发生电路。试分析该电路。

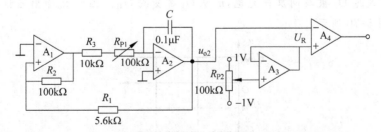

图 5-67　频率和占空比可独立调节的方波发生器

解：图示电路中集成运放 A_1 和 A_2 构成三角波发生器,输出三角波的频率可通过R_{P1}调节;A_3 构成电压跟随器,输出为 $-1\sim 1V$ 的电压,可通过R_{P2}调节。A_4 构成下行电压比较器,将三角波发生器输出的三角波与电压跟随器提供的参考电压 U_R 进行比较。

设 A_1 构成的上行迟滞比较器的上、下限阈值电压分别为 U_H 和 U_L,u_{o1} 和 u_o 的波形图如图 5-68 所示。

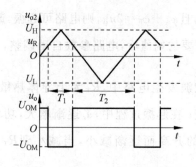

图 5-68 例 5-12 电路中电压的波形图

可见,u_o 输出频率和占空比可调的方波,其频率与三角波的频率相同,通过 $100\text{k}\Omega$ 电位器 R_{P1} 调节;调节 R_{P2} 即可改变 U_R,从而改变占空比。频率调节和占空比调节相互独立。

例 5-13 图 5-69 所示电路为压频转换电路,可以把电压信号转换为频率信号。试分析该电路。

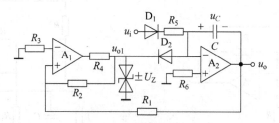

图 5-69 压频转换电路

解:图示电路中,A_1 构成上行迟滞比较器,其阈值电压为

$$U_H = \frac{R_1}{R_2}U_Z, \quad U_L = -\frac{R_1}{R_2}U_Z$$

工作原理与三角波发生器相似。上行迟滞比较器 u_{o1} 输出方波,在 $u_{o1} = +U_{OM}$ 期间,D_1 导通、D_2 截止,u_i 为电容充电,u_o 从 U_H 按线性规律下降到 U_L;在 $u_{o1} = -U_{OM}$ 期间,D_1 截止、D_2 导通,电容通过 D_2 被瞬间反向充电,u_o 从 U_L 跳变到 U_H。因此 u_o 输出锯齿波。u_{o1} 和 u_o 的波形图如图 5-70 所示。

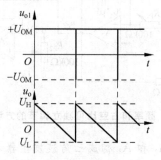

图 5-70 压频转换电路的电压波形

5.5 单电源运放的应用

如图 5-70 所示,输出锯齿波的周期为电容 C 的充电时间。可得

$$f = \frac{1}{T} = \frac{R_2}{2R_5 R_1 C} \cdot \frac{u_i}{U_Z}$$

可见,u_i 变化,则充电时间变化。即 u_o 的频率由 u_i 控制。

例 5-14 简易电子琴原理电路如图 5-71 所示,试分析其工作情况。

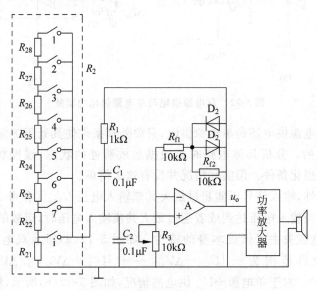

图 5-71 简易电子琴原理电路图

解:图示电路为频率可调的正弦波发生器。输出正弦波的频率为 $f_0 = \dfrac{1}{2\pi C \sqrt{R_1 R_2}}$,其中 R_2 的电阻值由电子琴的琴键控制。电阻 R_2 改变,输出正弦波的频率也会变。按表 5-2 设置正弦波频率,则按每个琴键可弹出不同的音阶。

表 5-2 C 调各音阶的对应频率

C 调	1	2	3	4	5	6	7	i
f/Hz	264	297	330	352	396	440	495	528

5.5 单电源运放的应用

5.5.1 运放单电源供电与双电源供电的区别

前面所介绍的集成运算放大器都是双电源供电,典型的电源电压是 ±15V、±12V 和 ±5V。但是在很多便携式设备中都是电池供电,因此需要运放在单电源供电的情况下工作。图 5-72(a)是双电源供电的电压跟随器,电源电压为 ±U_{CC},输入信号和输出信号均以系统的地为参考,而系统的地正好是正负电源电位的中点。若要把图 5-72(a)的电路改成单电源供电,可以将负电源端接地,正电源改成 +U_{CC},信号改成了以系统的地(而不是以电源

的中点)为参考点,如图 5-72(b)所示。

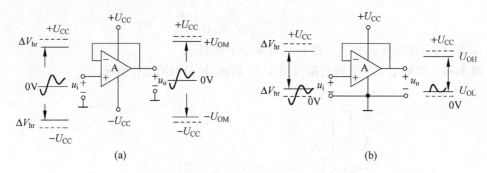

图 5-72　双电源供电与单电源供电的运放

不管运放是双电源供电还是单电源供电,只要外部条件使其处于正常的运放工作状态,分析方法都是相同的。分析具体电路时要根据运放所处的状态(线性状态或者非线性状态),采取不同的理想化条件。但实际情况并没有这么简单。

根据运放的特性,输入信号不能超过最大共模输入电压 U_{Icmax}(参考 3.5.2 集成运算放大器的主要参数),当输入电压达到或者超过最大共模输入电压时,运放的增益急剧变化,甚至符号发生改变,这就失去了运放本身的特性。如图 5-72(a)所示双电源 $\pm U_{CC}$ 供电的情况,输入电压的允许范围为 $-|U_{CC}-\Delta V_{hr}| \sim +|U_{CC}-\Delta V_{hr}|$,$\Delta V_{hr}$ 称为电压余量(headroom voltage)。对于单电源 $+U_{CC}$ 供电的情况,如图 5-72(b)所示,输入电压的允许范围是 $\Delta V_{hr} \sim |U_{CC}-\Delta V_{hr}|$。例如,传统集成运放 LM741 在 $\pm 15V$ 双电源供电时,输入电压的允许范围为 $\pm 13V$,比电源电压低 2V。用 $+15V$ 单电源供电时,允许的输入电压范围为 $+2 \sim +13V$。因此,单电源供电的情况下,输入信号必须处于大于 0V 的一定的范围之内,如果输入信号超出这个范围,比如小于 0V,运放将不能正常工作。

另一方面,对于双电源供电的情况,其输出饱和压降为 $\pm U_{OM}$,如图 5-72(a)所示,在线性工作状态时其输出电压允许的波动范围为 $+U_{OM} \sim -U_{OM}$;对于单电源供电的情况,如图 5-72(b)所示,其负饱和电压为 U_{OL},正饱和电压为 U_{OH},在线性工作状态时输出电压允许的波动范围为 $U_{OL} \sim U_{OH}$。例如,传统运放 LM741 在 $\pm 15V$ 双电源供电时,输出饱和电压的典型值为 $\pm 14V$,比电源电压低 1V。如果用 $+15V$ 单电源供电,其输出饱和电压 $U_{OH} = 15V-1V = +14V$,$U_{OL} = +1V$,输出电压的允许波动范围为 $+1 \sim +14V$。电源电压越低,则其允许的波动范围越小。如果输出饱和,则运放处于非线性状态。

因此,传统运放一般不能用作单电源供电,主要是因为:①传统运放输入电压的允许范围高于负电源电压,这在单电源的情况下是不能保证的,因为单电源供电时输入电压必须为正;②单电源供电电源一般是 5V 甚至低至 3.3V,在这么低的电源供电的情况下,传统运放无法正常工作;③在低电压供电时,传统运放输出波动范围太小,电源电压幅度不能充分利用。所以,所谓的单电源运放,其输入电压应该能达到 0V 甚至小于 0V;输出电压的波动范围应该尽量接近电源电压,甚至达到电源电压。例如,单电源运放 LM358 电源电压范围为 $3 \sim 32V$,共模输入电压最小 0V、最大 $U_{CC}-2V$,输出饱和电压 $U_{OH} = U_{CC}-1.5V$,$U_{OL} = 20mV$。在选择运放时要参考其数据手册,看其能否在单电源的情况下运行。

单电源运放电路的组成原则是:①电路能保证运放输入端的电压不超过共模输入电

5.5 单电源运放的应用

压;②输出信号的波动范围处于线性范围之内。如果输入电压或者输出电压超出了允许范围,应该为信号增加直流偏置电压,使信号上移或下移到线性允许的范围以内。这个偏置电压就是单电源运放的静态工作点,或者称为参考地(ground reference)。图 5-72(b)的电路中输入信号若超出允许范围,可以将电路改成图 5-73 电路,运放输出的静态工作点为 U_G,输出电压为 $u_o = u_i + U_G$。

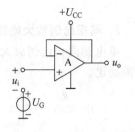

图 5-73 单电源电压跟随器

5.5.2 单电源运放交流放大电路

如果输入信号是以系统地为参考的纯交流信号,为了保证运放的放大作用,必须设置静态工作点,然后通过电容耦合将交流信号叠加到静态电压上,保证输出电压的波动范围处于线性范围。为了得到尽量大的交流信号的波动范围,一般将静态工作点设置为电源电压的一半。分析电路时可以使用叠加定理,分别分析直流通道和交流通道。从直流通道可以分析静态工作点,从交流通道可以分析放大倍数、输入输出电阻和带宽。

1. 反相比例放大电路

单电源反相比例放大器如图 5-74(a)所示。将交流信号置零,电容开路,得到其直流通道如图 5-74(b)所示,在直流通道中也可以利用理想运放条件进行分析。因为 R_1、R_2 中均无电流,所以

$$U_{oQ} = U_- = U_+ = \frac{U_{CC}}{2}$$

将电路的电容短路,偏置电压置零,得到交流通道如图 5-74(c)所示。在交流通道中利用理想化条件可以得到电压放大倍数

$$\frac{\dot{U}_o}{\dot{U}_i} = -\frac{R_2}{R_1}$$

运放输出端电压

$$u_o = \frac{U_{CC}}{2} + \sqrt{2} U_o \sin\omega t \tag{5-35}$$

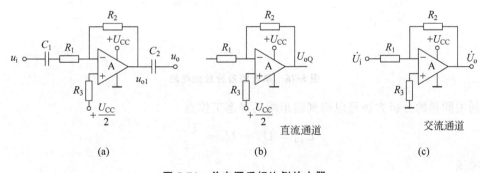

(a)   (b)   (c)

图 5-74 单电源反相比例放大器

2. 同相比例放大电路

单电源同相比例放大器如图 5-75(a)所示,图 5-75(b)和图 5-75(c)分别是直流通道和交流通道。

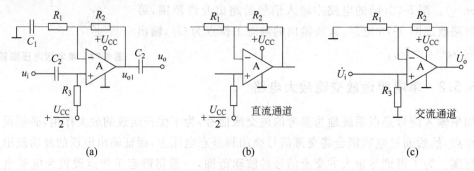

图 5-75　单电源同相比例放大器

利用同样的分析方法可以得到输出端的静态工作点

$$U_{oQ} = U_- = U_+ = \frac{U_{CC}}{2}$$

电压放大倍数

$$\frac{\dot{U}_o}{\dot{U}_i} = 1 + \frac{R_2}{R_1}$$

3. 差分放大电路

单电源差分放大电路如图 5-76(a)所示。图 5-76(b)和图 5-76(c)分别是直流通道和交流通道。

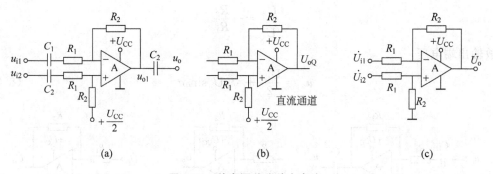

图 5-76　单电源差分放大电路

利用同样的分析方法可以得到输出端的静态工作点

$$U_{oQ} = U_- = U_+ = \frac{U_{CC}}{2}$$

输出电压

$$\dot{U}_o = \frac{R_2}{R_1}(\dot{U}_2 - \dot{U}_1)$$

5.5.3 单电源运放直流放大电路

单电源直流放大电路不能采用电容耦合方式,必须采用直接耦合。设计电路时必须在电路中增加直流电源以及相应的电路,在输出中增加一个偏置电压,保证输出电压处于线性范围内,即 $U_{OL} < u_o < U_{OH}$。

1. 反相比例放大电路

图 5-77 是反相比例放大电路,同相输入电压由 $+U_{CC}$ 经过 R_3 和 R_4 分压得到,根据叠加定理分析,可得

$$u_o = -\frac{R_2}{R_1}u_i + \left(1+\frac{R_2}{R_1}\right)\left(\frac{R_4}{R_3+R_4}\right)U_{CC} \tag{5-36}$$

式(5-36)中,$\left(1+\frac{R_2}{R_1}\right)\left(\frac{R_4}{R_3+R_4}\right)U_{CC}$ 是输出直流偏置量。

2. 同相比例放大电路

图 5-78 是同相比例放大电路,输出为

$$u_o = \left(1+\frac{R_2}{R_1}\right)\left(\frac{R_4}{R_3+R_4}\right)u_i + \left(1+\frac{R_2}{R_1}\right)\left(\frac{R_3}{R_3+R_4}\right)U_{CC} \tag{5-37}$$

式(5-37)中,$\left(1+\frac{R_2}{R_1}\right)\left(\frac{R_3}{R_3+R_4}\right)U_{CC}$ 是输出直流偏置量。如果输出信号过高,可以将 $+U_{CC}$ 从反向端输入,将输出信号下移。

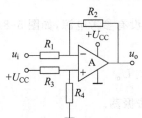

图 5-77 单电源反相比例放大电路

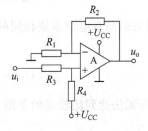

图 5-78 单电源同相比例放大电路

3. 差分放大电路

单电源差分放大电路如图 5-79 所示,U_{REF} 是偏置电压。输出为

$$u_o = (u_{i2} - u_{i1})\left(\frac{R_2}{R_1}\right) + U_{REF} \tag{5-38}$$

5.5.4 单电源运放波形产生电路

1. 方波发生器

图 5-80(a)是基于迟滞比较器和 RC 积分电路充放电的方波发生器,与双电源方波发生器电路不同的是,这个电路

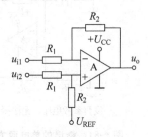

图 5-79 单电源差分放大电路

中增加了参考电压 $+U_{CC}/2$。其工作原理与双电源电路相同,电容充放电及输出信号波形参考图 5-80(c),由于正反馈的存在,输出饱和,高电平电压为 U_{oH},低电平电压为 U_{oL}。在电容充放电的作用下输出反转,从而实现振荡。迟滞比较器的上、下限分别为

$$U_H = \frac{R_1}{R_1+R_2}U_{oH} + \frac{R_2}{R_1+R_2}\frac{U_{CC}}{2} \tag{5-39}$$

$$U_L = \frac{R_1}{R_1+R_2}U_{oL} + \frac{R_2}{R_1+R_2}\frac{U_{CC}}{2} \tag{5-40}$$

因为电容 C 上的充放电电压分别为输出正负饱和电压,所以为了保证电路能够振荡,上、下限必须处于输出饱和电压之间,即

$$U_{oL} < (U_H, U_L) < U_{oH} \tag{5-41}$$

图 5-80(b) 是根据图 5-80(a) 改进的方波发生器电路,这个电路使用了与电源电压 $+U_{CC}$ 相同的参考电压,从而简化了电路设计。

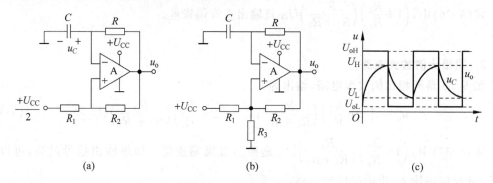

图 5-80 单电源方波发生器

如果采用完全与双电源系统相同的电路,电路中没有参考电源,如图 5-81 所示,比较器的下限为

$$U_L = \frac{R_1}{R_1+R_2}U_{oL} < U_{oL}$$

因此,电容电压无法达到比较器的下限,因此电路无法振荡。

2. 三角波发生器

图 5-82 是单电源三角波发生器。与双电源三角波发生器的工作原理相同,A_1 组成上行的迟滞比较器,其上、下限分别为

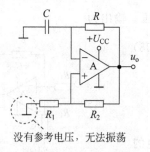

图 5-81 错误的单电源方波发生器电路(不能振荡)

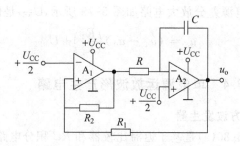

图 5-82 单电源三角波发生器

$$U_H = \frac{R_1}{R_2}U_{oL} + \frac{R_1+R_2}{R_2}\frac{U_{CC}}{2} \tag{5-42}$$

$$U_L = -\frac{R_1}{R_2}U_{oH} + \frac{R_1+R_2}{R_2}\frac{U_{CC}}{2} \tag{5-43}$$

A_2 组成反相积分器，当积分器的输出达到上、下限时比较器反转，所以三角波的最大值与最小值就是比较器的上、下限。电路能够振荡的条件是 $U_{oL} < (U_H, U_L) < U_{oH}$，需要仔细设计电路参数才能满足振荡条件。

三角波的频率是

$$f = \frac{R_2}{4CRR_1} \tag{5-44}$$

5.6 运算放大器电路的仿真分析举例

5.6.1 运算放大器的 SPICE 建模

在 SPICE 中没有专门的运算放大器模型，可用子电路来对运放建模。集成运放建模的方式有两种，一种是按照集成运放实际的内部电路结构进行建模，另一种根据运放的外部特性，用电阻、电容、电源、二极管和三极管组成的等效电路进行建模。因为运放的内部电路很复杂，用前者建模仿真时计算量大，仿真速度慢。后者简化了电路，仿真计算量大大减少。因此一般的仿真软件都是用后者进行建模，这种模型称为宏模型(macromodel)。

图 5-83 是集成运放工作在线性区时，考虑到输入电阻、输出电阻、输入失调电压和输入偏置电流时的静态小信号等效电路。其输出电压 u_o 与同相端和反相端电位的关系为 $u_o = A_{od}(u_+ - u_-)$，其中 A_{od} 为开环差模电压放大倍数。

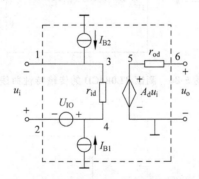

图 5-83 运算放大器的线性电路模型

设某集成运放的输入电阻为 5MΩ，输出电阻为 25Ω，开环放大倍数 100000，输入失调电压为 2mV，偏置电流 $I_{B1} = 40nA$、$I_{B1} = 50nA$，则描述该电路的子电路语句如下：

```
.subckt opampA 1 2 6
* +in(=1) -in(=2) out(=6)
rid3  4  5Meg
VIO   4  2  2m
IB1   0  4  40n
```

```
IB2  0  3  45n
Eout 5  0  1  2 100k
rod  3  6  25
.ends opampA
```

除开环放大倍数、输入电阻、输出电阻失调参数外，实际运放建模时要考虑多种参数，如频率特性、饱和特性等，因此其模型电路比较复杂。因为在多数电路仿真软件的元件库中，已经提供了常用的集成运放器件，无须用户自己再创建元件，使用时直接调用即可，所以，不再对运算放大器的建模做详细介绍。

5.6.2 运算放大器电路的仿真分析举例

例 5-15 利用 Multisim 中的分析功能测试集成运算放大器的传输特性。

为了避免错误，在使用仿真软件仿真电路前，最好先对要用到的器件进行测试，以判断其模型是否正确。对于运算放大器而言，可以利用测试其传输特性的方法初步判断其模型的正确性。在 Multisim 中画出如图 5-84 电路，V1、V2 是运放电源，V3 是两输入端的电压。做直流扫描分析，扫描 V3，输出节点 5 的电压，即可画出其传输特性曲线。分析结果见图 5-85（分析参数设置为：扫描起始电压—0.5V，结束电压 0.5V，扫描步长 0.001V）。由此初步判断 TL084CD 的模型是正确的。

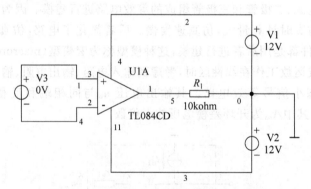

图 5-84　测试 TL084CD 的传输特性曲线

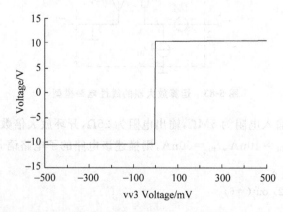

图 5-85　TL084CD 的传输特性曲线（横轴是输入端的电压，纵轴是节点 5 的电压）

5.6 运算放大器电路的仿真分析举例

例 5-16 文氏桥正弦波振荡电路的仿真。

解：图 5-86 是用 LM324D 组成的文氏桥振荡电路。

实际的正弦波振荡电路是依靠干扰信号起振的，但是在仿真软件中不存在任何的干扰信号。因此，为了使电路起振，在仿真时给输出电压设置一个小的电压初始值。在 Multisim 中，双击输出节点（节点 4），弹出节点设置窗口，选择 Simulation setting 标签，输入电压初始值，如图 5-87 所示。用示波器可以观察其起振的过程，如图 5-88 所示。

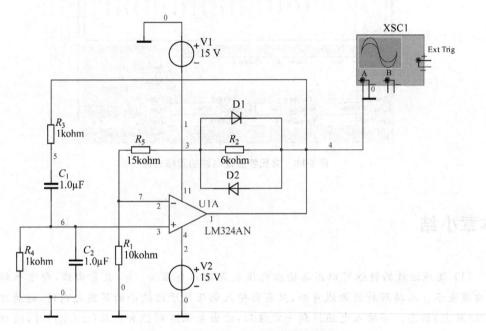

图 5-86 用 LM324D 组成的文氏桥振荡电路

图 5-87 为节点 9 设置 0.1V 的初始值

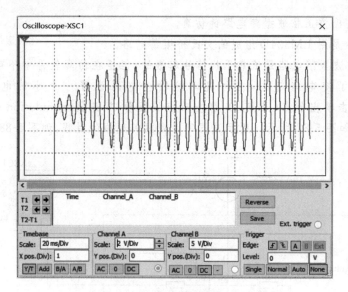

图 5-88　文氏桥振荡电路的起振过程

本章小结

（1）集成运放的特性可以用其输出电压 u_o 与输入电压 $u_+ - u_-$ 关系曲线，即电压转移特性曲线表示。从转移特性曲线可知，只有当输入电压处于比较小的范围之内时，运放才处于线性（放大）状态。当输入电压达到一定值后，输出电压达到饱和电压（$\pm U_{OM}$）时，运放就失去了放大作用，这时运放处于非线性状态。因此，在分析运放组成的电路时，应该首先判断其工作状态。对不同的工作状态应使用不同的分析方法。

（2）为了使运放工作于线性状态，电路中应该引入负反馈限制其输入电压。在分析运放构成的线性电路时，通常把运放的特性理想化，即：输入电阻 $r_i \to \infty$，输出电阻 $r_o \to 0$，开环放大倍数 $A_o \to \infty$，共模抑制比 $K_{CMR} \to \infty$。列电路的电压和电流方程的三个基本出发点为：运放的同相端和反相端的电位近似相等（虚短路）；运放的同相和反相输入端流入的电流约等于零（虚开路）；运放的输出电阻为 0。

（3）实际运放具有失调电压和失调电流，而使用理想化条件得到的结果忽略了失调参数造成的输出误差，考虑到集成运放失调参数的等效电路是在理想化运放上增加了输入失调电压和输入偏置电流。如果失调参数不能忽略，分析电路时可以用具有失调参数的等效电路代替集成运放。分析方法与分析理想运放组成的电路是相同的，只不过在电路中增加了一个直流电压源（输入失调电压）和两个直流电流源（两个输入端的偏置电流）。

（4）在运放构成的非线性电路中，若运放处于开环或者正反馈状态，则运放工作在非线性区。此时，运放的输出电压为其饱和电压（$\pm U_{OM}$），输入端的虚短路可以不成立，但虚开路成立，输出电阻可以忽略，负载对运放的输出没有影响。

在电压比较器电路中，通常用电压传输特性曲线表示比较器的特性。在电压比较器电路中，若信号从运放的同相端输入、基准电压从反相端输入，则比较器为上行电压比较器；反之，若信号从运放的反相端输入、基准电压从同相端输入，则为下行电压比较器。方波发生电路由下行迟滞比较器加 RC 充放电电路组成,三角波发生器由上行迟滞比较器和反相积分电路组成。

(5) 电路产生正弦波自激振荡的条件是电路中必须存在选频网络,且 $\dot{A}_\circ\dot{F}=1$。$\dot{A}_\circ\dot{F}=1$ 可以分解为幅值条件 $|\dot{A}_\circ\dot{F}|=1$ 和相位条件 $\varphi_A+\varphi_F=2n\pi$($n$ 为整数)。相位条件等同于要求电路中的反馈为正反馈。由运放构成的正弦波发生器有放大、正反馈、选频、稳幅四个基本组成部分。

(6) 单电源运放可以在较低的单电源电压供电的情况下工作,其输出电压的波动范围处于负饱和电压 $U_{OL}(\geqslant 0)$ 与正饱和电压 $U_{OH}\leqslant U_{CC}$ 之间。因此,为了使其工作于线性状态,需要运放设置静态工作点,使其输出电压满足 $U_{OL}<u_\circ<U_{OH}$。如果输入信号是纯交流信号,一般采用电容耦合的方式,将静态输出电压设置为电源电压的二分之一。如果输入信号是低频直流信号,不能使用电容耦合,设计电路时必须在电路中增加直流电源以及相应的电路,在输出中增加一个偏置电压,保证输出电压处于线性范围内。

习题

5.1 已知运放的工作电压为 $\pm 15\text{V}$,求题图 5-1 所示各电路的输出电压,并确定电阻 R_P 的值。

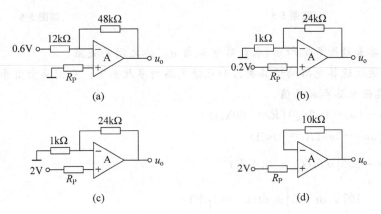

题图 5-1

5.2 电路如题图 5-2 所示,求电路中 $u_\circ$ 与 u_{i1}、u_{i2}、u_{i3} 之间的关系。

5.3 电路如题图 5-3 所示,求电路中 $u_\circ$ 与 u_{i1}、u_{i2} 之间的关系。

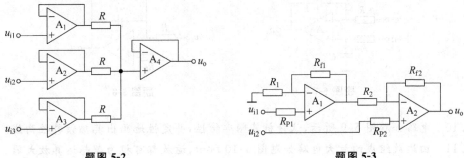

题图 5-2   题图 5-3

5.4 在题图 5-4 所示的电路中，$R_1=R_2=R_3=2\text{k}\Omega$，$R_w=10\text{k}\Omega$，$R=40\text{k}\Omega$，$R_4=10\text{k}\Omega$，$R_5=100\text{k}\Omega$，求 u_o 与 R_x 之间的关系。

5.5 电路如题图 5-5 所示，求电路中 u_o 与 u_{i1}、u_{i2} 之间的关系。

5.6 电路如题图 5-6 所示，求电路中 u_o 与 u_{i1}、u_{i2} 之间的关系。

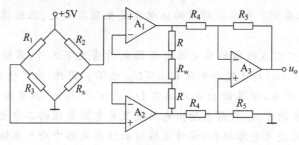

题图 5-4

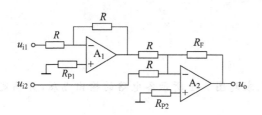

题图 5-5

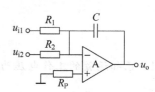

题图 5-6

5.7 电路如题图 5-7 所示，求电路中 u_o 与 u_{i1}、u_{i2} 之间的关系。

5.8 单运放运算电路的运算关系和反馈支路的参数如下。分别画出信号运算电路，并计算电路中其他电路参数的值。

(1) $u_o=-(u_{i1}+0.2u_{i2})\ (R_f=100\text{k}\Omega)$

(2) $u_o=3u_{i1}-2u_{i2}\ (R_f=10\text{k}\Omega)$

(3) $u_o=-200\int u_i \text{d}t\ (C_f=0.1\mu\text{F})$

(4) $u_o=-10\int u_{i1}\text{d}t+5\int u_{i2}\text{d}t\ (C_f=1\mu\text{F})$

5.9 题图 5-8 所示电路为一个低通滤波器，试分析其频率特性，并定性地画出其幅频特性曲线。

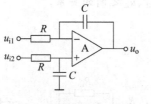

题图 5-7

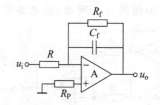

题图 5-8

5.10 电路如题图 5-9 所示，试分析其频率特性，并定性地画出其幅频特性曲线。

5.11 由运放组成的放大电路如题图 5-10 所示，运放都可视为理想运算放大器。

(1) 求此电路的电压传递函数 $T(j\omega)=\dfrac{\dot{U}_o}{\dot{U}_i}$；

(2) 求此电路的输入阻抗 $Z=\dfrac{\dot{U}_i}{\dot{I}_i}$。

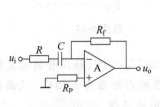
题图 5-9

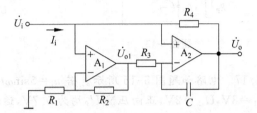
题图 5-10

5.12 图 5-11 所示电路为由运放组成的直流电压表。已知表头的满偏电流 $I_G=50\mu A$，内阻 $R_G=2k\Omega$，直流电压表的最小量程为 20mV。

(1) 求 R_f；

(2) 若 $R_1=10k\Omega$，求 R_2 和 R_3。

5.13 将题图 5-11 所示的 20mV 的电压表改装成一个多量程电流表：$10\mu A$、$100\mu A$、1mA。试画出电路图，并计算电路中各电路元件的参数。

5.14 如题图 5-12 线性电路中，虚线框中使运放 A 的等效电路。运放 A 的失调电压为 U_{IO}，输入失调电流可以忽略。电路的输入信号 $u_i=\sqrt{2}U_i\sin 2000t$，写出输出电压 u_o 的表达式。

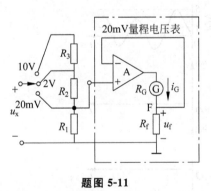
题图 5-11

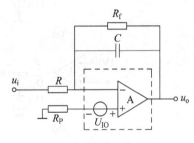
题图 5-12

5.15 如题图 5-13 运放电路中，虚线框中使某运放 A 的等效电路。运放 A 的偏置电流分别是 I_{B1} 和 I_{B2}，输入失调电流定义为 $I_{OS}=I_{B1}-I_{B2}$。

(1) 求输出电压 u_o；

(2) 若 $I_{B1}=I_{B2}$，要使输出为电压 $u_o=0$，求 R_P。

5.16 如题图 5-14 运放电路中，U_{i1} 和 U_{i2} 是两个直流输入信号。

(1) 如果两个运放均为理想运放，求输出电压 U_o；

(2) 如果集成运放的输入失调电压均为 2mV，偏置电流可忽略，求输出电压 U_o。

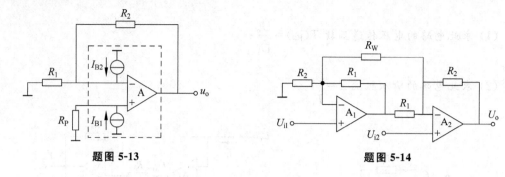

题图 5-13　　　　　　　　　　　　题图 5-14

5.17　电路如题图 5-15 所示。若 $u_i = 5\sin\omega t$ (V)，已知 $U_R = 2V$，稳压管的稳定输出电压 $U_{Z1} = 8V, U_{Z2} = 2V$，正向压降 U_P 均为 $0.7V$，运放的极限输出电压为 $\pm 15V$。试画出运放输出端电压 u_{o1} 和 u_{o2} 的波形图，并在波形图上标出关键点的电压值。

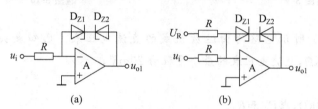

题图 5-15

5.18　电路如题图 5-16 所示。4 个电路中运算放大器的极限输出电压均为 $\pm 15V$，稳压管的稳定输出电压均为 $U_Z = 6V$，稳压管及二极管的正向导通电压 U_f 均为 $0.7V$，u_i 波形图如题图 5-16(e)所示。试分别画出对应的 u_{o1}、u_{o2}、u_{o3}、u_{o4} 的波形图。

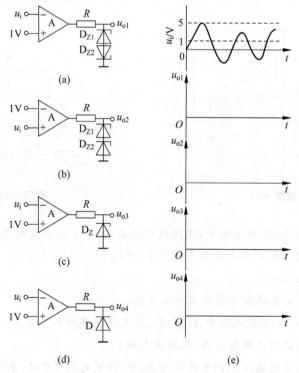

题图 5-16

5.19 电路如题图 5-17 所示，输入信号 u_i 的波形图如题图 5-17(c)所示。若运放的输出饱和电压为 $\pm 12\text{V}$，试分别画出对应的两电路输出电压 u_{o1} 和 u_{o2} 的波形图。

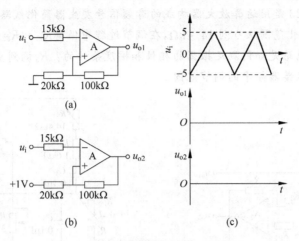

题图 5-17

5.20 在题图 5-18 所示的电路中，$R=1\text{k}\Omega$，二极管的正向导通压降 $U_{D1}=U_{D2}=0.7\text{V}$，集成运放的极限输出电压 $\pm U_{OM}=\pm 10\text{V}$。分析该电路的电压传输特性。

5.21 在题图 5-19 所示的电路中，二极管的正向导通压降 $U_{D1}=U_{D2}=0.7\text{V}$，集成运放的输出饱和电压为 $\pm U_{OM}=\pm 10\text{V}$，$U_Z=6\text{V}$。分析该电路的电压传输特性。

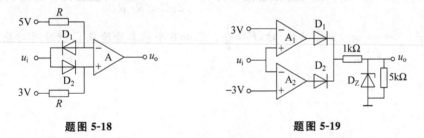

题图 5-18   题图 5-19

5.22 电路如题图 5-20 所示。已知集成运放的输出饱和电压 $\pm U_{OM}=\pm 10\text{V}$，双向稳压管 D_Z 的稳定输出电压 $U_Z=\pm 6\text{V}$，试画出该电路的电压传输特性曲线。

5.23 电路图如题图 5-21 所示。已知 $u_i=5\sin\omega t(\text{V})$，$RC\ll 0.5T$（$T$ 为此正弦波周期），$R_f=R_1$。试分别画出 u_{o1}、u_{o2} 和 u_o 的波形。设集成运放的输出饱和电压 $\pm U_{OM}=\pm 10\text{V}$，$D_1$、$D_2$ 为理想二极管。

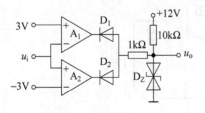 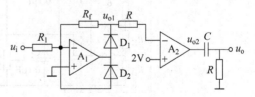

题图 5-20   题图 5-21

5.24 题图 5-22 所示的电路可同时产生方波和三角波。试在电路图上标出运放输入端的极性,分析输出信号的周期,并定性画出 u_{o1} 和 u_{o2} 的波形图。

5.25 题图 5-23 是用运算放大器构成的音频信号发生器简化线路图,其中 R_{P1} 和 R_{P2} 为双联电位器,阻值变化范围从 0 到 14.4kΩ,在调节过程中保持 $R_{P1}=R_{P2}$。

(1) 试分析此电路是如何满足振荡的相位和幅度条件的?R_3 调到多大方能起振?

(2) 试分析该振荡器频率的调节范围。

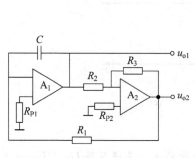

题图 5-22

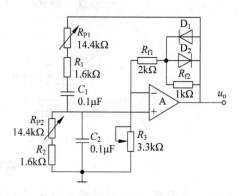

题图 5-23

5.26 题图 5-24 是简易电子琴电路,按下不同的琴键(图示为开关)就可以改变 R_2 的阻值。当 $C_1=C_2=C$,$R_1 \neq R_2$ 时,振荡频率为 $f_0 = \dfrac{1}{2\pi C \sqrt{R_1 R_2}}$,且文氏桥电路的反馈系数为 $F = \left| \dfrac{U_i}{U_o} \right|_{f_0} = \dfrac{1}{2+\dfrac{R_1}{R_2}}$,当 $R_2 \gg R_1$ 时,$F \approx \dfrac{1}{2}$。已知 8 个基本音阶在 C 调时所对应的频率如下表所示。

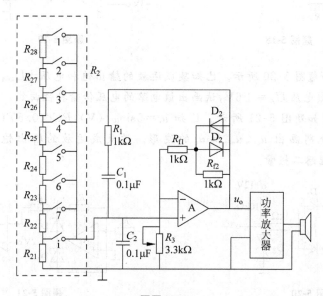

题图 5-24

C调	1	2	3	4	5	6	7	1
f/Hz	264	297	330	352	396	440	495	528

(1) R_3 大致为多少才能起振？

(2) 计算图中电阻 $R_{21} \sim R_{28}$ 的值。

5.27 试定性画出题图 5-25 电路 u_{o1} 和 u_o 的波形图。设 u_{o1} 的峰值电压为 5V，双向稳压管的稳定输出电压 $U_Z = \pm 6\text{V}$，$R = 2\text{k}\Omega$，$C = 0.1\mu\text{F}$，A_1 和 A_2 的输出饱和电压为 $\pm 10\text{V}$。

5.28 题图 5-26 所示的电路为基准电压电路，运放采用单电源供电，在输出端可得到幅值可调的正基准电压。稳压管的稳定输出电压为 6.2V，正向导通压降为 0.7V。

(1) 求输出的表达式；

(2) 求输出电压的调节范围。

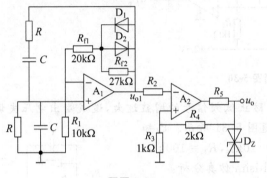
题图 5-25

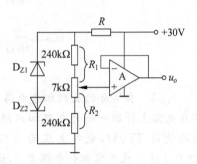
题图 5-26

5.29 题图 5-27 中单电源运放 A 使用的电源为 5V，运放的输出电压范围为 $0 \sim 5\text{V}$。输入信号 u_i 的波形如图 5.27(b) 所示。试对应输入信号 u_i 画出输出信号 u_o 的波形。设运放的初始输出电压为 0V。

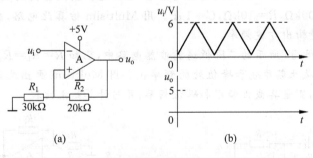

题图 5-27

5.30 题图 5-28 是由单电源运放组成的线性放大电路，电容对于交流信号可视为短路。已知输入电压 $u_i = 10\sqrt{2}\sin 2\pi ft \,(\text{mV})$，$f = 10\text{kHz}$。求输出电压 u_{o1}、u_{o2} 和 u_o。

5.31 题图 5-29 单运放电路中 u_i 是正弦交流信号，电容对于交流信号可以视为短路。求出输出信号 u_o。

5.32 题图 5-30 单运放电路，U_1、U_2 是缓变直流信号，求输出信号 U_o。已知运放处于线性状态。

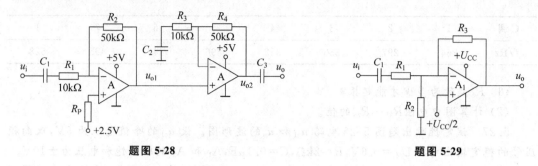

题图 5-28　　　　　　　　　　　　题图 5-29

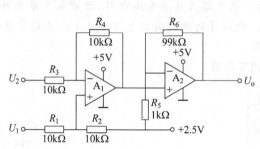

题图 5-30

5.33　在实际的反相积分电路中，为了防止低频信号的增益过大，造成输出电压失调，常在电容上并联一个大电阻加以限制，如题图 5-31 所示。已知运放使用 TL084，电源电压为 $\pm 12\text{V}$，$R_1=10\text{k}\Omega$，$R_2=100\text{k}\Omega$，$C=0.1\mu\text{F}$。设电容初始电压是 0，试用 Multisim 仿真分析：

（1）当 u_i 是频率为 1kHz、电压幅度为 1V、直流偏移量为 0 的方波时，输出电压信号 u_o 的波形；

（2）去掉电阻 R_2，重复（1）过程，并观察与（1）结果的区别，分析原因。

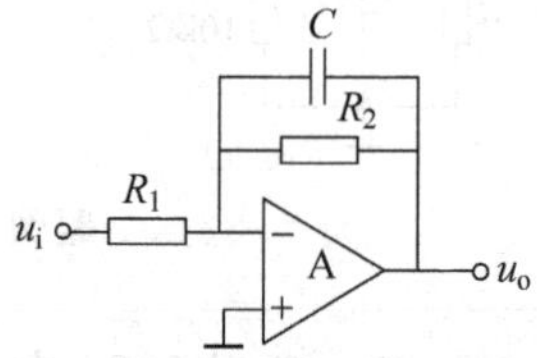

题图 5-31

5.34　在题图 5-32 所示的方波发生电路中，已知运算放大器使用 LM324，电源电压为 $\pm 15\text{V}$，$R_1=R_2=100\text{k}\Omega$，$R=10\text{k}\Omega$，$C=1\mu\text{F}$。用 Multisim 仿真此电路，画出电容电压与输出电压波形，并测量输出方波频率。

5.35　在题图 5-33 所示的二阶低通滤波器电路中，已知 $R=R_f=R_1=10\text{k}\Omega$，$C=1\mu\text{F}$。计算此滤波电路的截止频率 ω_c 和峰值处的频率 ω_p。用 Multisim 画出此电路的幅频特性曲线和相频特性曲线，测量其截止频率和峰值频率，并与计算结果比较。

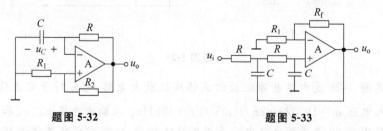

题图 5-32　　　　　　　　　　　题图 5-33

5.36　例 5-8 用 LM324 设计了宽带放大电路。

（1）用 Multisim 仿真验证例 5-8 设计结果，测量放大倍数和带宽；

（2）将电路改成 +5V 单电源供电，仿真验证设计结果，测量放大倍数和带宽。

第 6 章

电　源

电气设备工作时都需要有电源提供电能,设备不同,所要求的供电形式、电压的大小也不同。而电网上直接提供的是电压和频率一定的交流电,因此,为了适合电气设备的使用,必须按照设备要求,尽量高效地将电网提供的交流电变换成需要的形式。本章介绍的内容包括线性直流稳压电源的工作原理、集成稳压电源、可控硅及可控整流电路。

6.1　直流稳压电源

多数电子电路需要有直流电源供电,而电网上直接提供的是交流电,这就需要有专门的设备将交流电转换成稳定的直流电后驱动直流负载工作。图 6-1 是组成直流稳压电源(DC voltage regulator)的基本框图。

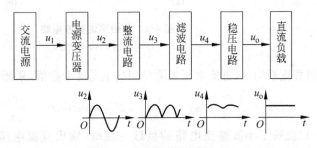

图 6-1　直流稳压电源的组成

电网提供的交流电(220V,50Hz)经过电源变压器降压,得到与直流电源的工作电压数值大小相配合的交流电压,整流电路的作用是将交变的电压转变成单向脉动的直流电压,滤波电路可以将脉动的直流电压进行平滑,保留其中的直流成分,消除交流成分;考虑到电路中可能出现的干扰,特别是电网电压的波动可能造成输出电压的不稳定,电路中还必须增加一级稳压电路,稳压电路基本上可以保证输出电压不受电源波动和负载变化的影响。

对直流电源的要求是：输出电压稳定，纹波小，抗干扰能力好，带负载能力强。

6.1.1 整流和滤波电路

1. 整流电路

整流电路(rectifier)的基本元件为二极管(使用可控硅的可控整流电路将在本章的后续内容里讲解)，其基本原理是利用二极管的单向导电性，二极管仅在流过交流电流的正半个周期处于导通状态，另外半个周期二极管处于截止状态，从而使负载上只得到单一极性的电压。下面我们介绍整流电路的工作原理、参数以及整流输出电压的计算。

1) 单相半波整流电路(half-wave rectifier)

半波整流电路如图 6-2 所示，变压器二次边的输出电压 $u_2 = U_{2m}\sin\omega t$ (V)。根据二极管的单向导电性，在输入信号的前半个周期 $u_2 > 0$，二极管的阳极电位高于阴极电位而处于导通状态，并且二极管的导通电阻很小，可以忽略不计。由此可知，输出到负载上的电压为变压器的二次边电压 $u_o = u_2$；当 $u_2 < 0$ 时，二极管由于处于反向偏置而截止，电路中没有电流流过，则 $u_o = 0$。从而在负载上得到一个单向脉动的电压，如图 6-2(b)所示。由于输出电压只取得了输入电压中一半的波形，即将交流电压转变为单方向脉动的直流电压，所以该电路叫做半波整流电路。

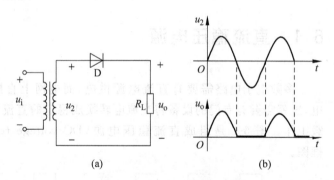

图 6-2 单相半波整流电路
(a) 电路图；(b) 波形图

通常用直流平均值(直流电压表测量到的也是这个数值)来衡量输出电压的大小，如下式：

$$U_o = \frac{1}{2\pi}\int_2^\pi u_2 \mathrm{d}\omega t = \frac{1}{2\pi}\int_2^\pi \sqrt{2}U_2 \sin\omega t \mathrm{d}\omega t = \frac{\sqrt{2}U_2}{\pi} = 0.45 U_2 \tag{6-1}$$

式(6-1)反映了半波整流电路的负载一定时，输出直流电压 U_o 与输入交流有效值 U_2 间的关系。由此可以计算整流平均电流的大小为

$$I_o = \frac{U_o}{R_L} = 0.45 \frac{U_2}{R_L} \tag{6-2}$$

二极管的选择主要根据正向电流和反向电压的大小来确定。在单相半波整流电路中，二极管中通过的电流与负载电流相同($I_D = I_L$)；反向电压的最大值就是整流电路输入电压的最大值 $U_{DRM} = U_{2m}$。因此在选择二极管时，对于最大整流电流的平均值 I_F 和最高反向电压 U_R 可以按照式(6-3)和式(6-4)确定：

$$I_F > I_D = 0.45 \frac{U_2}{R_L} \tag{6-3}$$

$$U_R > U_{DRM} = \sqrt{2}U_2 \tag{6-4}$$

当然，为保证二极管能够长期安全地工作，实际选择二极管时还要适当地留有余地。

2) 单相全波桥式整流电路(bridge rectifier)

单相桥式全波整流电路如图 6-3(a)所示，这种电路是小功率整流电路(输出功率在 200W 以下)中应用比较普遍的一种。

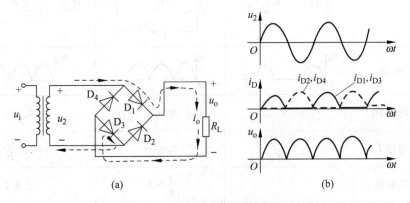

图 6-3 单相桥式全波整流电路
(a) 电路图；(b) 波形图

输入电压 u_2 为正弦信号时，在信号的正半周 $u_2 > 0$，变压器二次边电压的极性如图 6-3(a)所示。由于二极管 D_1 的阳极处在整个电路的最高电位点，D_3 的阴极处在整个电路的最低电位点，可见 D_1、D_3 均处于正偏状态导通；二极管 D_2、D_4 承受反偏电压而截止，电路中电流经过 D_1 和 D_3 流过负载，如图 6-3(a)中虚线所示。若忽略二极管的正向导通压降，则负载上的电压近似为变压器二次边电压 $u_o = u_2$。同理，在信号的负半周 $u_2 < 0$，二极管 D_2、D_4 导通，而 D_1、D_3 截止。此时，负载上的电流(i_D)如图 6-3(b)中虚线所示，输出电压 $u_o = -u_2$。全波整流电路中，负载上得到的电压波形如图 6-3(b)所示。其直流输出电压 U_o 与输入交流电压有效值 U_2 的关系如下：

$$U_o = \frac{1}{2\pi}\int_0^{2\pi} u_2 \, d\omega t = \frac{1}{\pi}\int_0^{\pi} \sqrt{2}U_2 \sin\omega t \, d\omega t = 2\frac{\sqrt{2}U_o}{2} = 0.9U_2 \tag{6-5}$$

平均整流电流为

$$I_o = \frac{U_o}{R_L} = 0.9\frac{U_2}{R_L} \tag{6-6}$$

单相全波整流电路中由于四个二极管轮流工作，两两交替导通，实际上通过二极管的电流是负载电流的一半；二极管反向电压的最大值与单相半波整流电路相同，就是交流电源电压的最大值 $U_{DRM} = U_{2m}$。应根据以下条件选择二极管：

$$I_F > \frac{I_o}{2} = 0.45\frac{U_2}{R_L} \tag{6-7}$$

$$U_R > U_{DRM} = \sqrt{2}U_2 \tag{6-8}$$

另一种全波整流电路是变压器输出带中间抽头的电路，此处不再赘述。现将常用的单相整流电路电压电流的定量关系归纳于表格 6-1 中，以便进行比较表中使用了桥式整流的简化符号。

表 6-1 单相整流电路电压电流的定量关系

类 型	半波整流电路	全波整流电路	桥式整流电路
电路图			
整流电压 u_o 波形			
整流电压平均值 U_o	$0.45U_2$	$0.9U_2$	$0.9U_2$
负载电流平均值 I_o	$0.45\dfrac{U_2}{R_L}$	$0.9\dfrac{U_2}{R_L}$	$0.9\dfrac{U_2}{R_L}$
二极管的平均电流 I_D	I_o	$\dfrac{1}{2}\times I_o$	$\dfrac{1}{2}\times I_o$
二极管最高反压 U_{DRM}	$\sqrt{2}U_2$	$2\times\sqrt{2}U_2$	$\sqrt{2}U_2$

2. 滤波电路

整流电路输出的电压虽然是单一方向的直流电压,但其中除了直流成分外还包含有较多的交流成分,不能直接满足直流负载的要求。接下来必须有滤波电路对脉动的直流量进行平滑,保留直流成分去除交流成分。

滤波电路(filter)主要由电容或电感元件来实现,考虑到这些元件的性质,在滤波电路中常将电容与负载并联,而将电感元件与负载串联。

1) 电容滤波电路

图 6-4 所示为一个包含有桥式整流的电容滤波电路。根据电容电压的储能性质,直接将电容与电阻性负载 R_L 并联。变压器二次边电压 $u_2=U_{2m}\sin\omega t\text{V}$,假设在 t_1 时刻电容电压的初始值为 $U_C(t_1)$,且 $U_C(t_1)<U_C(t_1)$。二极管 D_1 和 D_3 导通(导通时的电阻用 r_D 表示),D_2 和 D_4 截止,电源经过二极管 D_1 和 D_3 向电容 C 充电,充电时间常数为

$$\tau_充 = R_充 C = [(R_1+2r_D)\ //\ R_L]C \tag{6-9}$$

式中 $R_充$ 是变压器二次边线圈电阻 R_2 与二极管 D_1 和 D_3 正向电阻 r_D 的串联电阻。串联后等效电阻的数值很小,可以忽略不计,因此 $R_充\approx 0$、$\tau_充\approx 0$,即充电时间常数近似为零,可见电容充电的时间常数与负载电阻 R_L 的大小无关,电容充电时的波形为图 6-4(b)中 t_1 至 t_2 段。

从 t_2 时刻开始,电源电压 $u_2(t)$ 按正弦规律下降,但电容电压 $u_C(t)$ 不能马上降低,此时变压器二次边电压小于电容电压,即 $u_2<u_C$,使得二极管 D_1 和 D_3 反偏,也变为截止状态。注意,在电源的正半周时间里,$u_2>0$,二极管 D_2 和 D_4 总是处于截止状态,因此这时四只二极管均处于反偏状态,并且反向电阻均很大,相当于电容与电源完全断开,电容 C 只能经过负载电阻 R_L 放电,放电时间常数为

$$\tau_放 = R_放 C = R_L C \tag{6-10}$$

6.1 直流稳压电源

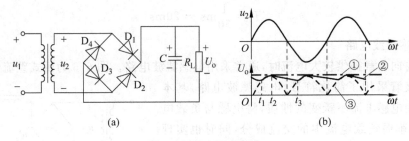

图 6-4 电容滤波电路
(a) 电路图；(b) 波形图

由上式可以看出，当电容参数一定时，放电时间的长短与负载电阻 R_L 的大小成正比。空载时 $R_L \to \infty$，$\tau_放 \to \infty$，电容没有放电通路，输出电压保持 $U_o = U_C = \sqrt{2}U_2$ 不变，输出电压的变化如图 6-4(b) 中曲线①所示；滤波电路工作在有载的情况时，随着负载电阻 R_L 的减小（负载电流 I_o 增加），放电时间常数 $\tau_放 = R_L C$ 减小，电容的放电速度加快，输出电压 U_o 也随之降低，波形为图 6-4(b) 曲线②中的 t_2 至 t_3 段；如果 $R_L \to 0$、$\tau_放 \to 0$，电路的放电时间常数与充电时间常数基本相等，输出电压与输入电压的变化相同，即 $u_o = u_2$，如图 6-4(b) 中曲③线所示，输出的直流电压 $U_o = 0.9U_2$，相当于没有电容滤波作用。

图 6-5 为全波整流电容滤波电路的输出特性，表示负载 R_L 变化时输出电压 U_o 与输出电流 I_o 的关系，空载时电路的输出电压 U_o 比没有电容滤波的电路要高。但是，当负载电流 I_o 增加时（R_L 减小），U_o 减小，输出电压 U_o 随负载变化明显大于没有电容滤波的电路。有电容滤波后电路输出电压适应负载变化的能力降低，即电路的外特性变软。通常，电容滤波电路用于输出电压较高、电流较小、负载变化较小的场合。

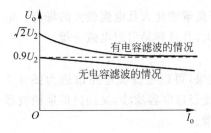

图 6-5 电容滤波电路的输出特性

一般电容滤波电路中输出电压的大小可以根据下面的经验公式来确定：

$$\left. \begin{array}{l} U_o = U_2 \text{（半波整流电路）} \\ U_o = 1.2U_2 \text{（全波整流电路）} \end{array} \right\} \quad (6-11)$$

采用电容滤波时，输出电压的脉动程度与电容器的放电时间常数 $\tau_放$ 有关，$R_L C$ 越大电容放电速度越慢，脉动直流量中的交流成分就越少。为了得到更理想的直流输出电压，一般要求电路参数满足

$$R_L C \geqslant (3 \sim 5)\frac{T}{2} \quad (6-12)$$

式中，T 是交流电源的周期，对于工频电源

$$T = \frac{1}{50}\text{ms} = 20\text{ms}$$

2) 电感滤波电路

当需要向负载提供较大电流时,通常采用电感滤波电路。图 6-6 为桥式整流电路的(四只整流二极管采用了简化符号)电感滤波电路,基本原理是利用电感电流不跃变的性质,将电感与负载电阻R_L串联,削弱负载电流中的交流成分,同时也实现平滑负载电压的目的。

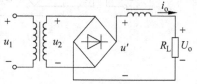

图 6-6 电感滤波电路

为了提高电路的滤波质量,必须保证电路有较大的时间常数,因此在设计上经常采用有铁心的电感,并使其电感量足够大。但是为了分析方便,可暂时忽略铁心电感的非线性性质,并认为电感线圈的电阻可以忽略,在负载上得到的谐波电压可以定量地描述为

$$\dot{U}_\circ = \dot{U}' \frac{R_L}{R_L + j X_L}$$

谐波电压的有效值是

$$U_\circ = U' \frac{R_L}{\sqrt{R_L^2 + X_L^2}} = U' \frac{R_L}{\sqrt{R_L^2 + (2\pi f L)^2}} \tag{6-13}$$

当谐波电压的频率较高时,电感的感抗增加,使得负载上高次谐波电压分量减少。而对于直流分量,电感元件的感抗为零,则 $U_\circ = U'$,使直流电压分量全部送到负载电阻上,这样负载上可以得到比较平滑的电压输出。在理想的情况下,负载上输出直流电压的最大值为 $U_\circ = 0.9 U_2$。

电感滤波电路一般用于负载变化大且电流较大的场合。电感滤波电路的缺点是:由于电感的存在,电路的体积较大,并且容易引起电磁干扰。

3) π型滤波电路

为了进一步改进滤波效果,可以将滤波电路改进为图 6-7 所示的 π 型 RC 滤波电路。在该电路中,整流后的电压先经过电容滤波,又经过低通滤波器进一步去除输出电压中的交流成分,使输出电压更加平滑。

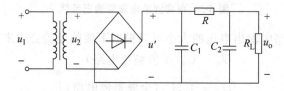

图 6-7 π 型 RC 滤波电路

π 型 RC 滤波电路的缺点是:由于滤波电路中串联了电阻 R,当负载电流加大时(R_L 的数值减小),输出的直流电压下降较多。

为了避免负载上的直流分量下降过多,我们还可以采用 LC 的 π 型滤波电路,用电感元件代替 RC 电路中的串联电阻 R,这是利用电感的交流电抗较大而直流电抗基本为零的特点。但是电感的体积较大,在要求不高或者是输出电流不大的电路中,RC 的复式滤波电路更为常用。

例 6-1 某桥式整流的电容滤波电路如图 6-4 所示,电源电压 $u_1 = 220\sqrt{2}\sin(314t)$V,负载电阻 $R_L = 100\Omega$,要求输出直流电压的平均值是 $U_o = 24$V,试确定变压器的变比 K,并选择二极管 D 和滤波电容 C。

解:该电路属于全波整流的电容滤波电路,变压器的变比 $K = U_1/U_2$。

(1) 已知电源电压 u_1 的有效值为 220V,变压器二次边电压的有效值 U_2。由式(6-11)得

$$U_2 = \frac{U_o}{1.2} = \frac{24}{1.2}\text{V} = 20\text{V}$$

变压器的变比为

$$K = \frac{U_1}{U_2} = \frac{220}{20} = 11$$

(2) 选择二极管主要考虑二极管正向平均电流和反向耐压,根据式(6-7)及式(6-8),所选择的二极管应满足如下条件:

$$I_F > \frac{I_o}{2} = \frac{U_o}{2R_L} = \frac{24}{2\times 100}\text{mA} = 120\text{mA}$$

$$U_R > U_{RM} = \sqrt{2}U_2 = \sqrt{2}\times 20\text{V} = 28.2\text{V}$$

查手册后,选用二极管的型号为 2CP21,它的最大整流电流 $I_F = 300$mA,最高反向耐压 $U_R = 100$V,可以满足电路要求。

(3) 根据公式(6-12),选择的滤波电容应该满足

$$C \geqslant (3\sim 5)\frac{T}{2R_L}$$

即

$$C \geqslant (3\sim 5)\frac{20\times 10^{-3}}{2\times 100}\mu\text{F} = 300\sim 500\mu\text{F}$$

选取电容量为 500μF、耐压为 50V 的电容器即可。

6.1.2 直流稳压电路的工作原理

整流滤波电路虽然滤除了电压中大部分交流分量,在负载上得到了平滑的直流电压,但是输出电压并不稳定。当电网的电压波动或负载电阻变化时,都可能引起输出电压的不稳定。因此,要在输出端得到稳定的直流电压还要在滤波电路后增加一级稳压电路。目前,使用的稳压电路很多,在小功率设备中常用的有稳压管稳压电路、串联型稳压电路和集成稳压电路。

1. 稳压管稳压电路

图 6-8 所示为稳压管稳压电路,其中 U_i 为整流滤波后的直流电压,R 为限流电阻。由于稳压管 D_Z 与负载 R_L 并联,可以直接调整电路的输出电压 U_o,故这种电路又称为并联型直流稳压电源。为保证输出电压稳定,稳压管必须工作在特性曲线的反向击穿区 $I_{Zmin} \sim I_{Zmax}$ 段,I_{Zmin} 是保证稳压管电压稳

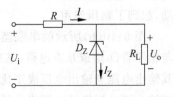

图 6-8 稳压管稳压电路

定的最小电流，I_{Zmax}是允许通过稳压管的最大反向电流。由稳压管的特性曲线可见，在这段区间，当稳压管的电流大幅度变化时，稳压管的电压U_Z基本保持不变。下面讨论并联稳压电路的基本工作原理。

假设电网电压提高，整流电路的输出电压U_i提高，U_o也会有增加的趋势，但是，稳压管直接与负载并联，$U_Z=U_o$，只要U_Z有微小的提高，稳压管的电流I_Z就会有较大的增加，使得电路的总电流I有明显的上升，限流电阻R的电压U_R也会明显上升，从而较多地分担了输入电压U_i的变化量，保证输出电压U_o稳定。另一方面，当R_L减小、负载电流I_o加大时，由于总电流I的提高也会使限流电阻R的电压U_R增加，稳压管的电压U_Z下降，电流I_Z下降，这样就补偿了负载电流I_o的加大，使通过R的电流I基本保持不变，输出电压U_o维持稳定。实际系统中，电网的波动和负载的变化会同时存在，但由于由稳压管并联于负载R_L两端，不管什么原因导致输出电压U_o的不稳定，都会由稳压管的稳压性质保证输出电压稳定。

稳压管稳压电路虽然结构简单，但是带负载能力差，一般用于要求不高的场合，或者是仅为电路提供基准电压而设。

2. 有运算放大器的稳压电路

图6-9是一个带有运算放大器的稳压电路，运算放大器接成了同向比例放大电路，输入电压取自稳压二极管，即$U_+=U_Z$，R_f为电压串联负反馈环节，反馈对电路的影响是使稳压电路的输出电阻减小，输入电阻增加，提高了电路的带负载能力。根据同相比例放大器的放大关系直接写出：

$$U_o = U_Z\left(1+\frac{R_f}{R_1}\right) \quad (6-14)$$

图6-8所示的稳压管稳压电路的输出电压固定，使用中不够灵活。在图6-8有运算放大器的稳压电路中，运算放大器构成的恒压源电路引用了电压负反馈，可以提高输出电压的稳定性。同时，改变运算放大器反馈电阻R_f的数值还可以调整稳压电路的输出电压U_o的大小。

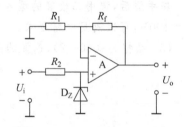

图6-9 有运算放大器的稳压电路

3. 串联型稳压电路

串联型稳压电路的电路框图如图6-10(a)所示。电路中T是大功率调整管，T的发射极接负载，类似于射极输出器的电路结构。T与负载是串联关系，电路通过调整三极管的U_{CE}来调整输出电压，因此称为串联稳压电路。基准电路一般利用稳压管电路产生一个稳定的电压信号，即基准电压，采样电路的反馈信号与输出电压成正比。当输入电压或者是负载变化造成输出电压变化时，输入到比较放大电路的信号（基准电压与采样电路的反馈电压的差值）也相应地反向变化，于是其输出电压也发生反方向变化。这就抑制了输出电压的波动，起到了稳压作用。

图6-10(b)所示的串联型积压电路中，比较放大电路由运算放大电路A组成；电阻R与稳压管D_Z组成基准电路，基准电压为稳压管的稳定电压U_Z；R_1、R_2和R_W组成采样电路，其输出电压与输出电压成正比。基准电压U_Z输入到运放的同相输入端，反馈信号输入到反相输入端。运算放大器将取样电压U_-与基准电压$U_+=U_Z$进行比较，比较结果经运算放大

6.1 直流稳压电源

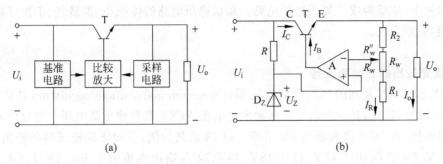

图 6-10 串联型稳压电路

器放大,输出电压直接送到调整管的基极 U_B,调整管 T 靠基极电位变化控制输出电压 U_{CE},改变 U_o 的大小。

串联型稳压电源是利用深度电压负反馈来稳定输出电压的。当电网电压 U_i 升高或者是负载 R_L 增加使输出电压 U_o 升高时,取样电路立即将这一变化趋势反馈到运算放大器的反向输入端使 U_- 升高,该电位与同相输入端的电位 U_Z 比较后使运算放大器的输出电压(调整管的输入电压 U_B)下降,输出电压 U_o 也一定随之降低,稳压过程可以简单地表示如下:

$$U_o \uparrow \to U_- \uparrow \to U_B \downarrow \to I_B \downarrow \to I_C \downarrow \to U_{CE} \uparrow \to U_o \downarrow$$

这一过程保证了在电网电压或负载波动时,输出电压 U_o 基本稳定不变。

稳压电路输出电压 U_o 的可调范围分析如下:
由于

$$U_- = U_+ = U_Z$$

$$U_- = U_o \left(\frac{R_2 + R'_w}{R_1 + R_2 + R_w} \right)$$

可以得

$$U_o = U_Z \left(1 + \frac{R_1 + R''_w}{R_2 + R'_w} \right) \tag{6-15}$$

在图 6-10 中,可变电阻 R_w 的滑动端移动到最左端($R'_w=0$、$R''_w=R_w$),输出电压有最大值 $U_o = U_Z \left(1 + \frac{R_1 + R_w}{R_2} \right)$;而电位器滑动到最右端($R'_w=R_w$、$R''_w=0$),输出电压有最小值 $U_o = U_Z \left(1 + \frac{R_1}{R_2 + R_w} \right)$。

串联型稳压电路调整管工作在线性状态,线性度好,输出电压稳定。但是,由于调整管与负载串联,且工作在线性状态,$U_{CE} = U_i - U_o$,其功耗($P_T = I_o U_{CE}$)比较大。可以利用降低输出电压与输入电压的差($U_i - U_o$)来降低功耗,但同时又会降低电压调整范围。同时为了保护三极管,一般都要在调整管上加散热片,这就增加了电路的体积和重量。功耗高、重量大是串联线性稳压电路的缺点。

6.1.3 集成稳压器件

串联型稳压电路的稳压性能基本满足工程要求,但它使用的外接元件较多,应用上不够方便。通常使用的稳压电路是将取样环节、放大环节、比较环节、调整管以及外接引脚制作在一个芯片上,这就构成了集成稳压电路。集成稳压电路的体积小、重量轻、工作可靠,具有保护功能,应用广泛。

1. 固定输出的三端稳压器

78XX 和 79XX 系列的三端集成稳压器(three-terminal voltage regulator)是目前使用最广的集成稳压器件,其中 78XX 系列输出正电压,79XX 系列输出负电压。型号中的"XX"表示输出电压,如 7805 代表输出 5V 电压。以 78 系列为例,三端集成稳压器的输出电压有 5V、6V、7V、8V、9V、10V、12V、15V、18V、20V、24V,输出电流有 0.5A、1A、1.5A。78XX 系列三端稳压器生产厂家众多,依据生产厂家不同具体型号有:CW78XX、L78XX、LM78XX、μA78XX、MC78XX 等,下面介绍时只以 78XX 泛指 78XX 系列三端稳压器。

78 和 79 系列集成三端集成稳压器采用 T220 封装外形,有三个管脚,其外形如图 6-11(a)所示。78XX 的三个管脚分别是:1 为输入端、2 为公共端、3 为输出端,其电路符号如图 6-11(b)所示。要注意 79XX 系列的三端集成稳压器的管脚的定义不同,三个管脚分别是:1 为公共端、2 为输入端、3 为输出端,其电路符号如图 6-11(c)所示。

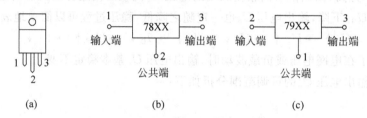

图 6-11 78XX 集成稳压器的外形图和电路符号
(a) T220 封装外形;(b) 78XX 的电路符号;(c) 79XX 的电路符号

1) 主要参数

输出电压 U_o:稳压器可能输出的稳定电压范围。

最小电压差值 $(U_i - U_o)_{min}$:维持集成稳压器正常工作所需要的输入电压 U_i 与输出电压 U_o 之差的最小值。

最高输入电压 U_{iM}:稳压器允许输入电压的最大值。

最高输出电流 I_{oM}:稳压器允许的最大输出电流,当稳压器的输出电流超过 I_{oM} 时电路会因为芯片过热而烧毁。

输出电阻 R_o:稳压器的输出端等效电阻。

2) 典型用法

(1) 固定电压输出

图 6-12 是由 7805 构成的固定输出式集成稳压电路,输出电压就是稳压器的标称输出电压 5V。电路稳压器的公共端接电路的参考点,输入和输出端分别对公共端接一个电容,输入端的电容 C_i 用来抵消输入端长线的电感效应,防止产生自激干扰;输出端电容 C_o 是为了防止负载波动产生干扰,造成输出电压 U_o 波动;跨接在输入和输出端的二极管 D 是保护电路。如果电容 C_o 的数值较大且输出电压 U_o 较高,将会在

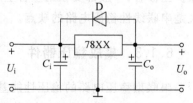

图 6-12 固定输出式稳压电路

输出电容C_o中储存较大的能量。一旦输入短路,或者输入电压过低,C_o的电场能量就会经过稳压器释放,造成芯片损坏;接上保护用的二极管 D 以后,C_o的能量可以经过二极管释放,从而保护集成稳压器不致损坏。

(2)正负电压输出

把79XX系列的集成三端稳压器与78XX系列的配合使用,可以输出正负电压的双电源。图 6-13 是由 7805 和 7905 配合构成的正负电压输出的电路。电路中只用了一组整流滤波电路,有一个公共电位参考点,两路输出电压分别由 7805 和 7905 提供。

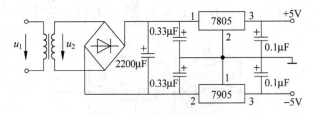

图 6-13　正负电源输出电路

3)扩展用法

(1)提高输出电压的电路

当需要的电压高于集成稳压器标称的输出电压时,可以采用图 6-14 所示的提高输出电压的电路。电阻 R 两端电压U'_o为集成稳压器的标称输出电压,稳压电路的输出电压为

$$U_o = U_Z + U'_o \tag{6-16}$$

(2)输出电压可调的电路

当需要调整输出电压时,可以采用图 6-15 所示的输出电压可调的电路。图中电阻R_1、R_2 和R_w为取样电路,运算放大器接成了电压跟随电路,可以认为R_1 与R'_w上的电压U'_o为 78XX 输出电压,稳压电路的输出电压为

$$U_o = U'_o \frac{R_1 + R_w + R_2}{R_1 + R_w} \tag{6-17}$$

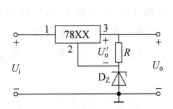 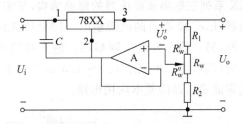

图 6-14　提高输出电压的电路　　　　图 6-15　输出电压可调的电路

当电位器调到最上端时,$R'_w = 0$,$R''_w = R_w$,输出电压为 $U_o = U'_o \dfrac{R_1 + R_w + R_2}{R_1}$,稳压器输出电压最大;当电位器调到最下端时,$R'_w = R_w$,输出电压最小,数值为 $U_o = U'_o \dfrac{R_1 + R_w + R_2}{R_1 + R_w}$。

（3）输出电流扩展的电路

三端集成稳压器可以通过外接功率晶体管的方法来扩展输出电流，如图 6-16 所示，在电路的输入输出端之间接了一个 PNP 晶体管，电路工作时晶体管的发射结压降 U_{BE} 与二极管 D 正向压降 U_D 相等，电阻 R_E 的电压与 R_D 的电压也相等，$I_E R_E = I_D R_D$。在忽略晶体管的基极电流时，集电极的电流 $I_C \approx I_E = I_D \dfrac{R_D}{R_E}$；又因为集成稳压器公共端电流很小，近似认为稳压器的输出电流 $I_2 = I_1 = I_D$。因此

$$I_L = I_2 + I_C = I_D + I_D \dfrac{R_D}{R_E} = I_D \left(1 + \dfrac{R_D}{R_E}\right)$$

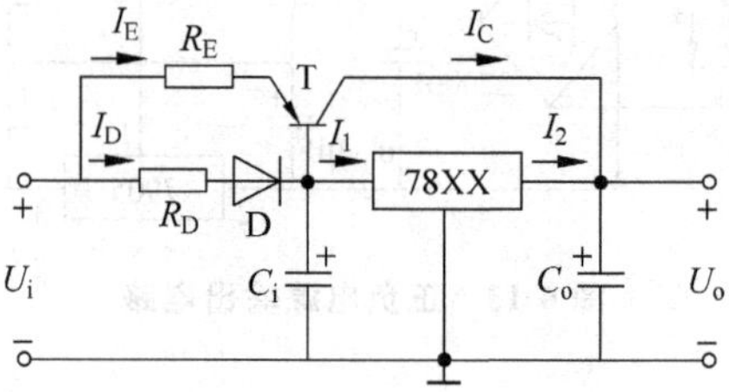

图 6-16　输出电流扩展电路

稳压电路输出电流与集成稳压器的输入电流关系为

$$I_o = I_1 \left(1 + \dfrac{R_D}{R_E}\right) \tag{6-18}$$

可知只要适当选择电阻 R_E 和 R_D 的数值就可以获得较大的输出电流。

如选用 CW7805M 集成稳压器，允许过的电流是 0.5A，选择电阻 $R_E = 1\Omega$ 和 $R_D = 2\Omega$，$I_o = I_1 \left(1 + \dfrac{R_D}{R_E}\right) = I_1 \left(1 + \dfrac{2}{1}\right) = 3 I_1$，稳压电路电流扩展为 1.5A。

2. 输出可调的三端稳压器

LM317、LM337 是三端可调集成稳压器，其封装与 78XX 系列稳压器相同。它既保持了 78XX 系列三端集成稳压器的简单结构，又实现了输出可调。LM317 是正电源输出的直流稳压器，LM337 有负的电源输出。LM317、LM337 三个端子中除了输入端和输出端的两个端子外，另一端作为电压调整端。输入和输出电压的极限值是 40V，输出电压在 1.2～35V 连续可调，输出电流是 0.5～1.5A，负载工作时最小电流为 5mA。图 6-17 是 LM317 可调式集成稳压器的基本应用电路。

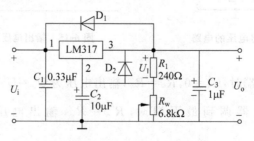

图 6-17　LM317 的基本应用电路

二极管 D_1 和 D_2 起保护作用,用来防止输入或输出短路时由于电容放电而损坏集成稳压器。图中电阻 R_1 与可变电阻 R_2(6.8kΩ)中的电流相同,R_1 两端的电压为 1.25V,调节可变电阻 R_2 就可以在输出端得到 1.25～35V 连续变化的输出电压。

6.1.4 直流稳压电源的指标参数

直流稳压电源的主要参数包括输出电压、输出电流、电源调整率、负载调整率、纹波等。其中输出电压、输出电流必须根据负载的大小选择,电源调整率、负载调整率、纹波等参数由电路的品质决定,标志着电路的滤波和稳压效果。

1. 电源调整率(源效应)

电源调整率(line regulation)指的是当输入电压产生变化时,输出端电压的相对变化,即

$$RE_{\text{Line}} = \frac{\Delta U_\text{o}}{\Delta U_\text{i}} \tag{6-19}$$

式中,ΔU_o 是由于输入电源电压的变化 ΔU_i 所引起的输出电压的变化量。

2. 负载调整率(负载效应)

负载调整率(load regulation)是指输出电流从最小值到最大值变化时,输出电压的相对变化,即

$$RE_{\text{Load}} = \frac{\Delta U_\text{o}}{U_\text{o}} \tag{6-20}$$

式中,U_o 是输出标称输出稳定电压;ΔU_o 是输出电流从最小变化到最大时,输出电压的变化量。

3. 纹波系数

由于直流稳压电源的前级采用了整流滤波电路,因此不可避免地在输出直流电压中含有交流成分,这种叠加在直流输出电压之上的交流分量就称之为纹波。因此。输出直流电压是有微小脉动的电压。纹波系数定义为:输出的直流电压中,脉动量峰值与谷值之差的一半,与直流输出电压的平均值之比。

6.2 晶闸管及其应用

6.2.1 晶闸管

晶闸管也称可控硅整流器(silicon controlled rectifier,SCR),是在电源和电力电子电路中广泛应用的器件。由于其开通时刻可以控制,而且各方面性能都优于以前的汞弧整流器,因而受到普遍的欢迎。晶闸管的出现开辟了利用半导体器件进行电能量处理的新时代,产生了电力电子技术(power electronics)这个新兴研究领域。

1. 晶闸管的结构和工作原理

晶闸管是三端四层半导体开关器件,共有三个 PN 结,即 J_1、J_2 和 J_3,如图 6-17(a)所示;其电路符号为图 6-18(b),A 为阳极(anode),K 为阴极(cathode),G 为门极(gate)或控制极。晶闸管从外形上看,可分为螺栓形(额定电流 $I_F < 200A$)和平面形两种($I_F \geq 200A$)。螺栓形晶闸管如图 6-18(c)所示,螺栓是其阳极,与散热器紧密联接,粗辫子线是阴极,细辫子线是控制极。平面形晶闸管如图 6-17(d)所示,其两个平面分别是阳极和阴极,而细辫子线是控制极,使用时两个互相绝缘的散热器把晶闸管紧紧地夹在一起。

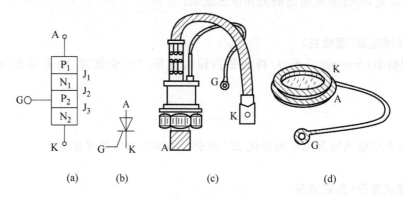

图 6-18 晶闸管的结构、符号及外形
(a) 内部结构;(b) 符号;(c) 螺栓型;(d) 平面型

当晶闸管的阳极与阴极间加正向电压(阳极接外加电压正极,阴极接外加电压负极),会使 J_1、J_3 结处于正向偏置状态,而 J_2 结处于反向偏置状态,在晶闸管中只有很小的漏电流流过,此时晶闸管处于正向阻断状态。当晶闸管的阳极与阴极间加反向电压(阴极接外加电压正极,阳极接外加电压负极),会使 J_2 结处于正向偏置状态,而 J_1、J_3 结处于反向偏置状态,晶闸管中也只有很小的漏电流流过,此时晶闸管处于反向阻断状态。可见单纯在阳极和阴极之间施加外电压,无论是正向电压还是反向电压晶闸管中都没有电流流过,处于阻断状态。

定性分析时可以把晶闸管看成两个三极管 $T_1(P_1 N_2 P_1)$ 和 $T_2(N_2 P_2 N_2)$ 互连构成,如图 6-19(a)所示,其等值电路可表示成图 6-19(b)中虚线框内的两个三极管 T_1 和 T_2。其中一个三极管的基极同时又是另一个三极管的集电极。这种结构形成了内部的正反馈关系。在晶闸管加上正向电压时,如果在门极加上足够的正向电压,则有电流流入 T_2 的基极,使 T_2 导通。当 T_2 导通后,其集电极电流流入 T_1 的基极,并使 T_1 也导通,从而加大 T_2 的基极电流。如此往复循环,形成强烈的正反馈过程,使两个三极管都饱和导通,结果是晶闸管迅速由阻断状态转变为导通状态。这一过程可用如下反馈过程说明:

$$i_G \longrightarrow i_{B2}\uparrow \longrightarrow i_{C2}\uparrow(i_{B1}\uparrow) \longrightarrow i_{C1}\uparrow$$

当晶闸管导通后,通过晶闸管的电流仅取决于主回路负载和外加电源电压,此时,即使去掉触发信号($I_G = 0$),晶闸管仍能保持原来的阳极电流而继续导通。可见,晶闸管是一种只能控制其导通而不能控制其关断的半控型器件。为了关断晶闸管,只有通过减小阳极电

6.2 晶闸管及其应用

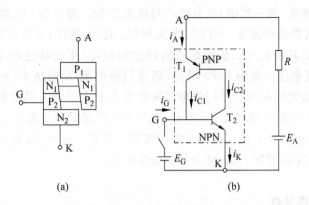

图 6-19 晶闸管的双晶体管等效模型与工作原理
(a) 双晶体管模型；(b) 工作原理

压至零或使其反向，以便使阳极电流降低到小于能维持正反馈的维持电流以下，晶闸管才能重新恢复阻断状态。关断后流过晶闸管的漏电流很小。

2. 晶闸管的静态特性

可简单将晶闸管的工作特性总结如下。

（1）当晶闸管承受反向电压时，无论门极是否加触发信号，晶闸管都不会导通；当晶闸管承受正向电压时，仅在门极有触发电流的情况下导通。换言之，欲使晶闸管导通须具备两个条件：一是应在晶闸管阳极和阴极之间加上正向电压；二是应在晶闸管的门极与阴极之间也加上正向电压和电流。

（2）晶闸管一旦导通，门极即失去控制作用，不论门极触发电流是否存在，晶闸管都保持导通，故晶闸管为半控型器件。

（3）为使处于导通状态的晶闸管关断，必须使其阳极电流减小到维持电流以下，这只有通过外电路的作用使阳极电压减小到零或者反向的方法才能实现。

如图 6-20 所示是阳极与阴极之间的电压 U_{AK} 与阳极电流 I_A 之间的关系曲线，称为晶闸管的伏安特性曲线。

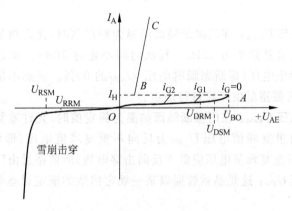

图 6-20 晶闸管的伏安特性（$i_{G2} > i_{G1} > i_G$）

晶闸管的正向特性(第一象限)又有断态与通态之分。图中的 OA 段,当 $I_G=0$ 时,U_{AK} 增大但 I_A 很小,晶闸管处于断态。当 U_{AK} 增大到 U_{BO} 时,I_A 剧增,正向压降变小,晶闸管由断态变为通态。导通后其特性与二极管的正向特性相似,工作在特性曲线的 BC 段。U_{BO} 为 $I_G=0$ 时的正向转折电压。由图 6-20 可见,随着门极电流 I_G 的增大,正向转折电压下降。因此,正常使用时,必须给晶闸管的门极加触发电流 I_G 使其导通。晶闸管的反向特性(第三象限)与二极管的反向特性曲线相似,当 $U_{AK}<0$ 时,反向漏电流极小,晶闸管处于阻断状态,因此晶闸管具有单向导电性。当反向电压加到一定值 $U_{AK}=U_{BR}$ 后,反向漏电流急剧增大,使晶闸管反向击穿而损坏。U_{BR} 称为反向击穿电压。

3. 晶闸管的动态特性

晶闸管的动态特性是指晶闸管在外加正向电压时受门极信号作用而开通的开通过程,和对已经导通的晶闸管,外电路所加电压在某一时刻突然由正向变为反向的关断过程。

开通过程:由于晶闸管内部的正反馈过程需要时间,再加上外电路电感的限制,晶闸管在受到触发后,其阳极电流的增长不可能是瞬时的。开通时间不仅受外电路电感的影响,而且受门极电流大小的影响(随门极电流的增大而减小);同时,提高阳极电压可加速内部正反馈过程从而显著缩短开通时间。

关断过程:当外加电压突然由正变为反向时,由于外电路电感的存在,原处于导通状态的晶闸管其阳极电流在衰减时必然也有过渡过程。阳极电流将逐步减小到零,然后,同电力二极管的关断过程相似,必须经过一定的反向恢复时间才能使晶闸管恢复阻断状态。在反向恢复过程结束后,由于载流子复合过程比较慢,晶闸管要恢复对正向电压的阻断能力还需要一段时间,如果在正向阻断恢复时间内重新对晶闸管施加正向电压,晶闸管会重新导通。所以,在实际应用中,应对晶闸管施加足够长时间的反向电压,使晶闸管充分恢复其对正向电压的阻断能力,从而保证电路可靠工作。普通晶闸管的恢复时间大约为几百微秒。

由此可见,晶闸管的开通由触发脉冲主动控制,而其关断只能由外电路控制,因此称为半可控器件。

4. 晶闸管的主要参数

1) 额定电压

断态重复峰值电压 U_{DRM}:在门极断路而结温为额定值时,允许重复加在器件上的正向峰值电压。国标规定重复频率为 50Hz。每次时间不超过 10ms。规定断态重复峰值电压 U_{DRM} 为断态不重复峰值电压(即断态瞬时电压)U_{RSM} 的 90%。断态不重复峰值电压应低于正向转折电压 U_{BO},所留裕量由厂家自行规定。

反向重复峰值电压 U_{RRM}:在门极断路而结温为额定值时,允许重复加在器件上的反向峰值电压。规定反向重复峰值电压 U_{RRM} 为反向不重复峰值电压(即反向最大瞬时电压)U_{RSM} 的 90%。反向不重复峰值电压应低于反向击穿电压,所留裕量由厂家自行规定。

通态(峰值)电压 U_{TM}:这是晶闸管通以某一规定倍数的额定通态平均电流时的瞬态峰值电压。

通常取 U_{DRM} 和 U_{RRM} 中较小的一个作为晶闸管的额定电压。选用时,一般取额定电压为晶闸管正常工作时所承受的峰值电压的 2~3 倍。

2) 额定电流

通态平均电流 $I_{T(AV)}$：国标规定通态平均电流为晶闸管在环境温度为 40℃ 和规定的冷却状态下，电阻负载、导通角 $\theta > 170°$ 的正弦半波电流时，稳定结温不超过额定结温时所允许流过的最大正向电流平均值。同电力二极管一样，这个参数也是按照正向电流造成的器件本身的通态损耗的发热效应来定义的，在使用时，应按照实际电流与通态平均电流所造成的热效应相等来选取，并留有一定的裕量。一般取其通态平均电流为按此原则所得的计算电流的 1.5~2 倍。

维持电流 I_H：使晶闸管维持导通所需要的最小电流，一般为几十毫安。I_H 与结温有关，结温越高，I_H 越小。

擎住电流 I_L：晶闸管刚从断态转为通态，并且移除触发信号后，能维持导通所需要的最小电流。对同一晶闸管，通常 $I_L = (2\sim4)I_H$。

浪涌电流 I_{TSM}：由于电路异常情况引起的使结温超过额定值的不重复最大过载电流。该电流有上、下两个级。可作为设计保护电路的依据。

3) 动态参数

除开通时间 t_{gt} 和关断时间 t_q 外，还有：

断态电压临界上升率 $\dfrac{du}{dt}$：在额定结温和门极开路情况下，不导致晶闸管从断态转换为通态的外加电压最大上升率。

通态电流临界上升率 $\dfrac{di}{dt}$：在规定条件下，晶闸管能承受而无有害影响的最大通态电流上升率。如果电流上升太快，则晶闸管刚一开通，便会有很大的电流集中在门极附近的小区域内，从而造成局部过热而使器件损坏。

KP20 型晶闸的参数为：$U_{DRM} = U_{RRM} = 300V$，$I_{T(AV)} = 20A$；KP30 型晶闸管的参数为：$U_{DRM} = U_{RRM} = 400V$，$I_{T(AV)} = 30A$。

5. 晶闸管的派生器件

1) 快速晶闸管(fast switching thyristor, FST)

快速晶闸管包括所有专为快速应用而设计的晶闸管，有常规的快速晶闸管和工作在更高频率的高频晶闸管，可分别应用于 400Hz 和 10kHz 以上的斩波和逆变电路中。

2) 双向晶闸管(triode AC switch, TRIAC 或 bidirectional triode thyristor)

双向晶闸管可以认为是一对反并联的普通晶闸管的集成，其电器符号和伏安特性如图 6-21 所示。由于双向晶闸管通常用在交流电路中，所以不用平均值而用有效值来表示其额定电流值。

3) 光控晶闸管(light triggered thyristor, LTT)

光控晶闸管又称为光触发晶闸管，是利用一定波长的光照信号触发导通的晶闸管，其电器符号和伏安特性如图 6-22 所示。由于采用光触发保证了主电路与控制电路之间的绝缘，而且可以避免电磁干扰等影响，因此光控晶闸管目前在大功率的场合占据重要地位。

6.2.2 晶闸管可控整流电路

1. 变流电路的分类

电力电子电路的基本功能就是使交流电能(AC)与直流电能(DC)互相转换，也称为变

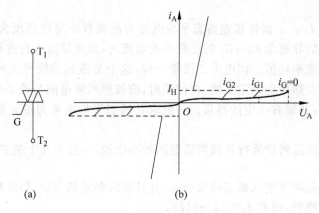

图 6-21 双向晶闸管的符号和伏安特性
(a) 符号；(b) 伏安特性

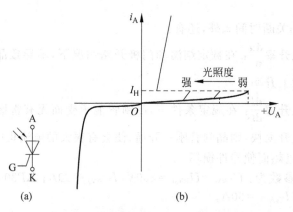

图 6-22 光控晶闸管的符号和伏安特性
(a) 符号；(b) 伏安特性

流,相应的电路称为变流电路。变流的基本转换形式有四种,如图 6-23 所示。

1) 整流电路

由交流电能到直流电能的变换称为整流(或称为 AC/DC 变换)。实现这种变换的电路称为整流电路。在前面的内容中我们介绍过用整流二极管可组成整流电路,这种整流电路中二极管的导通角度是不可控的,称为不可控整流。用晶闸管或其他全控器件可组成可控整流电路。以往使用较普遍的可控整流电路是由普通晶闸管组成的相控整流电路。整流电路应用极为普遍,大到直流输电,小到家用电器。

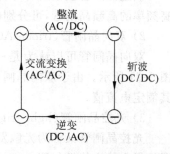

图 6-23 电力电子电路的分类

2) 逆变电路

由直流电能到交流电能的变换称为逆变(或称为 DC/AC 变换)。实现这一变换的电路称为逆变电路。逆变电路不但能使直流变成电压可调的交流,而且其输出频率也可以连续调整。

6.2 晶闸管及其应用

3) 直流变换电路

将一种直流电压变成另一种幅值或极性不同的直流电压的变换称为直流变换(或称 DC/DC 变换)。由于通常用斩波方式实现这种变换,所以也称其为斩波电路。

4) 交流变换电路

能使交流电压或频率改变的变换称为交流变换(或称为 AC/AC 变换),实现这种变换的电路通常用交流调压或周波变换电路。前者主要用于功率较小的交流调压设备,后者则用于兆瓦级大型电动机的调速系统。

以上四种类型的电力电子电路广泛应用于从发电厂设备至家用电器的所有电气工程领域,例如发电厂的贮能发电设备以及直流输电系统、动态无功补偿、机车牵引、各类电机传动、不停电电源、汽车电子化、开关电源、中高频感应加热设备和电视、通信、办公自动化设备等。限于篇幅,本书只介绍晶闸管可控整流电路。

2. 单相桥式全控整流电路

二极管可用作交流转换为直流的整流电路,但这类整流电路的特点是需要输入变压器将电源电压的幅值转换成为满足整流需要的交流电压,一旦变压器变比固定,则输出的直流电压也固定,由于输出直流电压不能控制,也称其为不可控整流电路。如果需要调节直流输出电压的大小,只能更换变压器或者调节变压器变比。若将整流电路中的大功率二极管换成晶闸管,就可以利用控制触发脉冲的延迟来控制输出电压的平均值,因此其整流后的输出电压是可控的,故称为可控整流电路。晶闸管可控整流电路的工作与其负载有关,这里讨论纯电阻负载和电感负载两种情况。

1) 电阻负载

电阻负载单相桥式可控整流电路的主电路通常如图 6-24 所示,这个电路的一个特点是只使用两只晶闸管,习惯称为半控桥。晶闸管 T_1 控制电压 u_2 正半周的导通时间,T_2 控制负半周的导通时间。图 6-24(a) 的另一个特点是两只晶闸管的阴极接在一起,因而触发电压 u_{GK} 可由一个触发源提供。当触发电压 u_{GK} 到来时,在电压 u_2 的正半周 T_1 管受控导通,这时虽然 T_2 管也有触发电压,但 T_2 管上作用的是反向电压,故不会导通。在 u_2 进入负半周后,当触发电压 u_{GK} 到来时,T_2 管导通而 T_1 管不导通。电路的波形如图 6-24(b) 所示。

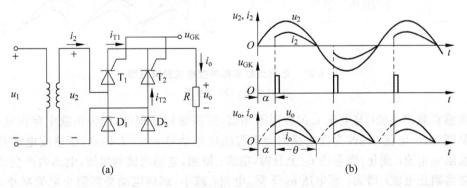

图 6-24 单相桥式全控整流电路及其波形
(a) 电路;(b) 波形图

由图 6-24(b)所示的波形可看出：输出电压 u_o 波形的形状及电压的平均值，由晶闸管触发信号 u_{GK} 出现的时刻决定，即由图 6-24(b)中的电角度 α 的大小决定，因此，称 α 为控制角。若忽略晶闸管导通后的管压降，即认为导通后 $U_T \approx 0$，可控整流电路电压的平均值 $U_{o(AV)}$ 与 α 的关系为

$$U_{o(AV)} = \frac{1}{\pi} \int_\alpha^\pi \sqrt{2} U_2 \sin\omega t \, d\omega t = 0.9 U_2 \frac{1+\cos\alpha}{2} \tag{6-21}$$

由式(6-21)可见，改变控制角 α 即可调节输出电压的平均值。晶闸管 T 的导通时间所对应的电角度 θ，称为导通角。在图 6-23 电路中，θ 与 α 的关系为

$$\theta = 180° - \alpha \tag{6-22}$$

由图 6-24(a)所示的电路可知，负载是电阻 R 的情况下整流电路的输出电流 i_o 的波形将与 u_o 相似，整流电流的平均值为

$$I_{o(AV)} = \frac{U_{o(AV)}}{R} \tag{6-23}$$

单相桥式可控整流电路，每只晶闸管只在半个周期内导通，因此，通过每只晶闸管的电流平均值 $I_{T(AV)}$ 应当是输出电流 $I_{o(AV)}$ 的一半，即 $I_{T(AV)} = \dfrac{I_{o(AV)}}{2}$。该电路晶闸管上承受的正、反向电压的最大值为交流电压 u_2 的最大值 U_{2m}。

2）电感负载

电动机、继电器线圈、发电机的励磁绕组等均可视为电阻与电感串联的负载，称为电感负载。当可控整流电路向电感负载供电时，如图 6-25 所示，由于负载电路存在电感，晶闸管导通后电流不能发生跃变，致使整流输出电流 i_o 的波形与电压 u_o 波形不相似，如图 6-25(b)所示。

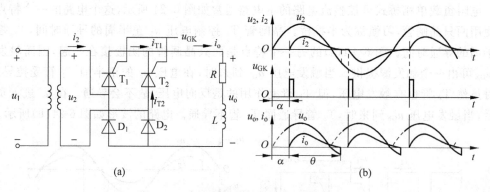

图 6-25 电感负载单相半控桥式整流电路
(a) 电路；(b) 波形图

电感负载的电流 i_o 与电压 u_o 的波形不相似，原因很容易理解，因为负载中存在电感，电感是储能元件，电流 i_o 的改变在电感内会引起感应电动势 $e = -L di/dt$，而感应电动势的出现将会阻止电流 i_o 变化，当电压 u_2 上升时，电流 i_o 增加，电感内储能增加，电感内产生的感应电动势将阻止电流 i_o 增加；而电压 u_2 下降，电流 i_o 减小，感应电动势将阻止电流减小，即 u_2 下降后电动势将阻止电流下降，当电压 u_2 降至零时，若此时电感内储能没有释放完，电感内感应电动势不为零，将继续维持电流 i_o 存在，至电压 u_2 变为负值后仍可维持晶闸管导通。只有当电感内的储能释放至零，电流 i_o 为零时，导电的晶闸管才会关断。

电感负载可控整流电路,在交流电压 u_2 进入负半周后,仍能维持一段导电时间,负载的电感量越大,晶闸管在负半周内导电的时间也就会越长,整流电压 u_o 出现负值的时间也就越长,这就使整流输出电压的平均值 $U_{o(AV)}$ 下降,电流 $I_{o(AV)}$ 减小,并使 $U_{o(AV)}$ 与控制角 θ 不能保持确定关系。为了使输出电压 u_o 不出现负电压,就必须在 u_o 降低到零时为电感的储能提供一个释放储能的电路,为此,在电感负载可控整流电路的负载上并联有一个二极管 D,如图 6-26(a)所示。并联的这个二极管称为续流二极管,其作用是在电压 u_2 的每半个周期中降低到零后,电感内产生的感应电动势 e 将使电流 i_o 通过负载及二极管 D 构成的回路流通,当电流 i_o 在续流二极管内流通时,晶闸管电压 U_T 为负,使电压 u_2 为零时晶闸管能够立即关断,整流电压 u_o 不再出现负值,从而保证了整流输出电压 $U_{o(AV)}$ 受控制角 θ 控制。

电感负载可控整流电路接入续流二极管后,该电路的输出电压 u_o 的波形如图 6-26(b)所示,在这种情况下该电路的输出电压平均值与控制角 θ 的关系由式(6-21)决定,但由于负载性质不同,其电流 i_o 的波形与电阻性负载不同,如果负载的电感量较大,在电压 u_2 过零时晶闸管关断后,电流 i_o 通过二极管 D 续流时间就会比较长,其时间的长短与负载的时间常数 $\tau = L/R$ 有关,若时间常数很大,续流时间可能延续到晶闸管再次开通时,如图 6-26(b)所示,在晶闸管导通时 $i_o = i_T$,晶闸管关断时 $i_T = 0$、$i_D = i_o$。

若负载的电感量较大,由于电感对电流的抑制作用,电流 i_o 变化不大,为计算方便,通常在 $\omega L \gg R$ 的条件下,认为电流 i_o 没有波动,为一恒定值,即 $i_o = I_{o(AV)}$,如图 6-26(c)所示。这

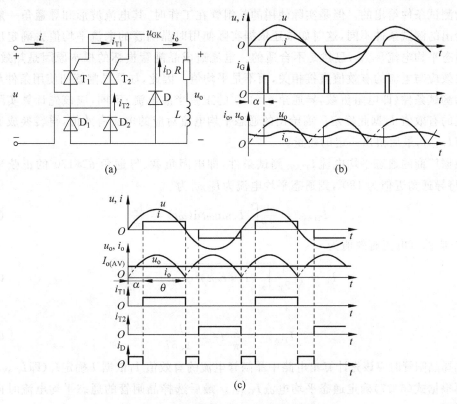

图 6-26　电感负载单相桥式整流电路及波形
(a)电路；(b)电压、电流波形；(c)大电感下电流波形(理想化)

种情况下，晶闸管不导电时通过续流二极管 D 保持电流 i_o 连续。在 $\omega L \gg R$ 条件下，电流 i_o、i_T、i_D 及电源提供的电流 i 的波形如图 6-26(c)所示。其电压波形与电阻负载时相同，u_o 的平均值计算可通过式(6-21)求出，负载电流 i_o 的平均值为 $I_{o(AV)} = \dfrac{U_{o(AV)}}{R}$，有效值为 $I_o = I_{o(AV)}$。晶闸管电流 i_{T1}、i_{T2} 的有效值为

$$I = \sqrt{\frac{1}{2\pi}\int_\alpha^\pi (I_{o(AV)})^2 \mathrm{d}(\omega t)} = \sqrt{\frac{\theta}{360°}} I_{o(AV)} \tag{6-24}$$

当晶闸管阻断时，其 U_{DRR} 和 U_{RRM} 均为电压 u_2 的最大值，即 $U_{DRR} = U_{RRM} = U_{2m}$。

如果负载需要的功率较大，比如超过 10kW，应采用三相可控整流，限于篇幅，有关三相整流电路本书不作介绍。

3) 晶闸管参数的计算

可控整流电路的计算包括很多内容，这里仅就晶闸管的参数计算进行一些讨论。可控整流电路中的晶闸管要确定的参数有：通态平均电流 $I_{T(AV)}$ 和断态重复正、反峰值电压 U_{DRR} 和 U_{RRM} 的值。

断态重复正、反峰值电压，可以根据整流的交流电压 u_2 的幅值 U_{2m} 计算。在断态下，晶闸管承受的正、反向的最大电压就是 U_{2m}。为保证安全，一般取 $U_{DRR} = U_{RRM} = (1.5 \sim 2)U_{2m}$。

厂家给出的晶闸管通态平均电流是按照电阻负载、导通角 $\theta > 170°$ 的正弦半波电流平均电流的测试条件给出的。但是实际使用的晶闸管在工作时，其电流波形和导通角一般会与厂方给出的测试条件不同，这时如果还依据实际使用时晶闸管的电流平均值去确定厂家给出的通态平均电流 $I_{T(AV)}$，显然是不合适的。电流造成晶闸管损坏的根本原因是热效应，电流的热效应与电流的有效值直接相关，而不是平均值。因此，如果晶闸管的使用条件与厂商给出的测试条件(即电阻负载，导通角 $\theta > 170°$ 的正弦半波电流)不同，应该先计算实际使用时电流的有效值 I，据此确定厂商给出的通态平均电流对应的电流有效值，再转换成通态平均电流 $I_{T(AV)}$，最后留出一定的裕量。

根据厂商的通态平均电流 $I_{T(AV)}$ 测试条件，即电阻负载、导通角 $\theta > 170°$ 的正弦半波电流，并将导通角近似为 $180°$，则通态平均电流为 $I_{T(AV)}$ 为

$$I_{T(AV)} = \frac{1}{2\pi}\int_0^\pi I_m \sin\omega t \, \mathrm{d}(\omega t) = \frac{I_m}{\pi} \tag{6-25}$$

$I_{T(AV)}$ 对应的有电流有效值为

$$I_T = \sqrt{\frac{1}{2\pi}\int_0^\pi (I_m \sin\omega t)^2 \mathrm{d}(\omega t)} = \frac{I_m}{2} \tag{6-26}$$

因此

$$I_{T(AV)} = \frac{2}{\pi} I_T = \frac{I_T}{1.57} \tag{6-27}$$

选择晶闸管时应该先计算出电路中晶闸管电流的有效值 I，依据 I 确定 I_T(即 $I_{T(AV)} = I$)，然后再根据式(6-27)确定通态平均电流 $I_{T(AV)}$。最后选择晶闸管的通态平均电流时再留出裕量即可。

单相半波电阻负载时，控制角为 α 时电流有效值与平均值之比称为波形系数，用 K 表示，即

6.2 晶闸管及其应用

$$K = \frac{\text{有效值}}{\text{平均值}} = \frac{\sqrt{\dfrac{1}{2\pi}\int_{\alpha}^{\pi}(I_\text{m}\sin\omega t)^2\mathrm{d}(\omega t)}}{\sqrt{\dfrac{1}{2\pi}\int_{\alpha}^{\pi}I_\text{m}\sin\omega t\,\mathrm{d}(\omega t)}} \tag{6-28}$$

由此计算出单相半波电阻负载时,$\alpha=0°$、$30°$、$60°$、$90°$、$120°$、$150°$时的波形系数见表 6-2 所示。

表 6-2 单相半波电阻负载时波形系数 K 与控制角 α 的关系

控制较 $\alpha/(°)$	0	30	60	90	120	150
波形系数	1.57	1.66	1.88	2.22	2.78	3.99

例 6-2 晶闸管全波整流电路中,负载是 $R=4\Omega$ 的纯电阻。
(1) 若要求 $\alpha=90°$,整流电压为 $U_\text{o(AV)}=40\text{V}$,求交流电压 u_2 的有效值;
(2) 选择晶闸管;
(3) 当 $\alpha=30°$、$60°$、$120°$时,求整流电压 $U_\text{o(AV)}$。

解:(1) 根据式 6-21 可知

$$U_2 = \frac{2U_\text{o(AV)}}{0.9(1+\cos\alpha)} = \frac{2\times 40}{0.9(1-0)}\text{V} \approx 89\text{V}$$

考虑到晶闸管、二极管的导通压降,应将计算出的 U_2 增大一些,取 $U_\text{T}+U_\text{D}=2\text{V}$,应该取 $U_2=89\text{V}+2\text{V}=91\text{V}$。

(2) 晶闸管的 U_DRM、U_RRM 可以根据 U_{2m} 确定,考虑安全系数,取

$$U_\text{DRM} = U_\text{RRM} = 2U_{2m} = 2\sqrt{2}\times 91\text{V} = 257\text{V}$$

电路中电流的平均值

$$I_\text{o(AV)} = \frac{U_\text{o(AV)}}{R} = \frac{40}{4}\text{A} = 10\text{A}$$

每个晶闸管的电流的平均值为

$$I_\text{1(AV)} = I_\text{2(AV)} = \frac{I_\text{o(AV)}}{2} = \frac{10}{2}\text{A} = 5\text{A}$$

由表 6-1 查出,控制角 $\alpha=90°$时的波形系数 $K=2.22$,因此对应的电流的有效值为

$$I_1 = I_2 = KI_\text{1(AV)} = 2.22\times 5\text{A} = 11.1\text{A}$$

因此,晶闸管的通态平均电流为 $\dfrac{I_1}{1.57}=\dfrac{11.1}{1.57}\text{A}=7.07\text{A}$。考虑到安全裕量,选择晶闸管的 $I_\text{T(AV)}=2\times 7.07\text{A}=14.1\text{A}$。

根据以上计算结果,晶闸管可以选择 KP20,其参数为:$U_\text{DRM}=U_\text{RRM}=300\text{V}$,$I_\text{T(AV)}=20\text{A}$。

(3) 由式(6-21)可以计算不同控制角时的整流电压值:

$$U_\text{o(AV)} = 0.9U_2\frac{1+\cos\alpha}{2} = 0.9\times 89\times\frac{1+\cos\alpha}{2}$$

$\alpha=30°$ 时,$U_\text{o(AV)}=74.7\text{V}$
$\alpha=60°$ 时,$U_\text{o(AV)}=60\text{V}$
$\alpha=120°$ 时,$U_\text{o(AV)}=20\text{V}$

例 6-3 图 6-26 所示电路,已知感抗很大,满足 $\omega L\gg R$。$u=120\sqrt{2}\sin314t\text{V}$,晶闸管

导通角 $\theta = 120°$。计算整流输出电压 $U_{o(AV)}$ 和电流 $I_{o(AV)}$,并确定晶闸管的参数 U_{DRM} 和 $I_{T(AV)}$。

解:由式(6-21)计算电压的平均值

$$U_{o(AV)} = 0.9U_2 \frac{1+\cos\alpha}{2} = 0.9U_2 \frac{1+\cos(180°-\theta)}{2}$$

$$= \left(0.9 \times 120 \frac{1+\cos 60°}{2} - 2\right)\text{V} \approx 79\text{V}$$

平均电流

$$I_{o(AV)} = \frac{U_{o(AV)}}{R} = \frac{79}{2}\text{A} = 39.5\text{A}$$

由式(6-24)可以算出晶闸管电流的有效值,即

$$I_1 = I_2 = I = \sqrt{\frac{\theta}{360°}} I_{o(AV)} = \sqrt{\frac{120°}{360°}} \times 39.5\text{A} = 22.8\text{A}$$

电路中晶闸管的通态平均电流

$$I_{T(AV)} = \frac{I_T}{1.57} = \frac{22.8\text{A}}{1.57} \approx 14.5\text{A}$$

考虑安全裕量,取 $I_{T(AV)} = 2 \times 14.5\text{A} = 29\text{A}$。

考虑到电压的安全裕量,晶闸管的 U_{DRM} 和 U_{RRM} 取:

$$U_{DRM} = U_{RRM} = 2U_{2m} = 2 \times \sqrt{2} \times 120\text{V} \approx 339\text{V}$$

根据以上计算结果,可选用 KP30 型晶闸管,其参数为: $U_{DRM} = U_{RRM} = 400\text{V}$, $I_{T(AV)} = 30\text{A}$。

3. 单结管触发电路

产生晶闸管控制极触发电压、电流的电路,称为控制电路或触发电路。触发电路所产生的触发电压 u_{GK} 是使晶闸管能按照预定的规律和确定的时间,由阻断状态转变成导通状态的重要条件之一,晶闸管电路工作的可靠性和稳定性在很大程度上取决于触发电路。

对触发电路的一般要求如下。

(1) 触发电路要能够提供幅值一定、并能维持一定时间的触发电压 u_{GK},以保证晶闸管能可靠地导通。

(2) 触发电压 u_{GK} 的波形,上升沿应尽可能陡,电压的幅值应稳定不变,以保证晶闸管在每一个工作周期内在同一时刻触发。

(3) 触发电压的下降沿不能出现负脉冲,以防将控制极反向击穿。

(4) 触发电压出现的时刻应能平稳移动,使控制角 α 有一定的变化范围。

能够满足上述要求的触发电路有多种,这里以工作比较简单的单结晶体管触发电路为例,说明触发信号的形成与移相。

1) 单结晶体管

单结晶体管又称双基极二极管。它的外型和普通三极管相似,但只有一个 PN 结。图 6-27 是单结晶体管的结构示意图、电路符号、等效电路和特性曲线。

单结晶体管是在一块高电阻率的 N 型硅片一侧的两端各引出一个电极,分别称为第一基极 B_1 和第二基极 B_2,而在另一侧靠近 B_2 处掺入 P 型杂质,形成 PN 结,并引出发射极 E。两个基极至 PN 结的电阻分别为 R_{B1} 和 R_{B2},则二个基极间的电阻 $R_{BB} = R_{B1} + R_{B2}$,为

6.2 晶闸管及其应用

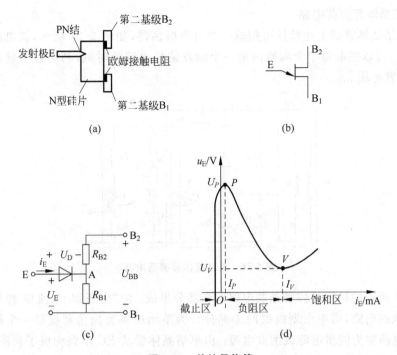

图 6-27 单结晶体管
(a) 结构；(b) 电路符号；(c) 等效电路；(d) 特性曲线

2~15kΩ。

在图 6-27(c)中，若在 B_2 和 B_1 两端加电压 U_{BB}，在发射极加可调的电压 U_E，则可测得单结晶体管的伏安特性曲线如图 6-26(d)所示。伏安特性曲线分截止区、负阻区和饱和区。特性曲线中的 P 点称为峰点，V 点称为谷点。

由图 6-27(c)可知

$$U_A = \frac{R_{B1}}{R_{B1}+R_{B2}}U_{BB} = \frac{R_{B1}}{R_{BB}}U_{BB} = \eta U_{BB} \tag{6-29}$$

其中 $\eta = \frac{R_{B1}}{R_{B1}+R_{B2}}$ 称为分压比，与管子的结构有关，一般为 0.5~0.9。

峰点电压为

$$U_P = U_A + U_D = \eta U_{BB} + U_D \tag{6-30}$$

式中 U_D 是 PN 结的正向压降（与温度有关），一般取 $U_D=0.7\text{V}$。

所以当 $u_E<U_P$ 时，单结晶体管截止，管子工作在截止区，E 和 B_1 间呈高阻状态，I_E 是一个很小的反向漏电流。

当 $u_E=U_P$ 时，单结晶体管导通，即 PN 结导通，发射区（P 区）向基区发射了大量的空穴载流子，使 I_E 增长很快，E 和 B_1 间呈低阻状态，R_{B1} 迅速减小，而 E 和 B_1 间电压 U_E 也随着下降，即动态电阻 $\Delta u_E/i_E$ 为负值，因此称这一段为负阻区。

当 i_E 上升，u_E 下降到谷点电压 U_V 时，若使 i_E 继续增大，u_E 将略有上升，但上升不明显，所以谷点右边的特性曲线为饱和区。

因此，当 $u_E=U_P$ 时管子导通，而导通后 $u_E<U_P$ 时，管子又恢复截止。谷点电压为 2~5V。触发电路中，常选用 η 大、I_V 大和 U_V 低的单结管，以增大触发脉冲的幅度。

2) 单结晶体管振荡电路

利用单结晶体管的上述特性可构成一个自激振荡器,如图 6-28 所示,该电路通过改变电阻 R 的值,可以控制每半个周波内第一个触发信号出现的时刻,利用这个触发信号作为晶闸管的触发电压 u_{GK}。

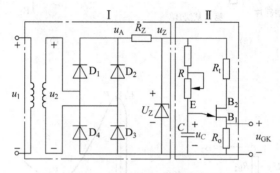

图 6-28 单结晶体管振荡电路

图 6-28 所示的单结晶体管振荡电路由两部分组成:由"变压器-整流桥-稳压二极管稳压电路"组成的电路(图中点划线框的 I 部分),为单结晶体管振荡器提供一个梯形波电压 u_Z,这部分电路称为同步电源或削波电源;由单结晶体管及 RC 电路构成了自激振荡器(图中点划线框的 II 部分),用于产生脉冲并控制半周期内第一个脉冲出现的时刻。

图 6-28 所示的单结晶体管振荡电路各点的波形图如图 6-29 所示。其工作原理如下:单结晶体管及 RC 电路的电源电压均由 u_Z 供电,u_Z 是一个梯形波的电压,交流电 u_2 过零时,u_Z 亦为零,因此,电容电压 u_C 亦为零,从而保证在交流电的每半个周波开始时,电容将从零开始充电。当电容 C 由电压 u_Z 经电阻充电,在电容电压 u_C 升高到单结晶体管的峰值 U_P 时,单结晶体管导通,单结晶体管 E—B_1 间成低阻状态,这时电容 C 经 E—B_1 结对 R_o 放电,电阻 R_o 上的电压 $u_{GK} \approx u_C$,电容放电后电压下降,当 u_C 降低到谷点电压 U_V 值时,单结晶体管关断。电容这时从 U_V 开始再次充电,充至 U_P 时,再次放电。因此,在半个周波内由 R_o 处可得到若干个脉冲信号。在半个周波内出现脉冲的个数及半周波内第一个脉冲出现的时刻,由

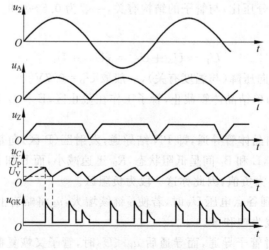

图 6-29 单结晶体管振荡电路的波形图

R、C 值决定。在电容 C 一定时,减小电阻 R 值,充电电流增大,半个周波内出现脉冲的数目增多,第一个脉冲出现的时刻前移;反之,脉冲数目减少,第一个脉冲后移。电阻 R 值改变后,在每半个周波内,第一个脉冲出现的时刻及半个周波内脉冲的数目均要发生变化,但每半个周波内,第一个脉冲出现的时刻及脉冲数目完全相同。

3) 单结晶体管触发的可控整流电路

用于可控整流电路晶闸管的触发信号,除要求脉冲能在一定范围内移动,改变导通角 θ 以便调节整流电压平均值外,还要求触发信号与主电路电压保持一定的相位关系。即要求触发脉冲应在晶闸管的每个导电周期的同一时刻作用到晶闸管的控制极上,以保证晶闸管在每个导电周期内具有相同的导通角,只有这样才可保证整流电压的平均值稳定。对于触发电路的这种要求称为同步。

用图 6-30 所示的单结晶体管振荡电路控制桥式可控整流电路时,要保持触发电路与主电路同步,最简单的方法是将单结管振荡电路的变压器与可控整流电路接到同一单相电源上。在这种情况下,主电路电压为零时,控制电路中稳压二极管的电压 u_Z 也为零,u_Z 为零将促使电容放电至零,因此,每一个新的周期开始后,电容 C 要重新从零开始充电。这样就保证了每一个新周期内,触发电路输出的第一个脉冲出现的时刻相同,从而保证了每只晶闸管在每半个周波内有相同的导通角。因而电压 u_Z 被称为同步电压。

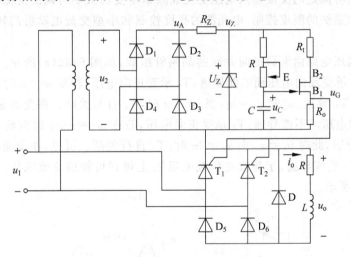

图 6-30 单结晶体管触发可控整流电路

在图 6-30 所示的电路中,改变电阻 R 的值时,将改变该触发电路输出脉冲信号 u_{GK} 在半个周波中的位置,从而使可控整流电压的平均值改变。例如,若电阻 R 减小,电容充电电流增大,脉冲前移,晶闸管导通角增大,整流电压平均值升高;相反,若电阻 R 增加,脉冲后移,导通角减小,整流电压的平均值减小。图 6-31(a)与(b)给出了在两个不同 R 值下,对应图 6-30 所示电路上各标志点处的电压波形图。

可控整流电路中的触发电路在每半个周波内可能产生几个脉冲,但只有第一个脉冲起作用,第一个脉冲出现时使晶闸管由阻断变为导通,以后出现的脉冲对晶闸管导电不再有影响。

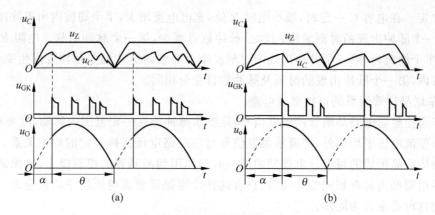

图 6-31　单结晶体管触发可控整流电路波形图

(a) R 较小时；(b) R 较大时

6.2.3　晶闸管交流调压与交流调功电路

1. 单相交流调压电路

交流调压是将固定的交流输入电压变换成频率不变而大小可调的交流输出电压，交流调压电路在电加热炉的温度控制、电光源的亮度控制和小型交流电动机的转速控制等方面有广泛应用。

单相交流调压电路由两只反向并联的晶闸管组成，如图 6-32(a)所示。在交流输入电压的正半周，T_2 承受反向电压而不能导通，T_1 承受正向电压，若在 $\omega t = \alpha$ 时刻给 T_1 的门极加触发脉冲，则 T_1 导通，此时 $u_o = u_i$，当 $\omega t = \pi$ 时，T_1 自行关断。在交流输入电压的负半周，T_1 承受反向电压而不能导通，T_2 承受正向电压，若在 $\omega t = \pi + \alpha$ 时刻给 T_2 的门极加触发脉冲，则 T_2 导通，此时 $u_o = u_i$，当 $\omega t = 2\pi$ 时，T_2 自行关断。可见，在交流输入电压的正、负半周内，T_1、T_2 轮流导通，于是就在负载电阻 R_L 上得到可控的交流电压。输出电压的波形如图 6-32(b)所示。

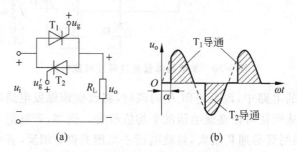

图 6-32　晶闸管交流调压电路及其输出电压波形

(a) 交流调压电路；(b) 交流调压波形

设输入电压 $u_i = \sqrt{2} U \sin\omega t$，则其输出电压的有效值为

$$U_o = \sqrt{\int_\alpha^\pi \frac{1}{\pi} (\sqrt{2} U \sin\omega t)^2 \mathrm{d}\omega t} = U \sqrt{\frac{1}{\pi}\left(\pi - \alpha + \frac{1}{2}\sin 2\alpha\right)} \tag{6-31}$$

由式(6-31)可知，当 $\alpha = 0$ 时，$U_o = U$；当 $\alpha = \pi$ 时，$U_o = 0$。即改变 α 便可调节输出电压

的大小。图 6-32 所示交流调压电路中的反并联晶闸管可以用一个双向晶闸管代替。

交流调压电路的缺点是晶闸管的导通角小于 180°，会在电网中造成严重的谐波污染。

2. 交流调功电路

交流调功电路的结构形式和交流调压电路的结构形式完全相同，只是其控制方式不同。交流调功电路不是在每个交流电源周期内都对输出电压波形进行控制，而是将负载与交流电源接通几个整周期，再断开几个整周期，通过改变接通的周波数和断开的周波数的比值来调节负载所消耗的平均功率，所以被称为交流调功电路。

交流调功电路常用于电炉的温度控制。对电炉温度这样的控制对象，其时间常数往往很大，没有必要对交流电源的每个周期进行频繁控制，只要以周波数为单位进行控制就足够了。另一方面，晶闸管通常都是在电源电压过零的时刻被触发导通，这样在电源接通期间，负载电压电流都是正弦波，不会对电网电压电流造成通常意义下的谐波污染。

设控制周期为 M 倍电源周期，其中晶闸管在前 N 个周期导通，后 $M-N$ 个周期关断。当 $M=3$、$N=2$ 时电路的波形如图 6-33 所示。显然，负载电压和负载电流（也即电源电流）的周期为 M 倍电源周期，在负载为电阻时，负载电流波形和负载电压波形相同。

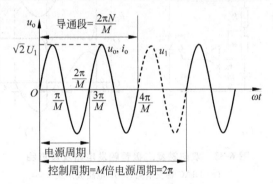

图 6-33 交流调功电路典型波形（$M=3$、$N=2$）

该电路的缺点是，如果以电源周期为基准，电流中不含整数倍频率的谐波，但是含有非整数倍的谐波，而且在电源频率附近，非整数倍的谐波含量较大。

3. 双向触发二极管及触发电路

双向触发二极管（DIAC）的结构、符号、等效电路及伏安特性如图 6-34(a)～(d)所示。

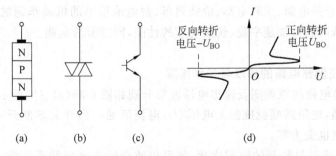

图 6-34 双向触发二极管的结构与伏安特性
(a) 结构；(b) 符号；(c) 等效电路；(d) 伏安特性

双向触发二极管为三层对称结构的二端半导体器件,等效于基极开路、发射极与集电极对称的 NPN 晶体管。其正、反向伏安特性完全对称。当器件两端的电压小于正向转折电压 U_{BO} 时,呈高阻态;当 $U > U_{BO}$ 时进入负阻区。同样,当 $|U|$ 超过反向转折电压 $|U_{BR}|$ 时,管子也能进入负阻区。常用的型号是 DB3(转折电压 28~36V,典型值 32V)、DB4(转折电压 35~45V,典型值 40V)、DB6(转折电压 56~70V,典型值 60V),以及 1N5758(转折电压 24V)、1N5769(转折电压 28V)等。

用双向触发二极管触发的双向晶闸管交流调压电路如图 6-35(a)所示,波形图见图 6-35(b)。它的触发电路比单结管更简单,直接用交流电源给电容充电。在交流电源正半周,电容电压 u_C 为正,$u_C > U_{BO}$ 时双向触发二极管迅速导通,产生一个正向触发脉冲;在交流电源负半周,电容反向充电,电容电压 u_C 为负,$|u_C| > |U_{BO}|$ 时双向触发二极管迅速导通,产生一个负向触发脉冲。当双向晶闸管导通后,其压降约为 1V,使电容放电到 1V 左右。每半周只产生一个触发脉冲,调节 R_w 可以调节控制角。

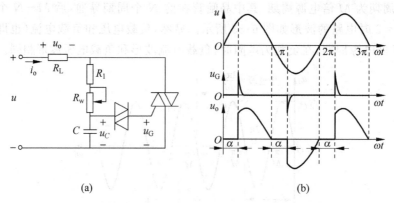

图 6-35 双向触发二极管触发电路及波形图

(a) DIAC 触发电路;(b) 电路波形图

6.3 DC/DC 变换器与变频电源

6.3.1 DC/DC 变换器

DC/DC 是一种直流电变为另一固定电压或可调电压的直流电,也称直流斩波。这种技术被广泛应用于开关电源、无轨电车、地铁列车、蓄电池供电的机动车辆的无级变速以及电动汽车的控制,从而获得加速平稳、快速响应的性能,同时节约电能。

1. DC/DC 变换器电路的构成与工作原理

DC/DC 变换电路的原理图及输出电压波形分别如图 6-36(a)、(b)所示。设负载为纯电阻,当开关 S 接通,电阻两端就施加上电压 U_d,电流流通。当开关 S 断开,电阻两端施加的电压变为零,电流也变为零。

改变开关 S 接通与断开的时间之比,就可以改变输出电压的平均值,如果开关周期 T 一定,输出电压的平均值 U_o 就与导通时间 t_{on} 成正比:

6.3 DC/DC 变换器与变频电源

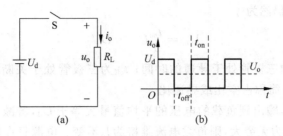

图 6-36 DC/DC 变换器的工作原理电路与波形

$$U_\circ = \frac{t_{on}}{T} U_d \tag{6-32}$$

式中，t_{on} 为一个周期内开关处于导通状态的时间；t_{off} 为开关处于关断状态的时间；T 为开关周期；D 为导通占空比，简称占空比或导通比。

DC/DC 变换电路中的开关通常由全控型电力电子器件代替，比如大功率晶体管 GTR、大功率场效应晶体管等。因为采用半控型器件，所以除了设置控制导通的触发电路外，还需要设置使半控型器件关断的辅助电路。根据对输出电压平均值进行调制的方式，将开关的控制（对 DC/DC 变换电路中电力电子器件的控制）方式有以下三种。

（1）保持开关周期 T 不变，调节开关导通的时间 t_{on}，称为脉冲宽度调制（pulse width modulation，PWM）。

（2）保持开关导通时间 t_{on} 不变，改变开关周期 T，称为频率调制或调频型。

（3）t_{on} 和 T 都可以调节，使占空比 D 改变，称为混合型。

2. 基本 DC/DC 变换电路

常见基本的 DC/DC 变换电路有 6 种：降压型（buck）变换器、升压型（boost）变换器、升降压（boost-buck）变换器、CUK 变换器、SEPIC 变换器和 ZETA 变换器。在此只介绍降压型（buck）电路和升压型（boost）电路的工作原理。

1）降压型（buck）DC/DC 变换电路

如图 6-37(a)中虚线框所示为实际的降压型变换电路，该电路的开关由全控型器件大功率场效应管 V 实现，6-37(b)为其电压与电流的波形。由于电感元件储藏的磁场能量在开关断开时会形成过高的瞬时过电压加到器件上，所以，电路中通常加续流二极管，防止功率器件承受过电压。另外，电感的作用是使流过负载上的电流平滑，所以，负载上的电压和电流的波形不再相同。

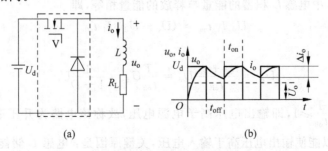

图 6-37 降压型变换电路及其电压电流波形图

该电路输出电压仍然为

$$U_o = \frac{t_{on}}{T}U_d = DU_d \tag{6-33}$$

式中,t_{on} 为每个周期内三极管处于导通的时间;t_{off} 为三极管处于关断的时间;T 为开关周期;D 为导通占空比,简称占空比或导通比。

由式(6-33)可知,输出到负载的电压的平均值最大等于 U_d,若减小占空比 D,则 U_o 随之减小。如果电感 L 为无穷大,则负载电流维持为 I_o 不变。电源只在场效应管处于导通时提供能量,其值为 $U_d I_o t_{on}$。从负载看,在整个周期 T 中负载一直在消耗能量,消耗的能量为 $R_L I_o^2 T$。一个周期中,忽略电路中的损耗,则电源提供的能量与负载消耗的能量应该相等,即

$$U_d I_o t_{on} = R_L I_o^2 T \tag{6-34}$$

所以

$$I_o = \frac{t_{on}}{T}\frac{U_d}{R_L} = \frac{DU_d}{R_L} = \frac{U_o}{R_L} \tag{6-35}$$

如果假设电源的平均电流平均值为 I_1,则有

$$I_1 = \frac{t_{on}}{T} I_o = D I_o \tag{6-36}$$

其值小于等与负载电流 I_o,由式(6-34)可得

$$U_d I_1 = DU_d I_o = U_o I_o \tag{6-37}$$

即输出功率等于输入功率,可将降压 DC/DC 变换器看作直流降压变压器。假如电路中电感值太小,则可能出现负载电流断续的状态。

2) 升压型(boost)电路

升压型变换器电路如图 6-38 所示,它主要应用于开关稳压电源与直流电机的反馈制动中,输出直流电压高于输入直流电压。电路中使用一个大功率场效应管 V 作为开关元件。

为分析方便,设电路中的电感值 L 和电容值 C 也很大。当开关管 V 处于导通状态时,电源 U_d 向电感 L 充电,由于充电时间很短,充电电流基本恒定为 I_1;同时电容 C 上的电压向负载 R 供电,因为电容 C 很大,基本保持输出电压 u_o 为恒值 U_o。设 V 处于导通的时间为 t_{on},此阶段电感 L 上积蓄的能量为 $U_d I_1 t_{on}$。当 V 处于断态时 U_d 和 L 同时向电容充电,并向负载 R 提供能量。设 V

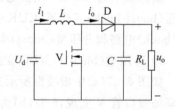

图 6-38 升压型 DC/DC 变换器

处于断态的时间为 t_{off},则在此期间电感 L 释放的能量为 $(U_o - U_d) I_1 t_{off}$。当电路工作于稳态时,一个周期 T 中电感 L 积蓄的能量与释放的能量相等,即

$$U_d I_1 t_{on} = (U_o - U_d) I_1 t_{off} \tag{6-38}$$

简化得

$$U_o = \frac{t_{off} + t_{on}}{t_{off}} U_d = \frac{T}{t_{off}} U_d = \frac{1}{1-D} U_d \tag{6-39}$$

上式中,因为 $\frac{T}{t_{off}} \geqslant 1$,即输出电压高于电源电压,故称该电路为升压型 DC/DC 变换电路。该电路之所以能使输出电压高于输入电压,关键原因是:电感 L 储能后具有电压泵升的作用,电容 C 具有使输出电压保持的作用。在实际中,因为电容 C 不可能为无穷大,所以

6.3 DC/DC 变换器与变频电源

输出电压比式(6-39)低,但是只要电容足够大,误差就很小。与降压型 DC/DC 变换器电路一样,升压变换电路也可以看成是直流变压器。另一方面,由于电感元件也不可能为无穷大,所以,升压 DC/DC 变换电路的工作方式也有电流连续与断续两种状态。

3) 开关电源的工作原理

线性直流稳压电源中,与负载串联的调整管工作于线性状态,利用输出采样信号与基准电压的比较结果调整其基极电压,便可控制输出电压的变化,从而起到稳定输出电压的作用。但由于调整管工作于线性状态,其功耗很大。从以上分析可知,如果使调整管工作于开关状态,改变其控制信号的占空比 D 便可以调整其输出电压。工作于开关状态的功率器件无论是在饱和状态(压降很小)还是关断状态(电流很小),其功耗(电压与电流的乘积)都比较小。图 6-39 是利用 DC/DC 变换电路组成开关电源的电路框图。

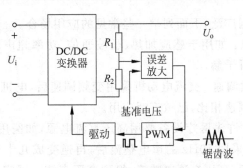

图 6-39 开关电源的原理框图

图 6-39 所示的电路中,R_1、R_2 是输出电压采样电阻,采样输出与锯齿波信号比较,产生 PMW 信号,其占空比与采样信号成比例,经过驱动放大后控制 DC/DC 电路的占空比,从而产生稳定的电压输出 U_o。

6.3.2 变频电源

变频电源通常是指将 50Hz 的交流电转变成另一种频率的电源电路。如将 50Hz 的交流电变成低于 50Hz 或高于 50Hz 的交流电。进行频率变换的电路,即变频电路的主电路通常是个逆变电路,即为将直流电转换成交流电的变换电路,又称为直流/交流(DC/AC)变换电路。DC/AC 变换分为有源逆变和无源逆变两种。无源逆变的交流输出供给负载使用;有源逆变的输出又传输回交流电源。这里仅对无源逆变作原理性介绍。

无源 DC/AC 变换亦是通过对半导体器件的导通、关断的控制而实现的,其原理电路如图 6-40(a)所示。图 6-39 电路中,U_1 是直流输入电压,$T_1 \sim T_4$ 是 4 只晶体管,接成桥式电路。与晶体管并联的二极管 D_1 和 D_2,在电路中一方面起续流作用,另一方面是当 $T_1 \sim T_4$ 承受反向电压时起保护作用。电路的工作原理为:在一个周期 T 内,T_1、T_3 管与 T_2、T_4 管轮流导电 1/2 周期,即在 $0 \sim \dfrac{T}{2}$ 的时间内,T_1、T_3 管导通,T_2、T_4 管关断,这时电压 $u_o \approx U_1$;在 $\dfrac{T}{2} \sim T$ 时间内,T_2、T_4 管导通,T_1、T_3 关断,这时 $u_o \approx -U_1$。这样 T_1、T_3 与 T_2、T_4 轮流关断与导通,负载 RL 上将得到一个交流电压 u_o,其波形如图 6-40(b)所示,即将直流电压 U_1 转换成了一个方波电压,通过滤波,可以将方波转换成正弦波电压。

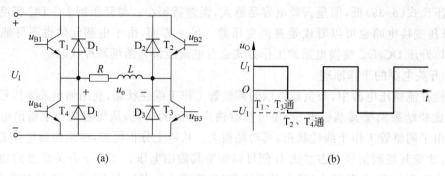

图 6-40 单相桥式逆变器及电压波形

(a) 单相全控桥式逆变器；(b) 单相逆变器电压波形 (未滤波)

无源逆变的应用范围广泛,下面列举一些常见的应用场合。

(1) 非工频交流电源：如用于感应加热、长波通信、功率超声应用、电火花加工等。其应用频率在几百赫至几百千赫。

(2) 交流电动机变频调速：交流电动机采用变频调速后,电机损耗减小,效率提高。其调速性能已能与直流机调速相比,已被广泛应用。

(3) 高压直流电源：许多医疗设备要用高压直流电源,如医用 X 光机等。为减轻变压器的体积与重量,目前多采用 50Hz 的市电整流后,再逆变成几十千赫的高频交流电,经高频变压器升压然后对高频、高压交流电整流,得到高压直流。同容量的高频变压器较 50Hz 的变压器在体积与重量上减少许多,因此,设备小型化成为可能。

(4) 不间断电源 (uninterruptible power source, UPS) 及备用电源：某些用户如电子计算中心、交通管理控制中心、医院等,要求供电质量稳定、可靠和连续。对于这样的特殊用户,在其供电系统中多配备有不间断电源装置。不间断电源装置的示意图如图 6-41 所示。

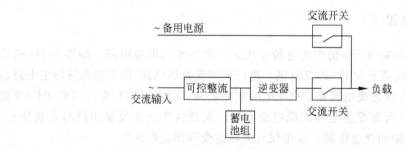

图 6-41 不间断电源 (UPS) 示意图

6.4 电源电路的仿真

电源电路包括主电路和控制器两部分,可以用 SPICE 对它们进行仿真计算。主电路内全部是模拟器件,只要元件库提供所有的器件,进行仿真是很容易的。对于元件库中没有的个别器件 (特别是作为开关的电力电子器件),则需要自己输入 SPICE 参数来创建器件,这需要 SPICE 元件建模方面的知识。与主电路仿真相比,控制器的建模和仿真是很具有挑战

6.4 电源电路的仿真

性的,在此不作介绍。

熟悉电源电路的仿真计算,有利于深入理解电源电路特别是功率器件的工作特性,缩短开发周期,节约开发成本,提高产品的可靠性。下面的例子使用基于 SPICE/XSPICE 的电路仿真软件 Mulitisim 对电路进行仿真。

例 6-4 在单相交流调压电路中,输入电源频率是 50Hz,电压峰值是 50V,负载电阻 $R_L=1\Omega$,可控硅型号是 2N1599,电路如图 6-42,触发脉冲延时 4s。用 Multisim 画出负载电压和电流的波形图。

解:图 6-42 所示电路为单相交流调压电路。电路中可控硅的触发信号由脉冲信号源 V2 和 V3 提供,实际电路中是通过变压器耦合或光电耦合加到可控硅的控制极上。触发信号的频率与电源电压频率相同,周期同为 20ms,根据要求,V2、V3 的参数设置如下:

	V2	V3
Initial value	0	0
Pulsed value	10V	10V
Delay time	2ms	7ms
Rise time	1ns	1ns
Fall time	1ns	1ns
Pulse width	5μs	5μs
Period	20ms	20ms

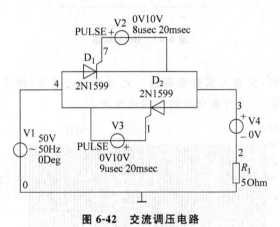

图 6-42 交流调压电路

图 6-42 所示电路中增加 V4 是为了计算输出电流,仿真结果如图 6-43 所示。

例 6-5 Buck 斩波器电路如图 6-44 所示。电路中开关器件使用 MOS 管 IRF150,负载电阻是 10Ω,滤波电感为 5mH,输入电压 48V,开关频率是 25kHz,占空比是 0.25。画出输出电压波形。

解:MOS 管的控制信号由脉冲信号源 V2 提供,V2 的参数设置如下:

Initial value	0
Pulsed value	10V
Delay time	0
Rise time	0.1ns
Fall time	0.1ns
Pulse width	25μs
Period	6.25μs

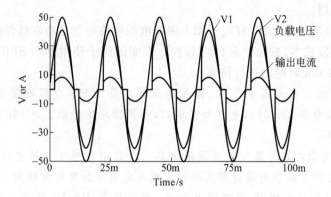

图 6-43 图 6-42 交流调压电路的仿真结果

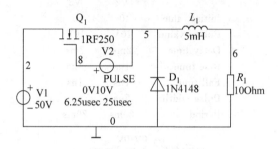

图 6-44 Buck 电路

仿真结果见图 6-45，由图可以看出经过一定时间的过渡后，输出电压为恒定的直流电压。但是存在高频文波，这是开关电源的结构决定的。

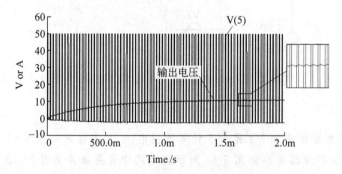

图 6-45 图 6-44 Buck 电路的仿真结果

例 6-6 图 6-46 是简单的晶闸管调光电路，R_1 是负载灯泡的电阻，输入电源频率 60Hz、电压峰值 120V。开关器件采用晶闸管 2N1599，并采用双向触发二极管触发管 1N5758 作为触发器件。用 Multisim 仿真分析电路的工作原理。

解：在图 6-46 电路中，当双向触发二极管的电压达到转折电压时迅速导通，为晶闸管提供触发电流使其导通。电源负半周时，加在晶闸管上的是反向电压，故晶闸管不导通。调节电位器 R_2 可以调整电容的充电时间，便可以调节晶闸管的控制角，从而调整负载 R_1 中电流的平均值。用 Multisim 仿真结果如图 6-47 所示。

6.4 电源电路的仿真

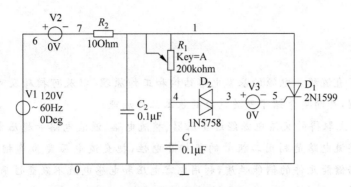

图 6-46 晶闸管调光电路

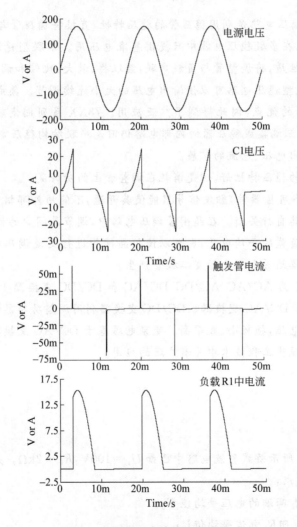

图 6-47 图 6-46 电路的仿真结果

本章小结

本章介绍了直流稳压电源的基本电路结构和工作原理,以及可控硅及可控整流电路的结构和工作原理,并简要介绍了开关电源的基本工作原理。

(1) 从电网上取得的交流电源经过变压器、整流电路、滤波电路和稳压电路转变为稳定的直流电源。整流电路是利用二极管的单相导电性,把交流电压变为单相脉动的直流电;滤波电路是根据储能元件的储能性质,利用电容电压和电感电流不跃变性质,将整流后的脉动电压变为平稳的直流电压;稳压电路的作用是在输入电压或者输出电流变化时,保证输出电压稳定。

(2) 最简单的稳压电路是利用稳压管的稳压特性,直接将稳压管与负载并联,但这种稳压电路稳定度不高,在多数稳压电源中只提供基准电压用。串联型稳压电源利用了射极输出器的电压负反馈性质,将调整管与负载串联,经取样、放大、比较和调整环节使输出电压更加稳定。并且,串联型稳压电路可以使输出电压的大小连续调节。集成稳压器具有体积小、可靠性高、使用灵活的优点,因此得到了广泛应用。78XX系列固定输出的三端稳压器和LM317可调输出的三端集成稳压器的内部电路仍旧是串联结构稳压电路的结构,通过外接电路可以实现对输出电压、电流的扩展。

线性稳压电路的稳压特性好,但是消耗在调整管上的功耗高。

(3) 晶闸管是半可控器件,触发信号只能使其开通,不能用外部信号使其关断,因此,需要设计外部电路使其自行关断。在晶闸管调压电路中,调节晶闸管的控制角,便可以调节电阻性负载和电感性负载的平均电压,也可以使用晶闸管进行交流调压和交流调功。晶闸管的触发信号可以用单结管和双向触发二极管产生。

(4) 变流电路分为 AC/AC、AC/DC、DC/AC 和 DC/DC 变换器 4 种形式,本章只介绍了 DC/DC 变换器和 DC/AC 变换器。DC/DC 变换器利用调整功率器件导通时间的占空比来调节负载的直流电压,损耗小、效率高。变频电源基于 DC/AC 变换器的工作原理。开关电源和变频电源在现代工程技术中具有广泛的应用。

习题

6.1 题图 6-1 所示桥式整流电路中已知 $U_2 = 100\text{V}, R_L = 2\text{k}\Omega$。若忽略二极管的正向电压和反向电流,试求:

(1) 负载电阻 R_L 两端的电压平均值 U_o;

(2) 通过负载电阻 R_L 电流平均值 I_o;

(3) 流过二极管的直流电流 I_D 及二极管的最高反向电压 U_{DRM}。

习题

6.2 题图 6-2 所示为全波整流滤波电路 $u_{21}=u_{22}=10\sqrt{2}\sin314t\text{V}, R_L=2\text{k}\Omega$。

(1) 输出电压 U_o 的极性如何？电解电容 C 的连接是否正确？
(2) 当电路正常工作时，求输出电压 U_o；
(3) 当变压器的绕组的中心抽头脱焊时，求输出电压 U_o；
(4) 如果整流二极管 D_2 开路会出现什么现象？
(5) 如果整流二极管 D_2 击穿（短路）会出现什么现象？

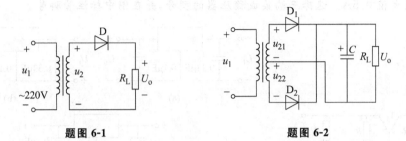

题图 6-1 题图 6-2

6.3 题图 6-3 所示整流滤波电路，滤波电容 $C=100\mu\text{F}, R_L=1\text{k}\Omega$。问：

(1) 要求输出直流电压 $U_o=20\text{V}$ 时，变压器二次边电压的有效值 U_2 需要多少伏？
(2) 如果滤波电容 C 的数值加大，U_o 是否变化？
(3) 当 R_L 的数值增加时，U_o 如何变化？
(4) 如果整流二极管 D_2 开路会出现什么现象？
(5) 如果整流二极管 D_2 击穿（短路）会出现什么现象？

6.4 电路接法如题图 6-3，变压器二次边的电压 $u_2=20\sqrt{2}\sin314t\text{V}$。

(1) 当负载电阻 $R_L=1\text{k}\Omega$，求电路的输出电压 U_o 和负载电流 I_o；
(2) 确定电路中二极管 D 的正向电流 I_D 和反向电压的最大值 U_{DRM}，并选择电容器 C；
(3) 当电路空载时，求 U_o；
(4) 如果电容 C 不慎开路，求 U_o。

6.5 题图 6-4 所示电路，直流输入电压 $U_i=40\text{V}$，稳压管的稳定电压 $U_Z=10\text{V}$，最大稳定电流 $I_{Zmax}=20\text{mA}$，最小稳定电流 $I_{Zmin}=5\text{mA}, R=R_L=2\text{k}\Omega$。

(1) 当开关 S 闭合时，电压表和电流表的读数各为多少？
(2) 若负载电阻 $R_L=0.5\text{k}\Omega$，电压表和电流表的读数各为多少？
(3) 若将开关 S 打开，U_i 仍为 40V，电压表和电流表的读数各为多少？
(4) 若 U_i 波动 $\pm10\%$，该电路能否正常工作？
(5) 能否与稳压管串联一个电流表，测量流过稳压管的电流？为什么？

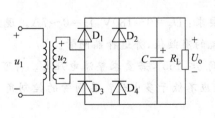 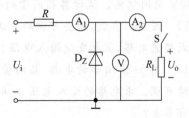

题图 6-3 题图 6-4

6.6 串联型稳压电路如题图 6-5 所示,图中稳压管 D_Z 的稳定电压 $U_{Zw}=2V$,$R_1=R_2=2k\Omega$,其中 R_w 为 $10k\Omega$ 的电位器。求输出电压 U_o 的最大值、最小值。如果把调整管 T 集电极上接的电阻 R_C 改接到有较稳定的输出电压的发射极上,电路能否正常工作,为什么?

6.7 题图 6-6 所示直流稳压电路,图(a)欲得到输出电压 $+12V$、输出电流最大值为 $0.5A$;图(b)欲得到输出电压 $-12V$、输出电流最大值 $0.5A$;图(c)欲得到输出电压 $\pm12V$、输出电流最大值 $0.5A$。选择三端集成稳压器的型号,并在图中标注管脚号。

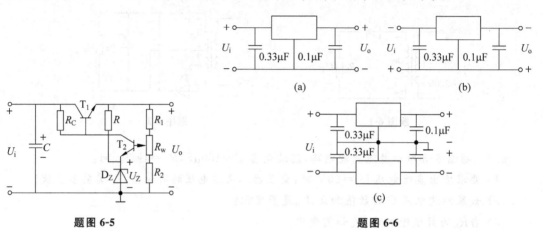

题图 6-5   题图 6-6

6.8 电路如题图 6-7 所示,A 为理想运算放大器,输入电压为 $U_i=9V$。试确定该电路的电压输出调节范围 $U_{omin}\sim U_{omax}$。

6.9 电路如题图 6-8 所示,图中集成稳压器公共端的电流很小,可以忽略不计。$R_1=0.5\Omega$,$R_2=0.5\Omega$,$I_D\gg I_B$,试确定负载电流 I_L 与集成稳压器输出电流 I_o' 的关系。

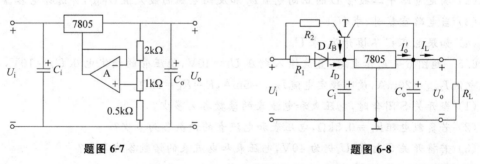

题图 6-7   题图 6-8

6.10 某电阻性负载,需要直流电压 60V、电流 30A。采用单相半波可控整流电路,直接由 220V 电网供电。试计算晶闸管的导通角。

6.11 纯电阻负载,需要可调的直流电源,要求:$U_o=0\sim180V$,$I_o=0\sim7A$。现用单相半控桥式整流电路,试求交流输入电压、输入电流的有效值,并选择晶闸管。

6.12 图 6-25 所示的电路,晶闸管的导通角 $\theta\leq165°$,若要求整流电压 $U_{o(AV)}$ 可在 $0\sim35V$ 连续可调。求电路的输入电压 u_1 的有效值应不低于多少伏?晶闸管的控制角 α 的变化范围有多大?

6.13 题图 6-9 所示的电路，R 为白炽灯，该电路是灯光亮度控制电路。分析电路的工作原理，画出所示电路的 u_2、u_A、u_Z、u_C、u_{G1}、u_{G2}、u_{T1} 及 u_o 的波形（控制角 $\theta=45°$）。

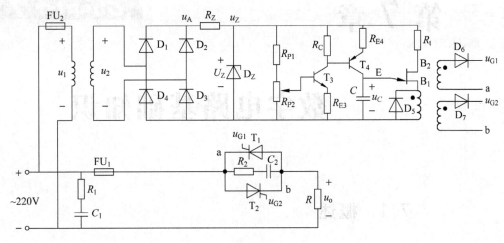

题图 6-9

第 7 章

数字电路基础知识

7.1 概述

自然界的信号可分为两类：一类在时间及数量上连续,称为模拟信号；另一类在时间或数量上离散,称为数字信号。与模拟信号相比,数字信号更具优越性：信号的传输效率和处理效率更高；在信号的压缩、存储方面更具有模拟信号无法比拟的优势。这也是数字技术目前空前热门的根本原因。

根据处理信号的不同,电子电路可分为模拟电路和数字电路两类。模拟电路的研究对象是模拟信号,研究的内容是输出与输入信号之间的大小、相位、失真等方面的关系；数字电路的研究对象是数字信号,研究的内容是输出与输入间的逻辑关系(因果关系)。因此,模拟电路与数字电路的功能、基本单元电路、分析方法及研究的范围均不同。

模拟电路的分析方法有近似计算、等效电路法、图解法等；而在数字电路中,主要的分析工具是逻辑代数,电路的功能用真值表、逻辑表达式及波形图等方法表示。

本章将介绍数字电路的基础知识：数制和编码、基本逻辑关系和逻辑代数基础。

7.2 数制和二进制码

7.2.1 数制

数制是指计数方式。常用的计数方式有十进制、二进制、十六进制、八进制等几种。

1. 十进制

十进制是以 10 为基数的计数体制,遵循逢 10 进 1 的规律。表示十

7.2 数制和二进制码

进制数需要 10 个数码：1、2、3、4、5、6、7、8、9、0。十进制数的通用表示形式为

$$(N)_D = \sum_{i=-\infty}^{\infty} K_i \times 10^i \tag{7-1}$$

例如，$157 = 1 \times 10^2 + 5 \times 10^1 + 7 \times 10^0$。

若在数字电路中采用十进制，则必须有 10 个电路状态与 10 个基数相对应。这样将在技术上带来许多困难，而且很不经济。

2. 二进制

数字电路广泛采用二进制计数方式。二进制是以 2 为基数的计数体制，遵循逢 2 进 1 的规律。表示二进制数只需要两个数码：0 和 1。一个数的二进制表示与十进制表示之间的关系可以用下式表示：

$$(N)_B = \sum_{i=-\infty}^{\infty} K_i \times 2^i \tag{7-2}$$

例如，$(1001)_B = 1 \times 2^3 + 0 \times 2^2 + 0 \times 2^1 + 1 \times 2^0 = (9)_D$。

可以用电路的两个状态——高电平和低电平来表示二进制的基数。在大多数数字电路中，高电平用逻辑值 1 表示，低电平用逻辑值 0 表示。这种逻辑赋值称为正逻辑；反之称为负逻辑。

采用二进制计数的优点是数码的存储和传输简单可靠。但二进制计数的主要缺点是位数较多、使用不便、不合人们的习惯。因此，一般在数字系统的输入端将十进制转换成二进制（编码），结果输出时再转换成十进制数（译码）。

把一个十进制数转换成二进制数的方法为：用 2 除十进制数，余数是二进制数的第 0 位 K_0；然后依次用 2 除所得的商，余数依次是第 1 位 K_1、第 2 位 K_2……，直至商为 0。

例如，十进制数 25 转换成二进制数的转换过程如下：

```
2 | 25      …… 余 1 ……  K₀
2 | 12      …… 余 0 ……  K₁
2 |  6      …… 余 0 ……  K₂
2 |  3      …… 余 1 ……  K₃
2 |  1      …… 余 1 ……  K₄
     0
```

所以，$(25)_D = (K_4 K_3 K_2 K_1 K_0)_B = (11001)_B$。

3. 十六进制

十六进制计数方式需要 16 个数码：0、1、2、3、4、5、6、7、8、9、A(10)、B(11)、C(12)、D(13)、E(14)、F(15)。

一个数的十六进制表示与十进制表示之间的关系可以用下式表示：

$$(N)_H = \sum_{i=-\infty}^{\infty} K_i \times 16^i \tag{7-3}$$

例如：

$$(4E6)_H = 4 \times 16^2 + 14 \times 16^1 + 6 \times 16^0 = (1254)_D$$

十六进制的一位数对应二进制的 4 位数。所以，把一个数的二进制表示转换成十六进制表示时，先将其按由低位到高位的顺序 4 位一组分开，再分别计算其十六进制表示的每一位；把一个数的十六进制表示转换成二进制表示时，依次将其一位转换成 4 位。例如：

$$(10011100101101001000)_B = (1001\ 1100\ 1011\ 0100\ 1000)_B = (9CB48)_H$$
$$(59)_H = (0101\ 1001)_B = (1011001)_B$$

4. 八进制

八进制计数方式需要 8 个数码：0、1、2、3、4、5、6、7。一个数的八进制表示与十进制表示之间的关系可以用下式表示：

$$(N)_O = \sum_{i=-\infty}^{\infty} K_i \times 8^i \tag{7-4}$$

例如：

$$(152)_O = 1 \times 8^2 + 5 \times 8^1 + 2 \times 8^0 = (106)_D$$

八进制的一位数对应二进制数的 3 位。所以，把一个数的二进制表示转换成八进制表示时，先按由低位到高位的顺序将它 3 位一组分开，再分别计算其八进制表示的每一位；反之，把一个数的八进制表示转换成二进制表示时，依次将其一位转换成三位。例如：

$$(10011100101101001000)_B = (10\ 011\ 100\ 101\ 101\ 001\ 000)_B = (2345510)_O$$
$$(17322)_O = (001\ 111\ 011\ 010\ 010)_B = (1111011010010)_B$$

7.2.2 二进制码

为便于运算和数据处理，信息必须经过编码转换成二进制代码才能输入到数字处理系统。若要对 N 状态作二进制编码，则编码的位数 n 与 N 满足下述关系式：

$$2^n \geqslant N \tag{7-5}$$

二进制码的最小位数为满足式(7-5)的最小 n 值。例如，要表示 10 个状态，因为 $2^3 <$ $10 < 2^4$，所以至少需要用 4 位二进制码来表示。

在数字电路中编码方法有很多种，这里主要介绍常用的二 - 十进制码（binary-coded-decimal，BCD）。

十进制有 10 个数码，所以，BCD 码需要 4 位二进制数来对十进制数的每一位编码。4 位二进制数最多有 16 种组合状态，因此，从 16 种状态中选 10 个来表示 0~9 十个字符。这可以有多种方案。常用的 BCD 码分为两类：恒权代码，如 8421 码、5421 码、2421 码等；变权代码，如余 3 码、余 3 循环码等。

恒权代码是指二进制编码每一位的权恒定不变。如 8421 码规定二进制编码的第一位（最低位）的权为 1，第二位的权为 2，第三位的权为 4，第四位的权为 8。即：

二进制编码的第一位等于 1，代表十进制的 1；
    第二位等于 1，代表十进制的 2；
    第三位等于 1，代表十进制的 4；
    第四位等于 1，代表十进制的 8。

根据编码的规定可知，十进制数 67 的 8412 码为 0110 0111；其 5421 码为 1001 1010。

变权代码是指编码的每一位的权有变化。例如,余3码所对应的二进制数要比它所表示的十进制数多3,故称为余3码。该编码的每一位为1时,其所代表的十进制数(权)是变化的。

常用的 BCD 码如表 7-1 所示。关于各种编码的详细规定请参阅相关的参考书目。

表 7-1 常用的 BCD 码

十进制数	8421 码	5421 码	2421 码	5211 码	余 3 码	余 3 循环码
0	0000	0000	0000	0000	0011	0010
1	0001	0001	0001	0001	0100	0110
2	0010	0010	0010	0100	0101	0111
3	0011	0011	0011	0101	0110	0101
4	0100	0100	0100	0111	0111	0100
5	0101	1000	1011	1000	1000	1100
6	0110	1001	1100	1001	1001	1101
7	0111	1010	1101	1100	1010	1111
8	1000	1011	1110	1101	1011	1110
9	1001	1100	1111	1111	1100	1010
权	8421	5421	2421	5211	变权	变权

7.3 基本逻辑关系及其表示方法

最基本的逻辑关系有三种:与、或和非。其他常用的逻辑关系有与非、或非、同或、异或等。这些逻辑关系都可以由三种基本的逻辑关系组合而成。下面将分别介绍这些基本逻辑关系的定义、逻辑表示式和逻辑符号。

1. 与逻辑

与逻辑:决定事件发生的各种条件中,只有当所有条件都具备时,事件才会发生(成立)。例如图 7-1 所示的电路中,只有当开关 A、B 与 C 全闭合时,灯 F 才会亮。

该事件的因果关系可以用逻辑模型来进行描述。建立模型的步骤如下:

(1) 首先确定输入变量和输出变量。A、B、C 为输入变量,F 为输出变量。

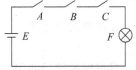

图 7-1 与逻辑关系举例

(2) 然后对输入输出的状态进行逻辑赋值。开关闭合为逻辑 1,开关断开为逻辑 0;灯亮为逻辑 1,灯灭为逻辑 0。

(3) 用列表的方法表示输入与输出的逻辑关系。例如 $A=0$、$B=0$、$C=0$ 时,$F=0$。这种表示逻辑关系的列表被称作真值表(truth table)。表示图 7-1 逻辑关系的真值表如表 7-2 所示。与逻辑真值表特点是:任 0 则 0,全 1 则 1。

与逻辑的表达式为

$$F = ABC \qquad (7-6)$$

与逻辑的符号如图 7-2 所示。

表 7-2 与逻辑的真值表

A	B	C	F	A	B	C	F
0	0	0	0	1	0	0	0
0	0	1	0	1	0	1	0
0	1	0	0	1	1	0	0
0	1	1	0	1	1	1	1

2. 或逻辑

或逻辑：决定事件发生的各种条件中，当至少有一种条件具备时，事件就会发生（成立）。例如图 7-3 所示的电路中，只要开关 A、B、C 有一个闭合，灯 F 就会亮。

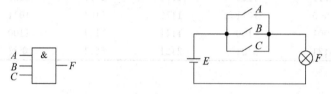

图 7-2 与逻辑符号   图 7-3 或逻辑关系举例

对状态作如下规定：开关闭合为逻辑 1，开关断开为逻辑 0；灯亮为逻辑 1，灯灭为逻辑 0。描述该事件的真值表如表 7-3 所示。或逻辑真值表特点是：任 1 则 1，全 0 则 0。

表 7-3 或逻辑的真值表

A	B	C	F	A	B	C	F
0	0	0	0	1	0	0	1
0	0	1	1	1	0	1	1
0	1	0	1	1	1	0	1
0	1	1	1	1	1	1	1

或逻辑的表达式为

$$F = A + B + C \qquad (7-7)$$

或逻辑的符号如图 7-4 所示。

图 7-4 或逻辑符号

3. 非逻辑

非逻辑：决定事件发生的条件只有一个，而且当条件不具备时事件才会发生（成立），条件具备时事件不发生。例如，图 7-5 的电路中，只有当开关 A 不闭合时，灯 F 才会亮。

对状态作规定：开关闭合为逻辑 1，开关断开为逻辑 0；灯亮为逻辑 1，灯灭为逻辑 0。描述该事件的真值表如表 7-4 所示。

非逻辑的表达式为

$$F = \overline{A} \qquad (7-8)$$

非逻辑符号如图 7-6 所示。

表 7-4 非逻辑的真值表

A	F
0	1
1	0

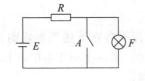

图 7-5 非逻辑关系举例

图 7-6 非逻辑符号

4. 其他常用的逻辑关系

除了与、或、非三种基本的逻辑关系外,还有其他一些常用的逻辑关系,如与非(NAND)、或非(NOR)、同或(EXCLUSIVE-NOR)、异或(EXCLUSIVE-OR)等。这些逻辑关系都可以由三种基本的逻辑关系组合而成。这些逻辑关系的定义、逻辑表示式和逻辑符号如表 7-5 所示。

表 7-5 其他几种常用的逻辑关系

逻辑关系	逻辑表示式	逻辑符号
与非:当条件 A、B、C 都具备时,则事件不发生	$F=\overline{ABC}$	A、B、C → & → F
或非:当具备 A、B、C 任一条件时,事件不发生	$F=\overline{A+B+C}$	A、B、C → ≥1 → F
异或:在 A、B 两个条件中,若一个具备另一个不具备,则事件发生	$F=\overline{A}B+A\overline{B}$ 记作:$A\oplus B$	A、B → =1 → F
同或:当条件 A、B 相同时,事件发生	$F=AB+\overline{A}\ \overline{B}=\overline{A\oplus B}$ 记作:$A\odot B$	A、B → = → F

7.4 逻辑代数基础

数字电路要研究的是电路的输入输出之间的逻辑关系,所以数字电路又称逻辑电路,相应的研究工具是逻辑代数(布尔代数)。

在逻辑代数中,逻辑函数的变量只能取两个值(二值变量),即 0 和 1,其他值没有意义。0 和 1 表示两个对立的逻辑状态,例如电位的低高(0 表示低电位,1 表示高电位)、开关的开合等。

7.4.1 逻辑运算规则和定理

逻辑运算的规则和定理很多,下面仅介绍最常用的几种。

1. 逻辑代数的基本运算规则

1) 加运算规则

根据或逻辑关系的定义,或运算存在下述基本规则:
$$0+0=0, \quad 0+1=1+0=1, \quad 1+1=1$$
于是可以引申出逻辑加运算规则:
$$A+0=A, \quad A+1=1, \quad A+A=A, \quad A+\overline{A}=1$$

2) 乘运算规则

根据与逻辑关系的定义,与运算存在下述基本规则:
$$0\times 0=0, \quad 0\times 1=1\times 0=0, \quad 1\times 1=1$$
于是可以引申出逻辑乘运算规则:
$$A\times 0=0, \quad A\times 1=A, \quad A\cdot A=A, \quad A\cdot \overline{A}=0$$

3) 非运算规则

根据非逻辑关系的定义,非运算存在下述基本规则:
$$\overline{0}=1, \quad \overline{1}=0$$
于是可以引申出非运算规则:
$$\overline{\overline{A}}=A$$
读者不妨自行证明这些基本运算关系。

2. 逻辑代数的运算规律

1) 交换律
$$A+B=B+A \tag{7-9}$$
$$AB=BA \tag{7-10}$$

2) 结合律
$$A+(B+C)=(A+B)+C=(A+C)+B \tag{7-11}$$
$$A(BC)=(AB)C \tag{7-12}$$

3) 分配律
$$A(B+C)=AB+AC \tag{7-13}$$
$$A+BC=(A+B)(A+C) \tag{7-14}$$

求证(分配律第 2 条):　　$A+BC=(A+B)(A+C)$

证明　　右边 $=(A+B)(A+C)$

　　　　　　$=AA+AB+AC+BC$　　　(分配律)

　　　　　　$=A(1+B+C)+BC$　　　(结合律,$AA=A$)

　　　　　　$=A\times 1+BC$　　　(1+B+C=1)

　　　　　　$=A+BC$　　　($A\times 1=A$)

　　　　　　$=$ 左边

3. 吸收规则(reducing theorems)

吸收是指吸收多余(冗余)项。通过取消、去掉多余(冗余)因子来进行化简。

7.4 逻辑代数基础

1) 原变量的吸收
$$A + AB = A \tag{7-15}$$
证明　$A+AB=A(1+B)=A\times 1=A$

利用该运算规则可以对以下逻辑式进行化简：
$$AB + CD + AB\overline{D}(E+F) = AB + CD$$

2) 反变量的吸收
$$A + \overline{A}B = A + B \tag{7-16}$$
证明　$A+\overline{A}B=A+AB+\overline{A}B=A+(A+\overline{A})B=A+B$

例如：$A+\overline{A}BC+DC=A+BC+DC$

3) 混合变量的吸收
$$AB + \overline{A}C + BC = AB + \overline{A}C \tag{7-17}$$
证明　$AB+\overline{A}C+BC=AB+\overline{A}C+(A+\overline{A})BC$
$\qquad\qquad\quad =AB+\overline{A}C+ABC+\overline{A}BC$
$\qquad\qquad\quad =AB+\overline{A}C$

4. 德·摩根定理（Demorgan's theorem）

德·摩根定理的内容可用下面两个等式来表示：
$$\overline{AB} = \overline{A} + \overline{B} \tag{7-18}$$
$$\overline{A+B} = \overline{A}\,\overline{B} \tag{7-19}$$

可以用列真值表的方法来证明式(7-18)和式(7-19)。证明过程如表 7-6 所示。

表 7-6　反演定理的证明

A	B	AB	$\overline{AB}$	$\overline{A}$	$\overline{B}$	$\overline{A}+\overline{B}$
0	0	0	1	1	1	1
0	1	0	1	1	0	1
1	0	0	1	0	1	1
1	1	1	0	0	0	0

德·摩根定理亦称反演定理，在逻辑函数的化简和变换中常会用到。从式(7-18)和式(7-19)所示的这一对两变量的反演公式很容易推广到多变量的情况。德·摩根定理说明，对于任意一个逻辑关系式，若将其中的逻辑与"·"转换成逻辑或"＋"、逻辑或"＋"转换成逻辑与"·"，原变量换成反变量、反变量变成原变量，则得到的结果为原关系式的反。

在用反演定理时一定要注意运算顺序：若逻辑式中有括号，则先计算括号内的逻辑关系；若没有括号，则逻辑乘优先于逻辑加。

例 7-1　已知 $F=\overline{A}\,\overline{B}+CD+0$，求 F 的反函数。

解：$\overline{F} = \overline{\overline{A}\,\overline{B}+CD+0}$
$\quad\;\; = \overline{\overline{A}\,\overline{B}}\;\overline{CD}\;\overline{0}$　　　（反演定理）
$\quad\;\; = (A+B)(\overline{C}+\overline{D})1$　　（反演定理）
$\quad\;\; = A\overline{C}+B\overline{C}+A\overline{D}+B\overline{D}$　（分配律）

例 7-2 已知 $F=\overline{A+B+\overline{C}+\overline{D+\overline{E}}}$，求 F 的反函数。

解：$\overline{F}=\overline{\overline{A+B+\overline{C}+\overline{D+\overline{E}}}}$

$=\overline{A}\,\overline{B+\overline{C}+\overline{\overline{D+\overline{E}}}}$ （反演定理）

$=\overline{A}(B+\overline{C}+\overline{\overline{D+\overline{E}}})$ （非运算规则）

$=\overline{A}(B+\overline{C}+\overline{D}E)$ （反演定理）

$=\overline{A}B+\overline{A}\,\overline{C}+\overline{A}\,\overline{D}E$ （分配律）

7.4.2 逻辑关系的表示方法

常用的逻辑关系表示方法有 4 种：真值表、逻辑代数式(也被称做逻辑表示式或逻辑函数式)、逻辑电路图、卡诺图。

1. 逻辑函数式

由输入、输出关系写成的与、或、非等逻辑运算组合式，称为逻辑函数式。最常用的是与或表达式。根据逻辑函数运算规则，同一个表达式，还可以转换成其他表示形式，如与非表达式、或与表达式等。例如：

$$F=AB+\overline{A}C=\overline{\overline{AB+\overline{A}C}}=\overline{\overline{AB}\,\overline{\overline{A}C}}=\overline{(\overline{A}+\overline{B})(A+\overline{C})}$$

2. 逻辑图

把相应的逻辑关系用逻辑符号和连线表示出来，就构成了逻辑图。例如，图 7-7(a)为逻辑函数式 $F=AB+CD$ 对应的逻辑图。

因为一个逻辑关系的表示式不惟一，所以其逻辑图也不惟一。图 7-7(a)、(b)两个逻辑图表示的是同一个逻辑关系。

由逻辑式可以画出逻辑图，反之，由逻辑图也可以写出逻辑式。在由逻辑图写逻辑式时，从输入开始，逐级向后写，最后得到输出表示式，如图 7-8 所示。通常得到的逻辑表示式不是最简的，有时还需化简。化简方法将在 7.5 节中介绍。

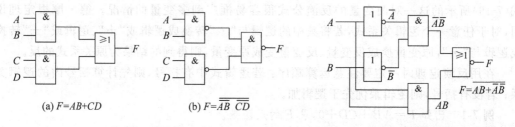

(a) $F=AB+CD$ (b) $F=\overline{\overline{AB}\,\overline{CD}}$

图 7-7 逻辑图

图 7-8 由逻辑图得到逻辑式的过程

3. 真值表(truth table)

真值表表示法是，将逻辑函数输入变量取值的不同组合与所对应的输出变量值用列表

7.4 逻辑代数基础

的方式一一对应地列在表格中。列真值表的方法：一般按二进制的顺序,输出与输入状态一一对应,列出所有可能的状态。n 个输入变量可以有 2^n 种组合状态。例如,3 变量逻辑函数的真值表如表 7-7 所示。其中,A、B、C 为输入变量,F 为输出变量。

表 7-7 3 变量真值表举例

输	入		输出	输	入		输出
A	B	C	F	A	B	C	F
0	0	0	0	1	0	0	0
0	0	1	1	1	0	1	1
0	1	0	1	1	1	0	1
0	1	1	0	1	1	1	1

在一个乘积项中,若包含了所有输入变量(或原变量,或反变量),则该乘积项称为最小项(minterm)。以 3 变量(A、B、C)逻辑函数为例,共有 2^3(即 8)个最小项：

$$\overline{A}\overline{B}\overline{C}, \overline{A}\overline{B}C, \overline{A}B\overline{C}, \overline{A}BC, A\overline{B}\overline{C}, A\overline{B}C, AB\overline{C}, ABC$$

这 8 个最小项通常记为 $m_0, m_1, \cdots, m_7$。最小项与输入变量的取值组合状态一一对应。以 3 变量的逻辑函数为例,变量取值为 1 时用原变量表示；变量取值为 0 时用反变量来表示,则 8 种组合状态与对应的最小项及其表示法,如表 7-8 所示。

表 7-8 最小项与输入组合状态的对应关系及其表示方法

组合状态	最小项	表示法	组合状态	最小项	表示法
000	$\overline{A}\overline{B}\overline{C}$	m_0	100	$A\overline{B}\overline{C}$	m_4
001	$\overline{A}\overline{B}C$	m_1	101	$A\overline{B}C$	m_5
010	$\overline{A}B\overline{C}$	m_2	110	$AB\overline{C}$	m_6
011	$\overline{A}BC$	m_3	111	ABC	m_7

最小项的特点是：当输入变量的取值使某一个最小项等于 1 时,其他的最小项均等于 0。即输入变量的取值与最小项具有一一对应的关系。

根据最小项的特点,由真值表可直接用最小项写出逻辑函数式。如表 7-7 所表示的逻辑关系,用最小项可表示为

$$F = A\overline{B}C + AB\overline{C} + ABC$$

若两个最小项中只有一个变量以原、反区别,其他变量均相同,则称这两个最小项逻辑相邻。例如

$$ABC 与 AB\overline{C} 逻辑相邻$$
$$\overline{A}BC 与 AB\overline{C} 逻辑不相邻$$

逻辑相邻的项进行逻辑相加时可以合并,消去一个因子。例如

$$F = A\overline{B}\overline{C} + \overline{A}\overline{B}\overline{C} = \overline{B}\overline{C}$$

4．卡诺图

卡诺图把对应于输入变量不同组合下的输出状态用阵列形式表示出来。阵列图的每一个单元格代表输入的一个组合,且与相邻单元格对应的最小项逻辑相邻。下面以一个 3 变

第 7 章 数字电路基础知识

量卡诺图的构成为例来说明构成卡诺图的方法与步骤。

(1) 把对应于最小项的输入变量及组合状态注明在阵列图的上方和左方。如图 7-9 中左侧为 A 的状态 0、1，上边为 BC 的输入组合 00、01、11、10。阵列图中每个小方格与最小项的对应关系如图 7-9 所示。

注意：几何相邻方格对应的最小项逻辑相邻；任何一行或一列两端的方格也要保证逻辑相邻。所以，输入变量组合排序时，相邻的两项只能有一个变量的状态变化。例如，图 7-10 中 BC 的取值组合依次为 00、01、11、10，而不能是 00、01、10、11。

(2) 将每种输入组合状态对应的输出状态，填入对应的方格中。输出的各种状态，可由真值表得到也可由逻辑函数计算。与表 7-7 所示的真值表相对应的卡诺图如图 7-10 所示。

A＼BC	00	01	11	10
0	$\overline{A}\overline{B}\overline{C}$	$\overline{A}\overline{B}C$	$\overline{A}BC$	$\overline{A}B\overline{C}$
1	$A\overline{B}\overline{C}$	$A\overline{B}C$	ABC	$AB\overline{C}$

图 7-9　3 变量卡诺图的结构示意图

A＼BC	00	01	11	10
0	0	0	0	0
1	0	1	1	1

图 7-10　与表 7-7 的真值表相对应的卡诺图

4 变量卡诺图的构成与此类似。图 7-11 即为 4 变量卡诺图的结构示意图。

卡诺图直观地表示出了逻辑相邻的最小项，便于对逻辑函数进行化简。卡诺图主要用于 3、4 变量的逻辑函数的化简。关于化简将在 7.5 节中介绍。

在用卡诺图表示逻辑函数时，有时采用表示式，如 $F(A,B,C,D)=\Sigma(m_0,m_1,m_{13},m_{15})$。该式的含义是：$F(A,B,C,D)$ 表示逻辑函数中有 4 个输入变量，其输入组合按 $ABCD$ 的顺序排列；$\Sigma(m_0,m_1,m_{13},m_{15})$ 表示当输入组合取值等于 0000、0001、1101、1111（分别对应最小项 m_0,m_1,m_{13},m_{15}）时，输出等于 1，其他取值时，输出等于 0。其对应的卡诺图如图 7-12 所示。

AB＼CD	00	01	11	10
00	m_0	m_1	m_3	m_2
01	m_4	m_5	m_7	m_6
11	m_{12}	m_{13}	m_{15}	m_{14}
10	m_8	m_9	m_{11}	m_{10}

图 7-11　4 变量卡诺图的结构示意图

AB＼CD	00	01	11	10
00	1	1	0	0
01	0	0	0	0
11	0	1	1	0
10	0	0	0	0

图 7-12　$F(A,B,C,D)=\Sigma(m_0,m_1,m_{13},m_{15})$ 所表示的卡诺图

7.5　逻辑函数的化简

逻辑函数化简的目的是减少元件、简化电路、提高可靠性。常用的逻辑函数化简法有逻辑代数化简法和卡诺图化简法。

7.5 逻辑函数的化简

7.5.1 逻辑代数化简法

利用逻辑代数对逻辑函数式进行化简,是在逻辑代数基本运算的基础上,通过加项、配项、并项和吸收等方法,最后得到最简表示式。

下面通过两道例题来说明如何利用逻辑代数对逻辑函数进行化简。

例 7-3 化简 $F=A\bar{B}C+AB\bar{C}+ABC$。

解:$F=A\bar{B}C+AB\bar{C}+ABC=A\bar{B}C+AB(\bar{C}+C)$
$=A\bar{B}C+AB=A(\bar{B}C+B)=A(C+B)$
$=AC+AB$

例 7-4 化简 $F=\overline{\overline{AB+\overline{A}\overline{B}}\,\overline{BC+\overline{B}\overline{C}}}$。

解:$F=\overline{\overline{AB+\overline{A}\overline{B}}\,\overline{BC+\overline{B}\overline{C}}}$
$=(AB+\overline{A}\overline{B})+(BC+\overline{B}\overline{C})$
$=AB+\overline{A}\overline{B}(C+\overline{C})+BC(A+\overline{A})+\overline{B}\overline{C}$
$=AB+\overline{A}\overline{B}C+\overline{A}\overline{B}\overline{C}+ABC+\overline{A}BC+\overline{B}\overline{C}$
$=AB+\overline{A}C(\overline{B}+B)+\overline{B}\overline{C}$
$=AB+\overline{A}C+\overline{B}\overline{C}$

7.5.2 卡诺图化简法

卡诺图直观地表示出了逻辑相邻的最小项,便于对逻辑函数进行化简。

1. 用卡诺图化简逻辑函数的方法

用卡诺图对逻辑函数进行化简的方法,请见图 7-13 和图 7-14。图 7-13 中有两个小方格的值为 1,其对应的逻辑函数为:$F=\overline{A}\overline{B}C+\overline{A}BC$。由逻辑代数的运算规则可知:$F=\overline{A}\overline{B}C+\overline{A}BC=\overline{A}C(\overline{B}+B)=\overline{A}C$。在卡诺图上若把这两个最小项作为一个整体来看,向左边看,$A=0$;向上边看,只要 $C=1$,则输出 $F=1$;两个小方格中的 B,一个为 0,另一个为 1,对化简结果无影响,所以 B 可以化简掉。最后的化简结果仍是 $\overline{A}C$,和利用逻辑代数化简的结果相同。再如,图 7-14 所示的卡诺图中,圈中的 4 个最小项对应的输入取值特点是:不论 B、C 取 0 还是 1,只要输入 $A=1$、$D=1$,圈中总有一单元格的输出为 1。所以,圈出的 4 个最小项化简的结果是 AD。

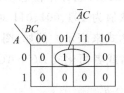

图 7-13 一个 3 变量卡诺图   图 7-14 一个 4 变量卡诺图

利用卡诺图化简的规则如下。

(1) 将取值为 1 的相邻的小方格圈成正方形或矩形,每一个圈内包含 2^n($n=0,1,2,\cdots$)

个方格。相邻的 2^n 项可以消去 n 个因子。

(2) 圈的个数尽量少,圈内的方格数应尽可能多。每圈一个新圈时,应至少包含一个其他圈中未出现的方格,否则会出现重复,得不到最简式。

(3) 注意,卡诺图的任何一行或一列的两端方格表示的最小项也逻辑相邻,可以化简。

(4) 将所有为 1 的方格全部圈完为止。最后将各化简项相或,即为函数化简的结果。

例 7-5 化简 $F(A,B,C,D)=\sum(m_0,m_2,m_3,m_5,m_6,m_8,m_9,m_{10},m_{11},m_{12},m_{13},m_{14},m_{15})$。

解: 卡诺图如图 7-15 所示。由图中化简过程可知,化简结果为 $F=A+\overline{B}\overline{C}+\overline{B}\overline{D}+B\overline{C}D$。

请注意,卡诺图的四个角的最小项是逻辑相邻的。

若取值为 0 的项较少,也可以用取值为 0 的项来化简,如下例。

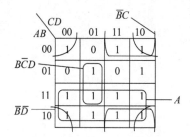

图 7-15 例 7-5 的卡诺图

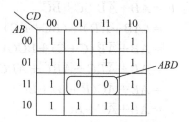

图 7-16 例 7-6 的卡诺图

例 7-6 求图 7-16 所示卡诺图的化简结果。

解: 该卡诺图中只有两个最小项对应的输出等于 0,其他的均为 1。可以先求出反函数的化简结果,再求反,便得到原函数的结果,即

$$\overline{F}=ABD,\quad F=\overline{ABD}$$

例 7-7 用卡诺图化简逻辑代数式 $Y=AB+\overline{A}\,\overline{B}\,\overline{C}+A\overline{B}\,\overline{C}$。

解: 将逻辑函数中包括的各最小项(AB 项隐含着两个最小项 $ABC,AB\overline{C}$)对应的方格填入 1,其他各项填入 0,然后化简(如图 7-17 所示),得出结果

$$Y=AB+\overline{B}\,\overline{C}$$

2. 具有约束项的逻辑函数的化简

当输入条件受到约束,使某些输入取值不会出现时,则其对应的输出无论是什么状态,均不会影响结果。这些输入取值所对应的最小项称作约束项,也称作任意项或无所谓项。约束项在卡诺图中用"×"表示,例如在图 7-18 中,ABC 取值为 101、001、011 对应的 3 个最小项 $A\overline{B}C$、$\overline{A}\,\overline{B}C$、$\overline{A}BC$ 为约束项。约束项也可用逻辑表达式来表示。例如,图 7-18 中的约束项可表示为 $A\overline{B}C+\overline{A}\,\overline{B}C+\overline{A}BC=0$,$\sum(m_1,m_3,m_5)=0$,或者简化成 $\overline{B}C+\overline{A}C=0$。

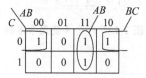

图 7-17 例 7-7 的卡诺图

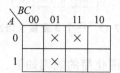

图 7-18 约束项的表示法

7.5 逻辑函数的化简

在用卡诺图化简时,约束项是作为 0 处理还是作为 1 处理,可以任意,这取决于哪种处理使结果最简。

例 7-8 已知真值表如表 7-9 所示,用卡诺图化简。

表 7-9 例 7-8 的真值表

A	B	C	F	A	B	C	F
0	0	0	0	1	0	0	1
0	0	1	0	1	1	0	1
0	1	0	0	1	1	1	1
0	1	1	0				

解:表中"101"状态未给出,即是任意状态。卡诺图如图 7-19 所示。由图可知这里的任意项当作 1 处理,可以得到最简结果:

$$Y = A$$

例 7-9 用卡诺图化简 $Y = \overline{A}B\overline{C} + AB\overline{C}D + \overline{A}CD$,$\overline{B}\overline{D} + CD = 0$ (约束项)

解:首先由 $Y = \overline{A}B\overline{C} + AB\overline{C}D + \overline{A}CD$ 确定输出等于 1 的最小项;然后由约束条件 $\overline{B}\overline{D} + CD = 0$ 确定约束项,图中标记为"×";其余项的输出等于 0,如图 7-20 所示。

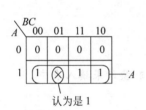

图 7-19 例 7-8 的化简

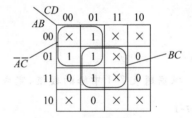

图 7-20 例 7-9 的卡诺图

化简的结果是 $Y = BD + \overline{A}\overline{C}$。

说明 化简结果不惟一。

由于在化简时选取的圈可以不同,因此结果也可以不同。

例 7-10 已知 $F(A,B,C) = \Sigma(m_2, m_3, m_4, m_5, m_6, m_7)$,请用卡诺图化简为最简与或式。

解:化简过程如图 7-21 所示。图 7-21(a)和(b)两图选取合并的圈不同,因此得到两种不同的正确结果。

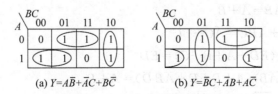

图 7-21 例 7-10 的化简过程

图 7-21(a)的结果为 $Y=A\bar{B}+\bar{A}C+B\bar{C}$,图 7-21(b)的结果为 $Y=\bar{B}C+\bar{A}B+A\bar{C}$。

本章小结

本章主要讲述了逻辑代数的一些运算规则和定理、逻辑函数的表示方法及化简。这些内容是分析和设计数字电路的基础。

(1) 应该熟练掌握逻辑运算的基本规则和定理。

(2) 本章介绍了逻辑函数的 4 种表示方法:真值表、逻辑函数式、逻辑图、卡诺图。这四种表示方法具有同等的重要性,在分析和设计数字电路时,可根据具体情况选择合适的表示方法。要求熟练掌握这 4 种表示法相互之间的转换。

(3) 本章介绍了两种逻辑函数的化简方法:逻辑代数化简法和卡诺图化简法。逻辑代数化简法不受任何条件的限制,但要求掌握各种逻辑运算的公式和定理、掌握一定的经验和技巧;卡诺图化简法简单直观,使用时有一定的规律,一般用于 3 或 4 变量逻辑函数的化简。在用卡诺图化简时一定要注意约束项的使用。

习题

7.1 根据题表 7-1 中给的数值,完成数制转换,并将转换结果填入表中。

题表 7-1

八进制	十六进制	二进制	十进制	BCD(8421)码
73				
	5C			
		1100101		
			89	
				10010101

7.2 应用逻辑代数证明下列各式。

(1) $ABC+\bar{A}+\bar{B}+\bar{C}=1$

(2) $\bar{A}\bar{B}+A\bar{B}+\bar{A}B=\bar{A}+\bar{B}$

(3) $\bar{A}BC+ABC+\bar{A}\bar{B}C=\bar{A}C+BC$

(4) $(ED+ABC)(ED+\bar{A}+\bar{B}+\bar{C})=ED$

(5) $(AB+A\bar{B}+\bar{A}B)(A+B+D+\bar{A}\bar{B}\bar{D})=A+B$

(6) $A\bar{B}+B\bar{C}+A\overline{BC}+AB\bar{C}D=A\bar{B}+B\bar{C}$

7.3 用真值表证明下式。

(1) $A+B+C=\overline{\overline{A}\overline{B}\overline{C}}$

(2) $\overline{A}\overline{B}\overline{C}=\overline{A+B+C}$

(3) $A\overline{B}+B+\overline{A}B=A+B$

(4) $\overline{A}\overline{B}+A\overline{B}+\overline{A}B=\overline{A}+\overline{B}$

7.4 用反演定律求下列函数的反函数。

(1) $F=A\overline{B}+B\overline{C}+C(\overline{A}+D)$

(2) $F=A\overline{B}+(A+C\overline{D})(A+\overline{B}\overline{C})$

7.5 用反演定律将下列逻辑式转换成与非式。

(1) $F=A\overline{B}C+\overline{A}\overline{B}C+C(\overline{A}+D)$

(2) $F=A\overline{B}+(A+C\overline{D})(A+\overline{B}\overline{C})$

7.6 用反演定律将下列逻辑式转换成或非式。

(1) $F=A\overline{B}+B\overline{C}+C(\overline{A}+D)$

(2) $F=A\overline{B}+(A+C\overline{D})(A+\overline{B}\overline{C})$

7.7 将下列各函数转换为最小项之和的形式。

(1) $F=A+\overline{B}+CD$

(2) $F=A\overline{B}CD+B\overline{C}D+\overline{A}C$

(3) $F=L\overline{M}+MN+\overline{N}L$

(4) $F=A\overline{B}+\overline{BC\overline{(C+D)}}$

7.8 分别用逻辑代数和卡诺图将下式化为最简与或式。

(1) $F=ABC+AB\overline{C}+\overline{B}$

(2) $F=\overline{A}BC+A\overline{B}C+\overline{C}$

(3) $F=A\overline{B}\overline{C}+A\overline{C}+C$

(4) $F=ABC+\overline{A}BC+\overline{A}BC$

(5) $F=\overline{A}\overline{B}C+A\overline{B}C+\overline{C}$

(6) $F=AB+\overline{A}BC+\overline{A}B\overline{C}$

(7) $F=A\overline{B}+AC+BCD+\overline{D}$

(8) $F=\overline{A}+\overline{A}B+BC\overline{D}+B\overline{D}$

7.9 利用卡诺图化简。

(1) $F(A,B,C)=\Sigma(m_2,m_3,m_4,m_6)$

(2) $F(A,B,C,D)=\Sigma(m_0,m_2,m_3,m_4,m_5,m_6,m_8,m_9,m_{10},m_{11},m_{12},m_{13},m_{14},m_{15})$

(3) $F(A,B,C)=\overline{A}\overline{B}+B\overline{C}+\overline{A}+\overline{B}+ABC$

(4) $F(A,B,C,D)=A\overline{B}\overline{C}+\overline{A}\overline{B}+\overline{A}D+C+BD$

(5) 化简题图 7-1 所示的卡诺图。

(6) 化简题图 7-2 所示的卡诺图。

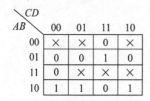

题图 7-1

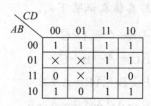

题图 7-2

7.10 已知逻辑函数 F 的真值表如题表 7-2，画出卡诺图，写出 F 的最简表达式，并画出逻辑图。

7.11 用卡诺图化简以下两个具有约束项的函数。

(1) $F=AC+\overline{A}\overline{B}C$，其中 $\overline{B}\overline{C}=0$；

(2) $F(A,B,C,D)=\Sigma(m_2,m_4,m_6,m_7,m_{12},m_{15})$，其中 $m_0+m_1+m_3+m_8+m_9+m_{11}=0$。

题表 7-2

A	B	C	F
0	0	0	0
0	0	1	0
0	1	0	0
0	1	1	1
1	0	0	0
1	0	1	1
1	1	0	0
1	1	1	1

第 8 章

门 电 路

8.1 概述

数字电路中最常用的基本逻辑器件(logic device)主要有两大类：门电路(logic gate)和双稳触发器(简称触发器)(flip-flop)。门电路的输出和输入关系一一对应，输出只随输入信号的变化而改变。它可以用来实现与、或、非等基本逻辑关系，还可以构成各种组合逻辑电路。触发器和门电路最大的区别是，它的输出有两种可能的状态，或者高电平或者低电平，而且输出的状态不仅和现实的输入有关，还和以前的输出状态有关。因此，触发器是一种有记忆功能的逻辑器件，是实现二进制运算的基本单元电路，主要用来构成时序逻辑电路。本章介绍门电路的组成、工作原理及其特性。

实现基本逻辑的电路称为门电路。门电路按构成形式可分成两大类：分立元件门电路和集成门电路。分立元件门电路，是将若干单个电子元器件，通过导线连接起来组成的电路；而集成门电路是将电路所用元器件及其连线，通过一定的工艺制作在一块半导体芯片上，引出必要的输出端，最后封装而成。由于分立元件门电路体积大、可靠性差、使用不方便，实际应用中已被淘汰，一般只用它讲解门电路的工作原理；而集成门电路体积小、可靠性高、使用方便，在实际工作中被广泛采用，是本课程学习的重点。

按半导体芯片上含有等效逻辑门的个数，集成电路的规模现在常分成四种：小规模集成电路(SSI 每片含门的个数小于 10 个)、中规模集成电路(MSI 每片含门的个数为 10～99 个)、大规模集成电路(LSI 每片含门的个数为 100～9999 个)和超大规模集成电路(VLSI 每片含门的个数大于 10000 个)。每种集成电路根据其中使用的元器件和结构的不同，又有多种类型。其中集成逻辑门电路，目前最常用的是由晶体管构成的 TTL(transistor-transistor logic)门和由 MOS 管构成的 CMOS(complementary metal-oxide semiconductor)门,下文中将重点介绍这两种集成门电路。

8.2 分立元件门电路

由电阻、电容、二极管、三极管等元器件构成的门电路,称为分立元件门电路。下面分别介绍实现与、或、非等基本逻辑关系的分立元件门电路。

8.2.1 与门

由二极管构成的分立元件与门电路,如图 8-1(a)所示。

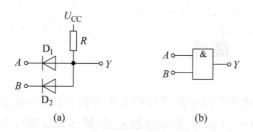

图 8-1 分立元件与门电路及符号

图中 A、B 为输入端,Y 为输出端。设电源电压 $U_{CC}=10V$,输入的高电平为 3V,低电平为 0V,两个二极管的正向导通压降为 0.3V。根据二极管的工作原理分析可知:当 $u_A = u_B = 0V$ 时,D_1、D_2 两二极管均导通,所以电路输出端的电位为二极管的正向导通压降,即 $u_Y = 0.3V$;当 $u_A = 0V$、$u_B = 3V$ 时,D_1 首先导通。由于 D_1 的导通,使得 D_2 截止。输出端的电位仍为 0.3V;当 $u_A = 0.3V$、$u_B = 0V$ 时,D_2 导通 D_1 截止,输出端的电位不变;只有当 $u_A = u_B = 3V$ 时,D_2、D_1 两管都导通,输出端的电位变成 3.3V。将以上关系归纳起来如表 8-1 所示。分析逻辑关系时,若全部采用正逻辑,即设输入、输出的高电平为"1"、低电平为"0",则表 8-1 对应的逻辑功能如表 8-2 所示。由表中数据可见,该电路实现的是"与"关系($Y = AB$),所以称为"与门",逻辑符号见图 8-1(b)。

表 8-1 与门输入与输出的电位关系			表 8-2 与门的逻辑关系		
u_A/V	u_B/V	u_Y/V	A	B	Y
0	0	0.3	0	0	0
0	3	0.3	0	1	0
3	0	0.3	1	0	0
3	3	3.3	1	1	1

8.2.2 或门

由二极管构成的分立元件或门电路,如图 8-2(a)所示。

8.2 分立元件门电路

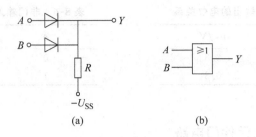

图 8-2 分立元件或门电路及符号

设图中电源电压 $-U_{SS}=-10\text{V}$,输入信号的大小和图 8-1 相同。参照"与门"电路的分析方法,可得该电路输入、输出的电位关系和逻辑关系,分别见表 8-3 和表 8-4。表中关系请读者自行分析。由表 8-4 可见,该电路实现的是"或"关系($Y=A+B$),所以称为"或门",其逻辑符号见图 8-2(b)。

表 8-3 或门输入与输出的电位关系

u_A/V	u_B/V	u_Y/V
0	0	-0.3
0	3	2.7
3	0	2.7
3	3	2.7

表 8-4 或门的逻辑关系

A	B	Y
0	0	0
0	1	1
1	0	1
1	1	1

8.2.3 非门

用三极管和电阻构成的分立元件"非门"电路,如图 8-3(a)所示。

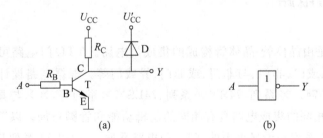

图 8-3 分立元件非门电路及符号

图中 A 为输入端,Y 为输出端。设电源电压 $U_{CC}=10\text{V}$,$U'_{CC}=3\text{V}$,A 端输入的高电平为 3V、低电平为 0V。并设输入端加低电平时,三极管截止;加高电平时,三极管饱和导通,其正向饱和导通压降为 0.3V。图中 D 为钳位二极管,其正向导通压降为 0.3V。

当 $u_A=0\text{V}$ 时,三极管截止,二极管导通,输出电压 $u_Y=U'_{CC}+0.3\text{V}=3.3\text{V}$;当 $u_A=3\text{V}$ 时,三极管饱和导通,二极管截止,$u_Y=U_{ces}=0.3\text{V}$。该电路输出、输入间的电位关系和逻辑关系,分别见表 8-5 和表 8-6。可见,该电路实现的是"非"的关系($Y=\overline{A}$),所以称为"非门",其符号见图 8-3(b)。

表 8-5　非门输入与输出的电位关系

u_A/V	u_Y/V
0	3.3
3	0.3

表 8-6　非门输入与输出的逻辑关系

A	Y
0	1
1	0

8.2.4　其他分立元件门电路

用以上三种基本门电路可以组成各种复合门电路,如用"与门"和"非门"组成"与非门"(图 8-4(a)),用"或门"和"非门"组成"或非门"(图 8-4(b))等。根据以上分析方法,可以方便地得到它们的逻辑功能,请读者自行分析。

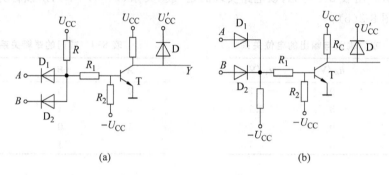

图 8-4　分立元件与非门和或非门电路

8.3　TTL 门电路

TTL 门电路是由晶体管-晶体管构成的集成门电路。TTL 门电路可以实现多种逻辑功能,如构成与门、或门、非门、与非门、或非门、异或门等。根据电路设计和工艺水平的不同,TTL 门电路有 74×× 系列、74S×× 系列、74LS×× 系列等,×× 与具体的逻辑功能对应,型号中"××"相同的集成电路具有相同的逻辑功能和管脚布局。以下在系列的名称中将忽略"××"。74 系列是最早出现的 TTL 门电路系列,下面以 74 系列与非门电路为例介绍 TTL 门电路的工作原理和基本参数。

8.3.1　TTL 与非门

1. 工作原理

74 系列的 TTL 与非门的电路结构如图 8-5(a)所示,图中 A、B 为输入端,Y 为输出端。该电路由三部分组成,分别为输入级、中间级和输出级。输入级由多发射极三极管 T_1、基极电阻 R_1、二极管 D_1 和 D_2 组成。多发射极三极管可以看成是集电结和各个发射结背靠背相连的二极管组成,如图 8-6 所示,由此可见,T_1 在电路中的作用类似于二极管"与门"。二极管 D_1、D_2 起保护三极管 T_1 的作用,可以防止当输入端出现负电压干扰时造成的逻辑错误

8.3 TTL 门电路

和三极管的过流。中间级是由三极管 T_2、电阻 R_2 和 R_3 组成三极管非门,可以分别在 C_2 和 E_2 端得到与 B_2 反相和同相的输出。输出级由三极管 T_3 和 T_4、二极管 D_3 和电阻 R_4 组成,由于 T_3 的基极信号为 C_2,T_4 的基极信号为 E_2,而 C_2、E_2 输出反相,所以当 T_3、D_3 导通时 T_4 截止,而当 T_3、D_3 截止时 T_4 导通。这种结构称为推挽式结构,具有较强的带负载能力。

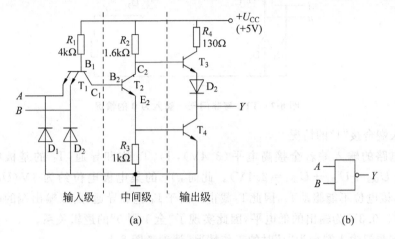

图 8-5 TTL 与非门电路

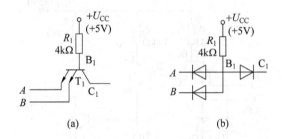

图 8-6 多发射极晶体管的等效电路

下面分析图 8-5(a)与非门电路的工作原理。分析时设电路中各三极管的饱和导通压降为 0.3V,发射结的正向导通压降为 0.7V,输入的低电平为 0.3V、输入的高电平为 3.4V。电路的逻辑功能定性分析如下。

1) 任一输入端接"0"的情况

当输入端中任何一个(如 A 端)为低电平(0.3V)时,T_1 的基极(B_1)电位被箝在 $U_{B1} = u_A + U_{B1} = 0.3V + 0.7V = 1V$,这个电位不足以驱动 T_2、T_4 导通(因为从 T_1 的基极到 T_4 的发射极共三个 PN 结,大约需要 2.1V 的电压才能导通)。因此 T_2、T_4 截止,C_2 被电源和 R_2 拉到高电平,于是 T_3 饱和,如图 8-7 所示(图中去掉了截止的三极管)。此时输出端的电位近似为

$$u_Y = 5V - U_{BE3} - U_{D3} - u_{R2} \approx 3.4V \tag{8-1}$$

3.4V 为输出的高电平的典型值,因此实现了"任 0 则 1"的逻辑关系。

此时,若另一个输入端接高电平(3.4V),该发射结处于反偏状态,也不会影响电路的逻辑关系。

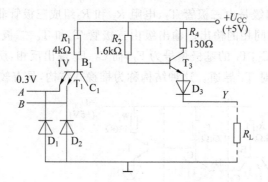

图 8-7　TTL 与非门任一输入为 0 的情况

2) 输入端全接"1"的情况

TTL 电路的输入端若全接高电平(3.4V)，T_2、T_4 饱和导通，T_1 的基极电位被箝在 2.1V($U_{B1}=U_{BC1}+U_{BE1}+U_{BE4}=2.1V$)。此时，$T_2$ 的集电极电位约为 1V($U_{C1}=U_{CES2}+U_{BE4}=1V$)，该电位不能驱动 T_3，因此 T_3 截止。由于 T_4 饱和导通，所以输出端的电位为 $u_Y=U_{ces4}=0.3V$。0.3V 为输出的低电平，因此实现了"全 1 则 0"的逻辑关系。

TTL 与非门输入端全为"1"时的工作情况，请参考图 8-8。

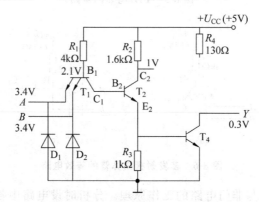

图 8-8　TTL 与非门输入全为 1 的情况

综合以上两种情况的分析，图 8-5(a)电路的输入和输出符合与非的逻辑关系，即 $Y=\overline{AB}$，所以该电路为 TTL 与非门。其逻辑符号见图 8-5(b)。

2. 主要特性与参数

从不同角度分析，TTL 与非门有多种特性参数，下面仅简单介绍其中几种，供实际应用时参考。

1) 电压传输特性及参数

若将 TTL 与非门按图 8-9(a)连接进行测试，当输入电压变化时，输出电压随之改变，其关系见图 8-9(b)。该曲线表明了输出电压和输入电压间的关系，称为电压传输特性(voltage transfer characteristics)。图中，U_{oH} 和 U_{oL} 为输出端的高、低电平电压，典型值通常取 $U_{oH}\approx 3.4V$，$U_{oL}\approx 0.3V$。

在特性曲线的 AB 段：输入电压 $u_i<U_{off}$，输出 $u_o=U_{oH}\approx 3.4V$，基本不随着输入电压

8.3 TTL门电路

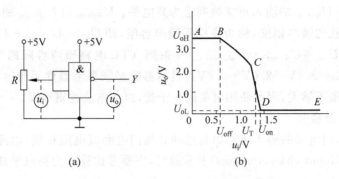

图 8-9 TTL 与非门的电压传输特性

的增加而增加，AB 段称为特性曲线的截止区，U_{off} 称为关门电压；在 BC 段：当输入电压达到 U_{off} 后，由于 T_1 的基极 B_1 电压增加，使得三极管 T_2 进入放大区，输出电压下降较快，BC 段称为特性曲线的线性区；在 CD 段：当输入电压达到 $U_T(\approx 1.4\text{V})$ 时，$u_{B1} \approx 1.4\text{V}$，$T_2$、$T_4$ 导通，T_3 截止，输出迅速转换为低电平，当 $u_i > U_{on}$ 后输出保持为低电平 $u_o \approx 0.3\text{V}$，U_T 称为阈值电压，U_{on} 称为开门电压；在 DE 段：输入电压继续增加，输出保持低电平 $u_o = U_{oL} \approx 0.3\text{V}$。

从特性曲线可以看出，当输入电压在 $u_i < U_{off}$ 时输出为高电平，$u_i > U_{on}$ 时输出为低电平。输入在 $U_{off} \sim U_{on}$ 区间输出处于变化状态，不能保证不出现逻辑错误。另外，考虑到器件的温度特性、电源电压的变化和器件特性的离散型，U_{off} 和 U_{on} 也是有变化的。因此必须对门电路的输出、输出的高低电平电压做限制，从而保证不出现逻辑错误。

在器件的产品手册里会给出输出高电平电压的最小值 $U_{oH(min)}$ 和输出低电平电压的最大值为 $U_{oL(max)}$，以及可接受的输入低电平的最大值 $U_{iL(max)}$ 和可接受的输入高电平的最小值 $U_{iH(min)}$。如果输入处于 $U_{iL(max)} \sim U_{iH(min)}$ 区间，就可能出现逻辑错误，因此这个区间是非法输入区间。不同类型的器件中这些参数可能会有差异，对于 74 系列的与非门电路 $U_{oH(min)} = 2.4\text{V}$，$U_{oL(max)} = 0.4\text{V}$，$U_{iL(max)} = 0.8\text{V}$，$U_{iH(min)} = 2\text{V}$。

参考图 8-10，$U_{oH(min)}$ 和 $U_{oL(max)}$ 是所有器件中最差的输出状况。$U_{iH(min)}$ 是器件判定输入为高电平的最小值，即输出低于 $U_{iH(min)}$ 时可能被认为是低电平；$U_{iL(max)}$ 是判定输入为低电

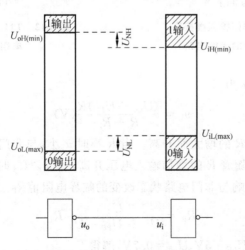

图 8-10 74 系列 TTL 与非门的输入端噪声容限示意图

平的最大值,大于 $U_{iL(max)}$ 的输入可能被判定为高电平。$U_{iH(min)}$ 与 $U_{oH(min)}$ 的差值是在输入高电平时允许的干扰的噪声幅度,称为高电平噪声容限,即 $U_{NH}=U_{iH(min)}-U_{oH(min)}$。同样,低电平噪声容限为 $U_{NL}=U_{iL(max)}-U_{oL(max)}$。74 系列 TTL 电路噪声容限的为 $U_{NL}=0.8V-0.4V=0.4V$,$U_{NH}=2.4V-2.0V=0.4V$。具体参数必须参考器件手册给出的数据。TTL 门电路的噪声容限不够大,因此使用时要防止干扰,以免造成逻辑错误。

2) 输入特性及参数

实际应用中,门电路的输入或输出总是和其他门电路或电阻相接,因此在分析 TTL 与非门的输入特性(input characteristics)及参数时,主要考虑输入为高电平或低电平、输入端接电阻两种情况。

TTL 与非门输入端接高、低电平时的等效电路参见图 8-11。当某输入端接高电平(设 $u_i=3.4V$)时,因为晶体管 T_1 的基极电位被钳在 2.1V,所以该输入端对应的 T_1 发射结反偏,此时流入门电路的电流称为高电平输入电流(I_{iH}),其值很小,典型值一般为 $40\mu A$;当某输入端接低电平(设 $u_i=0.3V$)时,电流从 5V 电源经电阻 R_1(4kΩ)和与该输入端对应的 T_1 发射结流到输入端,该电流称为输入低电平电流(I_{iL})。按图中规定的正方向,其值可以根据下式近似计算:

$$I_{iL}=-\frac{5V-U_{BE1}-u_i}{R_1}\approx-\frac{5V-0.7V-0.3V}{4k\Omega}=-1mA \tag{8-2}$$

下面讨论 TTL 与非门输入端通过电阻接地的情况。设输入端 A 通过电阻 R 接地,如图 8-12 所示。

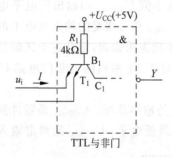

图 8-11 TTL 与非门输入端接高、
低电平时的等效电路

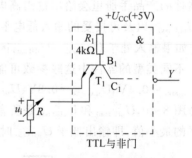

图 8-12 TTL 与非门入端接
电阻的等效电路

由图可得输入端电压为

$$u_i=\frac{(U_{CC}-U_{BE})R}{R+R_i}(V) \tag{8-3}$$

可见,u_i 随外接电阻 R 的增大而升高。当 R 小时 u_i 小,与非门电路的输入端相当于接低电平,输出为高电平;随着 R 的增加输入电压升高,到 $u_i \geqslant U_T$ 时,输入变高电平,输出变低电平。据此,可算出影响与非门电路状态改变的临界电阻值 R_P。由式(8-3)可得

$$R_P=\frac{U_T}{U_{CC}-U_{BE}-U_T}R_1 \tag{8-4}$$

设 $R_1=4k\Omega$、$U_T=1.4V$、$U_{CC}=5V$、$U_{BE}=0.7V$,解得

$$R_P=1.93k\Omega$$

8.3 TTL 门电路

对于 74 系列的 TTL 与非门电路，在理想情况下，当 $R<1.93\text{k}\Omega$ 时，输入为低电平，当 $R>1.93\text{k}\Omega$ 时，输入为高电平。但是考虑到对器件输入电压的规定，为了保证输入为低电平，输入低电平电压必须小于 $U_{iL(max)}$，即

$$R_{iL} < \frac{U_{iL(max)}}{U_{CC} - U_{BE} - U_{iL(max)}} R_1 \tag{8-5}$$

对于 74 系列 TTL 电路，$U_{iL(max)} = 0.8\text{V}$，解得

$$R_{iL} < 910\Omega$$

如果要保证输入为高电平，输入电压必须大于输入高电平电压 $U_{iH(min)}$，电阻必须满足

$$R_{iH} > \frac{U_{iH(min)}}{U_{CC} - U_{BE} - U_{iH(min)}} R_1 \tag{8-6}$$

对于 74 系列 TTL 电路，$U_{iH(min)} = 2\text{V}$，解得

$$R_{iH} > 3.48\text{k}\Omega$$

输入端所接的电阻 $R=\infty$ 时（输入端悬空），输入端也相当于接高电平。因此，TTL 与非门悬空的输入端相当于高电平。但在实际使用中，为防止悬空的输入端引入干扰，常将多余的输入端接高电平或将输入端并联使用。

3) 输出特性与参数

图 8-13 为 TTL 与非门的输出端和同类门相连接的示意图。其中图 8-13(a) 为与非门电路输出为低电平时，负载门向其输出端流入电流（用 I_{oL} 表示，又称灌电流）的情况。显然，负载门越多，灌入的电流越大。图 8-13(b) 为与非门电路输出为高电平时，输出端向负载门输出电流 I_{oH}（拉电流）的情况。同样，负载门越多，由输出端拉出的电流越大。因此，TTL 与非门输出端所带负载门的个数不能太多，否则灌电流和拉电流太大，门电路的逻辑关系将被破坏。即必须满足

$$\begin{cases} I_{oH(max)} > n I_{iH(max)} \\ I_{oL(max)} > n I_{iL(max)} \end{cases} \tag{8-7}$$

式中，n 是负载门的个数；$I_{oL(max)}$ 是输出低电平时，输出电流灌电流的最大值；$I_{oH(max)}$ 是输出高电平时，输出拉电流允许的最大值；$I_{iH(max)}$ 是输入高电平电流的最大值；$I_{iL(max)}$ 是输入低电平电流的最大值。使用上式时应忽略输出灌电流和输入拉电流的负号。

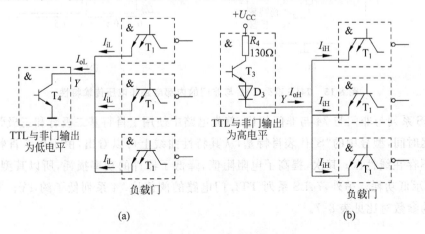

图 8-13 TTL 与非门输出端负载情况

TTL 与非门的输出端所带负载门的最大数目,称为扇出系数(fan out),用 N 表示。对于 74 系列 TTL 门电路,$I_{oL(max)}=16\text{mA}$,$I_{oH(max)}=-0.4\text{mA}$,$I_{iL(min)}=1\text{mA}$,$I_{iH(min)}=40\mu\text{A}$。根据式(8-7)可得 74 系列门电路的扇出系数为 $N=10$。扇出系数体现了门电路的带负载能力,使用时要给予注意。

4) 平均传输延迟时间

由于 TTL 门电路中各晶体管工作状态的转换都需要时间,所以其输出电压波形相对于输入电压波形总有些延迟,如图 8-14 所示。若以上升沿和下降沿的中点为标准,则输入电压上升沿对应的延迟时间为 t_{PHL},下降沿对应的延迟时间为 t_{PLH},平均延迟时间(average delay time)为 $t_{Pd}=\frac{1}{2}(t_{PHL}+t_{PLH})$。此值是衡量门电路速度的参数,应该越小越好。

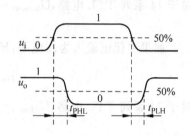

图 8-14 TTL 与非门动态电压波形

3. 其他 TTL 门电路

TTL 集成电路的种类很多,实用产品主要有:74、74H(high speed,高速型)、74S(Schottky,肖特基结构)、74LS(low-power Schottky,低功耗肖特基结构)、74ALS(advanced low-power Schottky)、74F(fairchild advanced Schottky)等多个系列。其中 74LS 系列是最为被广泛应用的 TTL 门电路,其内部电路及电压传输特性曲线如图 8-15 所示。

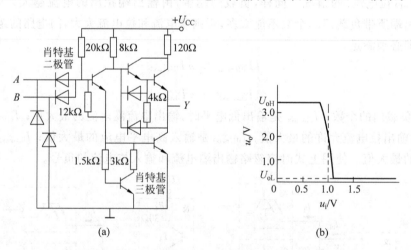

图 8-15 74LS 系列 TTL 与非门的内部电路和电压传输特性

74LS 系列与非门与 74 与非门相比,首先电路中使用了肖特基二极管和三极管,降低了平均延迟时间,型号中的"S"代表肖特基,从其特性曲线上可以看出,由于用了肖特基器件,曲线上不存在线性区;其次,提高了电阻阻值,降低了器件的功率损耗,所以其型号中增加了"L"表示低功耗。另外,74LS 系列 TTL 门电路的阈值比 74 系列低了约 1V。几种 TTL 门电路的参数对比见表 8-7。

8.3 TTL 门电路

表 8-7　集中 TTL 电路的参数对比

参数名称及符号	系列			
	74	74S	74LS	74ALS
输入低电平最大值 $U_{iL(max)}$/V	0.8	0.8	0.8	0.8
输出低电压最大值 $U_{oL(max)}$/V	0.4	0.5	0.5	0.5
输入高电平最小值 $U_{iH(min)}$/V	2.0	2.0	2.0	2.0
输出高电压最小值 $U_{oH(min)}$/V	2.4	2.7	2.7	2.7
低电平输入电流最大值 $I_{iL(max)}$/mA	−1.0	−2.0	−0.4	−0.2
低电平输出电流最大值 $I_{oL(max)}$/mA	16	20	8	8
高电平输入电流最大值 $I_{iH(max)}$/μA	40	50	20	20
高电平输出电流最大值 $I_{oH(max)}$/mA	−0.4	−1.0	−0.4	−0.4
平均延迟时间 t_{pd}/ns	9	3	9.5	4
每个门的功耗/mW	10	19	2	1.2

注：具体参数可能依厂家不同而有差别，使用时请参考所用器件的参数表。

从表 8-7 可知，74LS 系列 TTL 门电路的参数为 $U_{iL(max)}=0.8\text{V}$，$U_{oL(max)}=0.5\text{V}$，$U_{iH(min)}=2.0\text{V}$，$U_{oH(min)}=2.7\text{V}$。所以，低电平噪声容限为 $U_{NL}=U_{iL(max)}-U_{oL(max)}=0.8\text{V}-0.5\text{V}=0.3\text{V}$；高电平噪声容限为 $U_{NH}=U_{iH(min)}-U_{oH(min)}=2.7\text{V}-2.0\text{V}=0.7\text{V}$。根据表 8-7 可以计算出 74LS 电路的扇出系数为 $N=20$。

4．集成器件及应用举例

74LS 的门电路型号很多，表 8-8 列出了其中几种常用型号，其他 74LS 系列基本门电路及对应的功能见附录 D。要了解具体功能及管脚图，可根据其型号下载并查阅其数据手册(datasheet)。门电路是数字系统中最基本的单元，后面章节中经常会用到，这里仅举一个简单的例子。

表 8-8　几种常用的 TTL 集成门电路

型号	逻辑功能
74LS00	四 2 输入与非门
74LS04	六反相器
74LS10	三 3 输入与非门
74LS20	双 4 输入与非门
74LS30	八输入与非门

例 8-1　图 8-16 所示为由非门和与非门构成的两地控制的照明电路，试分析它的逻辑功能，并用 TTL 集成门画出相应的控制电路。

解：(1) 电路功能分析

整个电路由两地开关(A、B)、逻辑控制电路、驱动电路、照明灯等几部分组成。其中驱动电路中的晶体管(T)起电流放大作用，当基极输入端(Y)为高电平时，晶体管导通，继电器线圈(J)通电，触头(J_1)闭合，照明灯点亮；反之，基极输入端(Y)为低电平时，照明灯熄灭。整个电路的关键部分是逻辑控制电路，其输入和输出的逻辑关系为

第 8 章　门电路

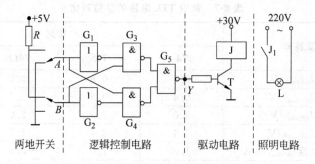

图 8-16　两地控制照明电路的示意图

$$Y = \overline{\overline{AB} \cdot \overline{A\overline{B}}} = \overline{A}B + A\overline{B}$$

可见，该控制电路的输出和输入为异或关系。也就是说，只要两地开关 A、B 的状态不同，控制电路的输出(Y)便是高电平，照明灯点亮；A、B 两个开关的状态相同，输出便是低电平，照明灯熄灭。因此，在 A 开关状态不变的情况下改变 B 开关的状态，或在 B 开关状态不变的情况下改变 A 开关的状态，都可以将照明灯点亮或熄灭。由此实现了由两地开关控制同一个照明灯的要求。全部电路的控制关系见表 8-9。

表 8-9　两地开关控制一个照明灯的逻辑关系

开关状态		逻辑输出状态	照明灯状态
A	B	Y	L
0	0	0	灭
0	1	1	亮
1	0	1	亮
1	1	0	灭

（2）由集成门构成的电路

图 8-16 中的逻辑控制电路部分，有两个非门、三个两输入的与非门。查表 8-8，可选用一个 74LS00 和一个 74LS04 集成门，它们的管脚排列分别见图 8-17(a)和(b)。由集成门构成的两地开关控制同一个照明灯的电路，如图 8-18 所示。

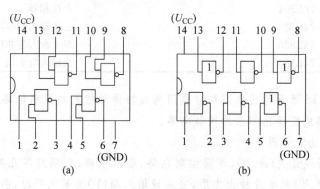

图 8-17　74LS04、74LS00 的管脚图

8.3 TTL 门电路

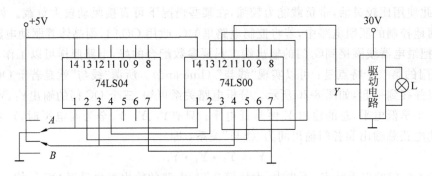

图 8-18 TTL 门构成的两地控制的照明灯电路

8.3.2 TTL 集电极开路与非门

将普通 TTL 与非门(见图 8-5)中的 T_3、T_4 两个晶体管去掉，T_3 的集电极变成悬空状态，电路余留部分便构成集电极开路与非门(open collector NAND gate，OC 门)，如图 8-19(a) 所示。它的逻辑符号见图 8-19(b)。

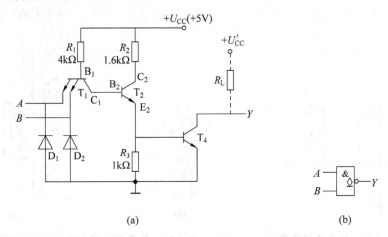

图 8-19 集电极开路与非门电路及符号

1. 工作原理

该电路中因为晶体管 T_4 的集电极是开路的，所以使用时输出端必须另外接电阻 R_L 和电源 U'_{CC}，见图 8-19(a) 中虚线。和普通 TTL 与非门的工作原理类似，当输入端中有一个为低电平(0.3V)时，晶体管 T_1 的基极电位被钳在 1V，晶体管 T_4 不能导通，输出为高电平，其值由外接电阻和电源决定，因此，选择电阻 R_L 时应该保证输出高电平大于后接门电路的高电平输入电压的最小值；当输入端全为高电平(3.4V)时，晶体管 T_1 的基极电位被钳在 2.1V，T_4 导通，输出为低电平(T_4 饱和压降)。所以该电路实现的仍是与非逻辑关系。

2. 电路特点

OC 门的第一个特点是：因为其输出端外接的电阻 R_L 和电源 U'_{CC} 可以根据任务要求来

选择,因此使用比较灵活,带负载能力较强,在某些情况下可直接驱动较大负载。如图 8-16 所示的两地控制的照明电路中,若将控制电路里的 G_5 改用 OC 门,则晶体管驱动电路便可去掉,直接把继电器线圈接到 G_5 门的输出端。只要参数配合的好,电路照样可以工作。

OC 门的第二个特点是:可以实现"线与"(line-and)。所谓"线与"就是若干 OC 门的输出端可以并接到一起,如图 8-20 所示。分析电路关系可知,三个 OC 门的输出 Y_1、Y_2、Y_3 中,只要有一个是低电平,总的输出 Y 便是低电平;只有 Y_1、Y_2、Y_3 全为高电平时,Y 才是高电平。因此电路总输出和各门输出间为"线与"关系,即

$$Y = Y_1 \cdot Y_2 \cdot Y_3 \tag{8-8}$$

由于 OC 门的以上特点,不少中、大规模 TTL 电路的输出级也采用 OC 结构。OC 门的缺点是动作速度较慢,传输延迟时间比较长。

这里需要特别说明的是,普通 TTL 门电路不能"线与",即几个普通 TTL 门的输出端不能直接连接在一起,否则会损坏器件。如图 8-21(a)中,若将两个普通 TTL 与非门的输出端直接相连,在某一时刻如果门(1)的输出 Y_1 为高电平(内部电路中 T_3 导通),而门(2)的输出 Y_2 为低电平(内部电路中 T_4 导通),从 +5V 电源到地将会产生很大电流,致使器件损坏,如图 8-21(b)所示。使用中一定要注意普通 TTL 门和 OC 门的区别。

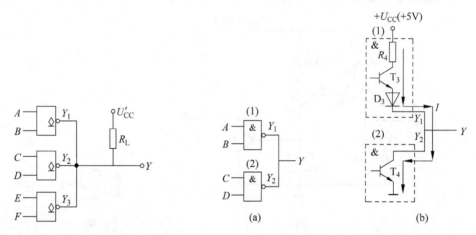

图 8-20 OC 门间的线与关系　　　　　图 8-21 普通 TTL 门电路不能线与的说明

TTL 型集成 OC 门有多种,如四 2 输入与非门 74LS01、六反相器 74LS05 等。它们的使用方法除需外接电源和电阻外,和普通门类似,具体管脚布局请查阅手册。

8.3.3 TTL 三态输出与非门

所谓三态输出(three states output),即输出为高电平、低电平、高阻状态(悬空)。TTL 三态输出与非门的原理电路如图 8-22 所示。和普通 TTL 与非门相比,该电路中仅增加了两个非门和一个输入控制端 E、一个二极管 D。

1. 工作原理

图 8-22 电路中,当控制信号 $E=1$ 时,电路的工作状态和普通与非门相同,即 $Y = \overline{AB}$。此时,电路的输出有 0、1 两种状态;当 $E=0$ 时,T_1 的基极电位被钳在 1V 左右,T_2、T_4 截

8.3 TTL 门电路

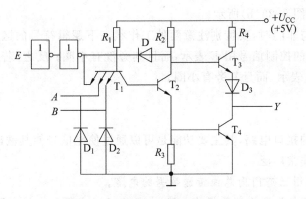

图 8-22 三态输出与非门的原理电路

止。同时,因为 $E=0$,二极管 D 导通,迫使 T_2 的基极变成低电位,T_3 也截止。因此,这时电路的输出与电源和地都不通(悬空),称为高阻状态,用 $Y=Z$ 表示。以上三种输出状态和控制信号的关系汇总在表 8-10 中,表 8-11 为其简化功能表。

表 8-10 三态输出与非门功能表(控制信号低高电平有效)

控制信号	输入		输出
E	A	B	Y
	0	0	1
	0	1	1
1	1	0	1
	1	1	0
0	×	×	Z

该电路中,因为控制信号为高电平时,电路处于与非门正常工作状态,所以通常称为高电平有效,对应的电路符号如图 8-23(a)所示。

表 8-11 三态输出与非门简化功能表
(控制信号高电平有效)

E	Y
1	$\overline{AB}$
0	Z

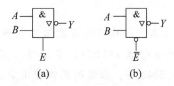

图 8-23 三态输出与非门符号
(a) 控制信号高电平有效;(b) 控制信号低电平有效

若将图 8-22 中控制端的非门去掉一个,电路工作情况则变成:$E=0$ 时,和普通与非门一样,$Y=\overline{A \cdot B}$;而 $E=1$ 时,电路处于高阻态,$Y=Z$。逻辑功能见表 8-12。此时,因为控制信号为低电平时,电路处于与非门正常工作状态,所以通常称为低电

表 8-12 三态输出与非门简化功能表
(控制信号低电平有效)

$\overline{E}$	Y
0	$\overline{AB}$
1	Z

平有效,电路符号如图 8-23(b)所示。

使用三态输出与非门时,要特别注意两种工作状态下逻辑符号的区别。当控制信号高电平有效时,符号中的控制信号用 E 表示,而且其旁没有小圈;反之,若控制信号低电平有效时,控制信号用 $\overline{E}$ 表示,而且其旁有小圈。

2. 应用举例

三态门是重要的接口电路,其主要功能是可以通过使能信号使其输出处于高阻态,在数字电路系统中应用非常广泛。

例 8-2 设计利用三态门向总线传送数据的电路。

解:利用三态门向总线传送数据的电路,如图 8-24(a)所示。其中 D_1、D_2、D_3 为待传送的数据。为避免数据在总线上发生混乱,各路数据和总线之间都加了三态非门电路。只要令三态非门的各控制信号 E_1、E_2、E_3 分时为高电平(图 8-24(b)),则 D_1、D_2、D_3 将按时间顺序先后送到总线上。

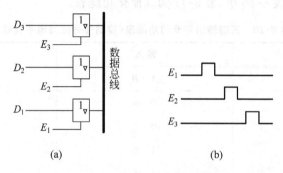

图 8-24 利用三态门向总线传送数据的电路

例 8-3 设计利用三态门实现数据双向传输的电路。

解:利用三态门实现数据双向传输的电路,如图 8-25 所示。图中当 $E=0$ 时,门(1)打开、门(2)截止,数据由 A 传向 B;反之,$E=1$ 时,门(2)打开、门(1)截止,数据由 B 传向 A。

TTL 型三态输出的集成器件很多,如反相三态输出的四总线传送接收器 74LS242,非反相三态输出的四总线传送接收器 74LS243 等。器件的具体使用方法,请查阅有关手册。

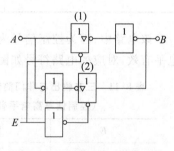

图 8-25 数据双向传输电路

8.4 CMOS 门电路

目前大规模和超大规模集成电路中 MOS 电路的应用更为广泛。其中最常用的是 P 沟道和 N 沟道增强型的 MOS 管,前者称为 PMOS,后者称为 NMOS。将 PMOS 和 NMOS 互补对称连接起来的电路,称为 CMOS。几种 MOS 电路相比,CMOS 具有功耗小、电源电压工作范围大(一般为 3~18V)、抗噪能力强等优点,因此发展很快。下面主要介绍 CMOS 门

8.4 CMOS 门电路

电路。

8.4.1 CMOS 非门

1. 电路结构和工作原理

CMOS 非门的组成如图 8-26(a)所示。其中驱动管 T_1 采用 NMOS，负载管 T_2 采用 PMOS。两管的栅极 G_1、G_2 连在一起为电路的输入端 A，两管的漏极 D_1、D_2 连在一起为电路的输出端 Y，T_1 的源极 S_1 接地 U_{SS}，T_2 的源极 S_2 接电源 U_{DD}。

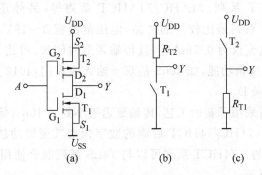

图 8-26 CMOS 非门及其等效电路

电路中，假设 T_1、T_2 两管的特性对称，T_1 的开启电压为 $U_{T1}=2V$，T_2 的开启电压为 $U_{T2}=-2V$。并设电源电压 $U_{DD}=10V$，输入端的高电平为 10V、低电平为 0V。根据 MOS 管的工作原理可知下述结论。

当输入端 $u_A=0V$ 时，T_1 管因 $u_{GS1}=u_A-U_{SS}=0V<U_{T1}$ 而截止；T_2 管因 $u_{GS2}=u_A-U_{DD}=-10V<U_{T2}$ 而导通。MOS 管导通时的等效电阻很小，截止时的等效电阻很大。若忽略管压降，此时输出端通过 T_2(等效电阻为 R_{T2})接至电源，因此输出为高电平，即 $u_Y=10V$。等效电路见图 8-26(b)。

当输入端 $u_A=10V$ 时，和上述情况相反。T_1 管因 $u_{GS1}=10V>U_{T1}$ 而导通；T_2 管因 $u_{GS2}=0V>U_{T2}$ 而截止。输出端通过 T_1(等效电阻为 R_{T1})接地，因此输出为低电平。等效电路见图 8-25(c)。

综合以上两种情况，可见图 8-26(a)电路的输入、输出互为反相，所以是非门电路。

2. 电路特点

因为 MOS 管的输入电阻很高，一般在 $10^{10}\Omega$ 以上，所以输入电流非常小，分析电路时经常将其忽略。因此，它和 TTL 门电路不同，若在 CMOS 管的输入端通过电阻接地，不论电阻多大，输入端的电位都是低电平；另外，MOS 管的栅极和衬底之间存在着介质电容，其介质又非常薄，极易击穿。所以目前生产的 CMOS 集成电路，输入端都加了保护电路，将输入电压的工作范围限制在 $0\sim U_{DD}$。

CMOS 非门输出和输入电压间的关系，也称为电压传输特性，其特性曲线如图 8-27 所示。该曲线在 $u_i=U_{th}=\frac{1}{2}U_{DD}$ 时变

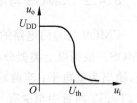

图 8-27 CMOS 非门电压传输特性

化很快，通常称 U_{th} 为转折电压或阈值电压。输出高电平接近电源电压（$U_{oH} \approx U_{DD}$），输出低电平 $U_{oL} \approx 0$。

CMOS 门电路还有很多特点，大多数参数的含义和 TTL 门类似，这里不再一一说明。总之，它和 TTL 门电路相比，具有以下优点：静态功耗极小，集成度高，温度性能好；电源电压适应范围宽；带负载能力强，扇出系数大；抗干扰能力强，噪声容限大等。其缺点是工作速度较慢，传输延迟时间较长等。

随着工艺水平的进步不断改进，CMOS 门电路从出现以来，已经出现的标准化产品有 4000 系列、74HC/74HCT 系列、74AHC/74AHCT 系列等，另外还有低电压的 LVC 和 ALVC 系列产品。4000 系列是比较早的产品，电压范围宽 3~18V，带负载能力弱，在 5V 电压供电时，低电平拉电流仅为 0.5mA，而且传输延迟时间长，可达 100ns。门电路的型号中，4 后面的数字代表其逻辑功能，如 4002 是双 4 输入或非门，4012 是双 4 输入与非门，其他型号的功能请参考附录 D。

74HC/74HCT 系列采用了新的工艺，传输延迟缩小到了 10ns，低电平拉电流可达 4mA 左右。在具体的型号中，74HC/74HCT 后面的数字代表其逻辑功能，其逻辑功能与 74LS 系列的逻辑功能是对应的。74HCT 系列可以与 74LS 系列混合使用。几种 CMOS 门电路的电压参数见表 8-13 所示。

表 8-13　几种 CMOS 门电路的电压参数（以 CD4011 和 74XX00 为例）

参　数	系列参数（测试条件：+5V 电源）				
	4000	74AC	74ACT	74HC	74HCT
电源范围/V	3~15	3~5.5	4.5~5.5	2~6	4.5~5.5
$U_{OH(min)}$/V	4.95	4.4	4.4	4.5	4.0
$U_{iH(min)}$/V	3.5	3.5	2.0	3.5	2.0
$U_{iL(max)}$/V	1.5	1.5	0.8	1.5	0.8
$U_{oL(max)}$/V	0.05	0.36	0.36	0.26	0.26
高电平输出电流最大值 $I_{oH(max)}$/mA	1	50	50	25	25
低电平输出电流最大值 $I_{oL(max)}$/mA	−1	−50	−50	−25	−25
高电平输入电流最大值 $I_{iH(max)}$/μA	10^{-5}	1	1	1	1
低电平输入电流最大值 $I_{iH(max)}$/μA	-10^{-5}	−1	−1	−1	−1
平均延迟时间 t_{pd}/ns	12	3	5	8	8

注：具体参数可能依厂家不同而有差别，使用时请参考所用器件的参数表。

8.4.2　CMOS 与非门

CMOS 与非门电路的结构如图 8-28 所示。驱动管 T_1、T_2 为 NMOS，负载管 T_3、T_4 为 PMOS。根据以上类似分析可知：当 A、B 两输入端全为高电平时，T_1、T_2 导通，T_3、T_4 截止，输出为低电平；当两输入端中一个为低电平或全为低电平，T_1、T_2 两管中至少有一个截止，T_3、T_4 两管中至少有一个导通，输出为高电平。因此，输入和输出为与非逻辑关系。

思考题 8-1　分析图 8-29 所示电路，说明它实现的逻辑功能。

8.4 CMOS 门电路

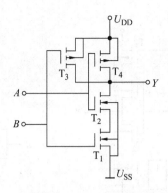

图 8-28 CMOS 与非门电路

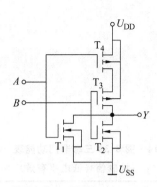

图 8-29 思考题 8.1 电路

8.4.3 CMOS 漏极开路门

CMOS 漏极开路门(open drain gate,OD 门)和 TTL 电路的 OC 门类似,其原理电路和符号分别见图 8-30(a)和(b)。电路的输出是一个漏极开路的 NMOS 管,工作时其漏极必须外接电阻 R_D 和电源 U'_{DD},否则不能工作。正常工作时,若 A、B 两输入端任何一个为低电平,则 NMOS 管因输入为低电平而截止,输出为高电平,即 $Y=U'_{DD}$;若两输入端全为高电平,则 NMOS 管因输入为高电平而导通,输出为低电平,即 $Y=0$。因此,电路实现的仍是与非关系。

OD 门和 OC 门具有同样的特点,可以实现"线与"逻辑关系(见图 8-31),而且输出端的带负载能力较强,经常被用在驱动器中。

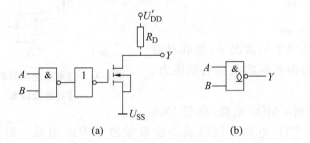

图 8-30 CMOS 漏极开路门电路及符号

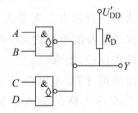

图 8-31 OD 门线与电路

8.4.4 CMOS 三态输出非门

和 TTL 门一样,CMOS 门也可以做成三态输出的形式,如图 8-32(a)所示。其中 T_1、T_2 为 NMOS 管,T_3、T_4 为 PMOS 管。A、Y 分别为输入、输出端,$\overline{E}$ 为三态使能控制端。

根据 MOS 管的工作原理分析可知:当 $\overline{E}=0$ 时,T_1、T_4 导通,此时的电路和图 8-26(a)的 CMOS 非门电路等效。即:$A=0$ 时,T_2 截止,T_3 导通,$Y=1$;$A=1$ 时,T_2 导通,T_3 截止,$Y=0$。所以,$Y=\overline{A}$。当 $\overline{E}=1$ 时,T_1、T_4 均截止,输出端悬空,处于高阻态。其逻辑符号见图 8-32(b),电路功能见表 8-14。

表 8-14　图 8-32 三态非门功能表
（控制信号低电平有效）

$\overline{E}$	Y
0	$Y=\overline{A}$
1	Z

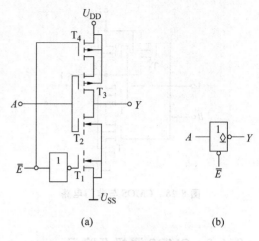

图 8-32　CMOS 三态输出门电路及符号

8.4.5　CMOS 与 TTL 门电路的匹配连接

不同类型的门电路混用时必须考虑它们之间接口的匹配问题，以保证不出现逻辑错误。

参考图 8-33 所示，从电压匹配方面考虑要求：后级的低电平输入电压最大值 $U_{iL(max)}$，必须大于前级低电平输出电压最大值 $U_{oL(max)}$；后级的高电平输入电压的最小值 $U_{iH(min)}$，必须小于前级高电平输出电压最小值 $U_{oH(min)}$。即满足

$$\begin{cases} U_{iL(max)} > U_{oL(max)} \\ U_{iH(min)} < U_{oH(min)} \end{cases}$$

从带负载能力方面考虑，在高低电平的情况下，负载对前级的拉电流和灌电流之和，应该不超出前级的电流负载能力，即满足式(8-7)要求。

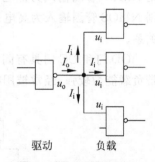

图 8-33　门电路之间的电压与电流匹配

如果用 TTL 电路驱动 4000 系列 CMOS 电路，由于 4000 系列 CMOS 电路的输入电流较小，TTL 电路可以驱动一定数量的 CMOS 电路。但是，TTL 的输出高电平电压最小值为 2.4V，而 4000 系列 CMOS 电路的输入高电平最小值为 3.5V。因此需要在 TTL 电路输出加上拉电阻，将输出高电平上拉到 3.5V 以上，如图 8-34(a) 所示。

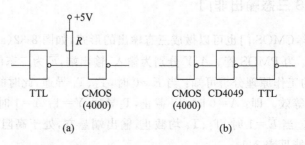

图 8-34　TTL 与 4000 系列 CMOS 电路的匹配连接

如果用 4000 系列 CMOS 电路驱动 TTL 电路,因为前者的输出高低电平接近电源电压和地,因此满足电压匹配条件。但是,4000 系列 CMOS 电路的输出电流很小,不能直接驱动 TTL 电路,因此,一般增加 CMOS/TTL 专用匹配电路,如 CD4049(六反相缓冲器)、CD4050(六缓冲器)等,如图 8-34(b)所示。

本章小结

(1) 本章介绍的门电路都属小规模器件。随着半导体技术的进步,为了提高器件的工作速度、降低功耗、加大集成度,出现了很多新型产品。特别是超大规模集成电路的迅速发展和应用,使中、小规模集成器件的市场和应用受到一定的冲击。但是,不管集成器件的规模有多大,其中基本单元电路仍离不开本章介绍的这些基本概念。因此,学好这些基本门电路还是很必要的。

(2) 门电路中,重点掌握 TTL 和 CMOS 集成门电路的构成、工作特点、性能参数等。由分立元件构成的门电路只是用来讲解逻辑功能实现的原理,没有实用价值。74、74S、74LS、74ALS 等系列门电路具有相同的逻辑功能,但是参数不同。74 系列是标准型 TTL 门电路,74LS 系列是应用最广的 TTL 门电路。CMOS 逻辑门电路根据制作工艺的不同分为 4000 系列、74HC/74HCT 系列、74AHC/74AHCT 系列等。其中带 74 前缀的系列与 74 系列 TTL 电路具有相同的功能,但是只有型号中带字母 C 的(例如 74HCT)才能与 TTL 门电路混用。

(3) 门电路相互连接时,为了不发生逻辑错误,必须考虑输入、输出电压的匹配和前级门电路的带负载能力。从电压方面考虑,后级高电平输入电压的最小值必须小于前级高电平输出电压的最小值;后级低电平输入电压的最大值必须大于前级低电平输出电压的最大值。从电流方面考虑,输出电流不能超出其允许的灌电流(输出低电平时)和拉电流(输出低电平时)。

(4) TTL 和 CMOS 两种集成门电路同等重要,应用都很广泛。CMOS 电路功耗小、便于集成;TTL 电路速度较快。同种类型的 TTL 和 CMOS 产品使用方法类似,本书举例中主要采用 TTL 器件。通过查阅手册再结合书中例题,可以学习 CMOS 器件的使用。

(5) 逻辑门电路有与门、或门、非门,及其派生的与非门、或非门、异或门,还有较特殊的三态门、OC 门、OD 门等。对这些门电路的逻辑功能、各自的特点一定要非常清楚,熟练使用。市场上集成门电路的种类非常多,为了正确选择和使用集成器件,应该学会查阅手册,了解所选用器件的逻辑功能及管脚的分配和作用。

习题

8.1 分析题图 8-1 两电路输入 A、B 和输出 Y 间的逻辑关系,说明它们各是什么门。设三极管 T_1、T_2 工作在开关状态,正向饱和压降 $U_{CES}=0.3V$;输入信号的高电平为 3V,低电平为 0V。

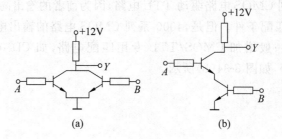

题图 8-1

8.2 根据题图 8-2 给出的 A、B 信号，画出图中各门电路输出端的工作波形。

（注：图中 Y_4 是组合逻辑符号的输出，按照如图组合逻辑符号，$Y_4 = \overline{A\overline{B}} + \overline{\overline{A}B}$）

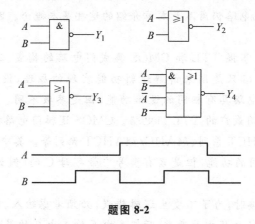

题图 8-2

8.3 设题图 8-3 电路中各门均为 TTL 门电路，试写出各门输出端的逻辑表达式。

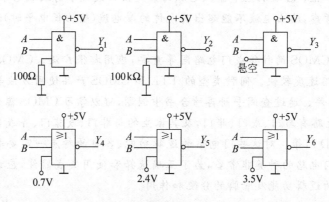

题图 8-3

8.4 试分析题图 8-4 中由 NMOS 管构成的两个门电路，列出它们的功能表，并写出各输出端的逻辑表达式。

8.5 若题图 8-3 中各门均为 CMOS 门，各电路能否正常工作？若能正常工作，写出相应输出端的逻辑表达式。

8.6 题图 8-5 电路中,D 为发光二极管。说明该电路实现的逻辑功能；若设发光管正向导通时的压降为 2V,导通时的电流为 1mA,计算需外接的电阻 R_L。

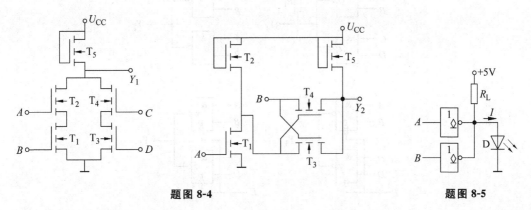

题图 8-4　　　　　　　　　　题图 8-5

8.7 题图 8-6(a)为三态门组成的总线换向开关,E 为换向控制端,A、B 为信号输入端,分别送入两种不同频率的信号。试根据题图 8-6(b)给定的信号,画出 Y_1、Y_2 的工作波形。

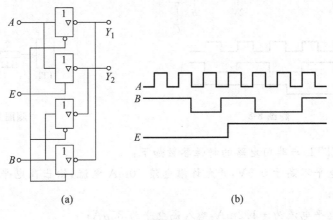

(a)　　　　　　　　　　(b)

题图 8-6

8.8 判断题图 8-7 中各电路能否正常工作。若能正常工作,写出相应输出端的逻辑表达式。

8.9 根据题图 8-8 中给出的 A、B、C 输入信号,分别画出图中两电路在以下两种情况下输出端的波形。

(1) 图中各电路均为 TTL 门；

(2) 图中各电路均为 CMOS 门。

8.10 在题图 8-9 所示电路中,TTL 非门输出高电平 $U_{oH}=3.6V$,输出低电平 $U_{oL}=0.3V$。三极管 T 的饱和压降为 $U_{CES}=0.3V$,继电器的等效电阻为 250Ω。为保证继电器工作的可靠性,要求门电路输出高电平时 T 饱和导通,三极管 T 的 β 值应该选多大值？（设三极管 $U_{BE}=0.7V$)

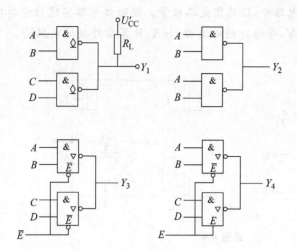

题图 8-7

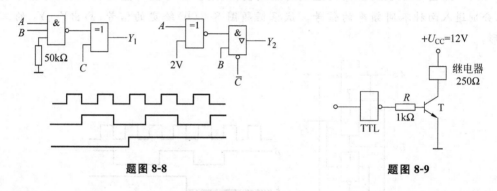

题图 8-8   题图 8-9

8.11 已知 TTL 与非门电路的特性参数如下：

(1) 输出低电平不高于 0.5V，并允许灌电流 10mA 电流，输出高电平不低于 2.4V，并允许拉电流 1mA；

(2) 输入低电平电流为 -1.2mA，输入高电平为 35μA；

(3) 可接受的输入低电平最大值（关门电压）为 0.8V，输入高电平的最小值（开门电压）为 1.8V。

试求此 TTL 门电路的扇出系数，以及高、低电平噪声容限。

8.12 某种型号的 CMOS 门电路参数为：输出低电平不大于 0.05V，允许的最大灌电流为 1.1mA，输出高电平不小于 4.95V，允许的最大拉电流为 0.4mA。输入端可接受的低电平最大为 1.5V，高电平最小为 3.5V，输入电流为 $\pm 1\mu$A。

试求此种 CMOS 门电路的扇出系数，以及高、低电平噪声容限。

第 9 章

组合逻辑电路

9.1 概述

逻辑电路种类繁多,不胜枚举,大体可分为两类:组合逻辑电路(combinational logic circuit)和时序逻辑电路(sequential logic circuit)。组合逻辑电路由逻辑门构成,其特点是:电路的输出仅取决于当时的输入,和电路的历史状态无关。本章主要介绍组合逻辑电路的分析和设计方法,以及数字电路系统中常用的组合逻辑电路和集成器件。

9.2 组合逻辑电路的一般分析方法和设计方法

9.2.1 组合逻辑电路的一般分析方法

按以下步骤分析由门电路构成的组合逻辑电路。

(1) 根据给定的逻辑电路图,由输入向输出逐级分析逻辑关系,列写逻辑表达式。

(2) 对输出端的逻辑表达式进行化简或变换,得出最简逻辑函数式,或列写出输入、输出各变量间的逻辑关系功能表(真值表)。

(3) 根据以上分析得出电路实现的逻辑功能。

例 9-1 电路如图 9-1 所示,试分析其逻辑功能。

解: 将电路中各逻辑门输出端的逻辑关系标示在电路图上,可得

$$Y = \overline{\overline{A \cdot B} \cdot \overline{\overline{A} \cdot \overline{B}}}$$

利用反演定律对上述逻辑关系式进行转换,有

$$Y = A \cdot B + \overline{A} \cdot \overline{B}$$

可见,该电路实现的是"同或"功能。

例 9-2 电路如图 9-2 所示,试分析其逻辑功能。

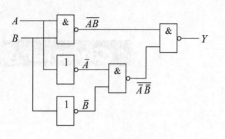
图 9-1　例 9-1 电路

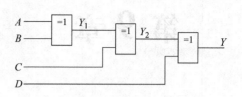
图 9-2　例 9-2 电路

解：该电路由三级"异或"门构成,各级的逻辑关系表达式分别为

$$Y_1 = A \oplus B$$
$$Y_2 = Y_1 \oplus C = A \oplus B \oplus C$$
$$Y_3 = Y_2 \oplus D = A \oplus B \oplus C \oplus D$$

根据输出端的逻辑关系式,可得表 9-1 所示的真值表。由真值表可见,该电路具有"奇偶检测"功能：当输入变量中有奇数个 1 时,输出为 1；有偶数个 1 时,输出为 0。

表 9-1　例 9-1 的真值表

输入				输出	输入				输出
A	B	C	D	Y	A	B	C	D	Y
0	0	0	0	0	1	0	0	0	1
0	0	0	1	1	1	0	0	1	0
0	0	1	0	1	1	0	1	0	0
0	0	1	1	0	1	0	1	1	1
0	1	0	0	1	1	1	0	0	0
0	1	0	1	0	1	1	0	1	1
0	1	1	0	0	1	1	1	0	1
0	1	1	1	1	1	1	1	1	0

9.2.2　门电路构成的组合逻辑电路的设计

用门电路设计组合逻辑电路的步骤如下。

（1）根据逻辑要求,确定输入、输出逻辑变量,规定其赋值的含义。

（2）列出真值表。

（3）写出逻辑表达式,用逻辑代数对其化简,或者直接用卡诺图化简得到最简与或式。

（4）如果有要求,进行逻辑代数式的转换,画逻辑电路图。

例 9-3　设计一个议案表决电路。假设参加者共三人,其中多数人赞成,议案通过,否则通不过。

解：参加表决的三人用 A、B、C 表示,"1"表示投赞成票,"0"表示投否决票。表决通过用 Y_1 表示,不通过用 Y_2 表示,结果真用"1"表示,否则为"0"。

根据设计要求可列真值表如表 9-2 所示。

9.2 组合逻辑电路的一般分析方法和设计方法

表 9-2 例 9-3 的真值表

输入			输出		输入			输出	
A	B	C	Y_1	Y_2	A	B	C	Y_1	Y_2
0	0	0	0	1	1	0	0	0	1
0	0	1	0	1	1	0	1	1	0
0	1	0	0	1	1	1	0	1	0
0	1	1	1	0	1	1	1	1	0

卡诺图如图 9-3(a) 所示。采用卡诺图化简,可得

$$Y_1 = AB + BC + AC$$
$$Y_2 = \overline{A}\,\overline{B} + \overline{B}\,\overline{C} + \overline{A}\,\overline{C} = \overline{Y_1}$$

逻辑电路图如图 9-3(b) 所示。

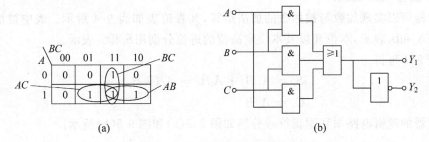

图 9-3 例 9-3 的卡诺图和逻辑图

在设计电路时,若限定了逻辑器件,则需将逻辑关系表达式转换成逻辑器件逻辑关系的形式,再画逻辑图。例如,若三人表决电路要求用与非门构成,则采用反演定理将逻辑关系式转换成与非形式:

$$Y_1 = AB + BC + AC = \overline{\overline{AB + BC + AC}} = \overline{\overline{AB} \cdot \overline{BC} \cdot \overline{AC}}$$

用与非门实现的逻辑图略。

例 9-4 设两位二进制数 $A = A_1 A_0$,要求用最少的逻辑门设计一个组合逻辑电路,使其输出 B 为 A 的平方。

解: $A_1 A_0$ 的最大值为 11,$B = A^2$,最大值为 1001。所以 B 为 4 位二进制数,设其为 $B_3 B_2 B_1 B_0$。依题意,可列出真值表如表 9-3 所示。

表 9-3 例 9-4 的真值表

输入		输出			
A_1	A_0	B_3	B_2	B_1	B_0
0	0	0	0	0	0
0	1	0	0	0	1
1	0	0	1	0	0
1	1	1	0	0	1

根据真值表,可得

$$B_3 = A_1 A_0$$
$$B_2 = A_1 \overline{A}_0$$
$$B_1 = 0$$
$$B_0 = \overline{A}_1 A_0 + A_1 A_0 = A_0$$

逻辑电路图如图 9-4 所示。

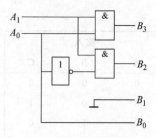

图 9-4 例 9-4 的逻辑电路图

9.3 常用组合逻辑组件及其应用

9.3.1 加法器

1. 半加器 (half adder)

半加器可以实现加数与被加数的加法运算,其真值表如表 9-4 所示。表中被加数和加数分别用 A_i 和 B_i 表示,本位和以及本位向高位的进位分别用 S_i 和 C_i 表示。

由表 9-4 可得

$$S_i = \overline{A}_i B_i + A_i \overline{B}_i = A_i \oplus B_i$$
$$C_i = A_i B_i$$

半加器的逻辑电路图和逻辑符号分别如图 9-5(a) 和图 9-5(b) 所示。

表 9-4 半加器的真值表

输入		输出	
A_i	B_i	S_i	C_i
0	0	0	0
0	1	1	0
1	0	1	0
1	1	0	1

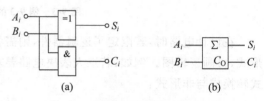

图 9-5 半加器的逻辑电路及符号

2. 全加器 (full adder)

全加器可以实现加数、被加数和低位向本位进位的加法运算,其真值表如表 9-5 所示。表中被加数、加数和低位的进位分别用 A_i、B_i 和 C_{i-1} 表示,本位和以及本位向高位的进位分别用 S_i 和 C_i 表示。

表 9-5 全加器的真值表

输入			输出		输入			输出	
A_i	B_i	C_{i-1}	S_i	C_i	A_i	B_i	C_{i-1}	S_i	C_i
0	0	0	0	0	1	0	0	1	0
0	0	1	1	0	1	0	1	0	1
0	1	0	1	0	1	1	0	0	1
0	1	1	0	1	1	1	1	1	1

9.3 常用组合逻辑组件及其应用

由表 9-5 可得半加器的逻辑表达式如下：

$$S_i = \overline{A_i}\overline{B_i}C_{i-1} + \overline{A_i}B_i\overline{C_{i-1}} + A_i\overline{B_i}\overline{C_{i-1}} + A_iB_iC_{i-1}$$
$$= \overline{A_i}(B_i \oplus C_{i-1}) + A_i\overline{(B_i \oplus C_{i-1})}$$
$$= A_i \oplus B_i \oplus C_{i-1}$$
$$C_i = A_iB_iC_{i-1} + A_iB_i\overline{C_{i-1}} + A_i\overline{B_i}C_{i-1} + \overline{A_i}B_iC_{i-1}$$
$$= (A_iB_iC_{i-1} + A_iB_i\overline{C_{i-1}}) + (A_iB_iC_{i-1} + A_i\overline{B_i}C_{i-1}) + (A_iB_iC_{i-1} + \overline{A_i}B_iC_{i-1})$$
$$= A_iB_i + A_iC_{i-1} + B_iC_{i-1}$$

可用两个半加器构成全加器，逻辑电路图如图 9-6(a) 所示，图中
$$S_i = (A_i \oplus B_i) \oplus C_{i-1} = A_i \oplus B_i \oplus C_{i-1}$$
$$C_i = A_iB_i + (A_i \oplus B_i)C_{i-1} = A_iB_i + A_i\overline{B_i}C_{i-1} + \overline{A_i}B_iC_{i-1} = A_iB_i + A_iC_{i-1} + B_iC_{i-1}$$

即图 9-6(a) 所示电路的逻辑关系与上面推导的全加器的逻辑关系一致。全加器的逻辑电路图和逻辑符号如图 9-6(b) 所示。

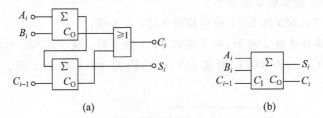

图 9-6　全加器的逻辑电路及符号

3. 加法器及其集成器件

加法器可以实现多位二进制加法运算。根据进位关系的不同，加法器又分为串行加法器和超前进位加法器。串行加法器由低向高逐位进行运算，高位必须等低位运算完送来进位信号后方能进行运算，速度比较慢；而超前进位加法器运算时，各个进位信号均由加数和被加数直接产生，高位不必等低位运算的结果，所以它的运算速度比较快。

以二位超前进位加法器为例，设 A_1A_0 和 B_1B_0 两个二进制数相加，根据全加器的分析结果，个位的进位和十位的进位分别为
$$C_0 = A_0B_0$$
$$C_1 = A_1B_1 + (A_1 \oplus B_1)C_0 = A_1B_1 + (A_1 \oplus B_1)A_0B_0$$

高位 C_1 不必等低位 C_0 的运算结果，即可直接由输入的二进制数产生，因此提高了运算速度。

常用的 TTL 集成加法器有：双全加器 74LS183、四位串行进位全加器 74LS83、四位超前进位全加器 74LS283 等；CMOS 型有双全加器 C661、四位超前进位全加器 CC4008 等。下面以 74LS183 和 74LS83 为例，说明集成加法器的使用方法。

74LS183 的管脚排列图如图 9-7 所示，其内含两个独立的全加器，管脚以字头 1 和 2 相区别，管脚标 NC 表明该管脚为空，无连接。用一片 74LS183 做两位加法运算时，位间关系只需将低位的 C_i 端和高位的 C_{i-1} 端相连即可。

74LS83 的管脚排列图如图 9-8 所示，为四位串行进位加法器。其中 $A_3A_2A_1A_0$ 和

$B_3B_2B_1B_0$ 为加数和被加数；$S_3S_2S_1S_0$ 为各位相加的和；C_O 为向高位的进位；C_I 为低位送来的进位信号。在进行四位加法运算时，位间进位关系器件内部已接好，只要送入四位加数、被加数、低四位的进位，输出端（$C_OS_3S_2S_1S_0$）即可得到相加结果。

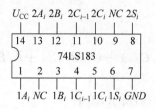
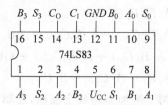

图 9-7　74LS183 管脚图　　　　　图 9-8　74LS83 的管脚图

例 9-5　已知两个 4 位二进制数为：$A=A_3A_2A_1A_0$、$B=B_3B_2B_1B_0$，画出用 74LS183 实现 $A+B$ 的电路连接图。

解：电路连接方法如图 9-9 所示。

例 9-6　应用 74LS83 将 8421 码转换成 8421 余 3 码。

解：将 8421 码与常数 3 相加，即可得到 8421 余 3 码。使 74LS83 的加数和被加数分别为 8421 码（$X_3X_2X_1X_0$）和 0011，则输出 $Y_3Y_2Y_1Y_0$ 为 8421 码余 3 码。电路连接方法如图 9-10 所示。

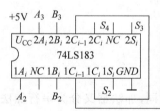
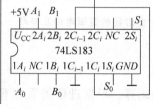
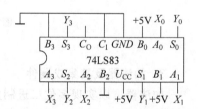

图 9-9　例 9-5 电路连接图　　　　　图 9-10　例 9-6 电路连接图

9.3.2　数值比较器

数值比较器简称比较器（comparator），可以比较两个数的大小，有三个输出：大于、等于和小于，"1"为真，否则为"0"。

1. 1 位数值比较器

1 位二进制数比较器的真值表如表 9-6 所示，其中 A_i 和 B_i 为两个待比较的一位二进制数。

表 9-6　一位数值比较器的真值表

输入		输出		
A_i	B_i	$Y_{A>B}$	$Y_{A=B}$	$Y_{A<B}$
0	0	0	1	0
0	1	0	0	1
1	0	1	0	0
1	1	0	1	0

9.3 常用组合逻辑组件及其应用

根据表 9-6 所示的真值表,可得

$$Y_{A>B} = A\overline{B}$$
$$Y_{A<B} = \overline{A}B$$
$$Y_{A=B} = \overline{A}\,\overline{B} + AB = \overline{Y_{A>B} + Y_{A<B}}$$

1 位数值比较器的逻辑电路图如图 9-11 所示。

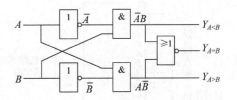

图 9-11　1 位数值比较器的逻辑电路

2. 多位数值比较器

两个多位二进制数进行比较时,应遵循以下原则。

(1) 先比两数的最高位。高位大的,数值肯定大;高位小的,数值肯定小。

(2) 若两数的最高位相等,则按从高到低的顺序依次比较低位,直到出来比较结果。

根据以上原则,两个 4 位二进制数比较器的功能表如表 9-7 所示。表中,设被比较的两个数 $A = A_3 A_2 A_1 A_0$、$B = B_3 B_2 B_1 B_0$。

表 9-7　4 位数值比较器的功能表

输入						输出		
A_3	B_3	A_2	B_2	A_1	B_1	A_0	B_0	$Y_{A>B}$	$Y_{A=B}$	$Y_{A<B}$
$A_3 > B_3$		× ×		× ×		× ×		1	0	0
$A_3 < B_3$		× ×		× ×		× ×		0	0	1
$A_3 = B_3$		$A_2 > B_2$		× ×		× ×		1	0	0
$A_3 = B_3$		$A_2 < B_2$		× ×		× ×		0	0	1
$A_3 = B_3$		$A_2 = B_2$		$A_1 > B_1$		× ×		1	0	0
$A_3 = B_3$		$A_2 = B_2$		$A_1 < B_1$		× ×		0	0	1
$A_3 = B_3$		$A_2 = B_2$		$A_1 = B_1$		$A_0 > B_0$		1	0	0
$A_3 = B_3$		$A_2 = B_2$		$A_1 = B_1$		$A_0 < B_0$		0	0	1
$A_3 = B_3$		$A_2 = B_2$		$A_1 = B_1$		$A_0 = B_0$		0	1	0

4 位数值比较器的逻辑关系式如下:

$$Y_{A>B} = A_3 \overline{B}_3 + \overline{A_3 \oplus B_3}\, A_2 \overline{B}_2 + \overline{A_3 \oplus B_3} \cdot \overline{A_2 \oplus B_2}\, A_1 \overline{B}_1 +$$
$$\overline{A_3 \oplus B_3} \cdot \overline{A_2 \oplus B_2} \cdot \overline{A_1 \oplus B_1}\, A_0 \overline{B}_0$$

$$Y_{A=B} = \overline{A_3 \oplus B_3} \cdot \overline{A_2 \oplus B_2} \cdot \overline{A_1 \oplus B_1} \cdot \overline{A_0 \oplus B_0}$$

$$Y_{A<B} = \overline{A}_3 B_3 + \overline{A_3 \oplus B_3}\, \overline{A}_2 B_2 + \overline{A_3 \oplus B_3} \cdot \overline{A_2 \oplus B_2}\, \overline{A}_1 B_1 +$$
$$\overline{A_3 \oplus B_3} \cdot \overline{A_2 \oplus B_2} \cdot \overline{A_1 \oplus B_1}\, \overline{A}_0 B_0$$
$$= \overline{Y_{A>B} + Y_{A=B}}$$

3. 集成比较器及其应用

集成 4 位数字比较器 74LS85(TTL 型)和 CC14585(CMOS 型)较为常用。4 位数字比较器的电路符号如图 9-12 所示。

下面通过两个例题说明 4 位比较器的使用和联接方法。

例 9-7　试用 74LS85 构成 7 位数值比较器。

解:7 位数值比较,需用两片 74LS85,逻辑电路图如图 9-13 所示。

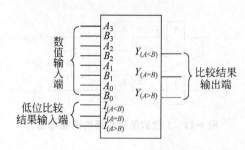
图 9-12 4 位数字比较器的逻辑电路符号

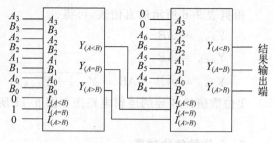
图 9-13 例 9-7 电路

① 被比较的两个 7 位数分别为 $A = A_6A_5A_4A_3A_2A_1A_0$、$B = B_6B_5B_4B_3B_2B_1B_0$。

② 多出的数据输入端,高位片的 A_3 和 B_3,接至相同的电平上(图中接低电平)。

③ 74LS85 级联扩展位数的方法是,把低位片的输出 $Y_{A>B}$、$Y_{A=B}$、$Y_{A<B}$ 分别接至高位片的级联输入端 $I_{A>B}$、$I_{A=B}$、$I_{A<B}$,比较结果即为高位片输出结果。

④ 因为低四位之后,没有更低位的数据需要比较,所以低位片的级联输入端处于相等的状态,即 $I_{A>B} = 0$、$I_{A=B} = 1$、$I_{A<B} = 0$。

例 9-8 试用 74LS85 对三个 4 位二进制数 A、B、C 进行比较,结果能表明这三个数是否相等;若不相等,则能表明数 A 最大还是最小。

解: 设 A、B、C 三数分别为 $A_3A_2A_1A_0$、$B_3B_2B_1B_0$、$C_3C_2C_1C_0$。依题意分析,应该选用两片 74LS85,分别让 A 与 B、A 与 C 进行比较,当两比较结果均相等时,$A = B = C$;当两比较结果均大于时,A 最大;当两比较结果均小于时,A 最小。因此,除两片 74LS85 外,再选三个与门即可实现设计要求,电路如图 9-14 所示。

注意: 没有更低位的数据需要比较,所以两片 74LS185 的级联输入端均处于相等的状态,即 $I_{A>B} = 0$、$I_{A=B} = 1$、$I_{A<B} = 0$。

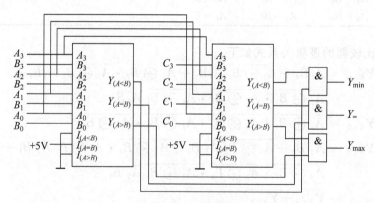
图 9-14 例 9-8 的电路

9.3.3 编码器

1. 二进制编码器

用 n 位二进制码表示 2^n 个对象的电路,便是二进制编码器(binary encoder)。以 3 位二进制编码器为例,3 位二进制编码具有以下特点。

(1) 输入信号共 8 个($= 2^3$),输出为 3 位二进制码,所以又称 8 线-3 线编码器。

9.3 常用组合逻辑组件及其应用

（2）编码器的输入信号高电平有效，且输入信号间有排他性，即当某路输入信号为"1"时，其他路输入信号均为"0"，输出端便为与之对应的编码。例如 $I_3=1$ 时，其余 7 个输入信号为 0，对应的编码为 011。

设 3 位二进制编码器的输入信号为 $I_7 \sim I_0$，高电平有效，输出编码设为 $Y_2 Y_1 Y_0$，输入输出的关系如表 9-8 所示。

表 9-8 3 位二进制编码器的真值表

输入	输出			输入	输出		
	Y_2	Y_1	Y_0		Y_2	Y_1	Y_0
I_0	0	0	0	I_4	1	0	0
I_1	0	0	1	I_5	1	0	1
I_2	0	1	0	I_6	1	1	0
I_3	0	1	1	I_7	1	1	1

根据表 9-8 可得编码器的逻辑关系式分别为

$$Y_0 = I_1 + I_3 + I_5 + I_7$$
$$Y_1 = I_2 + I_3 + I_6 + I_7$$
$$Y_2 = I_4 + I_5 + I_6 + I_7$$

3 位二进制编码器的逻辑电路略。

2．二进制优先编码器

优先编码器可以解决普通编码器输入信号间的排斥性问题：当若干输入信号同时有效时，只对其中优先级别最高的信号进行编码。

以 8 线-3 线优先编码器为例，假设其输入信号编码优先级别从 $I_7 \sim I_0$ 依次降低，其真值表如表 9-9 所示，输入信号高电平有效，"×"代表输入信号为任意状态。

表 9-9 8 线-3 线优先编码器的真值表

输入								输出		
I_7	I_6	I_5	I_4	I_3	I_2	I_1	I_0	Y_2	Y_1	Y_0
1	×	×	×	×	×	×	×	1	1	1
0	1	×	×	×	×	×	×	1	1	0
0	0	1	×	×	×	×	×	1	0	1
0	0	0	1	×	×	×	×	1	0	0
0	0	0	0	1	×	×	×	0	1	1
0	0	0	0	0	1	×	×	0	1	0
0	0	0	0	0	0	1	×	0	0	1
0	0	0	0	0	0	0	1	0	0	0

由表 9-9 可以写出 8 线-3 线优先编码器的逻辑关系表达式如下：

$$Y_2 = I_7 + \bar{I}_7 I_6 + \bar{I}_7 \bar{I}_6 I_5 + \bar{I}_7 \bar{I}_6 \bar{I}_5 I_4 = I_7 + I_6 + I_5 + I_4$$
$$Y_1 = I_7 + \bar{I}_7 I_6 + \bar{I}_7 \bar{I}_6 \bar{I}_5 \bar{I}_4 I_3 + \bar{I}_7 \bar{I}_6 \bar{I}_5 \bar{I}_4 I_2 = I_7 + I_6 + \bar{I}_5 \bar{I}_4 I_3 + \bar{I}_5 \bar{I}_4 I_2$$
$$Y_0 = I_7 + \bar{I}_7 \bar{I}_6 I_5 + \bar{I}_7 \bar{I}_6 \bar{I}_5 \bar{I}_4 I_3 + \bar{I}_7 \bar{I}_6 \bar{I}_5 \bar{I}_4 \bar{I}_3 \bar{I}_2 I_1 = I_7 + \bar{I}_6 I_5 + \bar{I}_6 \bar{I}_4 I_3 + \bar{I}_6 \bar{I}_4 \bar{I}_2 I_1$$

优先编码器的逻辑电路图略。

3. 集成编码器

常用的集成编码器有 8 线-3 线二进制优先编码器 74LS148、10 线-4 线优先编码器 74LS147、10 线-4 线 BCD 优先编码器 CC40147 等。这些集成器件的使用方法相似。下面以 74LS148 为例说明集成编码器的使用。

74LS148 的管脚图如图 9-15 所示。图中有"○"的输入/输出端子,其标在框外的端子符号上也加了"‾",均表示信号低电平有效。注意,端子符号上的"‾"与字母符号一起为端子的名称,不能看做非运算符号。若端子符号标在框内,则符号上无需加"‾"。$\bar{I}_7 \sim \bar{I}_0$ 为 8 个状态输入端,低电平有效,编码优先级别从 $\bar{I}_7 \sim \bar{I}_0$ 依次降低。74LS148 的输出为二进制反码,所以输出标记为 $\bar{Y}_2$、$\bar{Y}_1$、$\bar{Y}_0$,输出端子也因此有"○"。$\bar{E}_I$ 为输入使能端,低电平有效;E_O 和 $\bar{Y}_{EX}$ 为输出使能端和扩展输出端。利用编码器中的这些功能端,可以使器件在不增加外部电路的情况下实现功能扩展。

图 9-15　74LS148 管脚图

74LS148 的功能表如表 9-10 所示。输出 $\bar{Y}_2 \bar{Y}_1 \bar{Y}_0$ 为二进制反码。把输入端子号转换为二进制码,然后再把二进制码的各位取反,即得二进制反码,以 $\bar{I}_3$ 为例,$\bar{I}_3$ 的下标 3 转换成二进制数为 11,3 位二进制码为 011,把 011 的各位取反,得到 100,100 即为输出的反码。

表 9-10　74LS148 功能表

	输入									输出			
$\bar{E}_I$	$\bar{I}_7$	$\bar{I}_6$	$\bar{I}_5$	$\bar{I}_4$	$\bar{I}_3$	$\bar{I}_2$	$\bar{I}_1$	$\bar{I}_0$		$\bar{Y}_2$	$\bar{Y}_1$	$\bar{Y}_0$	$\bar{Y}_{EX}$	E_O
1	×	×	×	×	×	×	×	×		1	1	1	1	1
0	1	1	1	1	1	1	1	1		1	1	1	1	0
0	0	×	×	×	×	×	×	×		0	0	0	0	1
0	1	0	×	×	×	×	×	×		0	0	1	0	1
0	1	1	0	×	×	×	×	×		0	1	0	0	1
0	1	1	1	0	×	×	×	×		0	1	1	0	1
0	1	1	1	1	0	×	×	×		1	0	0	0	1
0	1	1	1	1	1	0	×	×		1	0	1	0	1
0	1	1	1	1	1	1	0	×		1	1	0	0	1
0	1	1	1	1	1	1	1	0		1	1	1	0	1

例 9-9　试用两片 74LS148 构成 16 线-4 线优先编码器。

解:逻辑电路图如图 9-16 所示。在该电路中,$\bar{A}_{15} \sim \bar{A}_0$ 为 16 个信号输入端,低电平有效,$\bar{F}_3 \sim \bar{F}_0$ 为 4 位编码输出端,为二进制反码。编码的优先级从 $\bar{A}_{15} \sim \bar{A}_0$ 依次降低。电路中将高位片的 E_O 端和低位片的 $\bar{E}_I$ 相连,使得高位片的 8 位($\bar{A}_{15} \sim \bar{A}_8$)优先于低位片的 8 位($\bar{A}_7 \sim \bar{A}_0$)编码。

在电路中,高位片的 $\bar{E}_I = 0$,所以高位片一直处于编码状态。低位片的 $\bar{E}_I$ 等于高位片的 E_O,所以当 $\bar{A}_{15} \sim \bar{A}_8$ 中有任何一路有效(低电平),则高位片编码,高位片 $(E_O)_H = 1$,低位片不能编码,编码输出端输出 $(\bar{Y}_2 \bar{Y}_1 \bar{Y}_0)_L = 111$,所以 $\bar{F}_3 \bar{F}_2 \bar{F}_1 \bar{F}_0 = 0 (\bar{Y}_2 \bar{Y}_1 \bar{Y}_0)_H$;若 $\bar{A}_{15} \sim \bar{A}_8$ 信号全无效(全 1),则 $(E_O)_H = 0$,高位片和低位片均可编码,但高位片的输入全 1,其编码输

9.3 常用组合逻辑组件及其应用

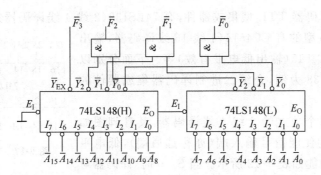

图 9-16 例 9-9 逻辑电路图

出 $(\overline{Y}_2\overline{Y}_1\overline{Y}_0)_H = 111$,所以 $\overline{F}_3\overline{F}_2\overline{F}_1\overline{F}_0 = 1 (\overline{Y}_2\overline{Y}_1\overline{Y}_0)_L$。

电路的工作情况如下。例如,当 $\overline{A}_{15} = 0, \overline{A}_{14} \sim \overline{A}_0$ 为任意状态,则对 $\overline{A}_{15}$ 编码, $\overline{F}_3\overline{F}_2\overline{F}_1\overline{F}_0$ 输出为 15 的反码 0000。再如,当 $\overline{A}_{15} \sim \overline{A}_7 = 111111111, \overline{A}_6 = 0, \overline{A}_5 \sim \overline{A}_0$ 为任意状态,则对 $\overline{A}_6$ 编码, $\overline{F}_3\overline{F}_2\overline{F}_1\overline{F}_0$ 输出为 6 的反码 1001。

特别说明:在逻辑电路图中,逻辑组件的输入、输出端子有"。"表示低电平有效,若将端子符号标在组件框外,则在符号上端加"ˉ"强调低电平有效,若端子符号标在组件框内则不加。端子符号上的"ˉ"与字母符号一起为端子的名称,不能看做非运算符号。

9.3.4 译码器

译码是编码的逆过程,其作用是将二进制代码的组合状态翻译出来,以对应某种信号或对象。实现译码的电路,称为译码器(decoder)。下面重点介绍两种译码器:二进制译码器和显示译码器。

1. 二进制译码器及其集成器件

n 位二进制译码器可以将 n 位二进制码的 2^n 个组合状态分别对应到 2^n 个信号或对象。称为 n 线-2^n 线译码器。

以 2 位二进制译码器为例。因为 2 位二进制译码器有 2 个输入端和 4 个输出端,故称为 2 线-4 线译码器。设输入的 2 位二进制码为 A_1A_0;设输出的 4 路信号低电平有效,为 $\overline{Y}_3 \sim \overline{Y}_0$。功能表如表 9-11 所示。

由表 9-11,可得

$$\overline{Y}_0 = \overline{A}_1\overline{A}_0, \quad \overline{Y}_1 = \overline{A}_1 A_0, \quad \overline{Y}_2 = A_1 \overline{A}_0, \quad \overline{Y}_3 = A_1 A_0$$

表 9-11 2 位二进制译码器的功能表

输入		输出			
A_1	A_0	$\overline{Y}_3$	$\overline{Y}_2$	$\overline{Y}_1$	$\overline{Y}_0$
0	0	1	1	1	0
0	1	1	1	0	1
1	0	1	0	1	1
1	1	0	1	1	1

常用的二进译码器 TTL 型集成器件,有 74LS139(2 线-4 线译码器)、74LS138(3 线-8 线译码器),CMOS 型的有 CC4514(4 线-16 线译码器,输出高电平有效)和 CC4515(输出低电平有效)等。下面分别以 74LS139 和 74LS138 为例,介绍二进制译码器集成器件的使用。

74LS139 有两个独立的 2 线-4 线译码器,其管脚图如图 9-17 所示。$\bar{S}$ 为使能信号输入端(亦称选通端),低电平有效。译码器的功能如表 9-12 所示。当 $\bar{S}=0$ 时,译码器对输入的二进制码 A_1A_0 译码,输出端低电平有效;当 $\bar{S}=1$ 时,译码器不工作,输出全 1。

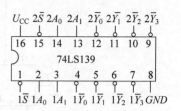

图 9-17 74LS139 管脚图

表 9-12 74LS139 逻辑功能表

输入			输出			
$\bar{S}$	A_1	A_0	$\bar{Y}_3$	$\bar{Y}_2$	$\bar{Y}_1$	$\bar{Y}_0$
1	×	×	1	1	1	1
0	0	0	1	1	1	0
0	0	1	1	1	0	1
0	1	0	1	0	1	1
0	1	1	0	1	1	1

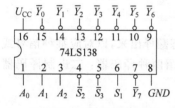

图 9-18 74LS138 管脚图

74LS138 内有一个 3 线-8 线译码器,其管脚图如图 9-18 所示。S_1、$\bar{S}_2$、$\bar{S}_3$ 为三个使能控制端。74LS138 的逻辑功能如表 9-13 所示。当且仅当 $S_1\bar{S}_2\bar{S}_3=100$ 时译码器工作,对二进制码 $A_2A_1A_0$ 译码,输出低电平有效;否则,译码器不工作,输出全 1。

表 9-13 74LS138 逻辑功能表

输入					输出							
S_1	$\bar{S}_2+\bar{S}_3$	A_2	A_1	A_0	$\bar{Y}_7$	$\bar{Y}_6$	$\bar{Y}_5$	$\bar{Y}_4$	$\bar{Y}_3$	$\bar{Y}_2$	$\bar{Y}_1$	$\bar{Y}_0$
0	×	×	×	×	1	1	1	1	1	1	1	1
×	1	×	×	×	1	1	1	1	1	1	1	1
1	0	0	0	0	1	1	1	1	1	1	1	0
1	0	0	0	1	1	1	1	1	1	1	0	1
1	0	0	1	0	1	1	1	1	1	0	1	1
1	0	0	1	1	1	1	1	1	0	1	1	1
1	0	1	0	0	1	1	1	0	1	1	1	1
1	0	1	0	1	1	1	0	1	1	1	1	1
1	0	1	1	0	1	0	1	1	1	1	1	1
1	0	1	1	1	0	1	1	1	1	1	1	1

利用译码器的使能控制端可以对译码器的位数进行扩展,例如可将两片 74LS138 扩展成一个 4 线-16 线译码器。

例 9-10 试用 74LS138 构成 4-16 线译码器。

9.3 常用组合逻辑组件及其应用

解：将一片 74LS138 作为低位片，另一片作为高位片，串联构成 4-16 线译码器。

将 4 位二进制码的低三位 $A_2A_1A_0$ 并行接到两片 74LS138 的 A_2、A_1、A_0 输入端，把高位 A_3 连接到低位片的 $\bar{S}_2$ 和高位片的 S_1。这样当 $A_3=0$ 时，高位片不工作，$\bar{Y}_{15} \sim \bar{Y}_8$ 全 1；低位片工作，对 $A_2A_1A_0$ 译码。$A_3=1$ 时，高位片对 $A_2\,A_1\,A_0$ 译码，低位片不工作，$\bar{Y}_7 \sim \bar{Y}_0$ 全 1。由此构成 4 线-16 线译码器。

两片 74LS138 的连线图如图 9-19 所示。

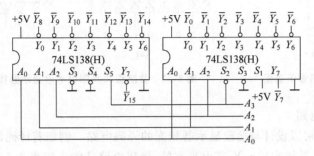

图 9-19　例 9-10 图

二进制译码器的每一个输出端对应二进制码输入端的一个最小项。以 2 线-4 线译码器为例，有

$$\bar{Y}_0 = \overline{\bar{A}_1\bar{A}_0} \Rightarrow \overline{\bar{Y}_0} = \bar{A}_1\bar{A}_0$$

上式表明，将输出端 $\bar{Y}_0$ 的值取反，即等于最小项 $\bar{A}_1\bar{A}_0$ 的值。同理，$\overline{\bar{Y}_1} = \bar{A}_1 A_0$，$\overline{\bar{Y}_2} = A_1\bar{A}_0$，$\overline{\bar{Y}_1} = A_1 A_0$。所以，将译码器的每一个输出端取反，等于一个最小项。组合逻辑电路的逻辑关系可表示为最小项之和，用译码器和与非门即可实现最小项之和的逻辑关系。

例 9-11　用 3 线-8 线译码器 74LS138 实现 $F = \bar{A}B + C$。

解：首先将逻辑关系式转换成最小项之和，有

$$F = \bar{A}B + C$$
$$= \bar{A}B(C+\bar{C}) + (A+\bar{A})(B+\bar{B})C$$
$$= \bar{A}BC + \bar{A}B\bar{C} + ABC + A\bar{B}C + \bar{A}\bar{B}C$$

将各最小项分别用译码器相应的输出信号表示，有

$$F = \bar{Y}_1 + \bar{Y}_2 + \bar{Y}_3 + \bar{Y}_5 + \bar{Y}_7$$
$$= \overline{\bar{Y}_1 \bar{Y}_2 \bar{Y}_3 \bar{Y}_5 \bar{Y}_7}$$

用一片 74LS138 和一个 8 输入与非门即可实现上述逻辑关系。电路的连线图如图 9-20 所示。

2. 显示译码器及其集成器件

在数字系统中，经常采用数码管显示结果。数字系统的处理结果需要经过显示译码器，然后用数码管显示出来。

1) 七段显示器

数码管为七段显示器件，其七个字段由发光

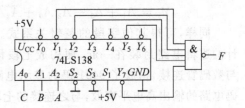

图 9-20　例 9-11 图

材料构成,多采用发光二极管、液晶显示器等。以由发光二极管构成的七段显示器为例,其外形及各字段名称如图 9-21 所示。七段数码管有共阴极和共阳极两种,其结构分别如图 9-22(a)和(b)所示,DP 为小数点。

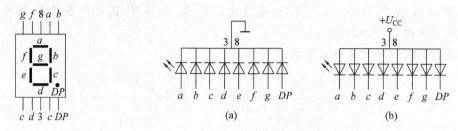

图 9-21 七段数码管示意图   图 9-22 共阴极和共阳极七段显示器件的内部结构

2) 显示译码电路

根据显示要求可以设计与七段显示器相配的译码电路。例如若译码器的输入 $A_3 A_2 A_1 A_0$ 为 8421-BCD 码,7 路输出 $Y_a \sim Y_g$ 高电平有效,译码电路功能表如表 9-14 所示。

表 9-14 七段译码器功能表

十进制数	输入				输出						
	A_3	A_2	A_1	A_0	Y_a	Y_b	Y_c	Y_d	Y_e	Y_f	Y_g
0	0	0	0	0	1	1	1	1	1	1	0
1	0	0	0	1	0	1	1	0	0	0	0
2	0	0	1	0	1	1	0	1	1	0	1
3	0	0	1	1	1	1	1	1	0	0	1
4	0	1	0	0	0	1	1	0	0	1	1
5	0	1	0	1	1	0	1	1	0	1	1
6	0	1	1	0	1	0	1	1	1	1	1
7	0	1	1	1	1	1	1	0	0	0	0
8	1	0	0	0	1	1	1	1	1	1	1
9	1	0	0	1	1	1	1	1	0	1	1

根据表 9-14 便可设计出显示 0~9 十个数码时对应的译码器电路。以 a 字段为例,其卡诺图如图 9-23 所示,注意输入取值 1010~1111 对应的 6 个最小项为约束项。

用卡诺图化简,可得

$$Y_a = A_1 + A_3 + A_2 A_0 + \overline{A_2}\overline{A_0}$$

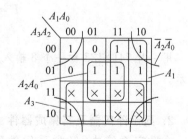

图 9-23 a 字段的卡诺图及其化简

同样,可得其他字段的逻辑关系式。将各字段设计的逻辑电路封装在一起,便构成七段译码器。将其与数码管连接,构成了 8421 码的显示电路。由于该译码电路的输出高电平有效,与之连接的七段显示器应采用共阴极类型。

3) 集成七段译码器

集成七段译码器采用集电极开路输出,输出有高电平有效和低电平有效两种形式,分别

9.3 常用组合逻辑组件及其应用

与共阴极和共阳极的数码管配套使用。

集成七段译码器有 74LS46/47、74LS48、74LS49 等。74LS46/47 的输出低电平有效；74LS48 的输出高电平有效，使用时只需外接电源，不需外接上拉电阻；74LS49 的输出高电平有效，需外接电源和上拉电阻。常用的 74LS47 的管脚图和电路符号如图 9-24 所示，74LS48 的管脚图和电路符号如图 9-25 所示。

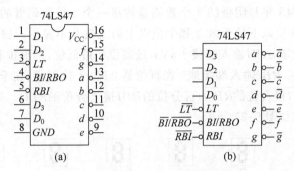

图 9-24　74LS47 的管脚图和电路符号
(a) 管脚图；(b) 电路符号

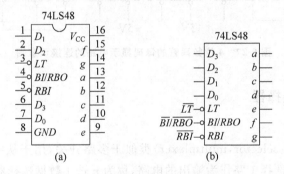

图 9-25　74LS48 的管脚图和电路符号
(a) 管脚图；(b) 电路符号

74LS47 和 74LS48 与数码管的连接图分别如图 9-26(a)和(b)所示。

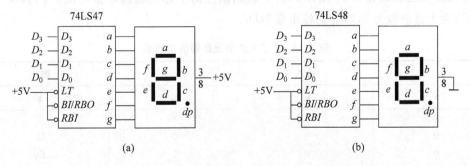

图 9-26　74LS47 和 74LS48 与七段显示器的连接图

74LS47 和 74LS48 的三个控制端，作用如下。

(1) $\overline{LT}$：灯测试输入端，低电平有效。$\overline{LT}=0$ 时，输出 $a\sim g$ 全为高电平，使数码管显示"8"。

(2) $\overline{RBI}$：灭零输入端，低电平有效。当 $\overline{RBI}=0$，且 $D_3 \sim D_0$ 全 0 时，输出 $a \sim g$ 全 0，数码管各段全灭。

(3) $\overline{BI}/\overline{RBO}$：该输入端为低电平时，用于灭灯，即 $\overline{BI}=0$，输出 $a \sim g$ 全 0，使数码管各段全灭。若该端子与 $\overline{RBI}$ 共同使用，则为 $\overline{RBO}$ 端，用于灭零。所谓灭零就是当有多位数码管用于显示时，使无效 0 不显示。

例如，采用 74LS48 和共阴极的 4 个数码管构成一个 4 位数码管的译码显示电路，要求将 0 显示为 0.0，十分位以下的无效 0 和个位以上的无效 0 不显示。根据要求，个位和十分位的两个数码管不灭零，$\overline{RBI}$ 输入端接 +5V；最高位和最低位，即百位和千分位的两个数码管不显示 0，需要灭零，$\overline{RBI}$ 输入端接地；在百位是 0 时，十位灭零，在千分位是 0 时，百分位灭零，所以十位的 $\overline{RBI}$ 接百位的 $\overline{RBO}$，百分位的 $\overline{RBI}$ 接千分位的 $\overline{RBO}$。4 位数码管的译码显示电路的连接示意图如图 9-27 所示。

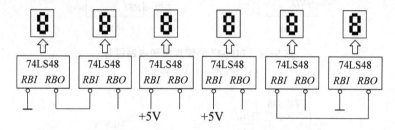

图 9-27　4 位数码管的译码显示电路的连接示意图

9.3.5　数据选择器

1. 工作原理

数据选择器(data selector, multiplexer)类似于多路开关，用于从一组数据中选择一路输出。从 n 路数据中选择 1 路作为输出的电路，称为 n 选 1 数据选择器。

以 4 选 1 数据选择器为例。设 $\overline{S}$ 为使能输入端，低电平有效；A_1、A_0 为选择控制端，$A_1 A_0$ 的输入取值组合决定所选的信号；D_3、D_2、D_1、D_0 为 4 路信号输入端；Y 为信号输出端。数据选择器的功能表如表 9-15 所示。表中数据信号的下标与输入取值对应。例如 $A_1 A_0$ 为 01，转换为十进制数为 1，对应的输出端为 D_1。

表 9-15　4 选 1 数据选择器的功能表

	输入		输出
$\overline{S}$	A_1	A_0	Y
1	×	×	0
0	0	0	D_0
0	0	1	D_1
0	1	0	D_2
0	1	1	D_3

根据表 9-15，有
$$Y = D_3(A_1 A_0) + D_2(A_1 \overline{A_0}) + D_1(\overline{A_1} A_0) + D_0(\overline{A_1}\,\overline{A_0})$$

9.3 常用组合逻辑组件及其应用

4 选 1 数据选择器的逻辑电路图如图 9-28(a)所示,其简化逻辑电路符号如图 9-28(b)所示。

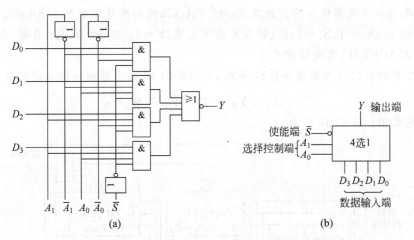

图 9-28　4 选 1 数据选择器的逻辑电路图及其简化符号

2. 集成数据选择器及其应用

常用的 TTL 型集成数据选择器有 74LS157(四 2 选 1,选通端公用)、74LS153(双 4 选 1,选通端公用)、74LS151(8 选 1)等。CMOS 型的有 CC4539(双 4 选 1,选通端公用)等。在使用时,需从集成器件手册中查阅其管脚图和功能表。下面以 74LS153 和 74LS151 为例了解集成数据选择器的使用方法。

74LS153 的管脚图如图 9-29 所示,功能表如表 9-15 所示。74LS151 的管脚图如图 9-30 所示,功能表如表 9-16 所示,其输出端 $W=\overline{Y}$。

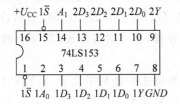

图 9-29　74LS153 的管脚图

图 9-30　74LS151 的管脚图

表 9-16　74LS151 的功能表

输入				输出		输入				输出	
$\overline{S}$	A_2	A_1	A_0	Y	$\overline{W}$	$\overline{S}$	A_2	A_1	A_0	Y	$\overline{W}$
1	×	×	×	0	1	0	1	0	0	D_4	$\overline{D}_4$
0	0	0	0	D_0	$\overline{D}_0$	0	1	0	1	D_5	$\overline{D}_5$
0	0	0	1	D_1	$\overline{D}_1$	0	1	1	0	D_6	$\overline{D}_6$
0	0	1	0	D_2	$\overline{D}_2$	0	1	1	1	D_7	$\overline{D}_7$
0	0	1	1	D_3	$\overline{D}_3$						

例 9-12　试用 8 选 1 数据选择器 74LS151 构成 16 选 1 数据选择器,要求电路中有选通端 $\overline{S}$。

解: 需要用 2 个 8 选 1 数据选择器才能扩展成 16 选 1 数据选择器,即将两片 74LS151 级联。

16 选 1 需要 4 个选择控制端为 A_3、A_2、A_1、A_0,74LS151 的 A_2、A_1、A_0 并联作为 16 选 1 的 A_2、A_1、A_0 端;应使高位片的使能端 $\overline{S}_H = \overline{S} + \overline{A}_3$,低位片的使能端 $\overline{S}_L = \overline{S} + A_3$。如此才能实现当 $\overline{S}=1$ 时,$\overline{S}_H = 1$,$\overline{S}_L = 1$,高、低位片均不工作,$Y=0$;当 $\overline{S}=0$、$A_3=0$ 时,仅低位片工作,当 $\overline{S}=0$、$A_3=1$ 时,仅高位片工作。

设高位片和低位片的输出分别 Y_H 和 Y_L,则构造的 16 选 1 数据选择器的输出为

$$Y = Y_L + Y_H = \overline{\overline{Y}_L \cdot \overline{Y}_H} = \overline{\overline{W}_L \overline{W}_H}$$

逻辑电路图如图 9-31 所示。

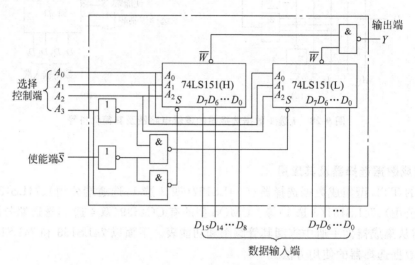

图 9-31 例 9-12 电路

例 9-13 试用双 4 选 1 数据选择器 74LS153 构成四个 4 位二进制数选 1 的电路。

解: 设四个 4 位数分别为 $D_{13}D_{12}D_{11}D_{10}$、$D_{23}D_{22}D_{21}D_{20}$、$D_{33}D_{32}D_{31}D_{30}$、$D_{43}D_{42}D_{41}D_{40}$。要从四个数中选一个数,需要用四个 4 选 1 数据选择器,即 2 片 74LS153,每个数据选择器选 4 位数中的 1 位。

逻辑电路图如图 9-32 所示。当 $\overline{S}=1$ 时,四个数据选择器均不工作,$Y_3Y_2Y_1Y_0=0000$;当 $\overline{S}=0$ 时,四个数据选择器工作,当 $A_1A_0=00$ 时,$Y_3Y_2Y_1Y_0=D_{13}D_{12}D_{11}D_{10}$;当 $A_1A_0=01$ 时,$Y_3Y_2Y_1Y_0=D_{23}D_{22}D_{21}D_{20}$;当 $A_1A_0=10$ 时,$Y_3Y_2Y_1Y_0=D_{33}D_{32}D_{31}D_{30}$;当 $A_1A_0=11$ 时,$Y_3Y_2Y_1Y_0=D_{43}D_{42}D_{41}D_{40}$。

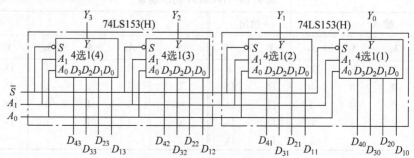

图 9-32 例 9-13 电路

数据选择器还可用于设计组合逻辑电路。

例 9-14 试用数据选择器实现 $F=\overline{A}B+C$。

解： F 为三变量逻辑函数，用一个 4 选 1 数据选择器即可实现该逻辑关系。由前面的分析可知，4 选 1 数据选择器有

$$Y = D_3(A_1 A_0) + D_2(A_1\overline{A_0}) + D_1(\overline{A_1} A_0) + D_0(\overline{A_1}\overline{A_0})$$

令 $A_1=A$、$A_0=B$，将 $F=\overline{A}B+C$ 转换为每一个与项均包含 A、B 一个最小项的与或式，有

$$F = \overline{A}B + C$$
$$= \overline{A}B + C(AB + A\overline{B} + \overline{A}B + \overline{A}\,\overline{B})$$
$$= CAB + CA\overline{B} + 1 \cdot \overline{A}B + C\overline{A}\,\overline{B}$$

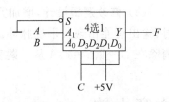

图 9-33 例 9-14 电路

比较上述两式可见，若将信号 A、B 分别连接至数据选择器的选择控制端 A_1、A_0，并使 $D_3=C$，$D_2=C$，$D_1=1$，$D_0=C$，即按图 9-33 所示的逻辑电路图连线，数据选择器的输出即为 $Y=F=\overline{A}B+C$。

*9.4 数字电路中的竞争-冒险

在数字电路中，若两路以上的输入信号同时变化，则称为竞争。在输入信号存在竞争时，若在输出端出现干扰脉冲，则该现象称为竞争-冒险。

以 $Y=AB$ 为例，用与门来实现该逻辑关系。在理想情况下，$A=1$、$B=0$ 时，$Y=0$；$A=0$、$B=1$ 时，$Y=0$。当输入信号从 $A=1$、$B=0$，同时跳变到 $A=0$、$B=1$，由于实际情况是信号 A、B 不可能完全同步，在信号跳变过程中，A、B 输入端可能出现输入信号的电压同时大于阈值电压 U_T 的情况，在输出端出现输出为 1 的干扰脉冲，如图 9-34 所示。

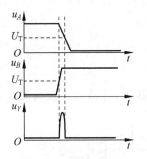

图 9-34 $Y=AB$ 时的竞争-冒险

竞争-冒险的存在会影响电路逻辑关系的稳定性，在设计组合逻辑电路时需加以注意。那么如何判断电路中是否会有竞争-冒险？对于实际电路，可以设置测试信号，用测量的方法来观察输出中有无干扰信号出现；对于复杂电路还可用电路仿真软件来仿真，观察是否有竞争-冒险现象出现；而对于简单的电路还可以用逻辑表达式判断。

用逻辑表达式判断竞争-冒险的方法如下：把逻辑表示式中的一个输入量作为未知量，其他输入量设为 0 或者 1，若出现 $Y=A+\overline{A}$ 或者 $Y=A \cdot \overline{A}$ 形式的表示式，则电路中存在竞争-冒险。

例如，某逻辑电路的逻辑关系为 $Y=AB\overline{C}+CD$。当 $A=1$、$B=1$、$D=1$ 时，$Y=\overline{C}+C$。理想情况是 $Y=1$，而实际情况是 C 与 $\overline{C}$ 不同步，若 $\overline{C}$ 落后 C，则当 C 从 1 跳变到 0 时，C 与 $\overline{C}$ 同时小于 U_T，输出会出现 $Y=\overline{C}+C=0$。所以电路中存在竞争-冒险。

再如，某逻辑电路的逻辑关系为 $Y=(A+B)(\overline{B}+C)$。当 $A=0$、$C=0$ 时，$Y=B \cdot \overline{B}$。理想情况是 $Y=0$，而实际情况是由于 $\overline{B}$ 和 B 不同步，若 $\overline{B}$ 落后于 B，则当 B 从 0 跳变到 1 时，$\overline{B}$ 和 B 同时大于 U_T，输出会出现 $Y=B \cdot \overline{B}=1$。所以电路中存在竞争-冒险。

消除竞争-冒险没有完美的解决方法,需权衡利弊,选用合适的方法。常选用以下方法。

(1) 如果能设法得到与输出信号同步的选通脉冲,则可引入选通脉冲,等电路达到新稳态后再输出。

(2) 在输出端接入滤波电容,以吸收和削弱窄脉冲,但需注意滤波电容会使输出波形变坏。

(3) 修改逻辑设计,增加冗余项。例如 $Y=\overline{A}C+AB$。当 $B=1$、$C=1$、A 从 1 跳变到 0 时,输出可能出现负干扰脉冲。若在表示式中增加冗余项 BC,使 $Y=\overline{A}C+AB+BC$,则可消除在 $B=1$、$C=1$、A 从 1 跳变到 0 时出现的竞争-冒险。

本章小结

(1) 组合逻辑电路是数字电路系统的重要组成部分。在分析由逻辑门构成的组合逻辑电路时,由输入向输出逐级写出逻辑表达式,得到输入和输出的逻辑关系式,然后将其进行转换和化简,得到最简与或关系式,以便分析电路的功能。

(2) 在用逻辑门设计组合电路时,首先定义输入、输出逻辑变量,并作状态赋值,得到真值表;然后写出逻辑关系式,用逻辑代数化简,或者直接用卡诺图化简,得到表示输入和输出关系的最简与或式;最后按要求画逻辑电路图。

(3) 本章介绍了常用的组合逻辑电路的集成器件:加法器、比较器、编码器、译码器、数据选择器和数据分配器等。要求能够通过管脚图和功能表掌握其使用方法;掌握逻辑组件的电路符号表示法,尤其是电路符号中输入输出端子低电平有效的表示方法和端子符号命名规则;掌握这些逻辑组件的使用方法,尤其是掌握用译码器和数据选择器设计组合逻辑电路的方法。

习题

9.1 电路如题图 9-1 所示,分别写出图中两电路的逻辑表达式,并简化成最简与或式。

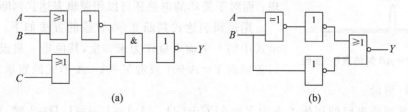

题图 9-1

9.2 电路如题图 9-2(a)所示,输入信号 D 和控制信号 A、B 的波形图分别如题图 9-2(b)所示。试画出输出端 Y_1、Y_2、Y_3 的波形。

9.3 电路如题图 9-3(a)所示,输入信号 A、B、C 的波形图如图(b)所示。试画出输出 Y 的波形。

习题

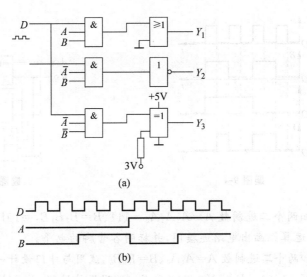

题图 9-2

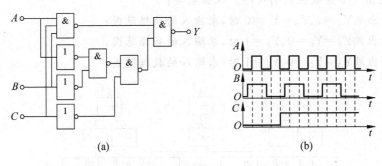

题图 9-3

9.4 设二进制数 $A = A_2 A_1 A_0$，试用与非门设计一个组合逻辑电路，使其输出 $Y = A^2$。

9.5 数码变换电路的逻辑功能表如题表 9-1 所示。试用与非门设计该数码变换电路。

题表 9-1

输入			输出		
A	B	C	Y_2	Y_1	Y_0
0	0	0	0	0	1
0	0	1	0	1	1
0	1	0	1	1	1
0	1	1	1	1	0
1	0	0	1	0	0
1	0	1	0	0	0

9.6 试用最少的与非门，设计一个组合逻辑电路，使其输出(Y)和输入(A、B、C)信号按题图 9-4 所示的波形变化。（要求：列出真值表，化简逻辑表示式，最后画出逻辑电路图）。

9.7 分析题图 9-5 所示电路，写出 Y_1、Y_2 的逻辑表达式，并说明电路实现的逻辑功能。

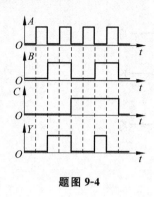

题图 9-4

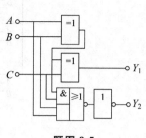

题图 9-5

9.8 已知两个二进制数 $A=A_2A_1A_0=111$、$B=B_2B_1B_0=101$,试用双全加器 74LS183 完成 $A+B$ 的运算。画出电路连接图,并标明各管脚的电平。

9.9 已知两个二进制数 $A=A_1A_0$、$B=B_1B_0$,试用与非门设计一个比较电路,使得 $A=B$ 时,电路输出 $Y=1$;$A \neq B$ 时 $Y=0$。(要求:说明设计过程,并画出设计的逻辑电路)。

9.10 题图 9-6 为数值判别电路。根据电路:

(1) 当输出端 $Y_A=1$、$Y_B=Y_C=0$ 时,求输入的数据范围;

(2) 当输出端 $Y_A=Y_C=0$、$Y_B=1$ 时,求输入的数据范围;

(3) 当输出端 $Y_A=Y_B=0$、$Y_C=1$ 时,求输入的数据范围。

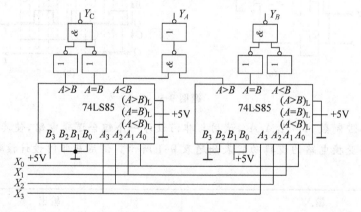

题图 9-6

9.11 完成题图 9-7 所示的电路,使其能完成题表 9-2 所示的编码要求。

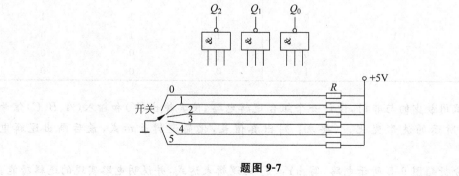

题图 9-7

习题

9.12 试用 3 线-8 线译码器 74LS138 构成 5 线-24 线译码器。(不允许增加其他器件)。

9.13 试用 3 线-8 线译码器 74LS138 和若干与非门设计一个 3 位二进制全减器。

9.14 七段显示器采用共阳极接法。用与非门设计一个译码显示电路,当输入的两位二进制码变化时,七段显示器按题表 9-3 的要求显示字符。

9.15 试用 74LS151(8 选 1 数据选择器)和 74LS157(2 选 1 数据选择器),构成逻辑电路符号如题图 9-8 所示的 16 选 1 电路。

题表 9-2

开关位置	输出		
	Q_2	Q_1	Q_0
0	0	0	0
1	0	0	1
2	0	1	0
3	0	1	1
4	1	0	0
5	1	0	1

题表 9-3

A_1	A_0	字形
0	0	A
0	1	b
1	0	C
1	1	d

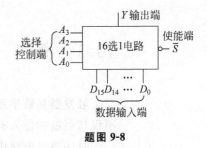

题图 9-8

9.16 2 线-4 线译码器的简化逻辑符号如题图 9-9(a)所示。试用若干 2 线-4 线译码器和与非门构成逻辑电路符号如题图 9-9(b)所示的脉冲分配器。

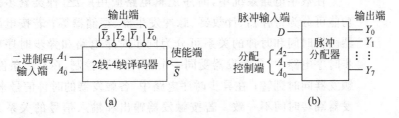

题图 9-9

9.17 电路如题图 9-10 所示。A、B、C 为输入信号,F 为输出信号。分别写出图中两电路输出信号的逻辑关系式,并将结果转换成最简与或式。

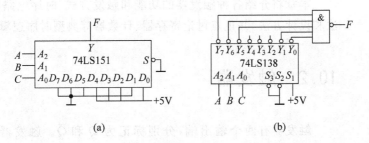

题图 9-10

第 10 章

触发器与时序逻辑电路

10.1 概述

触发器是数字系统中具有记忆功能的一种基本逻辑器件。其输出不仅与当前的输入有关,还与以前的输入有关。

时序逻辑电路中包含有触发器,因此与组合逻辑电路不同,时序逻辑电路在时钟脉冲的统一指挥下,可以按一定的时间顺序工作。因此,时序逻辑电路又称为顺序电路。

在数字电路系统中,时序逻辑电路应用广泛,种类繁多。若按逻辑功能可分为寄存器、计数器、脉冲发生器、存储器等;若按电路中各触发器翻转时间和时钟的关系可分为同步时序电路和异步时序电路。在同步时序电路中,各触发器受同一个时钟(CP)控制,在翻转条件具备时,各触发器同时翻转;在异步时序电路中,各触发器的时钟信号来源不同,触发器翻转时间不一致。若按触发器输出和输入信号的关系又常把时序逻辑电路分为 Mealy 型和 Moore 型。Mealy 型触发器的输出不仅和触发器的状态有关,还和输入信号有关;Moore 型电路中没有输入信号,触发器的输出仅和触发器的状态有关。

本章将介绍各种触发器的功能和触发方式、时序电路的一般分析方法和设计方法,并重点讨论寄存器、计数器等典型时序逻辑电路。

10.2 触发器

触发器有两个输出端,分别标记为 Q 和 $\bar{Q}$。触发器有两个状态:$Q=0$ 和 $\bar{Q}=1$ 时,称为"0"状态;$Q=1$ 和 $\bar{Q}=0$ 时称为"1"状态。触发器在工作时,若输出既能稳定在 1 状态,又能稳定在 0 状态,称之为双稳态触发器;若输出只能稳定在一种状态,另一种状态为暂态,则称为单稳态触发器;若输出无稳定状态,则称为无稳态触发器(又称多谐振荡器)。本节讨论的是双稳态触发器,通常将它简称为触发器。

10.2.1 基本触发器

图 10-1(a)为用两个与非门构成的基本触发器,图 10-1(b)为它的逻辑符号。其中 $\overline{R}_D$、$\overline{S}_D$ 为输入端,Q、$\overline{Q}$ 为输出端。工作原理分析如下。

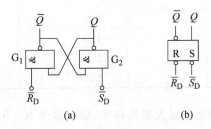

图 10-1 与非门构成的基本触发器及符号

当 $\overline{R}_D=0$、$\overline{S}_D=1$ 时,分两种情况:若原来输出端的状态为 $Q=0$、$\overline{Q}=1$,则 G_1 门输入端全为低电平,G_2 门的输入端全为高电平,因此输出端 $Q=0$、$\overline{Q}=1$ 的状态不变;若原来输出端的状态为 $Q=1$、$\overline{Q}=0$,则 $\overline{R}_D$、$\overline{S}_D$ 信号加入以后,因为 $\overline{R}_D=0$,使得 G_1 门的输出 $\overline{Q}$ 由 0 变 1,G_2 门的输出 Q 由 1 变 0。因此,只要输入为 $\overline{R}_D=0$、$\overline{S}_D=1$,不管触发器的原始状态是什么,最后的输出均稳定在 $Q=0$、$\overline{Q}=1$ 的状态上。

在双稳态触发器电路中,正常工作时,Q、$\overline{Q}$ 两个输出状态总是互补的(一个为 0,另一个肯定为 1),所以常用 Q 端的状态代表触发器的状态。因此,在 $\overline{R}_D=0$、$\overline{S}_D=1$ 的输入条件下,触发器的状态为 $Q=0$。此种情况通常称为触发器清 0、置 0 或复位。

当 $\overline{R}_D=1$、$\overline{S}_D=0$ 时,用类似的方法分析可知,不管触发器的原始状态是什么,最后的输出稳定在 $Q=1$、$\overline{Q}=0$ 的状态上。因此,在 $\overline{R}_D=1$、$\overline{S}_D=0$ 的输入条件下,触发器的状态为 $Q=1$。此种情况通常称为触发器置 1 或置位。

当 $\overline{R}_D=\overline{S}_D=1$ 时,由于 G_1、G_2 两门输入、输出交叉耦合,使得触发器原来的输出状态保持不变。

当 $\overline{R}_D=\overline{S}_D=0$ 时,无论 Q、$\overline{Q}$ 原来是什么状态,两门的输入端都有 0 电平信号,触发器的输出肯定为 $Q=\overline{Q}=1$。但是,此后若一旦 $\overline{R}_D$、$\overline{S}_D$ 两信号的状态同时由 0 变为 1,输出端的状态将不能确定。因为此时 G_1、G_2 两门的输入端全部为 1,Q 和 $\overline{Q}$ 谁为 1 谁为 0,取决于两门的传输速度:若 G_1 门的速度快,则输出状态为 $Q=1$、$\overline{Q}=0$;若 G_2 门的速度快,则输出状态为 $Q=0$、$\overline{Q}=1$。门的传输速度一般是未知的,输出状态也无法确定,所以工作时不应出现 $\overline{R}_D=\overline{S}_D=0$ 的情况,以防产生逻辑错误。

若用 Q^n、$\overline{Q}^n$ 代表触发器原来的状态,用 Q^{n+1}、$\overline{Q}^{n+1}$ 代表输入信号加入后的状态,基本触发器的功能可用表 10-1 描述。为使用方便,常将该表简化成表 10-2。

表 10-1 基本触发器功能表

$\bar{R}_D$	$\bar{S}_D$	Q^n	$\bar{Q}^n$	Q^{n+1}	$\bar{Q}^{n+1}$
0	1	0	1	0	1
0	1	1	0	0	1
1	0	0	1	1	0
1	0	1	0	1	0
1	1	0	1	0	1
1	1	1	0	1	0
0	0	0	1	1	1
0	0	1	0	1	1
$\bar{R}_D$、$\bar{S}_D$ 同时由 0 变 1 后		1	1	不确定	

例 10-1 已知图 10-1(a) 基本触发器电路中,输入信号 $\bar{R}_D$、$\bar{S}_D$ 的波形如图 10-2 所示,据此画出触发器两输出端的工作波形(假设 Q 端的原始状态为 0)。

表 10-2 基本触发器简化功能表

$\bar{R}_D$	$\bar{S}_D$	Q^{n+1}
0	1	0
1	0	1
1	1	Q^n
0	0	不确定

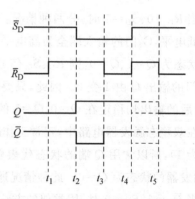

图 10-2 例 10-1 输入输出波形关系

解:根据基本触发器的功能分析,可画出 $\bar{R}_D$、$\bar{S}_D$ 各种组态下对应的 Q 和 $\bar{Q}$ 端的波形,见图 10-2。其中要特别注意的是,在 $t_3 \sim t_4$ 区间 $\bar{R}_D = \bar{S}_D = 0$,所以 $Q = \bar{Q} = 1$。到 t_4 时,$\bar{R}_D$、$\bar{S}_D$ 同时跳变为 1,此后 G_1、G_2 两门的输入端全为 1,所以在 $t_4 \sim t_5$ 区间,Q、$\bar{Q}$ 为不确定状态。其他各段请自行分析。

注意:分析波形关系时,要按输入信号状态的变化逐段进行,而且每段输出波形一定要和对应的输入状态上下对齐,不可将输入和输出错位或分成左右两部分。

由以上分析可见,基本触发器有以下几个特点。

(1) 它是个双稳态器件,在正常工作情况下,其输出端有两个稳定状态"0"或者"1"。

(2) 它具有清 0、置 1、记忆功能。只要令 $\bar{S}_D = 1$,在 $\bar{R}_D$ 端加入负脉冲,其输出端便可直接清 0,所以 $\bar{R}_D$ 叫清 0 端或复位端;令 $\bar{R}_D = 1$,在 $\bar{S}_D$ 端加入负脉冲,其输出端便可置 1,所以 $\bar{S}_D$ 叫置 1 端或置位端;正常情况下令 $\bar{R}_D = \bar{S}_D = 1$,其输出保持原来状态,即记忆功能。

(3) 在正常情况下,触发器两个输出端(Q 和 $\bar{Q}$)的状态总是互补的,通常用 Q 端的状态代表触发器的状态。

10.2 触发器

思考题 10-1 图 10-3 为用或非门构成的基本触发器。试分析其逻辑功能,它和图 10-1 电路的功能是否相同?有什么特点?

10.2.2 电平触发器

在数字系统中往往有多个触发器,为使各触发器的动作协调一致,需要引入一个同步信号。这个信号叫时钟脉冲(clock pulse),简称时钟,常用 CP 表示(有时用 CK、CLK 表示)。受时钟控制的触发器,统称为钟控触发器或同步触发器。钟控触发器

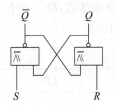

图 10-3 或非门构成的基本触发器

根据输入信号的不同,按逻辑功能分为 RS、D、T、JK 触发器等几种;根据其输出状态翻转时刻和时钟的关系,按工作方式又可分为电平触发、主从触发、边沿触发三种。

如果触发器输出状态的翻转发生在 CP 为高电平或低电平期间,其工作方式称为电平触发。具有电平触发方式的触发器,则称为电平触发器。下面介绍具有 RS 和 D 功能的两种电平触发器。

1. 电平 RS 触发器

图 10-4(a) 为 RS 触发器的工作原理图,图 10-4(b) 为其逻辑符号。其中 R、S 为输入信号,CP 为时钟控制信号。符号框内部字母后面和前面如果有相同的数字,表示控制和被控制关系。因为它的输入信号为 R、S,所以称它为具有 RS 功能的触发器。

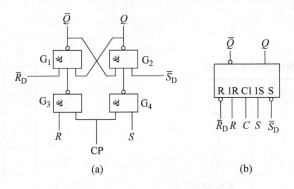

图 10-4 电平 RS 触发器原理电路

1) 功能分析

当 $CP=0$ 时,无论 R、S 输入信号是什么状态,G_3、G_4 两门的输出均为 1。由基本触发器的功能分析可知,此时触发器的输出 Q、$\bar{Q}$ 保持原来状态;

当 $CP=1$ 时,G_3、G_4 两门的输出随 R、S 信号变化:若 $R=S=0$,G_3、G_4 两门的输出均为 1,则触发器的输出 Q、$\bar{Q}$ 仍保持原来状态;若 $R=0$、$S=1$,G_3 门输出为 1,G_4 门输出为 0,则 $Q=1$、$\bar{Q}=0$;若 $R=1$、$S=0$,G_3 门输出为 0,G_4 门输出为 1,则 $Q=0$、$\bar{Q}=1$;若 $R=S=1$,则 G_3、G_4 两门的输出均为 0,迫使 Q、$\bar{Q}$ 全为 1。但是,此后 R、S 两信号若同时由 1 变 0,或 CP 由 1 变 0,使得 G_3、G_4 两门输出变为 1。因此,G_1、G_2 两门的输入又出现全 1 的状态,触发器的输出状态不能确定,Q 和 $\bar{Q}$ 哪个是 1 哪个是 0 取决于 G_1、G_2 两门的工作速度。因此,在使用 R、S 触发器时,$R=S=1$ 的输入状态不能用。

将以上分析归纳起来,便得到 RS 触发器的功能表,如表 10-3 所示。若用 Q^n 代表触发

器原来状态，Q^{n+1}代表一个 CP 脉冲过后触发器的下一状态，则 RS 触发器的功能可简化成表 10-3。

表 10-3　电平 RS 触发器功能表

CP	R	S	Q	$\bar{Q}$
0	×	×	保	持
1	0	0	保	持
1	0	1	1	0
1	1	0	0	1
1	1	1	1	1
1	R、S 同时由 1 变 0		不确定	
CP 由 1 变 0	1	1	不确定	

2) 特性方程

触发器的逻辑功能也可以用逻辑表达式描述。根据表 10-3 填写卡诺图(图 10-5)，然后利用 $R=S=1$ 作为约束条件进行化简，便可得到 RS 触发器的逻辑表达式，又称为特性方程(characteristic equation)：

$$\begin{cases} Q^{n+1} = S + \bar{R}Q^n \\ RS = 0 \quad \text{(约束条件)} \end{cases} \tag{10-1}$$

该式在 $CP=1$ 期间有效。

表 10-4　RS 触发器简化功能表

R	S	Q^{n+1}
0	0	Q^n
0	1	1
1	0	0
1	1	不确定

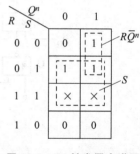

图 10-5　RS 触发器卡诺图

3) 输入、输出信号的波形关系

为了更好地理解 RS 触发器的功能，在信号 R、S、CP 已知的前提下，图 10-6 中绘出了 RS 触发器各信号间的波形关系(设触发器的初始状态为 0)。分析波形关系时要注意两点：

(1) 该触发器只有在 $CP=1$ 时才能翻转，在 $CP=0$ 时输出状态保持不变；

(2) 在 $CP=1$ 期间，触发器输出随 R、S 信号的变化一定要和功能表一致。

各段波形的变化，请读者根据功能表自行分析，其中要特别注意 Q 和 $\bar{Q}$ 波形中的两段不确定状态。

图 10-4(a)电路中，G_1、G_2 两门的输入端引入了直接清 0 端 $\bar{R}_D$ 和直接置 1 端 $\bar{S}_D$（图中虚线）。在 $CP=0$ 期间，只要在 $\bar{R}_D$ 或 $\bar{S}_D$ 端加入低电平，触发器便可直接置 0 或置 1。正常工作时应令 $\bar{R}_D$、$\bar{S}_D$ 两端处于高电平。

10.2 触发器

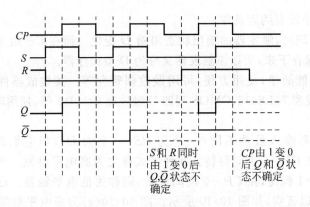

图 10-6 电平 RS 触发器的波形关系

思考题 10-2 图 10-7 为与或非门组成的 RS 触发器,请分析它的逻辑功能。

2. 电平 D 触发器（D 型锁存器）

图 10-8(a)和(b)为电平 D 触发器的原理电路和符号。因为它只有一个 D 输入端,所以称为具有 D 功能的触发器。功能分析如下。

当 $CP=0$ 时,G_3、G_4 两门被封锁,D 端无论是什么状态,触发器输出状态保持不变。当 $CP=1$ 时,G_3、G_4 两门被打开,输出状态由 D 决定:$D=0$ 时,G_4 门输出为 1,G_3 门输出为 0,所以 $Q=0$、$\overline{Q}=1$;反之,$D=1$ 时,$Q=1$、$\overline{Q}=0$。可见,该种触发器的输出状态在 $CP=1$ 期间跟随 D 信号变化。其功能如表 10-5 所示。根据功能表,可写出电平 D 触发器的特性方程:

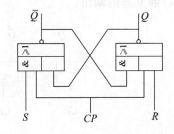

图 10-7 与或非门组成的 RS 触发器

$$Q^{n+1} = D\mid_{CP=1} \quad (10\text{-}2)$$

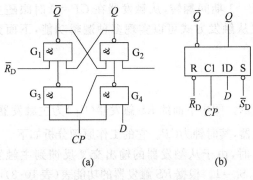

(a)   (b)

图 10-8 电平 D 触发器的原理电路与符号

图 10-9 绘出了 D 触发器输入和输出信号间的波形关系,请读者自行分析。

由以上分析可知,D 触发器有以下两个重要特点。

表 10-5 电平 D 触发器功能表

CP	D	Q	$\overline{Q}$
0	×	保持	
1	0	0	1
1	1	1	0

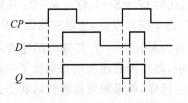

图 10-9 电平 D 触发器的工作波形

(1) 特性方程中没有约束条件。

(2) 在 $CP=1$ 期间，触发器的输出状态跟随 D 变化。而在 CP 由 1 变 0 后，输出便将 CP 跳变前的状态保存下来，所以该触发器又称为 D 型锁存器。

D 触发器的功能简单，使用方便，可用做数据暂存等。其集成器件的类型有多种，如 TTL 型的四 D 触发器 74LS375、CMOS 型四 D 触发器 CC4042 等，使用时可查阅有关手册，这里不仔细介绍。

以上两种触发器输入虽然不同（一个为 RS，一个为 D），但它们的输出状态都是在 $CP=0$ 期间保持，在 $CP=1$ 期间翻转。此种方式称之为高电平触发。与此相反，触发器的输出状态若在 $CP=1$ 保持，在 $CP=0$ 期间翻转，则称为低电平触发。高、低电平触发方式可以用逻辑符号加以区别，如图 10-10 所示。图 10-10(a)为高电平触发，CP 处没有小圈；图 10-10(b)为低电平触发，CP 处有小圈。图 10-10(c)中绘出了高、低电平触发方式下，D 触发器的工作波形。其中，Q_1 为高电平触发方式时 D 触发器的输出，Q_2 为低电平触发方式时 D 触发器的输出。

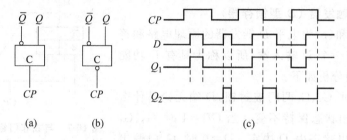

图 10-10　电平触发方式的符号及工作波形

10.2.3　主从触发器

主从触发器由两个电平 RS 触发器串接而成，其中一个为主触发器，另一个为从触发器。两触发器的时钟互为反相，主触发器在 $CP=1$ 期间翻转，从触发器在 $CP=0$ 时跟随主触发器的输出变化。主从的名字由此而来。主从触发方式可以实现多种逻辑功能，下面介绍具有 T'、T、JK 功能的主从触发器。

1. 主从 T' 触发器（计数触发器）

主从 T' 触发器的原理电路如图 10-11(a)所示。图中下面的 RS 触发器（$F_主$）为主触发器，其时钟为 CP；上面的 RS 触发器（$F_从$）为从触发器，其时钟为 $\overline{CP}$。它的工作原理分析如下。

设触发器的初始状态为 $Q=0$。当 $CP=1$ 时，由于从触发器的输出交叉反馈到主触发器的输入端，所以此时主触发器的输入为 $R_1=0$，$S_1=1$。根据 RS 触发器的功能表（表 10-3）可知，此时 $Q'=S=1$、$\overline{Q}'=R=0$；从触发器因 $\overline{CP}=0$ 不能工作，其输出保持 $Q=0$ 的状态。当 CP 由 1 变 0 以后，主触发器因 $CP=0$ 不能工作，$Q'=1$、$\overline{Q}'=0$ 的状态保持不变；此时从触发器的时钟 $\overline{CP}=1$，其输出跟随输入变化，即 $Q=Q'=1$、$\overline{Q}=\overline{Q}'=0$。可见，经过一个时钟周期后，触发器的输出状态翻转了一次，由 $Q=0$ 变为 $Q=1$。

同样，如果触发器的初始状态为 $Q=1$，根据类似分析，经过一个时钟周期后，触发器肯定会翻转成 $Q=0$ 的状态。因此，T' 触发器的逻辑表达式（或特性方程）可写成

10.2 触发器

$$Q^{n+1} = \bar{Q}^n \tag{10-3}$$

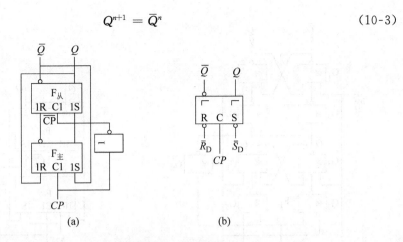

图 10-11 主从 T' 触发器电路框图和逻辑符号

因为 T' 触发器的输出可以随时钟脉冲在 0 和 1 之间来回翻转,而且来一个脉冲只翻转一次,类似于对时钟脉冲进行二进制计数,所以称为计数触发器。

主从触发器的输出状态在时钟为高电平期间不能改变,只能在 CP 下跳变(由 1 变 0)的时候才能翻转,所以它比电平触发方式工作更可靠。

思考题 10-3 图 10-12 电路在 CP 适当配合下,也可以对 CP 进行计数,但工作不可靠。请分析该电路的工作过程,说明在什么条件下才能满足计数要求。

为使触发器更方便地复位和置位,可在主从 T' 触发器的电路中加上直接复位端($\bar{R}_D$)和置位端($\bar{S}_D$)。为了便于分析,将 T' 触发器的内部电路画在图 10-13 中。当 $\bar{R}_D=0$、$\bar{S}_D=1$ 时,无论时钟处于什么状态,G_5、G_8 门输出为高电平,G_6 门输出为低电平。因此 G_2 门的输入全为高电平,将触发器输出置成 0 状态。同样分析,当 $\bar{R}_D=1$、$\bar{S}_D=0$ 时,可将触发器置成 1 状态。因为 $\bar{R}_D$、$\bar{S}_D$ 能避开时钟可直接为触发器清 0 或置位,所以通常称它们为异步输入端。

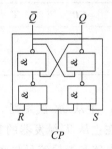

图 10-12 思考题 10-3 的电路图

主从 T' 触发器的逻辑符号如图 10-11(b)所示。其中时钟处的小三角和圆圈代表触发器在时钟的下降沿到来时翻转。

2. 主从 T 触发器

在 T' 触发器的基础上加上一个 T 输入控制端,便是 T 触发器。其电路和逻辑符号见图 10-14。

T 触发器的工作原理很简单,当 $T=1$ 时,其功能和 T' 触发器完全一样,来一个时钟脉冲,触发器翻转一次,即对 CP 进行计数;当 $T=0$ 时,主触发器的两输入端被封锁,触发器不能工作,输出端保持原来状态。它的逻辑功能如表 10-6 所示(其中 CP 用 ⊓ 表示为主从触发)。根据功能表可得特性方程:

$$Q^{n+1} = T\bar{Q}^n + \bar{T}Q^n \tag{10-4}$$

在 T 输入信号给定后,可画出 T 触发器的工作波形,如图 10-15 所示(图中设触发器的初始状态为 0)。

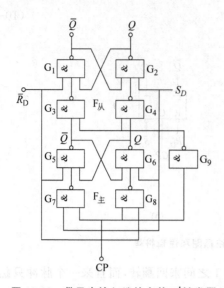
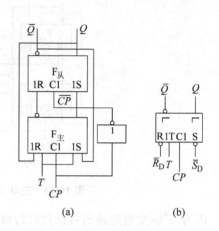

图 10-13 带异步输入端的主从 T' 触发器   图 10-14 主从 T 触发器电路框图和符号

表 10-6 主从 T 触发器的功能表

CP	T	Q^{n+1}
×	0	Q^n
⎍	1	$\bar{Q}^n$

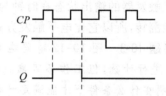

图 10-15 T 触发器的工作波形

3. 主从 JK 触发器

在主从 T' 触发器的基础上,增加两个输入控制端 J 和 K,便构成主从 JK 触发器。其原理电路和逻辑符号如图 10-16(a)、(b)所示。逻辑功能分析如下。

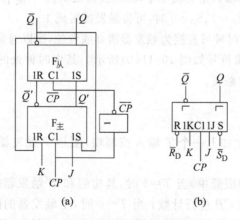

图 10-16 主从 JK 触发器电路框图及符号

当 $J=K=0$ 时,触发器的输入端被封锁,输出状态保持不变。

当 $J=K=1$ 时,和 T' 触发器的功能一样,来一个时钟脉冲,触发器翻转一次,即对时钟脉冲进行计数。

10.2 触发器

当 $J=1$、$K=0$ 时,有两种情况:若触发器的原状态为 $Q=0$、$\bar{Q}=1$,则主触发器的输入端 $R_1=QK=0\times 0=0$,$S_1=\bar{Q}J=1\times 1=1$。因此,在 $CP=1$ 期间,主触发器的输出为 $Q'=1$、$\bar{Q}'=0$(见 RS 功能表 10-15)。当 CP 由 1 变 0 以后,从触发器的输出接收主触发器的状态,使得 $Q=Q'=1$,$\bar{Q}=\bar{Q}'=0$;用类似的方法分析可知,若触发器的原状态为 $Q=1$、$\bar{Q}=0$,则主触发器的输入端为 $R_1=QK=1\times 0=0$,$S_1=\bar{Q}J=0\times 1=0$,因此两输入端被封锁,触发器 $Q=1$、$\bar{Q}=0$ 的状态保持不变。可见,当 $J=1$、$K=0$ 时,无论触发器原来状态是什么,经过一个时钟脉冲后,触发器的状态最终变成 $Q=1$。

当 $J=0$、$K=1$ 时,按上面的方法分析可知,无论触发器的原状态是什么,经过一个时钟脉冲后,触发器的状态最终变成 $Q=0$。具体过程请读者自行分析。

综上所述,JK 触发器有记忆($J=K=0$),置 1($J=1,K=0$),置 0($J=0,K=1$),计数($J=K=1$)等功能,如表 10-7 所示。

根据表 10-7 填写卡诺图并化简(见图 10-17),便得到 JK 触发器的特性方程:

$$Q^{n+1} = J\bar{Q}^n + \bar{K}Q^n \tag{10-5}$$

表 10-7 JK 触发器功能表

J	K	Q^{n+1}
0	0	Q^n(保持)
0	1	0(清 0)
1	0	1(置 1)
1	1	$\bar{Q}^n$(计数)

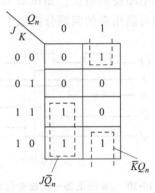

图 10-17 JK 触发器卡诺图

主从 JK 触发器在 CP、J、K 等输入信号给定的情况下,假设初始状态为 0,其输出信号的变化见图 10-18。

主从 JK 触发器的功能齐全,又没有不确定状态,应用非常广泛。集成主从 JK 触发器很多,TTL 型的如双 JK 主从触发器 74LS107、带与门输入的主从触发器 74LS72 等;CMOS 型的如双 JK 主从触发器 CC4027 等。其中 74LS72 的管脚图和功能表如图 10-19 和表 10-8 所示。它的逻辑功能和普通 JK 触发器一样,只是它的 J、K 输入端加了与门,其中 $J=J_1 J_2 J_3$、$K=K_1 K_2 K_3$。

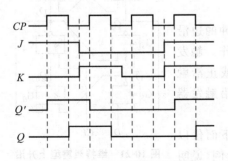

图 10-18 JK 触发器的工作波形

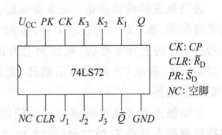

图 10-19 74LS72 管脚排列图

CK: CP
CLR: $\bar{R}_D$
PR: $\bar{S}_D$
NC: 空脚

表 10-8　74LS72 功能表

CP	$\bar{R}_D$	$\bar{S}_D$	J	K	Q^{n+1}
×	0	0	×	×	不确定
×	0	1	×	×	0
×	1	0	×	×	1
⊓	1	1	0	0	Q^n
⊓	1	1	0	1	0
⊓	1	1	1	0	1
⊓	1	1	1	1	$\bar{Q}^n$

4. 主从触发器存在的问题

主从触发器的主要问题是：输入信号若在 $CP=1$ 期间发生变化，可能造成输出和逻辑功能不相符的错误。如在图 10-16 JK 触发器电路中，加入图 10-20 所示的 CP、J、K 信号。电路可能出现的问题分析如下。

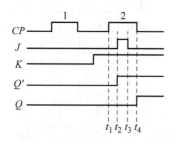

图 10-20　JK 触发器一次性变化波形

图 10-20 中，设第 2 个 CP 正沿到达前（t_1 前），JK 触发器（图 10-16）的输出为 $Q=0$、$\bar{Q}=1$。到 t_2 时，$CP=1$，$K=1$，J 由 0 跳变为 1。此时主触发器的输入为 $S_1=J\bar{Q}=1×1=1$、$R_1=KQ=1×0=0$。根据 RS 触发器的功能可知，主触发器的输出变为 $Q'=1$、$\bar{Q}'=0$；到 t_3 时，如果 J 端信号发生了第二次变化：从 1 又回到了 0。主触发器的输入因此变成 $S_1=J\bar{Q}=0×1=0$、$R_1=KQ=1×0=0$，其输出状态不能再次翻转，$Q'=1$、$\bar{Q}'=0$ 的状态保持不变。所以第 2 个 CP 下跳变之后（t_4 后），从触发器接收主触发器的状态，触发器的输出仍为 $Q=Q'=1$、$\bar{Q}=\bar{Q}'=0$。可见，在第 2 个脉冲 $CP=1$ 期间，J 端输入信号变化了两次，但触发器的输出状态只变化了一次。而且，第 2 个 CP 正脉冲到达前 $J=0$、$K=1$，脉冲过去之后，触发器的状态为 $Q=1$、$\bar{Q}=0$，显然和 JK 触发器的功能相矛盾。这种现象有时被称为一次性变化。为了避免类似错误，使用 JK 触发器时，一般希望 CP 的占空比尽量小，从而保证 J、K 输入信号不在 $CP=1$ 期间发生变化。

10.2.4　边沿触发器

边沿触发器的特点是：触发器只能在时钟脉冲的边沿到来时翻转，在 $CP=0$ 或在 $CP=1$ 期间均不能动作。触发器若在 CP 的上升沿翻转，则称为上升沿触发器或正沿触发器；反之，若在 CP 的下降沿翻转，则称为下降沿触发器或负沿触发器。

边沿触发方式也可构成不同功能的触发器，下面仅以维持阻塞型上升沿 D 触发器（如图 10-21 所示）为例，说明

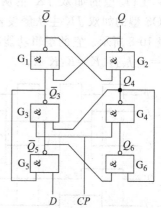

图 10-21　维持阻塞型上升沿 D 触发器电路图

10.2 触发器

上升沿触发器的工作原理。设触发器的初始状态为 0。

1. 设输入信号 $D=1$

当 $CP=0$ 时，G_3、G_4 两门被封锁，$\overline{Q}_3=Q_4=1$，触发器的输出保持 $Q=0$ 的原始状态。此时，$\overline{Q}_3$ 到 G_5、Q_4 到 G_6 输入端的反馈，使得 G_5 门的输出为 $\overline{Q}_5=\overline{\overline{Q}_3 D}=\overline{1\times 1}=0$，$G_6$ 门的输出为 $Q_6=\overline{Q_4 \overline{Q}_5}=\overline{1\times 0}=1$。

CP 上升沿到达后，G_3、G_4 两门开启，使得 G_4 门的输出为 $Q_4=\overline{CPQ_6}=\overline{1\times 1}=0$，$G_3$ 门的输出为 $\overline{Q}_3=\overline{CP\overline{Q}_5 Q_4}=\overline{1\times 0\times 0}=1$。因此，触发器的输出变为 $Q=1$、$\overline{Q}=0$。

CP 的上升沿过后，在 $CP=1$ 期间，即使输入信号 D 发生变化，触发器的输出状态也保持不变。其原因在于 Q_4 又反馈到了 G_6 和 G_3 门的输入端。Q_4 到 G_6 门输入端的反馈线称为维持线，该线的存在保证了 $CP=1$ 期间 $Q_4=0$ 的状态不变；Q_4 到 G_3 门输入端的反馈线称为阻塞线，该线的存在阻塞了 D 信号状态的变化对 G_3 门的影响，使其输出保持 $\overline{Q}_3=1$ 的状态。因此，在 $CP=1$ 期间，$Q_4=0$ 和 $\overline{Q}_3=1$ 的状态不变，触发器 $Q=1$、$\overline{Q}=0$ 的状态也不会改变。

综上所述，该电路当输入信号 $D=1$ 时，只有在 CP 的上升沿到达时输出状态由 0 变为 1、CP 为其他状态时，输出才不随输入信号变化。

2. 设输入信号 $D=0$

用同样的方法分析可知，该电路当 $D=0$ 时，在 CP 上升沿到达时输出状态翻转为 $Q=0$。CP 为高、低电平期间或负沿到达时，输出状态均不变化。

综合以上分析表明，该电路的特点是：只在 CP 上升沿到达前瞬间，输出状态跟随 D 输入信号的状态变化，正沿过后，无论 D 怎样变化，触发器的状态也不会改变。所以，该电路称为维持阻塞型上升沿 D 触发器。设触发器的初始状态为 0，它的输入、输出波形关系如图 10-22 所示。逻辑功能见表 10-9。

表 10-9　上升沿 D 触发器的逻辑功能表

CP	D	Q^{n+1}
↑	0	0
↑	1	1
↓	×	Q^n
0	×	Q^n
1	×	Q^n

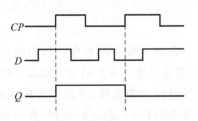

图 10-22　上升沿 D 触发器波形图

边沿触发器的结构除维持阻塞形以外，还有其他形式。对使用者来说内部结构并不重要，主要看其逻辑功能和电路符号。在边沿触发器的功能表中，CP 一般用箭头表示。"↑"代表上升沿触发，"↓"代表下降沿触发。其逻辑符号如图 10-23 所示，图(a)为上升沿触发，图(b)为下降沿触发。

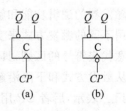

图 10-23　边沿触发器的逻辑符号

在电平触发、主从触发、边沿触发几种工作方式中,边沿触发方式最可靠,抗干扰能力最强,得到广泛应用。各种功能的集成边沿触发器非常多,TTL 型的有双 D 上升沿触发器 7474、双 JK 下降沿触发器 74LS112 等。CMOS 型的有四 D 触发器 CC40175 等。

以 74LS112 为例,其中含两个相同的 JK 触发器,其管脚由 1、2 相区别。它的功能表和管脚图分别见表 10-10 和图 10-24。因为 74LS112 是下降沿触发,其输出根据下降沿到达前输入信号的状态变化,波形关系如图 10-25 所示。

表 10-10 74LS112 功能表

CP	$\bar{R}_D$	$\bar{S}_D$	J	K	Q^{n+1}
×	0	1	×	×	0
×	1	0	×	×	1
×	0	0	×	×	不确定
↓	1	1	0	0	Q^n
↓	1	1	0	1	0
↓	1	1	1	0	1
↓	1	1	1	1	$\bar{Q}^n$

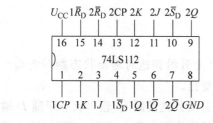

图 10-24 74LS112 管脚图

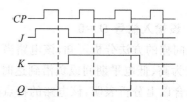

图 10-25 74LS112 的工作波形

10.2.5 触发器的分类及逻辑功能的转换

1. 触发器的分类

通过以上介绍知道,触发器可以从结构、逻辑功能、触发方式等不同角度进行归纳和分类。触发器的结构有多种形式,如介绍过的主从型、维持阻塞型等。在分析含有触发器的电路时,使用者关心的主要是逻辑功能和触发方式,其内部结构无关紧要,不是学习的重点。前边已经提到,根据输入信号的形式触发器的功能可分为 RS、T′、T、D、JK 五种,其中最常用的是 D 和 JK 触发器;根据输出状态翻转时刻的不同,触发器的触发方式分为电平触发、主从触发、边沿触发三种,其中边沿触发方式最可靠,应用最广泛。

触发器的逻辑功能和触发方式是既有联系但本质又不同的两个概念。相同的逻辑功能可以用不同的触发方式来实现,同一触发方式也可实现不同的逻辑功能。分析电路时关键要注意代表符号的区别,具有 D 和 JK 功能的各种触发器的逻辑符号请参见表 10-11。其中主从触发方式和下降沿触发方式的符号相同,其区别反映在功能表中,前者功能表中 CP 用"⊓"表示,后者 CP 用"↓"表示。

10.2 触发器

表 10-11 D 和 JK 触发器的逻辑符号

触发方式 逻辑功能	电平触发		边沿触发		主从触发
	正电平触发	负电平触发	上升沿触发	下降沿触发	
D 触发器	1D C1	1D C1	1D C1	1D C1	1D C1
JK 触发器	1KC11J	1KC11J	1KC11J	1KC11J	1KC11J

2. 触发器逻辑功能的转换

不同功能的触发器,市场上一般都有集成器件出售,有时也可以通过改变外部连线进行逻辑功能的转换。转换的步骤可依据触发器的特性方程或功能表进行,转换前后触发方式不变,下面举例说明。

(1) JK 触发器转换成 D 触发器

已知 JK 触发器的特性方程为

$$Q^{n+1} = J\bar{Q}^n + \bar{K}Q^n$$

D 触发器的特性方程为

$$Q^{n+1} = D = D(Q^n + \bar{Q}^n) = D\bar{Q}^n + DQ^n$$

若将 JK 触发器转换成 D 触发器,并将以上两方程进行比较可得

$$\begin{cases} J = D \\ K = \bar{D} \end{cases} \tag{10-6}$$

转换电路见图 10-26。

该转换方法从 JK 触发器和 D 触发器的功能表中也不难理解。因为 JK 触发器中 $J=0$、$K=1$ 时,$Q^{n+1}=0$;$J=1$、$K=0$ 时,$Q^{n+1}=1$。可见 JK 触发器在这两种情况下,输出与 J 的状态一致而与 K 的状态相反。D 触发器的输出跟随 D 状态变化。因此,将 JK 功能变为 D 功能时,只要令 $J=D$、$K=\bar{D}$ 即可。

(2) JK 触发器转换成 T 触发器

由 JK 触发器的功能表可知,只要令 $J=K=1$,来一个时钟脉冲,触发器就会翻转一次。因此,要想将 JK 触发器转换成 T 触发器很容易,把 JK 触发器的 J、K 两端连在一起做 T 触发器的输入端即可,如图 10-27 所示。

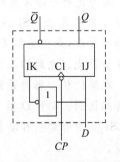

图 10-26 JK 触发器转换成 D 触发器的电路图

(3) D 触发器转换成 RS 触发器

RS 触发器的特性方程为

$$\begin{cases} Q^{n+1} = S + \bar{R}Q^n \\ RS = 0 \end{cases}$$

D 触发器的特性方程为

$$Q^{n+1} = D$$

两式比较得

$$D = S + \bar{R}Q^n \tag{10-7}$$

转换电路见图 10-28。

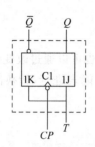

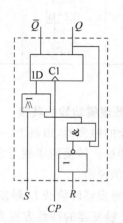

图 10-27　JK 触发器转换成 T 触发器的电路图　　图 10-28　D 触发器转换成 RS 触发器的电路图

10.2.6　触发器的应用举例

数字电路系统中，几乎都要用到触发器。在以后将要介绍的"时序逻辑电路"章节中，将大量讨论含有触发器的电路，这里仅举一个简单的例子。

例 10-2　4 人抢答电路。

智力比赛中经常用到抢答电路。本例中假设参赛者共 4 人，采用的抢答电路如图 10-29 所示。其中 S_1、S_2、S_3、S_4 代表 4 个参赛者使用的按键，L_1、L_2、L_3、L_4 为对应的 4 个指示灯。比赛时要求，最先抢答者按下按键时，相应指示灯变亮，其余参赛者即使再按下按键指示灯也不会再亮。电路的工作情况分析如下。

电路的核心器件是触发器 74LS175，其中包含 4 个独立的 D 触发器，各输入、输出端以下标相区别。4 个 D 触发器均为上升沿触发，其时钟端（CP）和清 0 端（CLR）是公用的。74LS175 的管脚图和功能表分别见图 10-30 和表 10-12。下面对抢答电路的工作原理进行分析。

比赛前，清 0 端接低电平，将各触发器清 0，四个触发器的输出端 $Q_1 = Q_2 = Q_3 = Q_4 = 0$，指示灯（$L_1 \sim L_4$）均不亮。与非门 2 的输出 $Y = \overline{\bar{Q}_1 \bar{Q}_2 \bar{Q}_3 \bar{Q}_4} = 1$。因此，与非门 3 开启。外加时钟（CP）进入触发器，对各输入端的状态进行扫描。比赛开始后，若参赛者没有人抢答，各按键均处于打开状态，各触发器的 D 输入端均为低电平，输出不翻转，各指示灯不亮；若某

10.3 时序逻辑电路的一般分析方法

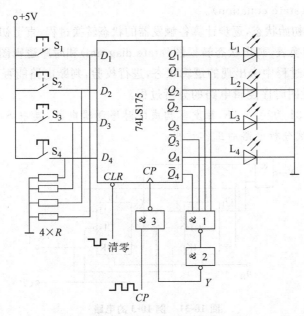

图 10-29　4 人抢答电路

一参赛者的按键(如 S_1)被按下,相应触发器的输入端(D_1)变高电平,当 CP 上升沿到达时,其输出(Q_1)也变高电平,该参赛者的指示灯(L_1)变亮。同时,触发器相应的反相输出端($\bar{Q}_1$)变低电平,使得与非门 2 的输出 $Y=0$,将与非门 3 封锁,外加时钟脉冲不能再进入触发器。因为触发器 74LS175 是上升沿触发方式,触发器得不到时钟脉冲,即使其他参赛者再按下按键,对应的触发器不会翻转,指示灯也不会再变亮。因此,实现了优先抢答者对应指示灯变亮的要求。

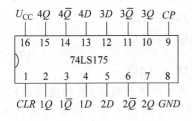

图 10-30　74LS175 管脚图

表 10-12　74LS175 功能表

输入			输出
CLR	CP	D	Q^{n+1}
0	×	×	0
1	↑	0	0
1	↑	1	1

10.3　时序逻辑电路的一般分析方法

分析时序逻辑电路的主要步骤如下。

(1)根据给定的时序逻辑电路,列写各触发器输入信号的逻辑表达式,又称驱动方程(drive equation)。电路中若有单独的输出端,同时要写出输出信号的逻辑表达式。

(2)将输入信号的逻辑表达式,代入相应触发器的特性方程,得触发器次态的逻辑表达式,又称为状态方程(state equation)。

(3) 根据电路的初始状态,逐步计算各触发器的状态转换过程,直至初始状态再次出现。

(4) 列写状态转换表,画出状态转换图(state diagram)和时序逻辑图。

(5) 对电路工作过程中未出现的逻辑状态,进行校验,判断电路能否自起动。

下面通过举例说明时序逻辑电路的分析过程。

例 10-3 图 10-31 为两个 JK 触发器构成的时序逻辑电路,其中 S 为外加输入控制信号,Y 为输出信号。试分析电路的工作过程。

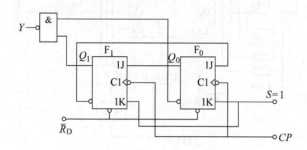

图 10-31 例 10-3 的电路

解:用 Q_1^n、Q_0^n 代表触发器当前状态(现态),Q_1^{n+1}、Q_0^{n+1} 代表一个时钟脉冲过后触发器的下一种状态(次态)。电路的工作过程分析如下。

(1) 各触发器输入信号的逻辑表达式分别为

$$\left.\begin{array}{ll} J_0 = \bar{Q}_1^n, & K_0 = S = 1 \\ J_1 = Q_0^n, & K_1 = S = 1 \end{array}\right\} \tag{10-8}$$

(2) 电路输出信号的逻辑表达式分别为

$$Y = \overline{\bar{Q}_1^n \bar{Q}_0^n} \tag{10-9}$$

(3) 将式(10-8)代入 JK 触发器的特性方程($Q^{n+1} = J\bar{Q}^n + \bar{K}Q^n$),得

$$\left.\begin{array}{l} Q_0^{n+1} = J_0 \bar{Q}_0^n + \bar{K}_0 Q_0^n = \bar{Q}_1^n \bar{Q}_0^n + \bar{1} Q_0^n = \bar{Q}_1^n \bar{Q}_0^n \\ Q_1^{n+1} = J_1 \bar{Q}_1^n + \bar{K}_1 Q_1^n = Q_0^n \bar{Q}_1^n + \bar{1} Q_1^n = Q_0^n \bar{Q}_1^n \end{array}\right\} \tag{10-10}$$

(4) 根据式(10-10)列写状态转换表,画出状态转换图和时序逻辑图(又称波形图)。

设两个触发器的初始状态均为 0,代入式(10-10)得触发器的次态。再把次态作为现态,代入式(10-10),……,最后便可得到状态的全部转换过程,如表 10-13 所示。由此可画出状态转换图和时序图,分别见图 10-32 和图 10-33。

表 10-13 例 10-3 的状态转换表

时钟	现 态		次 态		输出
CP	Q_1^n	Q_0^n	Q_1^{n+1}	Q_0^{n+1}	Y
↓	0	0	0	1	1
↓	0	1	1	0	1
↓	1	0	0	0	0
↓	1	1	0	0	1

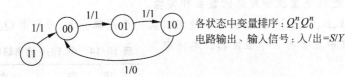

各状态中变量排序：$Q_1^n Q_0^n$
电路输出、输入信号：入/出=S/Y

图 10-32 例 10-3 的状态转换图

时序逻辑电路中，通常称循环内的状态为有效状态。所以该电路的 00、01、10 三种状态是有效状态，而 11 状态在电路中没有出现，称为无效状态。

对无效状态要进行校验。若无效状态能自动进入循环之内，称为可以自起动；否则不能自起动，要修改设计。本电路若由于意外原因进入 11 状态，可以自动回到循环中的 00 状态（见表 10-13 最下行），因此可以自启动。

该电路中，两个触发器的时钟相同（$CP_0 = CP_1 = CP$），所以为同步时序逻辑电路。

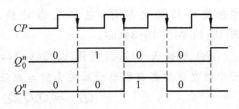

图 10-33 例 10-3 的时序图

对时序逻辑电路进行分析时，如果是异步电路（其中各触发器的时钟不同），要特别注意触发器翻转时刻和各自时钟脉冲的关系。

思考题 10-4 若图 10-31 电路中触发器 F_1 的时钟脉冲，改接到 F_0 的输出端（Q_0），电路状态如何变化？

10.4 时序逻辑电路的一般设计方法

时序逻辑电路的设计是其分析的逆过程，一般步骤如下。

（1）根据任务要求，确定逻辑变量及触发器的数目和类型。一般选用 JK 触发器或 D 触发器，前者功能齐全，后者设计简单。

（2）为逻辑变量赋值，画电路状态转换表或状态转换图。

（3）写出各触发器次态与现态的逻辑关系表达式，或画出各触发器次态的卡诺图。

（4）对逻辑表达式或卡诺图进行化简，得出各触发器次态的逻辑表达式（状态方程）。

（5）将各触发器次态的逻辑表达式和所选用触发器的特性方程比较，确定各触发器输入信号的逻辑表达式（驱动方程）。

（6）画电路图。最后对无效状态进行校验，电路若不能自起动，对所设计的电路要进行修改。

具体设计过程请看下面举例。

例 10-4 数控装置中常用的步进电动机，一般有 A、B、C 三个绕组。电机运行时绕组的一种通电控制方式为：$A \rightarrow AB \rightarrow B \rightarrow BC \rightarrow C \rightarrow CA \rightarrow A$。按此要求，设计一个时序逻辑控制电路。

解：(1) 确定逻辑变量及触发器的数目和类型。

步进机共有 A、B、C 三个绕组,设每个绕组对应一个逻辑变量,分别用 Q_A、Q_B、Q_C 表示,因此所设计的电路中应含有三个触发器。本例中选用 D 触发器。

(2) 为逻辑变量赋值,画电路状态转换表和状态转换图。

步进机的每个绕组,应有通电和不通电两种状态。设通电时变量的状态为 1,不通电时为 0。根据绕组的通电顺序,电路状态转换过程见表 10-14 和图 10-34(a)。

表 10-14 例 10-4 的电路状态转换表

现态			次态		
Q_A^n	Q_B^n	Q_C^n	Q_A^{n+1}	Q_B^{n+1}	Q_C^{n+1}
1	0	0	1	1	0
1	1	0	0	1	0
0	1	0	0	1	1
0	1	1	0	0	1
0	0	1	1	0	1
1	0	1	1	0	0

(3) 根据表 10-14(或图 10-34(a)),可得到三个触发器次态与现态逻辑关系的与或表达式：

$$\left.\begin{array}{l} Q_A^{n+1} = Q_A^n \overline{Q}_B^n \overline{Q}_C^n + \overline{Q}_A^n \overline{Q}_B^n Q_C^n + Q_A^n \overline{Q}_B^n Q_C^n \\ Q_B^{n+1} = Q_A^n \overline{Q}_B^n \overline{Q}_C^n + Q_A^n Q_B^n \overline{Q}_C^n + \overline{Q}_A^n Q_B^n \overline{Q}_C^n \\ Q_C^{n+1} = \overline{Q}_A^n Q_B^n \overline{Q}_C^n + \overline{Q}_A^n Q_B^n Q_C^n + \overline{Q}_A^n \overline{Q}_B^n Q_C^n \end{array}\right\} \quad (10\text{-}11)$$

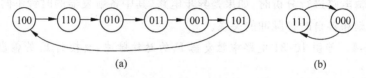

(a) (b)

图 10-34 例 10-4 的电路状态转换图

电路次态的卡诺图见图 10-35。将该图分解,便得每个触发器次态的卡诺图,见图 10-36。

(4) 利用图 10-36 中的卡诺图进行化简(也可利用式(10-11)化简),得到三个触发器次态的逻辑表达式：

$$\left.\begin{array}{l} Q_A^{n+1} = \overline{Q}_B^n \\ Q_B^{n+1} = \overline{Q}_C^n \\ Q_C^{n+1} = \overline{Q}_A^n \end{array}\right\} \quad (10\text{-}12)$$

图 10-35 例 10-4 电路次态的卡诺图

$Q_A^n \diagdown Q_B^n Q_C^n$	00	01	11	10
0	×××	101	001	011
1	110	100	×××	010

$Q_A^n \diagdown Q_B^n Q_C^n$	00	01	11	10
0	×	1	0	0
1	1	1	×	0

$Q_A^{n+1} = \overline{Q}_B^n$

$Q_A^n \diagdown Q_B^n Q_C^n$	00	01	11	10
0	×	0	0	1
1	1	1	0	×	1

$Q_B^{n+1} = \overline{Q}_C^n$

$Q_A^n \diagdown Q_B^n Q_C^n$	00	01	11	10
0	×	1	1	1
1	0	0	×	0

$Q_C^{n+1} = \overline{Q}_A^n$

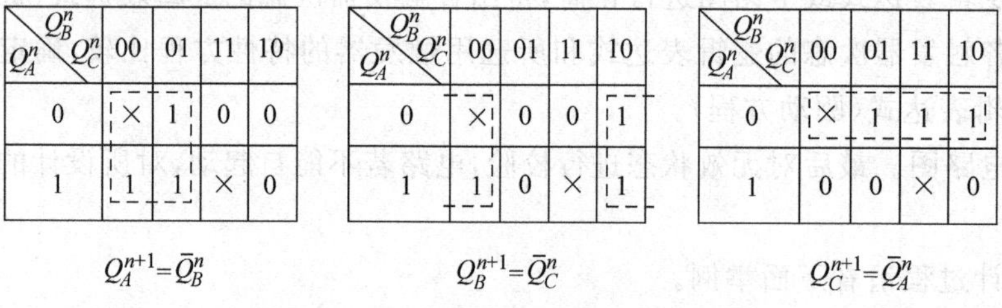

图 10-36 例 10-4 各触发器次态的卡诺图

(5) 将式(10-12)和 D 触发器的特性方程($Q^{n+1} = D$)比较,可得各触发器输入信号的逻辑表达式为

$$D_A = \overline{Q}_B^n \\ D_B = \overline{Q}_C^n \\ D_C = \overline{Q}_A^n \quad \} \quad (10\text{-}13)$$

(6) 设各触发器均选用正沿 D 触发器,而且触发器间选用同步工作方式,则根据式(10-13)可设计出步进机时序逻辑控制电路,如图 10-37 所示。

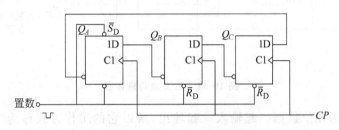

图 10-37 例 10-4 步进机控制电路

该电路共含三个触发器,其输出应有八种组合状态。其中 001～110 六种状态为有效状态,它们的循环过程称为有效循环;000 和 111 为两种无效状态,最后要进行校验,判断电路能否自起动。

检验时,分别将 000 和 111 两种状态代入式(10-12)。若触发器一旦进入 000 状态,经过一个时钟脉冲后,电路将变成 111 状态;反之,若触发器进入 111 状态,经过一个时钟脉冲后,电路将变成 000 状态。可见,000 和 111 两种状态出现后,都不能自动进入有效循环之内,它们构成的循环称为无效循环,如图 10-34(b) 所示。遇到这种情况时,应该修改设计。其中最简单的办法是利用清 0 端或置位端,将电路强迫置成有效循环中的某种状态。如图 10-37 中加入了置数端,当电路进入无效状态时,在置数端加负脉冲,便将电路置成有效循环中的 100 状态。

异步时序逻辑电路的设计较复杂,不是本课程的重点,读者使用时请查阅有关资料。

10.5 寄存器

寄存器(register)是数字系统中的主要器件之一,用来暂时存放数据或指令等。

10.5.1 数码寄存器

寄存器的主体是触发器。一个触发器可以存一位二进制数,要存 n 位二进制数,便需 n 个触发器。图 10-38 是用正沿 D 触发器构成的三位数码寄存器,其中 $d_2 d_1 d_0$ 为待存数据。

寄存器存入数据时,$\overline{R}_D$ 端接高电平,然后加入存数脉冲(CP)。当 CP 的正沿到达时,D 触发器的输出跟随输入变化,使得 $Q_2 Q_1 Q_0 = d_2 d_1 d_0$,待存数据存入寄存器中。数据存入以后,不管待存数据是否改变,只要 CP 不再发生正跳变,所存数据就不会改变。如果想改变寄存器中的数据,首先更新 $d_2 d_1 d_0$ 输入端的数据,然后再加入存数脉冲,寄存器中的数据便自动刷新。若要取出寄存器中的数据,加入取数脉冲,数据便可从 $Q_2' Q_1' Q_0'$ 三端输出。

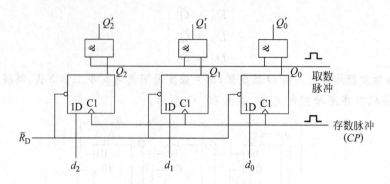

图 10-38 三位数码寄存器

该寄存器因为几位数据一起输入一起输出,所以它的工作方式称为"并行输入、并行输出"。

10.5.2 移位寄存器

移位寄存器(shift register)的特点是,所存数据在时钟脉冲作用下可以左右移动。若数据向左移,称为左移寄存器;向右移,称为右移寄存器;若数据既可左移又可右移,称为双向移位寄存器。

移位的概念在数字运算中很有用。如 A、B 两个二进制数相乘,设 $A=101$,$B=11$,则 $A \times B = S$ 应表示为

$$
\begin{array}{r}
101 \quad (A)\\
\times 11 \quad (B)\\
\hline
101\\
101 \quad \text{(被乘数左移一位)}\\
\hline
1111 \quad (S)
\end{array}
$$

1. 左移寄存器

图 10-39(a)为三位左移寄存器电路,d_i 为待存数据输入端。设 d_i 端有三位数据 $d_2 d_1 d_0$,其中 d_2 为高位,d_0 为低位。存数之前,利用直接清 0 端($\bar{R}_D$),将寄存器各位清 0,即 $Q_2 Q_1 Q_0 = 000$。开始移位时,第一个时钟脉冲正沿到达前,三个触发器的输入信号为 $D_2 = Q_1 = 0$,$D_1 = Q_0 = 0$,$D_0 = d_2$。因此,第一个 CP 过后,数据 d_2 存入低位触发器 F_0 中,寄存器的输出状态为 $Q_2 Q_1 Q_0 = 00 d_2$。同理,第二个时钟脉冲正沿到达前,三个触发器的输入信号变为 $D_2 = Q_1 = 0$,$D_1 = Q_0 = d_2$,$D_0 = d_1$。因此,第二个 CP 过后,输出状态为 $Q_2 Q_1 Q_0 = 0 d_2 d_1$。可见,d_2 向左移了一位进入 F_1 触发器,d_1 移入 F_0 触发器中。依次分析,经过三个时钟脉冲,$d_2 d_1 d_0$ 三位数据全部移入寄存器中,电路输出状态为 $Q_2 Q_1 Q_0 = d_2 d_1 d_0$。可见该寄存器中的数据逐位向左移,所以称为左移寄存器。若设 $d_2 d_1 d_0 = 101$,该寄存器的移位过程如图 10-39(b)所示。

因为这种寄存器的数据是随时钟节拍逐位移入的,而且若再加入三个时钟脉冲,寄存器中的数据将从 Q_2 端逐位移出,因此这种移位工作方式称为"串行输入、串行输出"。

10.5 寄存器

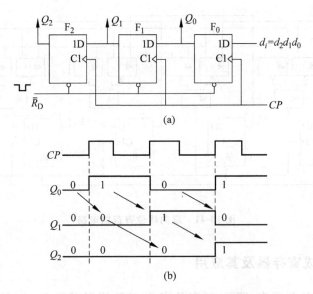

图 10-39 三位左移寄存器电路及时序图

2．右移寄存器

右移寄存器的构成原理和左移寄存器相同，只是移位方向变成向右移。三位右移电路如图 10-40 所示。工作过程请自行分析。

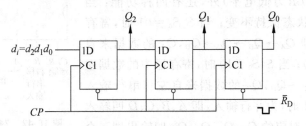

图 10-40 三位右移寄存器电路

3．双向移位寄存器

在移位寄存器的基础上，再加上二选一电路，便构成双向移位寄存器。四位双向移位寄存器的电路，如图 10-41 所示。

该电路中，寄存器左、右移的工作方式，由二选一电路（图中两触发器之间，由三个与非门组成的电路）和开关 K 控制。当 $K=1$ 时，二选一电路中右边的与非门开启，左边的与非门被封锁。在 CP 的统一指挥下，左移串行输入端（L）的数据，送至低位触发器的输入端（D_0），而低位触发器的输出（Q_0）状态又送至第二个触发器的输入端（D_1），……，数据依次逐位向左移；当 $K=0$ 时，二选一电路中左边的与非门开启，右边的与非门被封锁。在 CP 的统一指挥下，右移串行输入端（R）的数据，送至高位触发器的输入端（D_3），而高位触发器的输出（Q_3）状态又送至次高位触发器的输入端（D_2），……，数据依次逐位向右移。因此，可以实现双向移位。

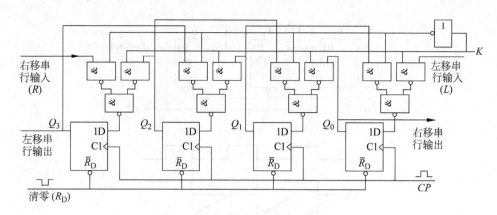

图 10-41 双向移位寄存器电路

10.5.3 集成寄存器及其应用

集成寄存器的类型很多，TTL 型产品有 D 型数码寄存器 74LS374、单向移位寄存器 74LS164、双向移位寄存器 74LS194 等；CMOS 型产品有 D 型数码寄存器 CC4042、双向移位寄存器 CC40194 等。下面仅对 74LS194 作一简单介绍。

74LS194 的管脚排列，如图 10-42 所示。它是一种逻辑功能较全的移位寄存器，其工作方式由 S_1、S_0 两端控制。除直接清 0（$\overline{CLR}$ 为低电平）外，还有四种功能：当 $S_1S_0=00$ 时，输出状态保持不变；当 $S_1S_0=01$ 时，寄存器中的数据右移（即 $Q_A \to Q_B \to Q_C \to Q_D$，$Q_A$ 的数据来自右移串行输入端 R）；当 $S_1S_0=10$ 时，寄存器中的数据左移（即 $Q_A \leftarrow Q_B \leftarrow Q_C \leftarrow Q_D$，$Q_D$ 的数据来自左移串行输入端 L）；当 $S_1S_0=11$ 时，为并行输入，即 A、B、C、D 四输入端的数据，直接打入对应的 Q_A、Q_B、Q_C、Q_D 四输出端。全部逻辑功能见表 10-15。

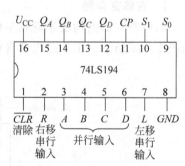

图 10-42 74LS194 管脚排列图

表 10-15 74LS194 的功能表

$\overline{CLR}$	CP	S_1	S_0	功　能
0	×	×	×	直接清 0
1	↑	0	0	保持
1	↑	0	1	右移（$Q_A \to Q_D$，$Q_A=R$）
1	↑	1	0	左移（$Q_A \leftarrow Q_D$，$Q_D=L$）
1	↑	1	1	并行输入（$Q_AQ_BQ_CQ_D=ABCD$）

寄存器的用途很多，如数据变换、彩灯控制等。请看下面数据串、并行变换的例子。

例 10-5 图 10-43 是一个 7 位并行数据变串行数据的电路，试分析它的工作过程。

解：电路中的核心器件是两片双向移位寄存器 74LS194，$D_6 \sim D_0$ 为待变换的 7 位数据。电路工作过程如下：

10.5 寄存器

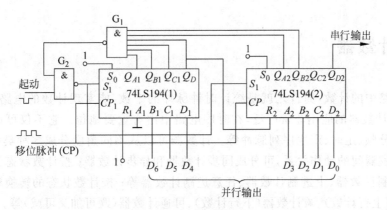

图 10-43 例 10-5 的电路

数据变换前,首先在启动端加入负脉冲。在启动脉冲为低电平期间,两片 74LS194 处于并行输入状态($S_1 S_0 = 11$),7 位并行输入数据在移位脉冲(CP)的作用下输入寄存器,使得 $Q_{A1} Q_{B1} Q_{C1} Q_{D1} = 0 D_6 D_5 D_4$,$Q_{A2} Q_{B2} Q_{C2} Q_{D2} = D_3 D_2 D_1 D_0$。数据输入后,启动脉冲由 0 变 1。此时,因为 $Q_{A1} = 0$,所以与非门 G_1 输出为 1,G_2 输出为 0。因而两片的控制端 $S_1 S_0 = 01$,寄存器自动变为右移工作方式。此后,每来一个移位脉冲,74LS194(1) 的 Q_{A1} 端移入一个 1(因为右移串行输入端 $R_1 = 1$),其他各位数据右移一位。与此同时,每来一个时钟,74LS194(2) 的 Q_{D2} 端送出一位数据,直到 7 位并行数据全部输出,完成一个变换周期。

数据变换过程中,在 7 位并行数据未全部变为串行数据之前,G_1 门的输入端总有一个为低电平,两片寄存器的右移工作方式不会改变。到 7 位数据全部变为串行后,G_1 门的所有输入端均变为高电平,输出变低电平。因此,G_2 门的输出又变成高电平,两片寄存器的工作方式自动回到并行输入状态,然后输入一组新数据($D'_6 \sim D'_0$),开始下一个周期的数据变换。以上过程,请参见表 10-16。

表 10-16　7 位并行变串行数据变换表

CP	寄存器各输出端状态								寄存器工作方式
	Q_{A1}	Q_{B1}	Q_{C1}	Q_{D1}	Q_{A2}	Q_{B2}	Q_{C2}	Q_{D2}	
↑	0	D_6	D_5	D_4	D_3	D_2	D_1	D_0	并行输入($S_1 S_0 = 11$)
↑	1	0	D_6	D_5	D_4	D_3	D_2	D_1	右移($S_1 S_0 = 01$)
↑	1	1	0	D_6	D_5	D_4	D_3	D_2	右移($S_1 S_0 = 01$)
↑	1	1	1	0	D_6	D_5	D_4	D_3	右移($S_1 S_0 = 01$)
↑	1	1	1	1	0	D_6	D_5	D_4	右移($S_1 S_0 = 01$)
↑	1	1	1	1	1	0	D_6	D_5	右移($S_1 S_0 = 01$)
↑	1	1	1	1	1	1	0	D_6	右移($S_1 S_0 = 01$)
↑	0	D'_6	D'_5	D'_4	D'_3	D'_2	D'_1	D'_0	并行输入($S_1 S_0 = 11$)

10.6 计数器

数字电路中的计数,简言之就是统计时钟脉冲的个数,能实现计数的电路便是计数器(counter)。计数器的应用非常广泛,在时序电路中占有重要地位。它不仅可以用来计数,还可以用于分频、定时、产生序列脉冲等。计数器可以从不同角度分成多种类型,如:按计数器内部触发器间的动作关系,可分成同步计数器和异步计数器;按计数状态的循环周期,可分成二进制计数器、十进制计数器、任意进制计数器等;按计数状态的转换顺序,又可分为加计数器(上行计数)、减计数器(下行计数)、可逆计数器(既可加又可减)等。

10.6.1 二进制计数器

按二进制顺序进行计数的计数器,称为二进制计数器。若计数器电路由 n 个触发器组成,则计数周期中最多有 2^n 种计数状态,又称计数模数为 $M=2^n$。下面对不同类型的二进制计数器进行分析。

1. 异步二进制计数器

图 10-44(a)为 3 位异步二进制加法计数器,其中含有 3 个负沿 JK 触发器。各触发器的计数脉冲来源不同:$CP_0=CP$,$CP_1=Q_0$,$CP_2=Q_1$,故为异步计数器。另外,各触发器的输入控制端悬空,相当于 $J=K=1$,所以都按 T' 触发器功能工作。因此,每个触发器对应的时钟下降沿时,触发器便翻转一次。

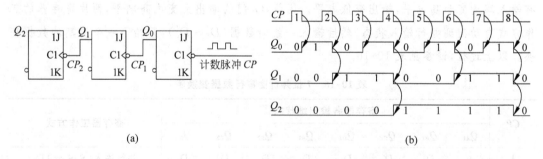

图 10-44 3 位异步二进制加法计数器电路及时序图

假设电路的初始状态为 000。当第一个 CP 下降沿到达时,Q_0 由 0 变为 1。此时,CP_1、CP_2 得不到下降沿,Q_1、Q_2 都不能翻转。因此第一个 CP 过后,计数器的状态变为 $Q_2Q_1Q_0=001$。当第二个 CP 下降沿到达时,Q_0 再次翻转,由 1 变回 0。Q_0 的下跳变引起 Q_1 翻转,由 0 变为 1。Q_2 仍不翻转。因此,第二个 CP 过后,计数器的状态变为 $Q_2Q_1Q_0=010$。依次分析下去,计数器经过 8 个计数脉冲(CP)后,又回到初始状态,完成一个计数周期。以上工作过程,见图 10-44(b)。

通过以上分析,可见此类计数器有以下几个特点。

(1) 由图 10-44(b)的时序图可见,Q_0 的频率为 CP 频率的 1/2(即二分频),Q_1 的频率

10.6 计数器

又为 Q_0 频率的 1/2，……。可见，该计数器位间按二进制关系进行计数，因此称为二进制计数器。

(2) 该电路由 3 个触发器构成，计数值经 8 个 CP 循环一周（000～111），所以又称为八进制计数器，或称为模八（$M=8$）计数器。推而广之，n 个触发器按图 10-44(a) 的方式连接起来，可构成模数为 2^n 的计数器。

(3) 该计数器的计数顺序从 $Q_2Q_1Q_0=000$ 计到 $Q_2Q_1Q_0=111$（见表 10-17），每经过一个 CP 计数值加 1，所以叫加法计数（上行计数）。

仍取 3 个负沿 JK 触发器，若按图 10-45(a) 的方法连接起来，便构成异步二进制减法计数（下行计数）器，其时序关系及计数顺序见图 10-45(b) 及表 10-18。具体工作过程请读者自行分析。

表 10-17 3 位二进制加法计数器的计数顺序表

CP	Q_2	Q_1	Q_0
0	0	0	0
1	0	0	1
2	0	1	0
3	0	1	1
4	1	0	0
5	1	0	1
6	1	1	0
7	1	1	1
8	0	0	0

表 10-18 3 位二进制减法计数器的计数顺序表

CP	Q_2	Q_1	Q_0
0	0	0	0
1	1	1	1
2	1	1	0
3	1	0	1
4	1	0	0
5	0	1	1
6	0	1	0
7	0	0	1
8	0	0	0

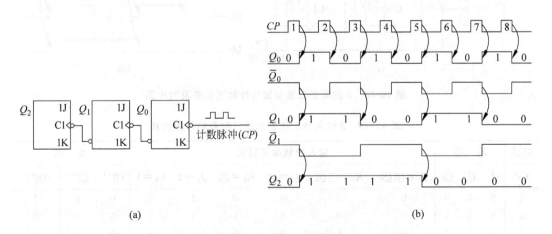

图 10-45 3 位异步二进制减法计数器电路及时序图

2. 同步二进制计数器

同步计数器的特点是，各触发器的计数脉冲相同，其计数顺序由触发器输入信号连接方式的不同进行控制。图 10-46(a) 为 3 位同步二进制加法计数器，计数过程分析如下：

1) 列写各触发器输入控制信号的逻辑表达式

$$\left.\begin{array}{l} J_0 = K_0 = 1 \\ J_1 = K_1 = Q_0^n \\ J_2 = K_2 = Q_1^n Q_0^n \end{array}\right\} \quad (10\text{-}14)$$

2) 列表分析计数过程

假设计数器的初始状态为 $Q_2 Q_1 Q_0 = 000$,此时各触发器输入控制端对应的电平分别为

$$\left.\begin{array}{l} J_0 = K_0 = 1 \\ J_1 = K_1 = Q_0^n = 0 \\ J_2 = K_2 = Q_1^n Q_0^n = 0 \end{array}\right\} \quad (10\text{-}15)$$

在此驱动条件下,根据 JK 触发器的功能表可知,经过一个计数脉冲,计数器的下一个状态(次态)变为 $Q_2 Q_1 Q_0 = 001$。然后再将 001 作为计数器的现态,代入式(10-14)得新的驱动条件为

$$\left.\begin{array}{l} J_0 = K_0 = 1 \\ J_1 = K_1 = Q_0^n = 1 \\ J_2 = K_2 = Q_1^n Q_0^n = 0 \end{array}\right\} \quad (10\text{-}16)$$

因此,经过第二个计数脉冲后计数器变成另一种状态:$Q_2 Q_1 Q_0 = 010$。按此方法分析下去,直到初始状态再次出现时,完成一个计数周期。计数状态转换过程的分析,直接列于表 10-19 中。时序关系见图 10-46(b)。

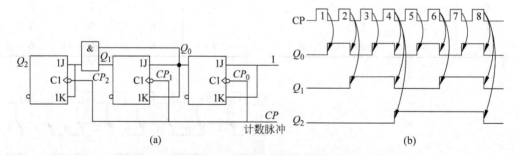

图 10-46 3 位同步二进制加法计数器电路及时序图

表 10-19 3 位同步二进制加法计数器的计数过程

时钟	现 态			输入控制端逻辑式						次 态		
CP	Q_2	Q_1	Q_0	$J_2=Q_1^n Q_0^n$	$K_2=Q_1^n Q_0^n$	$J_1=Q_0^n$	$K_1=Q_0^n$	$J_0=1$	$K_0=1$	Q_2^{n+1}	Q_1^{n+1}	Q_0^{n+1}
1	0	0	0	0	0	0	0	1	1	0	0	1
2	0	0	1	0	0	1	1	1	1	0	1	0
3	0	1	0	0	0	0	0	1	1	0	1	1
4	0	1	1	1	1	1	1	1	1	1	0	0
5	1	0	0	0	0	0	0	1	1	1	0	1
6	1	0	1	0	0	1	1	1	1	1	1	0
7	1	1	0	0	0	0	0	1	1	1	1	1
8	1	1	1	1	1	1	1	1	1	0	0	0

10.6 计数器

由以上分析可见,该计数器在计数过程中,各触发器在输入驱动条件的控制下同步翻转,其状态的变化符合二进制关系,而且每经过一个计数脉冲,计数值加 1,所以为同步二进制加法计数器。该计数器中包括 000～111 八种计数状态,也为模八计数器。

图 10-47 为同步二进制减法计数器,参照同步二进制加法计数器的分析方法,请读者自行分析其工作原理。

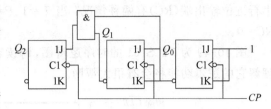

图 10-47 同步二进制减法计数器电路

3. 集成二进制计数器

集成二进制计数器的种类非常多,计数形式一般为加法计数或可逆计数。常用的器件中,TTL 型产品有四位同步二进制加法计数器 74LS161、74LS163,异步计数器 74LS197,四位同步二进制可逆计数器 74LS191、74LS193 等。CMOS 型产品有双四位同步二进制加法计数器 CC4520,四位同步二进制可逆计数器 CC4516 等。下面主要对 74LS161、74LS163 产品作一介绍。

74LS161 内含四个触发器,其输出端为 $Q_D Q_C Q_B Q_A$。当时钟正沿到达时,各触发器同步翻转,位间按 8421 码计数,所以它为四位同步二进制计数器,其管脚排列见图 10-48。

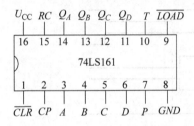

图 10-48 74LS161 管脚图

74LS161 的逻辑功能比较完善,各种功能依靠清 0 端($\overline{CLR}$)、置数端($\overline{LOAD}$)、计数允许输入端(P,T)等控制端的相互配合而实现。具体逻辑功能见表 10-20。以下对其功能作一简单说明。

表 10-20 74LS161 功能表

P	T	$\overline{LOAD}$	$\overline{CLR}$	CP	功　能
1	1	1	1	⎍	计数
×	×	0	1	⎍	并行输入
0	1	1	1	×	保持($RC=Q_D^n Q_C^n Q_B^n Q_A^n$)
×	0	1	1	×	保持($RC=0$)
×	×	×	0	×	清 0

当 $\overline{CLR}$ 端加低电平时,各输出端直接清 0。一般计数器的清 0 有两种方式:同步清 0 和异步清 0。当清 0 信号到达后,无论时钟处于什么状态,计数器各输出端立即复位,置成 0 状态,称为异步清 0;若清 0 信号到达后,必须等所需时钟到来才能清 0,则称为同步清 0。所以,74LS161 属于异步清 0。

当 $\overline{CLR}=1$,在 $\overline{LOAD}$ 端加低电平、时钟脉冲的正沿到达时,便将并行输入端 $DCBA$ 的状态输入计数器,使 $Q_D Q_C Q_B Q_A = DCBA$。所以 74LS161 的置数方式属于同步置数。

当 $\overline{CLR} = \overline{LOAD} = 1$、$P = T = 1$ 时,计数器按 8421 码正常计数,计数周期为 0000～1111,计数模数为 $M = 2^4 = 16$。当计数值计到 $Q_D Q_C Q_B Q_A = 1111$ 时,串行进位输出端(RC)输出一个进位脉冲,其宽度等于一个时钟周期。

当 $\overline{CLR}=\overline{LOAD}=1$、$PT=0$ 时，禁止计数，$Q_D Q_C Q_B Q_A$ 各输出端保持原来状态。此时，串行进位输出端（RC）有两种情况：当 $T=1$、$P=0$ 时，$RC=Q_D Q_C Q_B Q_A$；当 $T=0$、$P=1$ 时，$RC=0$。

图 10-49 为 74LS161 的时序逻辑图，请读者认真分析其中各信号间的关系，这对正确理解它的逻辑功能将会有很大帮助。

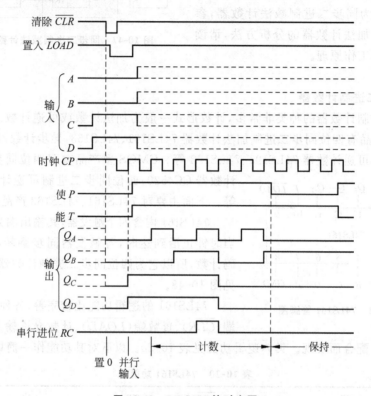

图 10-49　74LS161 的时序图

74LS163 的工作原理、逻辑功能、输出管脚的排列等和 74LS161 完全一样，惟一区别是：74LS161 采用异步清 0，而 74LS163 采用的是同步清 0。

10.6.2　十进制计数器

计数模数为 $M=10$（即内含十种二进制数组合状态）的计数器，称为十进制计数器。它可以用不同方式构成，但不论什么方式，计数器输出至少有四位。十进制计数器也有同步和异步之别，下面以由 JK 触发器构成的同步十进制计数器为例，说明它的计数过程。

1. 计数过程分析

由四个 JK 触发器构成的同步十进制计数器，如图 10-50 所示。其计数过程可以参照二进制计数器的分析方法进行。

根据电路写出各触发器输入控制端的逻辑关系表达式（即驱动方程）：

10.6 计数器

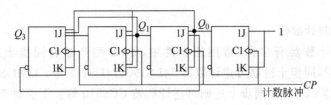

图 10-50 同步十进制计数器

$$\left.\begin{array}{l} J_0 = K_0 = 1 \\ J_1 = \bar{Q}_3^n Q_0^n, \quad K_1 = Q_0^n \\ J_2 = K_2 = Q_1^n Q_0^n \\ J_3 = Q_2^n Q_1^n Q_0^n, \quad K_3 = Q_0^n \end{array}\right\} \quad (10\text{-}17)$$

设计数器的初态为 $Q_3 Q_2 Q_1 Q_0 = 0000$，将其代入式(10-17)，得

$$\left.\begin{array}{l} J_0 = K_0 = 1 \\ J_1 = \bar{Q}_3^n Q_0^n = 0, \quad K_1 = Q_0^n = 0 \\ J_2 = K_2 = Q_1^n Q_0^n = 0 \\ J_3 = Q_2^n Q_1^n Q_0^n = 0, \quad K_3 = Q_0^n = 0 \end{array}\right\} \quad (10\text{-}18)$$

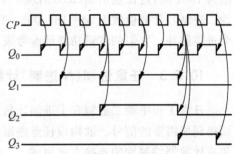

图 10-51 十进制计数器的时序逻辑图

在此驱动条件下，根据 JK 触发器的逻辑功能可知，计数器的下一个状态为 $Q_3 Q_2 Q_1 Q_0 = 0001$。再把 0001 当做现态，代入式(10-17)，求再下一个次态，……，当第十个 CP 过后，计数器的初态(0000)再次出现，完成一个计数周期。计数过程分析见表 10-21，对应的时序逻辑关系见图 10-51。

表 10-21 十进制计数器的计数过程

时钟	现 态				输入控制端逻辑式								次 态			
CP	Q_3^n	Q_2^n	Q_1^n	Q_0^n	$J_3 = Q_2^n Q_1^n Q_0^n$	$K_3 = Q_0^n$	$J_2 = Q_1^n Q_0^n$	$K_2 = Q_0^n$	$J_1 = \bar{Q}_3^n Q_0^n$	$K_1 = Q_0^n$	$J_0 = 1$	$K_0 = 1$	Q_3^{n+1}	Q_2^{n+1}	Q_1^{n+1}	Q_0^{n+1}
0	0	0	0	0	0	0	0	0	0	0	1	1	0	0	0	1
1	0	0	0	1	0	1	0	0	1	1	1	1	0	0	1	0
2	0	0	1	0	0	0	0	0	0	0	1	1	0	0	1	1
3	0	0	1	1	0	1	1	1	1	1	1	1	0	1	0	0
4	0	1	0	0	0	0	0	0	0	0	1	1	0	1	0	1
5	0	1	0	1	0	1	0	0	1	1	1	1	0	1	1	0
6	0	1	1	0	0	0	0	0	0	0	1	1	0	1	1	1
7	0	1	1	1	1	1	1	1	1	1	1	1	1	0	0	0
8	1	0	0	0	0	0	0	0	0	0	1	1	1	0	0	1
9	1	0	0	1	0	1	0	0	0	1	1	1	0	0	0	0

由此可见，该电路工作过程中，包括 0000~1001 共十种状态，而且各触发器共用一个时钟。因此，该电路为同步十进制计数器。

2. 集成十进制计数器

集成十进制计数器有多种，常用的器件中，TTL 型产品有同步十进制加法计数器 74LS160、74LS162，同步十进制可逆计数器 74LS190、74LS192 等。CMOS 型产品有双同步十进制加法计数器 CC4518、同步十进制可逆计数器 CC4510 等。下面对 74LS160 作一简单说明。

74LS160 输出管脚的名称和排列与前边介绍过的四位同步二进制计数器 74LS161 完全相同，见图 10-48。它的逻辑功能也和 74LS161 一样，在 $\overline{CLR}$、$\overline{LOAD}$、P、T 等控制端的适当配合下，可以实现异步清 0、同步置数、同步计数（CP 正沿时翻转）、保持等功能。两者所不同的是：74LS160 是十进制计数，计数模数为 $M=10$（计数范围是 0000～1001），当计数值为 1001 时，进位输出端（RC）出现一个进位脉冲；而 74LS161 是十六进制计数（计数顺序为二进制），计数模数为 $M=16$（0000～1111），当计数值为 1111 时，进位输出端（RC）出现一个进位脉冲。它们的逻辑功能请参考表 10-20。

10.6.3 任意进制（N 进制）计数器

日常工作中除二进制和十进制计数关系以外，经常要求对时钟进行不同模数的计数，从而得到所需要的信号。欲构成任意进制计数器，可以由触发器组合而构成，也可以通过改变集成计数器控制端的连接方式构成。

1. 利用触发器构成任意进制计数器

取若干触发器（一般取 D 或 JK 触发器），可以通过改变其输入控制端的连接方式构成 N 进制（即计数模数 $M=N$）的计数器。请看下面由触发器构成的任意进制计数器电路举例。

例 10-6 图 10-52 为上升沿 D 触发器构成的计数电路，试分析它的计数过程，并说明是几进制计数器，电路能否自启动。最后画出状态转换图和时序图。

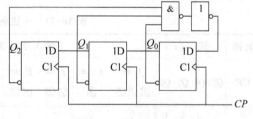

图 10-52　例 10-6 电路图

解：(1) 电路各输入控制端的逻辑表达式分别为

$$\left. \begin{array}{l} D_0 = \overline{Q}_2^n \overline{Q}_1^n \overline{Q}_0^n \\ D_1 = Q_0^n \\ D_2 = Q_1^n \end{array} \right\} \quad (10\text{-}19)$$

(2) 设各触发器的初态为 $Q_2^n Q_1^n Q_0^n = 000$，列表分析电路的计数状态转换过程。首先将触发器的初态代入式(10-19)，得

$$\left. \begin{array}{l} D_0 = \overline{Q}_2^n \overline{Q}_1^n \overline{Q}_0^n = \overline{0}\,\overline{0}\,\overline{0} = 1 \\ D_1 = Q_0^n = 0 \\ D_2 = Q_1^n = 0 \end{array} \right\} \quad (10\text{-}20)$$

10.6 计数器

根据 D 触发器的特性可知,计数器的次态为 $Q_2^n Q_1^n Q_0^n = 001$。然后再以 001 为现态代入式(10-19),得下一个次态,依次分析,可以得出状态转换表 10-22。

表 10-22 例 10-6 计数状态转换表

现态			输入控制端逻辑式			次态		
Q_2^n	Q_1^n	Q_0^n	$D_2 = Q_1$	$D_1 = Q_0$	$D_0 = \overline{Q_2^n}\,\overline{Q_1^n}\,\overline{Q_0^n}$	Q_2^{n+1}	Q_1^{n+1}	Q_0^{n+1}
0	0	0	0	0	1	0	0	1
0	0	1	0	1	0	0	1	0
0	1	0	1	0	0	1	0	0
1	0	0	0	0	0	0	0	0
0	1	1	1	1	0	1	1	0
1	0	1	0	1	0	0	1	0
1	1	0	1	0	0	1	0	0
1	1	1	1	1	0	1	1	0

(3) 由表 10-22 的分析结果可知,该计数器的有效循环中包含四种状态(001、010、100、000),而且各触发器的时钟相同,所以它是同步四进制($M=4$)计数器。

(4) 将四种无效状态(011、101、110、111)分别代入式(10-19),校验电路能否自启动。校验的结果是,四种状态最后都能进入有效循环之内(见表 10-22 下边四行),所以该计数器能自启动。

(5) 该电路的状态转换图和时序图分别见图 10-53(a)、(b)。

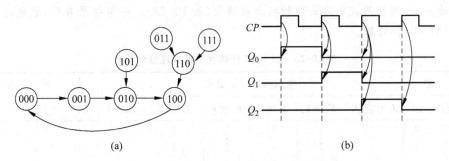

图 10-53 例 10-6 电路的状态转换图和时序图

例 10-7 试分析图 10-54 电路,说明它是几进制计数器,是同步还是异步? 并分析电路能否自启动。

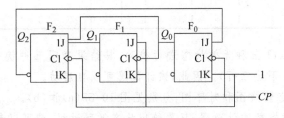

图 10-54 例 10-7 电路

解:(1) 各触发器输入控制端的逻辑表达式分别为

$$\left.\begin{array}{l}J_0 = \overline{Q}_2^n, \quad K_0 = 1 \\ J_1 = K_1 = 1 \\ J_2 = Q_1^n Q_0^n, \quad K_2 = 1\end{array}\right\} \quad (10\text{-}21)$$

(2) 各触发器的时钟分别为 $CP_0 = CP_2 = CP, CP_1 = Q_0^n$。可见，三个触发器的时钟不同，所以该电路为异步计数器。

(3) 对计数状态进行分析。

分析异步时序逻辑电路时，一定要注意：输入控制端所需电平和时钟条件必须同时具备，触发器才能翻转。

设电路的初态为 $Q_2^n Q_1^n Q_0^n = 000$，将此状态代入式(10-21)，得

$$\left.\begin{array}{l}J_0 = \overline{Q}_2^n = 1, \quad K_0 = 1 \\ J_1 = K_1 = 1 \\ J_2 = Q_1^n Q_0^n = 0, \quad K_2 = 1\end{array}\right\} \quad (10\text{-}22)$$

根据 JK 触发器的功能可知，当第一个 CP 的下降沿到达时，Q_0 由 0 跳变为 1，Q_2 保持零状态。此时触发器 F_1 虽然具备翻转所需的输入条件 ($J_1 = K_1 = 1$)，但它的时钟为正跳变 ($CP_1 = Q_0^n$)，所以 Q_1 不能翻转。因此，第一个 CP 过后，电路的次态为 $Q_2^n Q_1^n Q_0^n = 001$。

再将 001 作为现态代入式(10-21)，所得驱动条件与式(10-22)相同，当第二个 CP 的下降沿到达时，Q_0 可以再次翻转，由 1 跳回 0；此时的 F_1 触发器既具备翻转的输入条件 ($J_1 = K_1 = 1$)，又具备时钟条件 (Q_0 为下跳变)，所以 Q_1 由 0 变为 1；因为 $J_2 = 0$，Q_2 仍然不能翻转。所以第二个 CP 过后，电路的状态为 $Q_2 Q_1 Q_0 = 010$。

依次分析，便得到该电路的逻辑状态转换表 (表 10-23)。分析结果表明，该电路是异步五进制 ($M=5$) 计数器。

表 10-23 例 10-7 计数状态转换过程分析表

现态			输入控制端逻辑式						次态		
Q_2^n	Q_1^n	Q_0^n	$J_2 = Q_1^n Q_0^n$	$K_2 = 1$	$J_1 = 1$	$K_1 = 1$	$J_0 = \overline{Q}_2^n$	$K_0 = 1$	Q_2^{n+1}	Q_1^{n+1}	Q_0^{n+1}
0	0	0	0	1	1	1	1	1	0	0	1
0	0	1	0	1	1	1	1	1	0	1	0
0	1	0	0	1	1	1	1	1	0	1	1
0	1	1	1	1	1	1	1	1	1	0	0
1	0	0	0	1	1	1	0	1	0	0	0
1	0	1	0	1	1	1	0	1	0	0	0
1	1	0	0	1	1	1	0	1	0	0	0
1	1	1	1	1	1	1	0	1	0	0	0

(4) 对 101、110、111 三种无效状态进行校验，其结果表明三种状态均可自动进入有效循环之内 (见表 10-23 下边三行)。因此，该计数器可以自启动。

(5) 该电路的状态转换图和时序图，分别见图 10-55(a) 和 (b)。

总之，欲构成任意模数的计数器，只要给出状态循环过程，就可以参考 10.4 节中时序逻辑电路的一般设计方法，用触发器来构成。但是这种方法既麻烦又不可靠，一般情况下用得较少。更多的时候用下面将要介绍的利用集成计数器来构成任意模数的计数器。

10.6 计数器

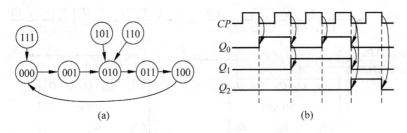

图 10-55 例 10-7 电路的状态转换图和时序图

2. 具有多种计数模式的集成计数器介绍

有的集成计数器,一个器件中含有多种计数模式,如 TTL 型产品中的二-八-十六进制计数器 74LS93、74LS293,二-五-十进制 74LS90、74LS290 等。下面主要对 74LS90 的功能和使用方法作一介绍。

74LS90 中含有一个二进制(其时钟为 CP_A,输出端为 Q_A)和一个五进制(其时钟为 CP_B,输出端为 $Q_DQ_CQ_B$)计数器。两个计数器可以单独使用,也可串接起来使用。单独使用时为二进制和五进制,串接起来使用时为十进制。因此,称为二-五-十进制计数器。

74LS90 的管脚排列见图 10-56。它有两个清 0 端(R_{01},R_{02})和两个置 9 端(R_{91},R_{92})。当 $R_{01}=R_{02}=1$、$R_{91}R_{92}=0$ 时,计数器清 0;当 $R_{91}=R_{92}=1$ 时,计数器置 9,即 $Q_DQ_CQ_BQ_A=1001$;当 $R_{01}R_{02}=0$、$R_{91}R_{92}=0$ 时,计数器进行计数。全部逻辑功能如表 10-24 所示。

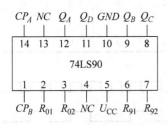

图 10-56 74LS90 管脚排列图

表 10-24 74LS90 逻辑功能表

R_{01}	R_{02}	R_{91}	R_{92}	Q_D	Q_C	Q_B	Q_A
1	1	0	×	0	0	0	0
1	1	×	0	0	0	0	0
×	×	1	1	1	0	0	1
$R_{01}R_{02}=0$		$R_{91}R_{92}=0$		计数			

74LS90 按二进制计数器工作时,计数脉冲接 CP_A,Q_A 端的输出信号则为 CP_A 的二分频($\div 2$);按五进制计数器(其工作原理见例 10-7)工作时,计数脉冲接 CP_B,Q_D 端的输出信号为 CP_B 的五分频($\div 5$),参见图 10-55(b);按十进制工作时,有两种接法:计数脉冲先二分频再五分频,或先五分频再二分频,如图 10-57(a)、(b)所示。使用过程中要注意,这两种接法虽然都可以实现十进制计数关系,但它们的编码顺序和工作波形各不相同。若按图 10-57(a)连接,则计数器按 8421 码进行计数,其中 Q_A 为最低位,Q_D 为最高位。计数顺序见表 10-25,相应的时序关系见图 10-58(注意:图中 Q_D 的占空比为 1/5)。若按图 10-57(b)连接,则计数器按 5421 码进行计数,其中 Q_B 为最低位,Q_A 为最高位。计数顺序见表 10-26,相应的时序关系见图 10-59(注意:图中 Q_A 的占空比为 1/2)。

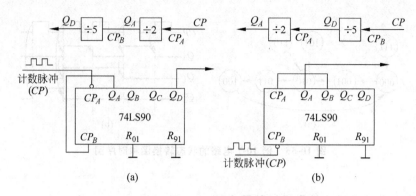

图 10-57 74LS90 构成十进制计数器的两种接法

表 10-25 图 10-57(a)电路对应的计数过程

CP	Q_D	Q_C	Q_B	Q_A
0	0	0	0	0
1	0	0	0	1
2	0	0	1	0
3	0	0	1	1
4	0	1	0	0
5	0	1	0	1
6	0	1	1	0
7	0	1	1	1
8	1	0	0	0
9	1	0	0	1

表 10-26 图 10-57(b)电路对应的计数过程

CP	Q_A	Q_D	Q_C	Q_B
0	0	0	0	0
1	0	0	0	1
2	0	0	1	0
3	0	0	1	1
4	0	1	0	0
5	1	0	0	0
6	1	0	0	1
7	1	0	1	0
8	1	0	1	1
9	1	1	0	0

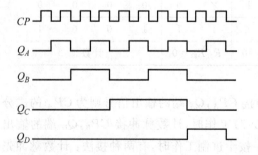

图 10-58 图 10-57(a)电路对应的时序图

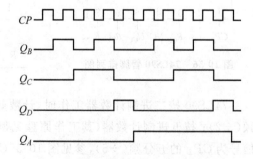

图 10-59 图 10-57(b)电路对应的时序图

3. 利用集成计数器构成任意进制计数器

利用现成的集成计数器,通过改变其控制端的外部连线,可以构成任意进制计数器。常用的构成方法有以下几种。

1) 计数器位数的扩展

取 n 个相同的计数器串级,构成的新计数器位数将扩展 n 倍。

10.6 计数器

例 10-8 图 10-60 为用三个 4 位同步二进制计数器 74LS161（见 10.6.1 节）串级成的大模数二进制计数器，试说明它的工作原理。

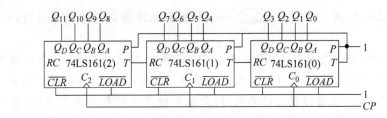

图 10-60 例 10-8 的电路连接图

解：工作原理分析如下：根据 74LS161 的功能（见表 10-20）可知：当计数允许控制端 $P=T=1$ 时，计数器允许计数。而且计数值到 1111 时，进位输出端 RC 产生进位脉冲。该电路中，高位片（左片）的 T 端由低位片的 RC 端控制。因此，高位片必须等低位片计满 1111 时才能计数，从而满足片间二进制计数关系。每片 74LS161 的输出为 4 位，所以该电路为 12 位的同步二进制计数器，其计数总容量为 $2^{12}=4096$。

这种方法构成的计数器，片间信号逐级传递，工作速度较慢。改进方法请参阅有关资料。

例 10-9 图 10-61 为两片 74LS90 构成的计数电路，说明它是几进制计数器。

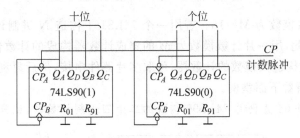

图 10-61 例 10-9 电路连接图

解：根据 74LS90 的使用方法（见表 10-24 和图 10-57）可知，图 10-61 中每片 74LS90 都接成了十进制计数器（图中按 8421 码的接法，Q_A 接 CP_B）。片间由低位片（74LS90(0)）的高位输出（Q_D），接高位片（74LS90(1)）的计数脉冲输入端（CP_A），将两片串接起来。因此，该电路片间为十进制计数关系，整体为百进制计数器，计数范围是 $0 \sim 99_{(10)}$。

2）利用异步清 0 端或置数端构成任意进制计数器

对于具有异步清 0 端或置数端的集成计数器，可以通过改变器件的外部连线构成 N 进制计数器。其方法是：首先将计数器接成正常计数状态，当计数值计到第 S_N 个状态时，将其反馈连接到计数器的异步清 0 端或置数端，强迫计数器清 0 或重新置 0，从而实现对计数模数的控制。通常把利用清 0 端构造任意进制计数器的方法，称为反馈清 0 法；把利用置数端构造任意进制计数器的方法，称为反馈置数法。

例 10-10 图 10-62 为利用 74LS161 的异步清 0 端构成的六进制计数器，试分析其工作原理。

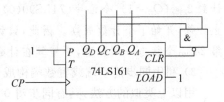

图 10-62 例 10-10 电路图

解：工作原理分析如下：设电路的起始状态为 $Q_D Q_C Q_B Q_A = 0000$。因为电路中的 $P = T = \overline{LOAD} = 1$，而且此时 $\overline{CLR} = \overline{Q_C Q_B} = 1$，所以计数器处于正常计数状态。当计数值计到 $Q_D Q_C Q_B Q_A = 0110$ 时，清 0 端 $\overline{CLR} = \overline{Q_C Q_B} = 0$，计数器立即清 0，回到起始状态，开始新的计数周期。

从计数过程看，该计数器从 0000 计到 0110，好像应有七种状态，应为七进制计数器。其实不然，原因在于 74LS161 的清 0 方式是异步清 0。在 0110 状态出现的瞬间，计数器各输出端立即复位，0110 状态停留的时间极短，所以不能算在计数周期之内（参见图 10-63）。因此，该电路的计数周期中只包括 0000～0101 六种状态，为六进制计数器。

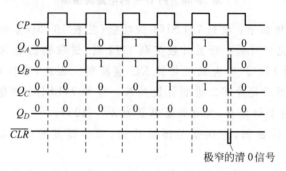

图 10-63 例 10-10 的时序图

74LS161 的计数模数为 $M = 16$。若用一个 74LS161 构造 N 进制计数器，其计数模数 N 肯定小于 16。因此，用一片计数模数为 M 的集成计数器构成的计数器，计数模数一般都比较小（$N<M$）。欲构造大模数的计数器，可取多片器件串接，然后再利用反馈清 0 或反馈置数的方法即可。请看下面举例。

例 10-11 图 10-64 为两片 74LS90 构成的二十四进制计数器，试分析其工作原理。

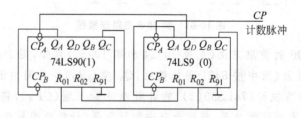

图 10-64 例 10-11 的电路图

解：工作原理分析如下：由例 10-9 已知，本例中的两片 74LS90 接成了两位十进制计数器（低位片的 Q_D 端接到高位片的 CP_A），按百进制计数。当计数器的十位片（74LS90(1)）计到 $2_{(10)}$（$Q_B=1$），个位片（74LS90(0)）计到 $4_{(10)}$（$Q_C=1$）时，两片的 $R_{01}=R_{02}=1$，计数器停止计数，开始下个计数周期。因此，该计数器为二十四进制计数器，其计数范围是 $0 \sim 23_{(10)}$，第 $24_{(10)}$ 个状态一闪即逝，不能算在计数周期之内。

3）利用同步清 0 端或置数端构成任意进制计数器

用以上类似的方法，具有同步清 0 端或置数端的集成计数器也可以构造任意进制计数器。但是要注意，这里反馈清 0 或置 0 时取用的状态不是 S_N 而是第 S_{N-1} 个状态。

10.6 计数器

例 10-12 图 10-65 为利用 74LS161 的置数端构成的六进制计数器,试分析其工作原理。

解:工作原理分析如下:因为电路中的 $P=T=\overline{CLR}=1$,当电路的起始状态为 $Q_DQ_CQ_BQ_A=0000$ 时,$\overline{LOAD}=\overline{Q_CQ_A}=1$,根据 74LS161 的功能可知,计数器处于正常计数状态。当计数值计到 $Q_DQ_CQ_BQ_A=0101$ 时,置数端 $\overline{LOAD}=\overline{Q_CQ_A}=0$,计数器停止当前计数。等到下一个时钟正沿到达时,将置数输入端的数据置入输出端,即 $Q_DQ_CQ_BQ_A=DCBA=0000$,开始新的计数周期。因此,该计数器

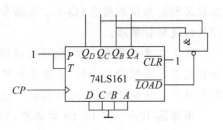

图 10-65 例 10-12 的电路图

的计数过程中共包括 0000~0101 六个状态,所以为六进制计数器。

例 10-12 和例 10-10 都是用 74LS161 构成的六进制计数器,但反馈时取用的信号却不同(前者用的是 $S_{N-1}=0101$,后者用的是 $S_N=0110$)。原因在于 74LS161 的清 0 是异步的,而置数是同步的。利用同步清 0 或同步置数时,反馈信号必须等所需要的时钟到达才能发挥作用,所以最后的计数状态应该包括在计数循环之内(见图 10-66)。

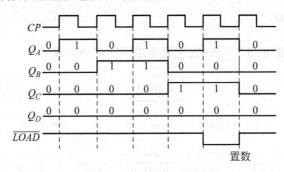

图 10-66 例 10-12 的时序图

利用反馈置数法构造计数器时,置数输入端不一定置成 0,也可以置成其他数,然后利用进位输出端 RC 进行反馈,构成所需要的计数器。如图 10-67 电路为由 74LS161 构成的七进制计数器,其中包括 1001~1111 七个状态,具体工作过程请读者自行分析。

4) 将多个小模数计数器串接构成大模数计数器

先把集成计数器接成小模数的计数器,然后把几个小模数计数器串接起来,便可组成大模数计数器。此种方法又称综合因子法。

例 10-13 图 10-68 为两片 74LS90 构成的十二进制计数器,试分析其工作原理。

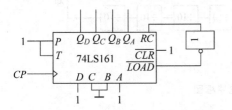

图 10-67 74LS161 构成的七进制计数器

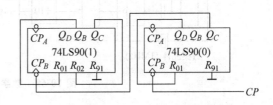

图 10-68 例 10-13 电路图

解：工作原理分析如下：根据74LS90的使用方法可知，图中两片74LS90各自利用其中的五进制计数器，分别接成了四进制计数器(74LS90(0))和三进制计数器(74LS90(1))。然后又利用低位的输出(Q_C)作为高位的时钟(CP_B)将两者串接起来，因此构成的是十二(3×4)进制计数器。

以上方案不是惟一的，也可先将两片74LS90接成十进制计数器，然后利用反馈清0法分别接成四进制和三进制，再串接起来。另外，12的因子除3和4以外，还有2和6。所以若构成十二进制计数器，还可以由二进制和六进制计数器组合而成，电路请读者自行设计。

思考题 10-5 图10-68电路中，两片74LS90用的是其中的五进制计数器，低位片接成四进制计数器时，输出状态应为$Q_D Q_C Q_B = 100$，低位向高位进位时这里用的是Q_C，为什么？改用Q_D行吗？

10.7 数字逻辑电路的综合应用举例

随着科技的发展，数字电路的应用越来越广泛，下面举两个例子。

10.7.1 数字钟

数字钟的原理电路见图10-69，它主要由以下三部分组成。

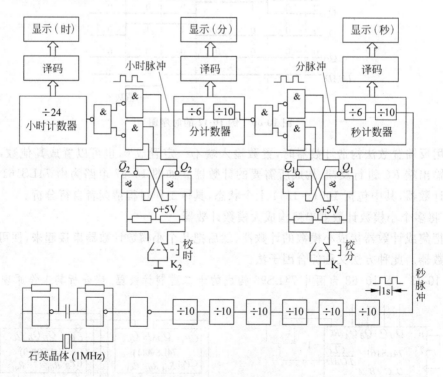

图 10-69 数字钟电路框图

(1) 标准秒脉冲发生电路。包括1MHz的石英晶体振荡器和六级十分频电路。
(2) 时、分、秒计数，译码显示电路。包括两个六十进制和一个二十四进制计数器以及

10.7 数字逻辑电路的综合应用举例

相应的译码、显示电路。

(3) 时间校准电路。包括两个双稳态触发器电路和两个二选一电路(三个与非门组成)。

数字钟工作时,首先由石英晶体振荡器产生 10^6 Hz 的脉冲波(工作原理见第 11 章),经反相器整形后,由六级十分频电路(可以用上边讲过的方法由集成计数器构成)对其分频,形成标准的秒脉冲(周期为 1s 的脉冲)信号。然后,把秒脉冲信号送至秒计数器,经六十分频后,形成分脉冲信号。分脉冲信号再经分计数器六十分频后,形成小时脉冲信号。小时计数器再对小时脉冲计数。最后将秒、分、小时计数器的输出,经译码显示出时、分、秒的读数。

当时间读数发生错误时,可用时间校准电路进行矫正。例如对分的计数,在正常运行时,校准按钮 K_1 不动,双稳态触发器的输出为 $Q_1=1$、$\overline{Q}_1=0$,二选一电路选通分脉冲进入分计数器,显示正确的时间;当分的读数发生错误时,按下按钮 K_1,将双稳态触发器的输出置成 $Q_1=0$、$\overline{Q}_1=1$,二选一电路选通秒脉冲进入分计数器,将错误的时间以较快的速度校正过来。

日常生活中用的数字钟表,功能多少有所不同,但基本原理一样。将以上几部分电路集成到一块半导体芯片上,便是数字钟的核心。

10.7.2 动态扫描键盘编码器

键盘是数字系统外部设备的重要组成部分,是人机对话的工具。假设键盘上共有 32 个按键(四行八列),每个按键对应一个编码,见图 10-70。工作时,扫描时钟对各按键依次巡回扫描,当发现某一按键被按下时,相应的二进制编码存入输出寄存器,供系统调用。

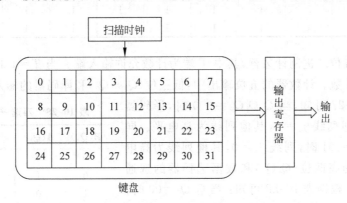

图 10-70 动态扫描键盘编码器示意图

动态扫描键盘编码器的原理电路,如图 10-71 所示,其中主要包括键盘、计数器、译码器、数据选择器、寄存器等。它们的作用概述如下。

键盘上共有八条列线($j_7 \sim j_0$)、四条行线($i_3 \sim i_0$)。其中列线由 3-8 译码器(逻辑功能见表 10-27)的输出端($\overline{Y}_7 \sim \overline{Y}_0$)控制,行线和数据选择器(四选一,功能见表 10-28)的数据输入端相连。因为译码器输出低电平有效,所以列线被译中时呈现低电平。当键盘上有键被按下时,行、列线接通,对应的行线也呈低电平。若没有键被按下,则四条行线全为高电平。

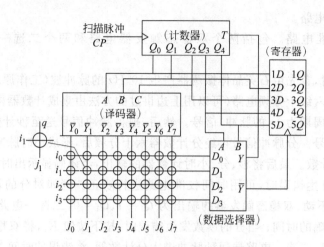

图 10-71 动态扫描键盘编码器原理电路

表 10-27 低电平有效的 3-8 译码器功能表

$C(Q_2)$	$B(Q_1)$	$A(Q_0)$	$\bar{Y}_0$	$\bar{Y}_1$	$\bar{Y}_2$	$\bar{Y}_3$	$\bar{Y}_4$	$\bar{Y}_5$	$\bar{Y}_6$	$\bar{Y}_7$
0	0	0	0	1	1	1	1	1	1	1
0	0	1	1	0	1	1	1	1	1	1
0	1	0	1	1	0	1	1	1	1	1
0	1	1	1	1	1	0	1	1	1	1
1	0	0	1	1	1	1	0	1	1	1
1	0	1	1	1	1	1	1	0	1	1
1	1	0	1	1	1	1	1	1	0	1
1	1	1	1	1	1	1	1	1	1	0

计数器为五位二进制计数器,其中 T 端为计数允许输入端。当 $T=1$ 时,正常计数;当 $T=0$ 时,停止计数。计数器的五位输出中,低三位($Q_2 \sim Q_0$)和译码器的输入端(C,B,A)相连。根据表 10-27 可知,当 $Q_2Q_1Q_0=000$ 时,译码器的 $\bar{Y}_0$ 被译中,即列线 $j_0=0$,其他列线为高电平。同理,当 $Q_2Q_1Q_0=001$ 时,列线 $j_1=0$,其他列线为高电平……计数器的高两位(Q_4Q_3)和数据选择器的选通端(B,A)相连。根据表 10-28 可知:当 $Q_4Q_3=00$ 时,数据 D_0 的状态(即键盘 i_0 行的状态)被选通输出;$Q_4Q_3=01$ 时,数据 D_1 的状态(即键盘 i_1 行的状态)被选通输出……

表 10-28 四选一电路功能表

$B(Q_4)$	$A(Q_3)$	Y	$\bar{Y}$
0	0	D_0	$\bar{D}_0$
0	1	D_1	$\bar{D}_1$
1	0	D_2	$\bar{D}_2$
1	1	D_3	$\bar{D}_3$

寄存器的五个数据输入端和计数器相连,当其时钟正跳变的时候,计数值输入寄存器。而计数器的每个计数值和各按键的二进制编码一一对应,所以寄存器存放的五位数据便是各按键的二进制编码。

键盘编码器的工作过程如下:计数器在扫描脉冲的作用下,不停地循环计数(扫描)。当计到某个数值时,其低三位译中一条列线,高两位选通一条行线。此刻若有按键被按下,则行线和列线接通,数据选择器的输出为 $Y=0$、$\bar{Y}=1$(因为被译中的列线为低电平)。因此,计数器停止计数($T=Y=0$),并将当前计数值(按键对应的二进制编码)存入寄存器(因 $\bar{Y}$ 正跳变)中。例如:某个时刻"9"号键被按下,当计数器计到 01001 时,低三位 $Q_2Q_1Q_0=001$,列线 j_1 被译码器译中呈现低电平;高两位 $Q_4Q_3=01$,数据选择器选中 D_1(行线 i_1)。因此,行线 i_1 和列线 j_1 接通,数据选择器输出 $Y=0$,$\bar{Y}=1$,计数器停止计数,并将 9 号键的编码"01001"输入寄存器中,供系统调用。

本章小结

(1) 触发器有多种类型。按逻辑功能可分为 RS 型、D 型、T 型、T′ 型、JK 型等;按触发方式可分为电平触发、主从触发、边沿触发等;按电路结构可分为主从型、维持阻塞型等。从使用的角度看,触发器的逻辑功能和触发方式更为重要,因此它们是学习触发器的重点。

(2) 触发器的逻辑功能可用逻辑符号、功能表、特性方程、时序图等方式表示。应会根据已知的表示方式将其转换成其他方式。分析含有触发器的电路时,要特别注意图中不同符号的区别(如有无小圈、箭头向上向下等),它们对电路的工作情况有直接影响。

(3) 时序逻辑电路和组合逻辑电路一样,是数字电路的重要组成部分。两者的主要区别在于,时序逻辑电路中一定包含具有记忆功能的触发器。因此,在分析时序逻辑电路时要特别注意输入、输出各逻辑变量间的时序关系。就在数字电路中的地位而言,时序逻辑电路更有特点、更具代表性。

(4) 对时序逻辑电路的要求是,掌握时序逻辑电路的一般分析方法,了解状态转换过程,最后画出状态转换表(图)和时序图。在分析异步逻辑电路时,要特别注意各触发器的翻转时刻和对应时钟的关系。了解时序逻辑电路的设计过程,重点掌握同步时序逻辑电路的设计方法。

(5) 寄存器的主要功能是存储数据和指令,是数字系统中重要的逻辑器件。在了解它的工作原理的基础上,重点掌握集成寄存器的使用方法。

(6) 计数器是最典型的时序逻辑电路,它的用途极其广泛。计数器的种类很多,较常用的有二进制、十进制计数器等,对它们的结构及工作原理要清楚。

(7) 集成计数器的使用是本章的学习重点。应学会根据给定的管脚图、功能表正确使用集成计数器。要掌握利用集成计数器构成任意进制计数器的方法。用反馈清 0 或反馈置数法构造计数器时,反馈状态的选取要谨慎,一定要区分器件的清 0 端或置数端是同步还是异步。

(8) 利用 VHDL 可以进行复杂时序逻辑关系的设计,既方便又可靠。通过本章的学习应初步掌握 VHDL 在时序逻辑电路中的基本使用方法。

习题

10.1 分析题图 10-1 所示电路的逻辑功能,列出它的逻辑功能表。

10.2 钟控 RS 触发器(见图 10-4)的输入信号如题图 10-2 所示,试画出 Q 和 $\bar{Q}$ 端的输出波形。设触发器的初态为 0。

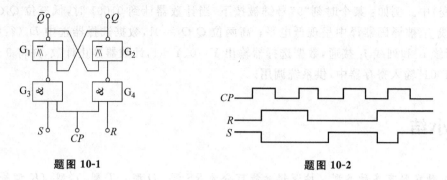

题图 10-1　　　　　　　　　题图 10-2

10.3　分析题图 10-3 触发器电路，说明 Q 和 CP 以及输入信号 D 的关系。并根据 CP 和 D 信号，画出 Q 端的波形。设触发器的初态为 0。

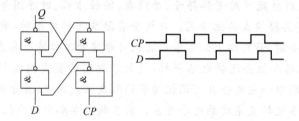

题图 10-3

10.4　根据题图 10-4 中 CP、A、B 信号，画出两触发器输出端（Q_1，Q_2）的波形。设触发器的初态为 0。

10.5　试根据题图 10-5 所示输入信号，画出主从 JK 触发器（见图 10-16）Q 和 $\bar{Q}$ 输出端的波形。设触发器的初态为 1。

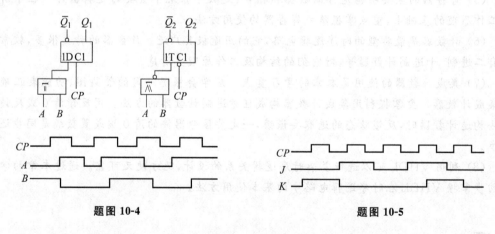

题图 10-4　　　　　　　　　题图 10-5

10.6　画出题图 10-6 中各触发器输出端的波形。设各触发器的初态为 0。

10.7　写出题图 10-7 两电路输出端的逻辑表达式。

10.8　三个 D 触发器如题图 10-8 连接，根据 A、B 输入信号画出 X、Y 端的工作波形。设各触发器的初态为 0。

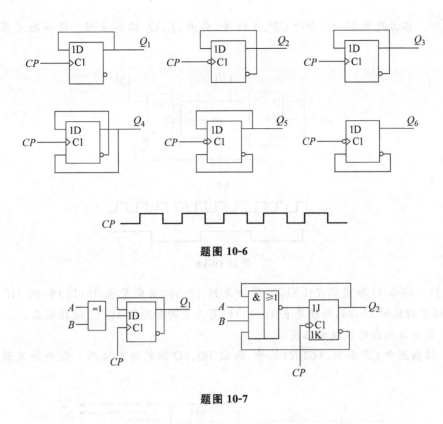

题图 10-6

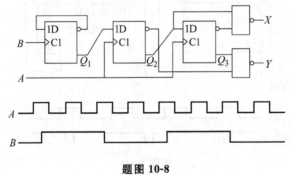

题图 10-7

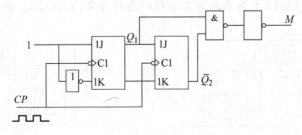

题图 10-8

10.9 题图 10-9 为单脉冲输出电路，试画出 CP、Q_1、Q_2、M 各端的工作波形。设两触发器的初态为 0。

题图 10-9

10.10 根据题图 10-10 中的 CP、A 信号,画出 Q_1、Q_2 端的波形。设两触发器的初态为 0。

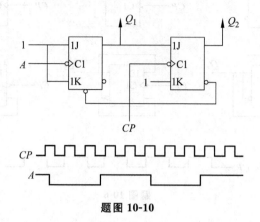

题图 10-10

10.11 将四 D 触发器 74LS175(管脚见图 10-30,功能见表 10-12)和双 JK 触发器 74LS112(管脚见图 10-24,功能见表 10-10)的有关管脚如题图 10-11 连接起来。

(1) 试画出相应的原理电路图;

(2) 根据图中 CP 和 $\overline{R}_D(\overline{CLR})$ 信号,画出 $1Q$、$2Q$ 端的输出波形。设两触发器的初态为 0。

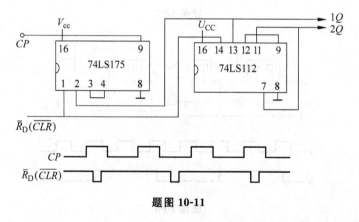

题图 10-11

10.12 列表分析题图 10-12 的时序逻辑电路,画出状态转换图及时序图。设电路的初始状态为 $Q_1Q_0=00$。

10.13 设题图 10-13 电路中两触发器的初态均为零,画出 Q_1Q_0 和 CP 的逻辑关系图。

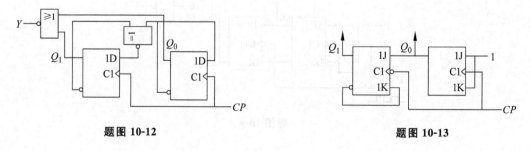

题图 10-12　　　　　　　　　　　　题图 10-13

10.14 题图10-14为顺序脉冲发生器电路，其上半部分为时序逻辑电路，下半部分为译码电路。试画出0、1、2、3、4、5各端的工作波形。设各触发器的初态为零。

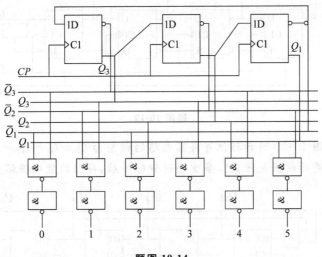

题图10-14

10.15 分析题图10-15电路状态转换过程，画出状态转换图和时序图，并说明电路能否自启动。设电路的初态为$Q_2Q_1Q_0=000$。

10.16 试根据题图10-16给定的逻辑状态转换关系，用上升沿JK触发器设计一个同步时序逻辑电路，并校验能否自启动。

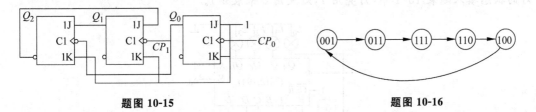

题图10-15   题图10-16

10.17 试用下降沿D触发器和所需门电路，设计一个同步时序逻辑电路，使其输出端Q_A、Q_B、Q_C和时钟CP满足题图10-17的关系。

10.18 欲使题图10-18电路中的指示灯按亮3s灭1s的规律变化，试用下降沿JK触发器设计其中的时序逻辑电路，并画出Y输出端的时序图。

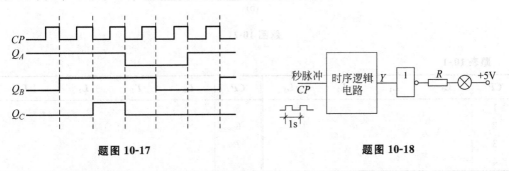

题图10-17   题图10-18

10.19 分析题图10-19寄存器电路，说明它的移位过程。当$D=1101$时，经3个CP

后，各 Q 输出端是什么状态。设各触发器的初态为 0。

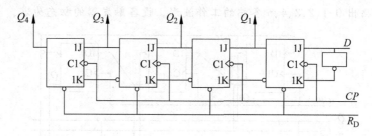

题图 10-19

10.20 设题图 10-20 所示移位寄存器电路的初态为 $Q_0=Q_1=Q_2=Q_3=1$。试问经过一个时钟后，它保存的数据是什么？多少个时钟脉冲后，存储的数据循环一周？

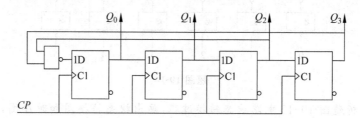

题图 10-20

10.21 将题图 10-21 中的 CP 和 S_0 信号加入 74LS194 电路后，试把 L_0、L_1、L_2、L_3 各灯的状态填入题表 10-1 中（灯亮用 1，灯灭用 0 来表示）。

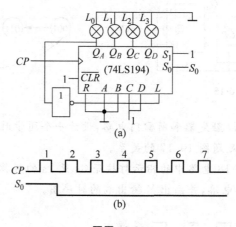

题图 10-21

题表 10-1

CP	L_0	L_1	L_2	L_3	CP	L_0	L_1	L_2	L_3
1					5				
2					6				
3					7				
4									

习题

10.22 根据题图10-22中给定的CP和$\overline{CLR}$信号，画出74LS194各输出端的波形。第五个脉冲过后，显示器上的读数为多少？

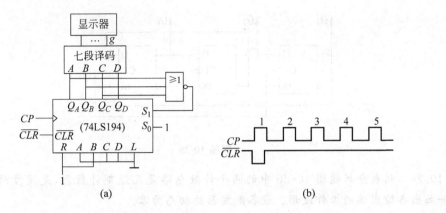

题图 10-22

10.23 题图10-23为一彩灯控制电路，分析清0信号加过以后各灯的亮灭规律。

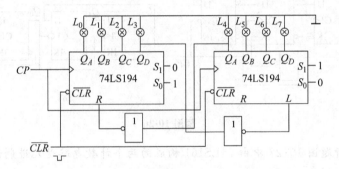

题图 10-23

10.24 分析题图10-24两计数电路，说明它们是加计数还是减计数，并画出各输出端的工作波形。设各触发器的初态为零。

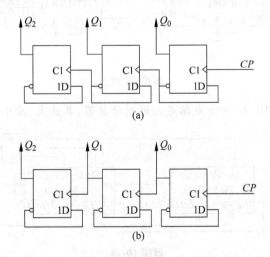

题图 10-24

10.25 题图 10-25 为环形计数器，电路的初态为 $Q_2Q_1Q_0=100$。试分析它的计数过程，说明是几进制计数器。

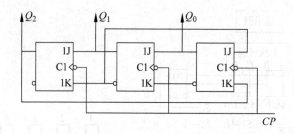

题图 10-25

10.26 列表分析题图 10-26 中的两个计数电路是几进制计数器，是同步的还是异步的，并画出各输出端的工作波形。设各触发器的初态为零。

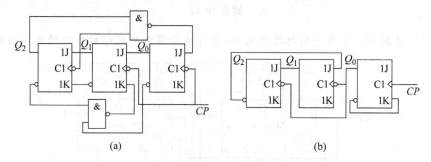

题图 10-26

10.27 分析题图 10-27 中由 74LS161 构成的两个计数电路是几进制计数器。

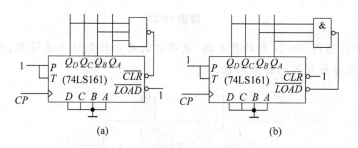

题图 10-27

10.28 分析题图 10-28 所示电路是几进制计数器，其最大、最小计数值各是什么。

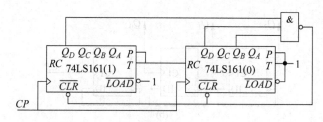

题图 10-28

10.29 分析题图 10-29 中两片 74LS90 构成的是几进制计数器。

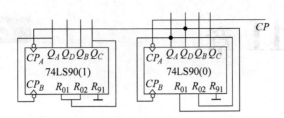

题图 10-29

10.30 试用 74LS161 构成十一进制和百进制计数器。

10.31 试用 74LS90 构成九进制和四十一进制计数器。

10.32 题图 10-30 为简易频率计电路。试分析它的工作过程,说明计数、读数显示、清 0 三个阶段各占多长时间,各对应 74LS90 什么状态。

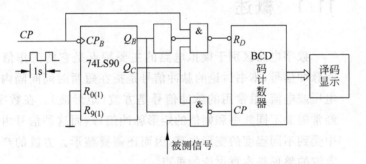

题图 10-30

10.33 在题图 10-31(a)中加适当连线,使 u_o 和 CP 构成图(b)所示关系。

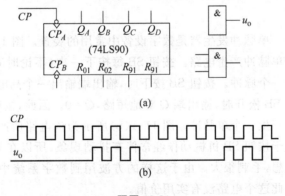

题图 10-31

第 11 章

波形的产生及整形

11.1 概述

数字电路区别于模拟电路的主要特点是它的工作信号是离散的时间脉冲信号,本书讨论的脉冲信号是指在短暂时间间隔内作用于电路的电压或电流,最常用的脉冲信号是方波(矩形波)。在数字电子设备中,经常需要不同频率和幅值的矩形脉冲信号,而这种信号由于在传递过程中受到不同程度的变形失真,因而还需要整形。方波的产生以及不理想方波的整形是本章讨论的重点。

11.2 单脉冲的产生

单脉冲发生器是数字设备中常用的装置。图 11-1(a)所示为最简单的单脉冲产生电路。按钮 SB 每按下一次(不论时间长短),就在 Q 端输出一个脉冲。按钮 SB 按下时,输出端输出一个高电平 U_{CC},即 $Q=1$;按钮 SB 松开时,输出端 Q 对地短路,$Q=0$。因此,按钮 SB 每按放一次,便会产生一个单脉冲。图 11-1(b)所示为该电路所产生的一个方波信号,由于按钮 SB 机械动作经常伴有抖动现象,所以在 Q 端得到的方波很不理想,毛刺很大。由于这样的方波用到数字系统中很容易引起误动作,因此这个电路没有实用价值。

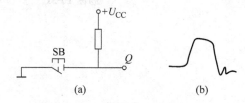

图 11-1 单脉冲产生电路及波形
(a) 电路;(b) 波形

11.3 连续脉冲的产生

为了消除开关的抖动,改善上述单脉冲的波形,可在电路中加入削抖电路,以便在输出端 Q 得到一个较为理想的方波。削抖电路可用门电路、触发器或专用芯片等多种方式组成,图 11-2(a)是由基本 RS 触发器组成的削抖电路。按钮 SB 处于原始状态时,$Q=0$、$\bar{Q}=1$;按下 SB 后,其常闭触点断开、常开触点闭合,触发器翻转,Q 端输出正脉冲,$\bar{Q}$ 端输出负脉冲。虽然按钮的机械抖动仍然存在,但触发器一旦翻转,按钮触点的抖动便无法影响 Q 和 $\bar{Q}$ 的状态,直到松开 SB 按钮后,触发器再翻转一次,输出重新恢复到原始状态,即 $Q=0$、$\bar{Q}=1$。图 11-2(b)为该电路的输出波形,可见按钮动作一次,Q 端就输出一个较为理想的方波,由于触发器的存在,即使按钮抖动,输出端也不会产生毛刺。

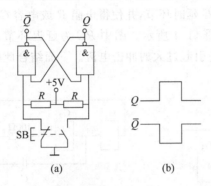

图 11-2 具有削抖功能的单脉冲产生电路及波形
(a) 电路;(b) 波形

11.3 连续脉冲的产生

虽然单脉冲产生电路在不断按放按钮 SB 的过程中,输出端 Q 能得到一连串的方波信号,但由于按钮按放的时间由人来控制,所以 Q 端得到的各个方波脉冲的宽度不会完全一致,而且频率太低并带有很大的随机性,这将会对数字电路的正常工作带来诸多不便。

在数字系统及电子计算机中,矩形脉冲(时钟脉冲 CP)不仅是信号源,也是协调系统各部分有机工作的控制信号和定时信号,一般可用多谐振荡器产生。因为矩形脉冲波中包含有许多高次谐波,所以这种电路被称为多谐振荡器。由于该电路输出没有稳定状态,只有两个暂稳态,所以该电路又称为无稳态触发器。多谐振荡器可由分立元件组成,也可以由集成电路构成。

11.3.1 环形振荡器

1. 基本环形振荡器

如果利用实际逻辑门电路的平均传输延迟时间,将奇数个非门首尾相接,便构成一个简单的环形振荡器。图 11-3 是以三个非门组成的环形振荡器。由于非门的反相特性,若假设 $u_{o1}=1$,则 $u_{o2}=0$、$u_{o3}=1$。u_{o3} 的输出反馈到 u_{o1} 的输入端,将使 u_{o1} 的输出又变为 0。如此反复进行,电路不可能达到稳定状态,于是在 G_3 门的输出端可得到连续不断的矩形波。

假设非门 G_1、G_2、G_3 的平均传输延迟时间为 t_{pd}，则电路所产生的矩形波的周期可用 $T=2\times 3t_{pd}=6t_{pd}$ 计算。若是用 n 个非门串接，则输出矩形波的振荡周期 $T=2nt_{pd}$。图 11-3 所示电路存在两个问题：①非门的平均传输延迟时间 t_{pd} 一般很短，仅几十纳秒，由此构成的振荡器的振荡频率太高，且无法调节；②在实际应用中，三个非门的平均传输延迟时间不可能完全相同，这必然导致输出波形的不稳定。鉴于上述两个原因，图 11-3 所示电路只能作为原理电路，而无实用价值。

2. 实用 RC 环形振荡器

若在上述电路中加入 RC 延时环节，并使得电阻 R 或电容 C 可调，便可构成实用的 RC 环形振荡器，其电路结构如图 11-4 所示。图中 RC 为延迟环节，R_S 是保护电阻，防止电容电压因充放电转换时在 G_3 门引起过大的冲击电流。下面结合此电路的工作波形（图 11-5），说明其工作原理。

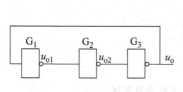

图 11-3　基本环形振荡器

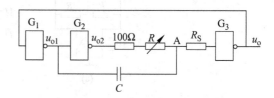

图 11-4　实用 RC 环形振荡器

在 $t=0\sim t_1$ 期间，设输出电压 $u_o=1$，则 $u_{o1}=0$、$u_{o2}=1$，G_2 门输出的高电平经电阻 R 向电容 C 充电，使 A 点电位逐渐升高。当 $u_A\geq U_T$，即在 $t=t_1$ 时，u_o 立即由 1 变为 0（忽略门的平均传输延迟时间），u_{o1} 随之变为 1，u_{o2} 变为 0，充电过程结束。由于电容 C 上的电压不能突变，所以 u_A 电压随 u_{o1} 的突变而产生正跳变。此后，电容 C 经电阻 R 放电，A 点电位逐渐降低。当 $u_A\leq U_T$，即在 $t=t_2$ 时，电路状态再次翻转。如此周而复始，输出端便产生连续的方波。

根据三要素法，RC 电路的充放电过程满足下式：

$$f(t)=f(\infty)+[f(0_+)-f(\infty)]e^{-(t/\tau)}$$

因此，根据图 11-5 中 u_A 的波形可知，在 $t=0\sim t_1$ 期间，电容处于充电阶段，此时 $u_A(0_+)=U_T-(U_H-U_L)$，$u_A(\infty)=U_H$。若取 $R_S\gg R+100\Omega$，其充电时间常数 $\tau\approx(R+100\Omega)C\approx RC$，由此可求得 A 点电压达到转折电压 U_T 的时间为

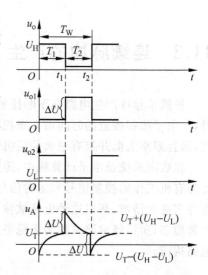

图 11-5　RC 环形振荡器的工作波形

$$T_1=RC\ln\frac{2U_H-U_T-U_L}{U_H-U_T}$$

在 $t=t_1\sim t_2$ 期间，电容处于放电阶段，此时 $u_A(0_+)=U_T+(U_H-U_L)$，$u_A(\infty)=U_L$，其放电时间常数 $\tau=(R+100\Omega)C\approx RC$，由此可求得 A 点电压达到转折电压 U_T 的时间为

11.3 连续脉冲的产生

$$T_2 = RC \ln \frac{U_H + U_T - 2U_L}{U_T - U_L}$$

由于非门的输出低电平 $U_L = 0.3\text{V} \approx 0\text{V}$ 可忽略不计,则该振荡电路的振荡周期可近似地由下式计算:

$$T_W = T_1 + T_2 = RC \ln \frac{2U_H - U_T}{U_H - U_T} \frac{U_H + U_T}{U_T}$$

式中,U_H 为方波的幅值;U_T 为非门的阈值电压。

若取 $U_H = 3\text{V}$、$U_T = 1.4\text{V}$,则其振荡周期可用下式近似表示:

$$T_W = T_1 + T_2 \approx 2.2RC$$

在图 11-4 电路中,电容 C 可在几十皮法至几微法内选择,所以 R 太大会使 G_3 门总处于导通状态,使电路无法起振。R 的最大值一般约为 $1\text{k}\Omega$,这就限制了它的频率调节范围。如果要求频率调节范围扩大,可利用射极跟随器输入电阻高、输出电阻低的特点,对图 11-4 所示电路进行改进(见图 11-6),即将电容 C 的充放电回路与 G_3 门的输入回路隔开。这样既可降低振荡频率,又不影响振荡器的工作。此电路中的电阻 R 可增大到几十千欧,频率调节范围也可相应增大。

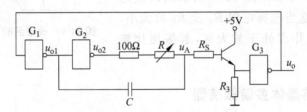

图 11-6 改进后的 RC 环形振荡器

11.3.2 RC 耦合式振荡器

前面所讲的方波是由奇数个非门首尾相接构成的多谐振荡器产生的。同样,也可以通过两级非门经 RC 电路耦合的方式获得方波。图 11-7 所示电路为 RC 耦合式振荡器,下面结合工作波形(见图 11-8)说明电路产生振荡的原理。

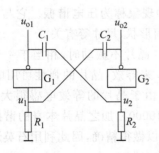

图 11-7 RC 耦合式振荡电路

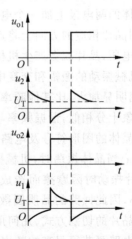

图 11-8 RC 耦合式振荡器的工作波形

设电容 C_1 和 C_2 的初始值均为 0。在某一时刻，u_{o1} 由 0 跳变为 1，因为电容 C_1 上的电压不能突变，u_{o1} 的正跳变经 C_1 耦合到 G_2 门的输入端，迫使 G_2 门的输出 $u_{o2}=0$。G_2 门的 0 状态经 C_2 又耦合到 G_1 门的输入端，使 G_1 门的输出 u_{o1} 保持 1 状态，因而形成 $u_{o1}=1$、$u_{o2}=0$ 的暂稳态阶段。此后，u_{o1} 的高电平经 R_2 向 C_1 充电，随着 C_1 两端电压的升高，充电电流逐渐减小，电阻 R_2 上的电压 u_2 随之降低。当 u_2 降到开启电压 U_T 以下时，G_2 门翻转，u_{o2} 由 0 状态变为 1 状态。此变化经 C_2 耦合到 G_1 门的输入端，迫使 u_{o1} 由 1 变为 0，电容 C_1 经电阻 R_2 放电。于是电路进入 $u_{o1}=0$、$u_{o2}=1$ 的另一个暂稳态阶段。此后 u_{o2} 经 R_1 向 C_2 充电，随着充电过程的进行，u_1 的电位逐渐降低，当降到开启电压 U_T 以下时，G_1 门和 G_2 门再次翻转。以后上述过程不断重复，使电路形成自激振荡，两输出端 u_{o1} 及 u_{o2} 便产生连续方波。

这个电路有两个缺点：一是不容易起振，如果开机时，电容 C_1 和 C_2 已储存能量并达到稳定状态，此时电容相当于开路，$u_1=u_2=0$，$u_{o1}=u_{o2}=1$，电容的充放电过程无法进行，电路便不可能自动振荡起来；二是由于半导体器件受温度、电源波动及性能等因素的影响较大，电路振荡频率的稳定性较差。

为了便于起振，可采用图 11-9 所示的改进电路。该电路中只需适当选择电阻 R_1 及 R_2 的大小，使两非门的静态工作点处于放大区，起振便比较容易。

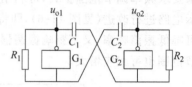

图 11-9　改进后的 RC 耦合式振荡器

11.3.3　石英晶体多谐振荡器

在数字系统及电子计算机中所用的脉冲信号源，往往要求脉冲的重复频率有较高的稳定性。但上述由与非门构成的多谐振荡器在这方面还难以达到要求，其主要原因是：上述多谐振荡器由半导体材料制成的逻辑门组成，温度对工作环境的依赖性极强，当温度变化或者工作环境恶化时，转换的电压必然随之改变，电路的结构形式很难保证逻辑门传输的一致性，造成门电路逻辑状态转换超前或延迟；另外，电容的充放电过程与加在电容两端的电压密切相关。

石英晶体多谐振荡器可以克服上述缺点。石英晶体是通过压电效应来产生振荡的。若在石英晶体的两电极上加一个电场，晶片就会产生机械变形。反之，若在晶片的两侧施加机械压力，则晶片相应的方向上将产生电场，这种物理现象称为压电效应。如果在晶片的两极上加交变电压，晶片就会产生机械振动，同时晶片的机械振动又会产生交变电场。一般情况下，晶片机械振动的振幅和交变电场的振幅非常微小，但当外加交变电压的频率为某一特定值时，振幅明显加大，比其他频率下的振幅大得多，这种现象称为压电谐振。它与 LC 回路的谐振现象十分相似，谐振频率与晶片的切割方式、几何形状、尺寸等有关。

石英晶体的图形符号及电路模型如图 11-10 所示。晶片不振动时，相当于一个平行板电容器 C_0；当晶体振荡时，机械振动的惯性可用电感 L 来等效，晶片的弹性可用电容 C 来等效；晶片振动时因摩擦而造成的损耗用 R 来等效。由于晶片的等效电感很大，而 C 很小，R 也小，因此回路的品质因数 Q 很大，可达 1000～10000。加之晶片本身的谐振频率基本上只与晶片的切割方式、几何形状、尺寸有关，而且可以做得精确，因此利用石英谐振器组成的振荡电路可获得很高的频率稳定度。

11.3 连续脉冲的产生

石英晶体振动时兼有串联和并联谐振的作用,其电抗频率特性曲线如图 11-11 所示。图中 f_S 为晶体串联谐振频率,f_P 为晶体并联谐振频率。

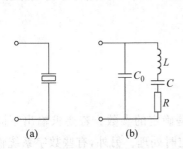

图 11-10 石英晶体的图形符号及电路模型
(a) 符号；(b) 电路模型

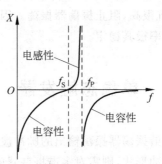

图 11-11 石英晶体的电抗频率特性曲线

晶片振动时因摩擦而造成的损耗 R 很小,可以忽略,由此可知,当 RLC 支路串联谐振时

$$f_0 = f_S = \frac{1}{2\pi\sqrt{LC}}$$

当 C_0 与 RLC 支路并联谐振时

$$f_0 = f_P = \frac{1}{2\pi\sqrt{L\frac{CC_0}{C+C_0}}} = f_S\sqrt{1+\frac{C}{C_0}}$$

由于 $C_0 \gg C$,所以有

$$f_0 = f_S \approx f_P$$

由此可见,并联谐振频率 f_P 基本上由 f_S 决定。因为石英晶体的等效电容 C 和等效电阻 R 很小,而等效电感 L 很大,所以串联谐振的品质因数 Q 很高,可达 10^4 以上,其频率稳定性可达 10^{-4} 以上,最大可达 10^{-11}。鉴于石英晶体振荡频率的这种稳定性,可组成振荡频率稳定性极高的多谐振荡器。

图 11-12 所示电路为 100kHz 石英晶体构成的非门对称型多谐振荡器。图中的电阻为非门 G_1 及 G_2 提供适当的静态工作点,使之工作于线性放大区,电容 C_1 及 C_2 可抑制高次谐波,使输出脉冲的频率稳定。

由两级 CMOS 逻辑门构成的石英晶体多谐振荡器如图 11-13 所示。图中,电阻 R 为 G_1 门提供静态工作点；G_2 门则可对输出的连续方波进一步整形；电容 C_1、C_2 与石英晶体组成移相选频网络,且为 G_1 门提供正反馈路径；电容 C_2 是温度校正电容(也称为温度补偿电容)。该电路可获得频率稳定性、温度稳定性相当好的输出方波脉冲。

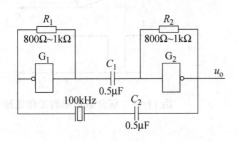

图 11-12 对称型石英晶体多谐振荡器

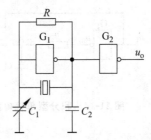

图 11-13 CMOS 石英晶体多谐振荡器

综上所述，石英晶体具有极其稳定的串联谐振频率 f_S，在该频率时晶体的等效阻抗最小，正反馈最强，只有频率为 f_S 的信号最容易反馈至输入端，使振荡器起振。在其他频率下，阻抗很高，阻止振荡器振荡。因此电路的振荡频率只取决于石英晶体本身的谐振频率，振荡频率极其稳定。

11.4　单稳态触发器

多谐振荡器振荡输出的脉冲波形中，T_1 和 T_2 都是确定的参数。若要求输出不同占空比的脉冲形式，则需对多谐振荡器的脉冲进行延时和定时处理。另外，有些数字系统输出的脉冲在时间及幅度上很不规则，也需要对这些波形进行整形，使之成为脉冲宽度、幅度均衡的波形。能够完成延时、定时及波形整形的电路是单稳态触发器，简称单稳。它的突出特点是：输出端只有一个稳定状态，它能接受外来脉冲的触发而翻转，但翻转后的状态是暂时的，称为暂稳态。暂稳态维持一段时间后又会自动返回到原来的稳定状态，电路保持在暂稳态的时间取决于电路参数。单稳的构成形式很多，有微分型、积分型等。本章仅以积分型单稳为例，说明单稳的工作原理。

11.4.1　积分型单稳的工作原理

由与非门构成的积分型单稳如图 11-14 所示，工作波形见图 11-15。图中 G_1 门和 G_2 门之间由电阻 R 和电容 C 耦合。RC 电路构成积分延时环节，且电阻 R 的值较小。通常这种电路中 RC 积分环节的延时比逻辑门本身的延时大得多，在分析电路的工作过程时，可将逻辑门的延迟时间忽略。

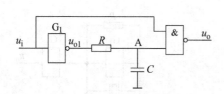

图 11-14　积分型单稳电路结构

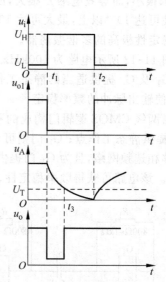

图 11-15　积分型单稳的工作波形

11.4 单稳态触发器

1. 电路的稳态

当输入信号 u_i 为 0 时，G_1、G_2 门均关闭，它们的输出 u_{o1} 和 u_o 都等于 1。电容 C 充电至稳态，使 A 点电位呈高电平。

2. 暂稳态阶段

当触发脉冲来临时$(t=t_1)$，u_i 由 0 变为 1，使 u_{o1} 和 u_o 同时由 1 变为 0。但是，u_o 的低电平不能持久，随着电容 C 的放电，u_A 逐渐降低，到 $u_A=U_T$ 时$(t=t_3)$，u_o 又跳回到高电平，暂稳态结束。

3. 恢复阶段

触发脉冲结束$(t=t_2)$时，u_i 恢复为低电平，u_{o1} 随之由 0 变为 1，u_o 的高电平保持不变。电容 C 再次充电到稳态，使 A 点电位呈高电平。

可见，积分型单稳在正脉冲 u_i 的作用下，u_o 将输出一个负脉冲。通过进一步计算可知，它的输出脉冲宽度约为 $1.2RC$。值得注意的是，该电路并不存在正反馈作用，所以 u_o 输出负脉冲的上升沿较差，为改善输出波形，可在 G_2 门之后加一级门进行整形。

该电路的正常工作要求触发脉冲的宽度必须大于暂稳时间，即$(t_2-t_1)>(t_3-t_1)$。若触发脉冲过窄，输出负脉冲的宽度将由 u_i 的脉宽决定，不再受时间常数 RC 的控制。为此，可将电路改为如图 11-16 所示电路，它与图 11-14 所示电路的不同之处在于输入端增加了一个与非门 G_3，并将触发信号改为负向的窄脉冲。另外，为了改善输出波形，电路中加入了 G_4 门进行整形。其工作原理请读者结合图 11-17 的波形自行分析（关键是搞清楚 u_{o2} 到 G_3 门的反馈作用）。

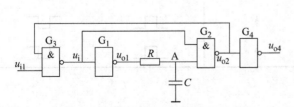

图 11-16 负窄脉冲触发的积分型单稳电路

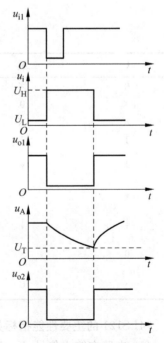

图 11-17 负窄脉冲触发的积分型单稳电路工作波形

11.4.2 集成单稳及其应用

1. 集成单稳组件介绍

集成单稳的型号有许多，如 74LS121、74LS122、74LS123、74LS221、CC4098、CC4538、CC14528、CC14538 等，现以 74LS121 和 74LS123 为例加以说明。

1) 74LS121 非重触发型单稳

74LS121 集成单稳的引脚图和逻辑符号如图 11-18 所示，其功能见表 11-1。该集成电路内部采用了施密特触发输入结构，因此对于边沿较差的输入信号也能输出一个宽度和幅度恒定的方波，其输出脉宽为

$$T_W \approx 0.7 R_{ext} C_{ext}$$

式中，R_{ext} 和 C_{ext} 分别为外接定时元件，$R_{ext} = 2\sim 40\text{k}\Omega$，$C_{ext} = 10\text{pF}\sim 1000\mu\text{F}$。$C_{ext}$ 接在 10、11 脚之间，R_{ext} 接在 11、14 脚之间。如果不外接 R_{ext}，也可以直接使用阻值为 $2\text{k}\Omega$ 的内部定时电阻 R_{in}，将 R_{in} 接 U_{CC}（即 9、14 脚相接），外接 R_{ext} 时 9 脚开路。

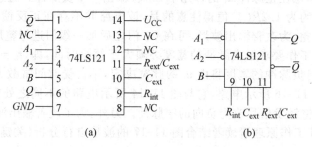

图 11-18 集成单稳 74LS121
（a）引脚图；（b）逻辑符号

表 11-1 74LS121 集成单稳功能表

A_1	A_2	B	Q	$\overline{Q}$
0	×	1	0	1
×	0	1	0	1
×	×	0	0	1
1	1	×	0	1
1	↓	1	⎍	⎌
↓	1	1	⎍	⎌
↓	↓	1	⎍	⎌
0	×	↑	⎍	⎌
×	0	↑	⎍	⎌

74LS121 的主要性能指标如下。

(1) 电路在输入信号 A_1、A_2、B 的所有静态组合下均处于稳态，即 $Q=0$、$\overline{Q}=1$。

(2) 有两种边沿触发方式。输入 A_1 或 A_2 为下降沿触发，输入 B 为上升沿触发。如当

11.4 单稳态触发器

A_1 或 A_2 为低电平,B 端有上升沿触发时,其输出波形如图 11-19(a)所示。

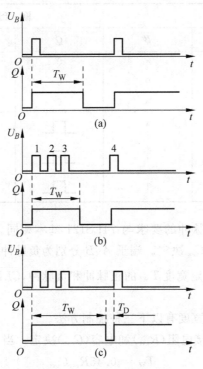

图 11-19　74LS121 工作波形

(3) 具有非重触发性,即器件在 T_W 内若有新的触发脉冲输入,则电路将不会产生任何响应,如图 11-19(b)所示(图中 2、3 不会引起电路重新触发)。

(4) 电路工作中存在死区时间。在 T_W 结束之后,定时电容 C_{ext} 有一段充电恢复时间,如果在此恢复时间内又输入触发脉冲,则输出脉宽就会小于规定的定时时间 T_W。因此 C_{ext} 的恢复时间就是死区时间 T_D。若要得到精确的定时,则两个触发脉冲之间的最小间隔应大于($T_W + T_D$),如图 11-19(c)所示。

死区时间 T_D 的存在,限制了这种集成单稳的应用场合。

2) 74LS123 可重触发单稳

74LS123 是具有复位、可重触发的集成单稳,而且在同一芯片内集成了两个相同的单稳电路,各管脚以字头 1、2 相区别。外引线排列和外接元件 R_{ext}、C_{ext} 如图 11-20 所示,功能见表 11-2。

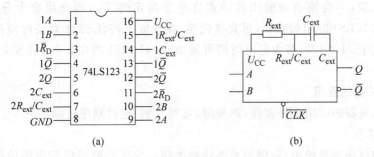

图 11-20　集成单稳 74LS123
(a) 引脚图；(b) 逻辑符号

表 11-2 74LS123 集成单稳功能表

输 入			输 出		说 明
$\overline{CLK}$	A	B	Q	$\overline{Q}$	
0	×	×	0	1	
×	×	0	0	1	稳态
×	1	×	0	1	
1	0	↑	⎍	⎎	
↑	0	1	⎍	⎎	暂态
1	↓	1	⎍	⎎	

74LS123 对于输入触发脉冲的要求与 74LS121 基本相同。单稳的输出脉宽主要由外接定时电阻 R_{ext} 和定时电容 C_{ext} 决定。端子 A、B 分别为负脉冲下降沿和正脉冲上升沿边沿触发端。Q 和 $\overline{Q}$ 分别输出一定宽度 T_W 的正脉冲和负脉冲,$\overline{CLK}$ 为清 0 端,也可作为触发端使用。

该集成单稳的输出脉冲宽度有以下三种控制方法。

(1) 基本脉冲宽度由外接电阻(R_{ext})和电容(C_{ext})决定。当 $C_{ext} > 1000 pF$ 时,脉宽为

$$T_W = 0.45 R_{ext} C_{ext}$$

式中,R_{ext} 单位为 $k\Omega$,C_{ext} 单位为 pF,T_W 单位为 ns。

(2) 在清 0 端 $\overline{CLK}$ 加清 0 脉冲时,可提前终止输出脉冲,如图 11-21 所示。

(3) 通过在 A 端或在 B 端加再触发脉冲,可使输出脉冲宽度加宽,如图 11-22 所示。

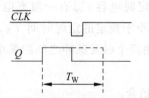

图 11-21 在清 0 端加清 0 脉冲

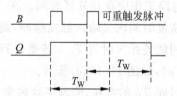

图 11-22 在 B 端加再触发脉冲

需要指出的是,这种单稳不存在死区时间。在 T_W 结束之后立即输入新的触发脉冲,电路可以立即响应,不会使新的输出脉冲宽度小于给定的 T_W,因此用途十分广泛。另外,74LS221 可与 74LS123 引脚兼容,可直接代换,在性能上,74LS221 对长时间的定时重复性和稳定性都优于 74LS123,最大定时时间可超 20s(74LS221 内含 2 个 74LS121 部件)。

2. 集成单稳的应用

单稳态触发器的应用多种多样,如整形、延时控制、定时顺序控制等。

1) 脉冲整形

在某些控制测量系统中,要用到光电转换电路。由于光照强弱等原因使得输出的电脉冲 u_R 出现边沿不陡、幅度不等等现象。如果用它直接作为计数器的计数脉冲往往会造成漏

11.4 单稳态触发器

计或误计。为此,可把放大器的输出信号 u_R 送入 74LS123 集成单稳的 B 输入端,A 输入端接地,便可在 74LS123 的输出端 Q 得到相同数目的规则脉冲信号 u_o。如图 11-23 所示。这里,集成单稳 74LS123 起脉冲整形的作用。

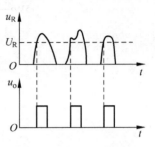

图 11-23 集成单稳在脉冲整形中的应用

2）定时控制

图 11-24 所示为利用两片 74LS123（4 个单稳）产生系列顺序脉冲,从而实现四道工序的定时顺序控制及自动循环控制。图中的 4 个单稳首尾依次串接,u_i 为启动信号,用前一个输出的下降沿触发后一个单稳,每个单稳输出脉冲的宽度分别由各自的 R、C 决定。当开关 S 合在 1 端时,顺序脉冲 $Q_1 \sim Q_4$ 脉冲可实现四道工序的定时顺序控制；当开关 S 合在 2 端时,实现自动循环控制。图 11-25 所示为顺序脉冲波形图。

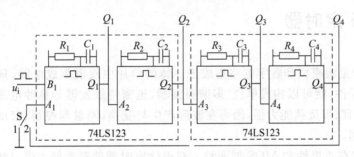

图 11-24 四道工序的定时顺序控制

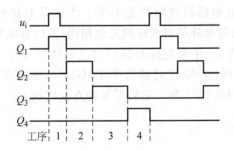

图 11-25 四道工序的定时控制顺序脉冲波形图

3）延时控制

在某些工业现场或大型试验中,有一些需长期运行且无法人为控制的计算机测控系统,该系统一旦因各种干扰出现"死机",将使整个测控系统处于瘫痪状态,造成不可估量的损失。图 11-26 所示电路是以 8051 单片机为例,由 74LS123 组成的单片机看门狗电路,用来实现单片机"死机"自动恢复功能。图中取 $R_1C_1 > R_2C_2$,SB 为手动复位按钮,P3.0 为单片机的输出口（系统正常工作时,由程序通过 8051 的 P3.0 口送出连续的负脉冲；当单片机出现"死机"时,系统程序无法从 P3.0 口送出连续的负脉冲）。具体工作原理在这里不再赘述,请读者根据电路自行分析。

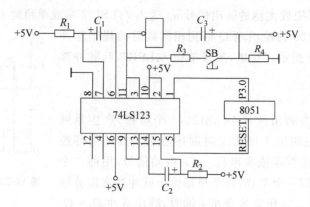

图 11-26　由 74LS123 组成的单片机看门狗延时复位电路

11.5　555 定时器

555 定时器是将模拟和数字电路集成于一体的单片中规模集成电路,只需在其外部配上少量的阻容元件,就可以构成单稳、多谐振荡器、施密特触发器等脉冲电路。由于使用方便灵活、价格便宜、带负载能力强,因而在波形产生与变换、测量与控制、家用电器等许多领域得到广泛应用。

555 定时器有双极性和 MOS 型两种。双极性定时器的驱动能力强,MOS 型定时器具有功耗低、工作电压范围宽的特性。几乎所有双极性 555 定时器产品型号的后三位数码都是 555,而所有 CMOS 产品最后的数码都是 7555。无论是双极性 555 定时器还是 CMOS 555 定时器,它们的逻辑功能和外部引线排列完全相同,其内部电路包括两个电压比较器 C_1 和 C_2、一个基本 RS 触发器、一个集电极开路的放电晶体管 T_1、一个反相器和三个阻值为 $5k\Omega$ 电阻组成的分压器。国内 555 定时器型号有 5G1555、SG555、J555 等；国外有 μA555、CA555、SE555、NE555 及 MC1555 等。它们可互相直接代换。

11.5.1　工作原理

图 11-27(a)所示为 555 定时器的具体电路结构。555 定时器的封装形式大多数为双列直插式 8 脚塑装,如图 11-27(b)所示。

555 定时器各管脚及内部器件的作用如下。

8 脚为电源,电压范围 4.5～18V。1 脚接地。4 脚(R_D)为异步置 0 端,只要在 R_D 端加入低电平,则基本 RS 触发器就置 0,平时 R_D 处于高电平。6 脚为比较器 C_1 的输入端,通常称为阈值输入端,手册上用 TH 标注。2 脚为比较器 C_2 的输入端,通常称为触发输入端,手册上用 $\overline{TR}$ 标注。5 脚为电压控制端,当控制电压输入端 U_{CO} 悬空时,C_1 的基准电压 $U_{R1}=\frac{2}{3}U_{CC}$,C_2 的基准电压 $U_{R2}=\frac{1}{3}U_{CC}$；若 U_{CO} 外接固定电压,则 $U_{R1}=U_{CO}$,$U_{R2}=\frac{1}{2}U_{CO}$(注意：此时 8 脚的电源要正常接入),当此脚不用时,一般经 $0.01\mu F$ 电容接地,以防高频干扰。3 脚为输出端,输出电流可达 200mA,因此可直接驱动一些小型负载,如继电器、扬声器、指

11.5 555 定时器

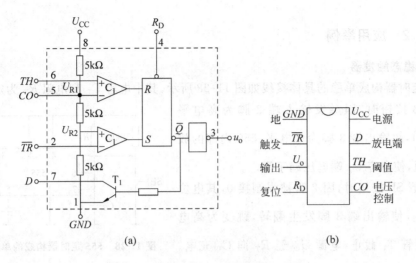

图 11-27　555 定时器
(a) 电路结构；(b) 引脚图

示灯、发光二极管等，输出的高电压比电源电压低 $1\sim 3\text{V}$。7 脚为放电端，从三极管 T_1 的集电极引出，最大放电电流可达 50mA。三极管 T_1 构成开关，其状态受 $\overline{Q}$ 的控制。当 $\overline{Q}=1$ 时，三极管 T_1 导通，为外接电容元件提供放电通路；当 $\overline{Q}=0$ 时，三极管 T_1 截止。阈值端 6 (TH) 和触发端 2 ($\overline{TR}$) 的外加输入信号和基准电压比较，决定比较器的输出状态。

由图 11-27(a) 可见，当 TH 端（6 脚）电位高于 $\frac{2}{3}U_{CC}$ 时，因 C_1 反相输入的基准电位等于 $\frac{2}{3}U_{CC}$，所以比较器 C_1 输出高电平；若此时比较器 C_2 没有触发信号输入，即 $\overline{TR}$ 端（2 脚）电位高于 $\frac{1}{3}U_{CC}$，则 C_2 输出低电平，故 RS 触发器 $\overline{Q}$ 端输出高电平，输出端 3 脚为低电平，放电管 T_1 导通。这时，即使 TH 端（6 脚）电位变低，电路状态也一直不变，直到 $\overline{TR}$ 端（2 脚）输入触发信号。若在 2 脚输入负脉冲，使其电位低于 $\frac{1}{3}U_{CC}$，则 C_2 输出高电平，使 RS 触发器置位，输出端 3 脚输出高电平。与此同时，放电管 T_1 由导通变为截止，此状态也能一直保持，直到 6 脚再出现高于 $\frac{2}{3}U_{CC}$ 的电平。

根据以上的工作原理归纳出 555 定时器的具体功能，见表 11-3。

表 11-3　555 定时器功能表

R_D（4 脚）	TH（6 脚）	$\overline{TR}$（2 脚）	u_o（3 脚）	D（7 脚）
0	×	×	0	导通
1	$<\frac{2}{3}U_{CC}$	$<\frac{1}{3}U_{CC}$	1	截止
1	$>\frac{2}{3}U_{CC}$	$>\frac{1}{3}U_{CC}$	0	导通
1	$<\frac{2}{3}U_{CC}$	$>\frac{1}{3}U_{CC}$	不变	不变

11.5.2 应用举例

1. 单稳态触发器

555 定时器构成单稳的具体接线如图 11-28 所示,其中电容 C_T 和电阻 R_T 为定时元件。不按下 SB 按钮时,因触发输入端 2 脚为高电平 $\left(>\dfrac{2}{3}U_{CC}\right)$,故输出端 3 脚为低电平,555 内部的放电 T_1 导通,使电容 C_T 端电压趋于零。

当按下 SB 按钮时,因 2 脚被强制接 0,其电位低于 $\dfrac{1}{3}U_{CC}$,使输出端 3 脚发生翻转,跳变为高电平,且放电管 T_1 截止,电源 U_{CC} 经 R_T 向 C_T 充电。

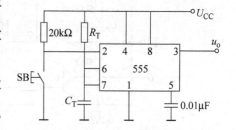

图 11-28 555 定时器构成的单稳电路

经过一段充电时间,当电容 C_T 两端电压大于 $\dfrac{2}{3}U_{CC}$ 时,内部 RS 触发器翻转,使输出又恢复为低电平。此时,555 内部的放电管导通,定时电容 C_T 通过放电管放电,使其端电压趋于 0,电路又恢复到初始状态。

由上可见,只有当触发脉冲使 2 脚电位低于 $\dfrac{1}{3}U_{CC}$ 时,电路才被触发。一旦电路被触发,输出端将在设置的定时时间内保持高电平。在此期间,即使有触发脉冲输入,输出也不会变化,输出端保持在高电平的时间为

$$t_p = 1.1 R_T C_T$$

由上式可见,单稳态时间 t_p 只与定时元件 C_T 及 R_T 有关,而与电源电压 U_{CC} 无关。

图 11-29 所示为汽车刮水器自动控制电路。图中 555 定时器工作在单稳方式,只要触发端 2 脚的电压低于 $\dfrac{1}{3}U_{CC}$,定时器便被触发。检测器安装在 2 脚和地之间。开关 SA 用来强行接通和断开刮水器。在 SA 断开期间,如遇到下雨,雨点使检测器短路,555 定时器的 2 脚被触发,输出端 3 脚电位变高,LED 灯点亮,晶体管 T 导通,继电器 KA 动作,其常开触点闭合,接通刮水器电机,刮水器工作。雨停后,2 脚恢复高电位,刮水器自动停止。

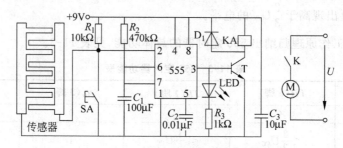

图 11-29 汽车刮水器自动控制电路

2. 多谐振荡器

图 11-30 是由 555 定时器(参见图 11-27)构成的多谐振荡器电路。由图可见,555 内部

11.5 555定时器

比较器 C_1 的基准电压为 $\frac{2}{3}U_{CC}$，比较器 C_2 的基准电压为 $\frac{1}{3}U_{CC}$。接通电源瞬间，电容 C_T 两端电压为 0，所以 C_1 输出低电平，使 RS 触发器置位，3 脚输出高电平。随着电源 U_{CC} 对电容 C_T 充电，其两端电压 u_C 上升。当 u_C 上升到略高于 C_1 的基准电压 $\frac{2}{3}U_{CC}$ 时，C_1 输出高电平，使 RS 触发器复位，3 脚输出低电平。此时，555 内部的放电管 T_1 导通，电容 C_T 通过 R_2 和 T_1 放电，使电容的端电压逐渐下降。当 u_C 下降到略低于 $\frac{1}{3}U_{CC}$ 时，比较器 C_2 翻转为高电平，使 RS 触发器置位，3 脚输出高电平，放电管 T_1 截止，电源 U_{CC} 又通过 R_1 和 R_2 向电容 C_T 充电，电容电压由 $\frac{1}{3}U_{CC}$ 开始上升。当 u_C 上升到大于 $\frac{2}{3}U_{CC}$ 时，输出发生翻转。如此反复，形成自激振荡，输出矩形波，其周期为

$$T = 0.7(R_1 + 2R_2)C_T$$

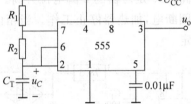

图 11-30 由 555 定时器构成的多谐振荡器电路

3. 施密特触发器

前面已经分析过，可以用运放构成施密特触发器，同样，用 555 定时器也可达到同样的目的。图 11-31 是由 555 定时器构成的施密特触发器电路。

图 11-32 中，u_i 为外加输入信号。开始时，设 u_i 由 0 逐渐上升，当 $u_i < \frac{1}{3}U_{CC}$ 时，输出 $u_o = 1$；当 $\frac{1}{3}U_{CC} < u_i < \frac{2}{3}U_{CC}$ 时，u_o 保持不变；当 $u_i \geq \frac{2}{3}U_{CC}$ 时，输出状态第一次翻转，u_o 由 1 变为 0；$u_i \geq \frac{2}{3}U_{CC}$ 以后，u_o 保持 0 状态。当 u_i 由大到小变化时，只要 $u_i > \frac{1}{3}U_{CC}$，则 u_o 总保持 0 状态。只有 $u_i \leq \frac{1}{3}U_{CC}$ 时，输出才能产生第二次翻转，此时，u_o 由 0 恢复为 1。

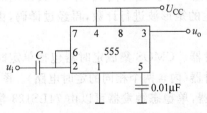

图 11-31 由 555 定时器构成的施密特触发器电路

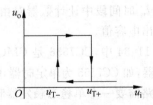

图 11-32 施密特触发器的迟滞电压传输特性

由此可见，u_o 的翻转不仅与信号的幅度有关，而且与 u_i 的变化方向有关。当 u_i 由小变

大时,u_o 在 $u_i = \frac{2}{3}U_{CC}$ 处翻转,此时的 $u_i = \frac{2}{3}U_{CC}$ 称为上限触发门槛电压(U_{T+});u_i 由大变小时,u_o 在 $u_i = \frac{1}{3}U_{CC}$ 处翻转,此时的 $u_i = \frac{1}{3}U_{CC}$ 称为下限触发门槛电压(U_{T-})。上、下限门槛电压值之差称为迟滞电压,也称为回差电压。图 11-32 表示的是施密特触发器的迟滞电压传输特性,其回差电压为

$$\Delta U = U_{T+} - U_{T-} = \frac{2}{3}U_{CC} - \frac{1}{3}U_{CC} = \frac{1}{3}U_{CC}$$

如果在 555 定时器的电压控制端(5 脚)外加控制电压,则可改变上、下限门槛电压的大小,从而达到调节回差电压大小的目的。

图 11-33 所示为电烤箱恒温控制电路。本电路中,555 定时器的 2 脚通过 R_2 直接接电源的负极,使其工作方式相当于一级回差很小的施密特电路,图中温度传感器是一只 220V/15W 的小螺口灯泡(HL)。当烤箱内温度升高时,灯泡内钨丝的电阻值增大,使晶体管 T 的基极电位降低,集电极电位升高,555 定时器的 2 脚电位升高。当 2 脚电位高于 5V 时,3 脚输出低电位,继电器 KA 的线圈断电,加热器停止工作。当箱内温度下降时,电路的动作过程相反,可使箱内温度保持恒定。

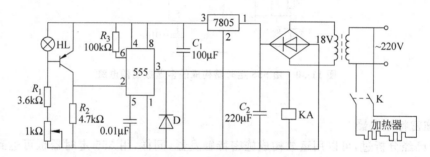

图 11-33 电烤箱恒温控制电路

11.6 综合应用举例

数字显示电容测量仪用来测量电容器的电容量,它是计数、译码、显示以及单稳、多谐振荡器等数字器件的综合应用,其基本原理如图 11-34 所示。它的测量原理是:把待测电容 C_x 作为单稳的定时电容,于是单稳被触发后就输出一个持续时间 t_w 与 C_x 成比例的正脉冲。在 t_w 时间段中让计数器对由多谐振荡器产生的矩形波进行计数,再经过译码,由显示器显示出电容值。

图 11-34 中,CC7556 是 CMOS 集成 555 定时器。CMOS 集成定时器包括单定时器和双定时器,如 CC7555 为单定时器,CC7556 为双定时器(内含两个相同的定时电路)。图 11-34 所示电路需要一个单稳态触发器和一个多谐振荡器,单稳态触发器可以由 74LS123 集成单稳构成,而多谐振荡器可以由 555 定时器构成。为了缩小体积,减少整机装置中的连接线,采用一片 CC7556 的双定时器,以组成单稳和多谐振荡器。由 74LS123 和 555 定时器组成的数字显示电容测量仪,请读者自行设计分析。

11.6 综合应用举例

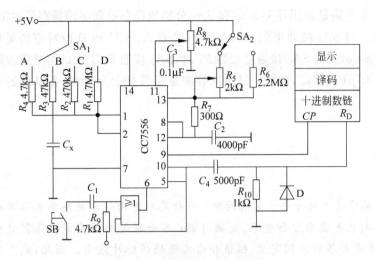

图 11-34 数字显示电容测量仪

CC7556 定时器有 14 根引出线,除 2 根公用的电源线(14 脚和 7 脚)外,每个定时器各有 6 根引出线,分别是低电平触发端(也称触发端)$\overline{TR_1}$(6 脚)和 $\overline{TR_2}$(8 脚),高电平触发端(也称阈值端)TH_1(2 脚)和 TH_2(12 脚),电压控制端 CO_1(3 脚)和 CO_2(11 脚),放电端 D_1(1 脚)和 D_2(13 脚),复位端 $\overline{R_1}$(4 脚)和 $\overline{R_2}$(10 脚),输出端 OUT_1(5 脚)和 OUT_2(9 脚)。图中 1~6 脚为定时器 1,用来构成单稳态触发器,被测电容 C_x 作为单稳的定时电容,定时电阻的大小由 SA_1 在电阻 R_1~R_4 中选择,以适应不同测量量程的需要。当开关 SA_1 分别与 A、B、C、D 接通时,可测量的电容大小分别为 $1000\mu F$、$100\mu F$、$10\mu F$ 和 $1\mu F$。8~13 脚为定时器 2,用来构成多谐振荡器,振荡频率根据开关 SA_2 的位置由 C_2、R_7、R_6(或 R_5)确定。由于定时器 2 的控制端 CO_2(11 脚)直接接到电位器 R_8 的可动端,因此定时器 2 中比较器的参考电压的大小取决于 R_8 的可动端的位置,调节 R_8 的可动端的位置可改变频率。

图 11-34 所示测量电路的工作原理如下:当按钮 SB 断开时,与 R_9 连接的或门输入为 1,输出为 1,即 CC7556 的低电平触发端 $\overline{TR_1}$(6 脚)为 1。此时由其组成的单稳处于初始稳态,输出 OUT_1(5 脚)为 0,而 5 脚和 $\overline{R_2}$(10 脚)相连,所以 10 脚输出为 0,使定时器 2 处于复位状态,由其构成的多谐振荡器停止振荡,OUT_2(9 脚)端没有脉冲输出。测量时,按下按钮 SB,C_1 与 R_9 组成的微分电路产生一个负跳变的尖脉冲加于或门的输入端,这个负尖脉冲通过或门加至定时器 1 的 $\overline{TR_1}$(6 脚)端,使单稳触发翻转进入暂稳态,输出端 OUT_1(5 脚)由 0 跳变为 1。这个正跳变通过 C_4、R_{10} 微分电路产生一个正尖脉冲加于十进制计数器的清 0 端 R_D,使计数器复位,同时 5 脚变为 1,使定时器 2 的复位端 10 脚也变为 1。于是多谐振荡器由停止振荡转变为自激振荡,从 9 脚端输出的振荡脉冲送入计数器的 CP 端,由十进制计数器进行计数。如前所述,单稳触发翻转进入暂稳态后,经过时间间隔 t_w 后将自动翻回到原来的稳定状态。由于被测电容 C_x 就是定时电容,因此 t_w 和 C_x 成正比。也就是说,从 5 脚端输出的正脉冲的宽度 t_w 与被测电容成比例。当 5 脚输出从 1 跳变为 0 时,定时器 2 的复位端 10 脚又变为 0,多谐振荡器停止振荡,计数器停止计数。由于送入计数器的计数脉冲的频率一定,因此计数器的计数值与计数时间 t_w 成比例,也即与 C_x 成比例。适当选择和调整电路中有关元件的参数,可使计数器的计数值等于被测电容值。

图中的测量电路是利用开关 SA_1 和 SA_2 分别选择单稳和多谐振荡器的定时电阻,以获得不同的量程。当 SA_2 接通电阻 R_6 时,SA_1 接通 A、B、C 和 D 所对应的量程为 $1000\mu F$、$100\mu F$、$10\mu F$ 和 $1\mu F$;当 SA_2 接通电位器 R_5 时,SA_1 接通 B、C 和 D 所对应的量程为 $0.1\mu F$、$0.01\mu F$ 和 $0.001\mu F$。因此,该数字显示电容测量仪共有七个量程,可以满足不同容量电容器的测量。

本章小结

(1) 获取脉冲波形的方法一般有两种:一种是利用由施密特触发器和单稳态触发器构成的整形电路对已有波形进行整形、变换得到;另一种是利用多谐振荡器直接产生。在数字系统中,常常需要各种不同宽度、幅值和边沿陡峭的脉冲波形。因此,能产生各种脉冲波形的电路结构和原理显得很重要,应很好地掌握。

(2) 单稳态触发器在脉冲的整形、延时控制、定时顺序控制方面得到了广泛的应用,种类较多。学习时应注重于原理,并逐步过渡到熟练应用。应熟悉几种常用的集成单稳(如 74LS121、74LS123 和 74LS221 等)的结构、原理及应用。

(3) 555 定时器是一种多用途的集成电路,除 555 单定时器外,还有双定时器 556、四定时器 558 等。该集成电路只需外接少量阻容元件便可以构成施密特触发器、单稳态触发器和多谐振荡器等。此外,它还可组成其他各种实用电路。由于 555 定时器使用方便、灵活,有较强的负载能力和较高的触发灵敏度,因此,它在自动控制、仪器仪表、家用电器等许多领域都有着广泛的应用,应熟练掌握。

习题

11.1 由两级积分型单稳所组成的电路如题图 11-1(a)所示,输入信号如题图 11-1(b)所示。假设输入信号所有正向脉冲足够宽,两级单稳均能正常工作。

(1) 与 u_i 相对应的 u_{o1} 及 u_{o2} 波形如何?

(2) 要改变输出 u_{o2} 的正脉冲宽度,应调整电路中哪些参数?

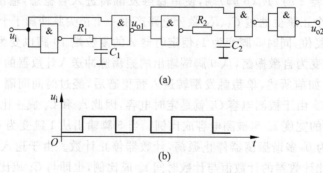

题图 11-1

习题

11.2 题图 11-2 为 TTL 与非门构成的施密特触发器，门 G_1、G_2 的开启电压（或阈值电压）为 $U_T=1.4V$，$R_1=2k\Omega$，$R_2=4k\Omega$，二极管导通压降 $U_D=0.7V$，试计算：

(1) U_{T+}；

(2) U_{T-}；

(3) 迟滞电压 ΔU_T；

(4) 绘制迟滞曲线。

11.3 题图 11-3 所示为由可控 CMOS 反相器构成的多谐振荡器电路，试分析：

(1) N 沟道 MOS 管 T 的功能；

(2) 导出多谐振荡器的振荡周期。

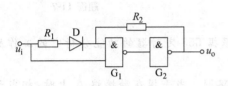

题图 11-2

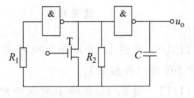

题图 11-3

11.4 题图 11-4 中两片 74LS123 集成单稳相连。当 B_1 端输入正脉冲时，画出对应的 Q_1、$\overline{Q_2}$ 波形，并计算它们的宽度。设 $C_1=C_2=2\mu F$，$R_1=100k\Omega$，$R_2=5k\Omega$。

11.5 试用一片集成单稳 74LS123 组成方波发生器（多谐振荡器），画出电路并说明工作过程。

11.6 设某零件加工过程中需要加热处理，先在 50℃ 的炉温下预热 3s，停 2s 后再送 100℃ 的炉温下加热 10s，加热完毕后要求报警。试用单稳电路实现以上控制。

11.7 集成单稳外接 RC 延时电路如题图 11-5 所示，若电容 $C=0.5\mu F$，$R=10k\Omega$，$R_w=10k\Omega$。

(1) 在使用电位器 R_w 时，为何串联电阻 R？

(2) 导出整形后的输出脉冲宽度的一般表达式；

(3) 若输出脉冲宽度 t_w 为最大输出脉冲宽度 t_{wm} 的一半时，确定电位器 R_w 的位置；

(4) 整形输出脉冲宽度最小值是多少？

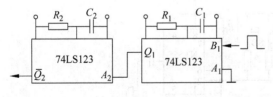

题图 11-4

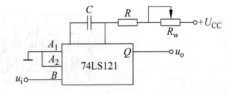

题图 11-5

11.8 如题图 11-6 所示的单稳电路，若其 5 脚不接 $0.01\mu F$ 的电容，而改接直流正电源 U_R，当 U_R 变大和变小时，单稳电路的输出脉冲宽度如何变化？若 5 脚通过 $10k\Omega$ 的电阻接地，其输出脉冲宽度又作何变化？

11.9 试用两级 NE555 构成的单稳电路设计一个电路，实现题图 11-7 所示的输入

(u_i)和输出(u_o)的波形关系,并标出定时电阻R和定时电容C的数值。

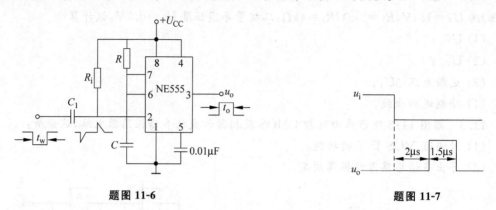

题图 11-6　　　　　　　　　　　　题图 11-7

11.10　题图 11-8 所示为电子门铃电路。根据 555 定时器的功能分析它的工作原理(图中 SB 为门铃按钮)。

11.11　题图 11-9 所示为电子触摸游戏电路图。当手摸在触摸端 A 上时,相当于给 555(1)的$\overline{TR}$端以触发脉冲,试分析电路的工作过程。

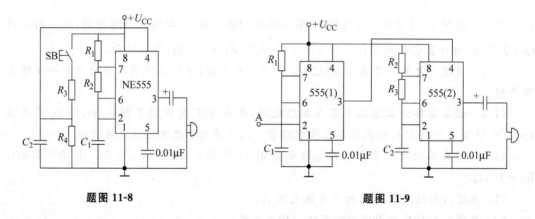

题图 11-8　　　　　　　　　　　　题图 11-9

11.12　题图 11-10 所示为简易电子琴电路,图中 $SB_1 \sim SB_8$ 代表 8 个琴键开关。试分析该电路的工作原理。

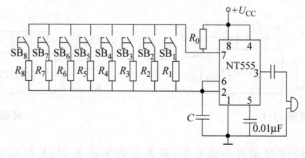

题图 11-10

第 12 章

数模、模数转换

12.1 概述

随着数字电子技术的迅速发展,尤其是计算机在自动检测、自动控制以及许多其他领域中的应用,用数字技术来处理模拟信号已非常普遍。

从数字量到模拟量的转换称为数模转换,能实现数模转换的电路称为数模转换器(digital-analog converter,D/A 变换器或 DAC);从模拟量到数字量的转换称为模数转换,能实现模数转换的电路称为模数转换器(analog-digital converter,A/D 变换器或 ADC)。ADC 和 DAC 是沟通模拟电路和数字电路的桥梁,也可称之为二者之间的接口。例如用计算机对某生产系统进行控制,首先要将被控制的模拟量转换为数字量,才能送到计算机中进行运算和处理;然后又要将运算出的数字量转换为模拟量,才能驱动执行机构以实现对被控制量的控制。

12.2 D/A 变换器

由于构成数字代码的每一位都有一定的"权",因此为了将数字量转换成模拟量,必须将每一位代码按其"权"转换成相应的模拟量,然后再将代表各位的模拟量相加即可得到与该数字量成正比的模拟量。这就是构成 D/A 变换器的基本思想。

考虑到 D/A 变换器的工作原理比较简单,而在有些 A/D 变换器中需要用到 D/A 变换器作为内部反馈电路,所以本书先介绍 D/A 变换器,再介绍 A/D 变换器。

12.2.1 D/A 变换器的类型及工作原理

D/A 变换器是将输入的二进制数字信号转换成模拟信号,以电压或电流的形式输出。因此，D/A 变换器可以看作是一个译码器。一般常用的线性 D/A 变换器，其输出模拟电压 U_o 和输入数字量 D 之间成正比关系，即 $U_o = KD$，其中 K 为常数。

D/A 变换器有多种类型，如权电阻网络 D/A 变换器、倒 T 型电阻网络 D/A 变换器、T 型电阻网络 D/A 变换器、权电流 D/A 变换器、电容型 D/A 变换器等。下面分别介绍权电阻网络 D/A 变换器和倒 T 型电阻网络 D/A 变换器。

1. 权电阻网络 D/A 变换器

图 12-1 所示为四位权电阻 D/A 变换器，它由电子模拟开关、权电阻网络、求和运算放大器和基准电压源等部分组成。

电子模拟开关 $S_3 \sim S_0$ 是由无触点电子器件构成的开关，它受数据锁存器输出的二进制数码 $D_3 \sim D_0$ 的控制。当二进制数第 k 位数码为 1（即 $D_k = 1$）时，则开关 S_k 接到位置 1 上，将基准电压 U_s 经电阻 R_k 引起的电流引到运算放大器的虚地端。当 $D_k = 0$ 时，开关 S_k 接到位置 0 上，将相应电流直接引到接地端。

图 12-2 所示为电子模拟开关的简化原理电路。当 $D=1$ 时，T_2 管饱和导通，S 点与 1 点相当于短路，电子开关接通，而 T_1 管截止。当 $D=0$ 时，T_1 管饱和导通，S 点相当于接地，即为图 12-1 中的位置 0；T_2 管截止，即 S 点与 1 点断开。

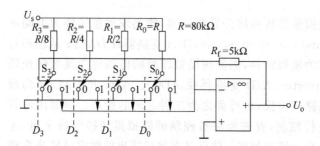

图 12-1　四位权电阻 D/A 变换器

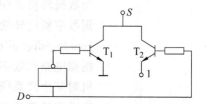

图 12-2　模拟电子开关简化原理

图 12-1 中，权电阻求和网络由 n 个电阻组成（如图 12-1 中的 $R_0 \sim R_3$）。各电阻取值是按二进制数各位的权重成反比减少的，即高一位的电阻是相邻低位电阻的二分之一。运算放大器与权电阻网络一起构成反相输入加法运算电路。根据反相比例加法运算电路输出电压与各输入电压的关系，可得图 12-1 中的输出电压为

$$U_o = -\left(\frac{U_s}{R_3}D_3 + \frac{U_s}{R_2}D_2 + \frac{U_s}{R_1}D_1 + \frac{U_s}{R_0}D_0\right)R_f$$

$$= -\frac{U_s R_f}{R}(2^3 D_3 + 2^2 D_2 + 2^1 D_1 + 2^0 D_0)$$

显然，输出模拟电压的大小与输入二进制数的大小成正比，从而实现了数字量到模拟电压的转换。

此电路简单、直观，但由于权电阻解码网络中的电阻种类太多，阻值相差太大，给保证精度带来很大困难，同时也给集成工艺带来困难。因此，在集成 D/A 变换器电路中，通常采用电阻值种类较少的 R-$2R$ T 型电阻网络 D/A 变换器电路，而权电阻网络 D/A 变换器电路在实际中未得到广泛应用。

2. 倒 T 型电阻网络 D/A 变换器

图 12-3 所示为倒 T 型电阻网络 D/A 变换器电路,电阻只有 R 和 $2R$ 两种,构成 T 型网络。开关 $S_{n-1} \sim S_0$ 是在运算放大器虚地与地之间转换,因此,无论开关在什么位置,电阻 $2R$ 总与地相接,因而流过 $2R$ 电阻上的电流是恒流,不随开关位置的变化而变化,开关速度较高。

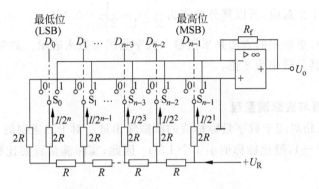

图 12-3 R-$2R$ 倒 T 型 D/A 变换器

从图 12-3 可以看出,由 U_R 向里看的等效电阻为 R,数码无论是 0 还是 1,开关 S_k 都相当于接地。因此,由 U_R 流出的总电流为 $I=U_R/R$,而流入 $2R$ 支路的电流是以 2 的倍数递减,流入运算放大器的电流为

$$I_\Sigma = \frac{I}{2^1}D_{n-1} + \frac{I}{2^2}D_{n-2} + \cdots + \frac{I}{2^{n-1}}D_1 + \frac{I}{2^n}D_0$$

$$= \frac{I}{2^n}(D_{n-1}2^{n-1} + D_{n-2}2^{n-2} + \cdots + D_1 2^1 + D_0 2^0)$$

$$= \frac{I}{2^n}\sum_{k=0}^{n-1} D_k 2^k$$

运算放大器的输出电压为

$$U_o = -I_\Sigma R_f = -\frac{IR_f}{2^n}\sum_{k=0}^{n-1} D_k 2^k$$

若 $R_f=R$,并将 $I=U_R/R$ 代入上式,则有

$$U_o = -\frac{U_R}{2^n}\sum_{k=0}^{n-1} D_k 2^k$$

可见,输出模拟电压正比于数字量的输入。倒 T 型电阻网络的特点是:电阻种类少(只有 R 和 $2R$ 两种),可以提高制作精度;在动态转换过程中,输出不易产生尖峰脉冲干扰,有效地减小了动态误差,提高了转换速度。倒 T 型电阻网络 D/A 变换器是目前转换速度较高且使用较多的一种。

12.2.2 D/A 变换器的主要技术指标

1. 分辨率

当输入的数字信号发生单位数码变化,即最低位(LSB)产生一次变化时,所对应的输出模拟量(电压或电流)的变化量即为分辨率。对于线性的 D/A 变换器,分辨率是指最小输出电压(输入的数字代码最低有效位为 1,其余为 0)与最大输出电压(输入的数字代码全为 1)之比,即

$$D = \frac{U_{\text{LSB}}}{U_{\text{m}}} = \frac{1}{2^n - 1}$$

如对于 8 位的情况,最小输出电压与输入数字量为 00000001 的情况相对应,而最大输出电压与 11111111 相对应,所以其分辨率为 $\frac{1}{2^8 - 1} = \frac{1}{255} = 0.4\%$。

在实际使用中,更常用的方法是采用输入数字量的位数来表示。如对于 8 位二进制 D/A 变换器,常简称其分辨率为 8 位。

2. 标称满量程与实际满量程

标称满量程是指对应于数字量标称值的模拟输出量。对于二进制的 D/A 变换器,其实际数字量最大为 $2^n - 1$,要比标称值小 1 个 LSB。因此,实际满量程要比标称满量程小 1 个 LSB 的模拟量。

3. 精度

如果不考虑 D/A 变换器的误差,D/A 的转换精度即为其分辨率的大小。因此,要获得一定精度的 D/A 转换结果,首要条件是选择有足够分辨率的 D/A 变换器。当然,D/A 转换的精度不仅与 D/A 变换器本身有关,也与外围电路以及电源有关。影响转换精度的主要误差因素有失调误差、增益误差、非线性误差和微分非线性误差等。

4. 建立时间

建立时间是描述 D/A 转换速度快慢的一个重要参数,它是指输入的数字量变化后,输出的模拟量稳定到相应的数字范围内 $\left(\pm\frac{1}{2}\text{LSB}\right)$ 所需要的时间。

5. 尖峰

尖峰是输入的数字量发生变化时产生的瞬时误差。通常尖峰的转换时间很短,但幅度很大,在许多应用场合是不允许有尖峰存在的,应采取措施避免。

上述主要性能指标中,分辨率、标称满量程与实际满量程和精度为 D/A 变换器的静态指标,建立时间和尖峰为动态指标。除以上几个主要技术数据外,影响 D/A 转换精度的其他因素还有环境温度、电源电压的变化、功率消耗等,使用时可查阅有关资料。

12.2.3 集成 D/A 变换器及其应用

把 D/A 变换电路集成在单一的芯片上,再根据应用需要附加一些功能电路,就形成了具有各种特性和功能的、不同型号的 D/A 变换集成芯片。D/A 变换电路中所需的参考电压一般由集成芯片以外的电源提供。

D/A 变换集成芯片的模拟量输出方式有电流输出和电压输出两种类型。对于输出端

12.2 D/A 变换器

的负载来说,电压输出的 D/A 芯片相当于一个电压源,内阻很小,外接负载电阻应较大;电流输出的 D/A 芯片相当于一个电流源,内阻较大,外接负载电阻不可太大。对于电流输出的 D/A 芯片,可外接运算放大器来实现电流-电压变换,转化为电压输出。

D/A 变换器的集成芯片有多种型号,使用者可根据实际要求进行选用。下面以 DAC0832 为例,介绍集成 D/A 变换器。

集成 DAC0832 是单片八位数模变换器,它采用了先进的 CMOS/Si-Cr 工艺,可以直接与 Z80、8080、MCS-51、Z8085 等微处理器联用。其结构框图和管脚排列图分别见图 12-4 和图 12-5。它由一个 8 位输入寄存器、一个 8 位 D/A 变换寄存器和一个 8 位 D/A 变换器三部分组成,D/A 变换器采用倒 T 型电阻网络。DAC0832 中无运算放大器,且是电流输出型,使用时需外接运算放大器。芯片中已设置了运放所需的反馈电阻 R_f,只要将 9 脚接到运放的输出端即可。若运放增益不够,还需外加反馈电阻。

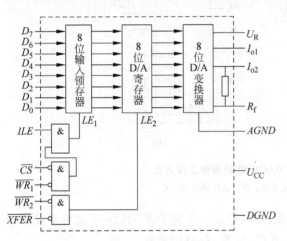

图 12-4 集成 DAC0832 结构框图

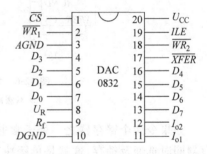

图 12-5 集成 DAC0832 管脚图

器件上各引脚的名称和功能如下:

ILE——输入锁存允许信号,输入高电平有效;

$\overline{CS}$——片选信号,输入低电平有效;

$\overline{WR}_1$——输入数据选通信号,输入低电平有效;

$\overline{WR}_2$——数据传送选通信号,输入低电平有效;

$\overline{XFER}$——数据传送选通信号,输入低电平有效;

$D_7 \sim D_0$——八位输入数据信号;

U_R——参考电压输入,一般外接一个精确、稳定的电压基准源,U_R 可在 $-10 \sim +10\text{V}$ 范围内选择;

R_f——反馈电阻,该电阻被制作在芯片内,用作运算放大器的反馈电阻;

I_{o1}——DAC 输出电流 1,此输出信号一般作为运放的一个差分输入信号,当 DAC 寄存器中各位为 1 时,电流最大,全为 0 时,电流为 0;

I_{o2}——DAC 输出电流 2,它作为运放的另一个差分输入信号(一般接地),$I_{o1}+I_{o2}=$ 常数;

U_{CC}——电源输入端，$5\sim15V$ 均可使用，一般取 $+5V$；

$DGND$ 和 $AGND$——数字地和模拟地。

从 DAC0832 的内部控制逻辑可知：当 ILE、$\overline{CS}$ 和 $\overline{WR_1}$ 同时有效时，LE_1 为高电平，在此期间，输入数据 $D_7\sim D_0$ 进入输入寄存器。当 $\overline{WR_2}$ 和 $\overline{XFER}$ 同时有效时，LE_2 为高电平，在此期间，输入寄存器的数据进入 DAC 寄存器。八位 D/A 变换电路随时将 DAC 寄存器的数据变换为模拟信号（$I_{o1}+I_{o2}$）输出。由于 DAC0832 中有两个数据寄存器，所以可以通过控制信号将数据先锁存在输入寄存器中。当需要 D/A 变换时，再将此数据装入 DAC 寄存器中并进行 D/A 变换，从而达到两级缓冲方式工作，如图 12-6(a)所示，图中电位器 R 用于满量程调整。

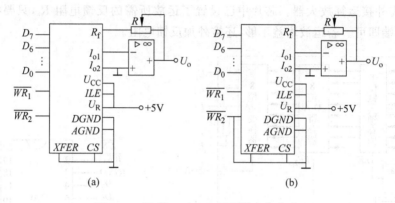

图 12-6 集成 DAC0832 的两种工作方式
(a) 双缓冲方式工作；(b) 单缓冲方式工作

如果令两个寄存器之一处于常通状态，则只控制一个寄存器的锁存；也可以使两个寄存器同时选通及锁存，这就是单缓冲工作方式，如图 12-6(b)所示。

如果使两个寄存器都处于常通状态（即 $\overline{WR_1}$ 和 $\overline{WR_2}$ 都接地），则两个寄存器的输出跟随数字输入而变化，D/A 变换器的输出也同时跟着变化。这种情况是将 DAC0832 直接应用于连续反馈控制系统中作数字增量控制器使用，这就是直通型工作方式。

在实际使用时，用哪种应根据控制系统的要求来选择工作方式。下面仍以 DAC0832 为例，说明其应用。

1. 单极性输出应用

当要求 D/A 转换器的输入是电压而不是电流时，可在 DAC0832 的输出端接一个运放，将电流信号转换为电压信号，如图 12-7 所示。

在图 12-7 中，当 U_R 接 $+5V$（或 $-5V$）时，输出电压范围是 $0\sim-5V$（或 $0\sim+5V$）；如果 U_R 接 $+10V$（或 $-10V$），则输出电压范围为 $0\sim-10V$（或 $0\sim+10V$）。

图 12-7 中，ILE 接 $+5V$，固定为高电平，$\overline{WR_1}$ 和 $\overline{WR_2}$ 接 CPU 的 $\overline{WR}$，传送控制信号 $\overline{XFER}$ 接 CPU 的 $\overline{IORQ}$，DAC0832 的片选信号接 74LS138 译码器的 $\overline{Y_0}$。这样，当计算机执行"OUT, A"指令时，$\overline{Y_0}$ 输出为低电平，DAC0832 被选中，且在输出脉冲的第二个时钟周期 T_2 的上升沿使 $\overline{WR}$ 和 $\overline{IORQ}$ 均为低电平。因此，DAC0832 的两个寄存器均被打开，数据

12.2 D/A 变换器

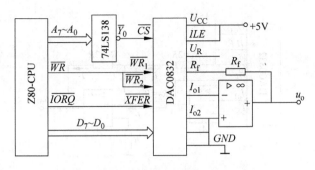

图 12-7 DAC0832 单极性输出应用电路

经过两个 8 位的寄存器送入 D/A 变换电路进行变换。当进行到第三个时钟周期的下降沿时，$\overline{WR}$ 和 $\overline{IORQ}$ 又恢复高电平，数据被锁存在寄存器中。图中数字量与模拟量的转换关系见表 12-1 所示。

表 12-1 单极性输出时数字量与模拟量之间的关系

数 字 量		模 拟 量
MSB　　　　　　　　　LSB		
1　1　1　1　1　1　1　1		$\pm U_R\left(\dfrac{255}{256}\right)$
1　0　0　0　0　0　0　1		$\pm U_R\left(\dfrac{129}{256}\right)$
1　0　0　0　0　0　0　0		$\pm U_R\left(\dfrac{128}{256}\right)$
0　1　1　1　1　1　1　1		$\pm U_R\left(\dfrac{127}{256}\right)$
0　0　0　0　0　0　0　0		$\pm U_R\left(\dfrac{0}{256}\right)$

2. 双极性输出应用

图 12-7 所示电路的输出为单极性电压输出，即输出为正或负。实际自动控制系统中往往需要双极性输出，这时只要在单极性输出电路的基础上再增加一个运放即可，其电路如图 12-8 所示。图中，运放 A_2 的作用是把运放 A_1 的单向电压输出变成双向电压输出。其原理是将 A_2 的反相输入端通过电阻 R_1 与参考电压 U_R 相连，于是根据基尔霍夫电流定律可得运放 A_2 的输出电压为

$$U_{o2} = -(2U_{o1} + U_R)$$

由于 $U_R = +5V$，所以当 $U_{o1} = 0V$ 时，$U_{o2} = -5V$；当 $U_{o1} = -2.5V$ 时，$U_{o2} = 0V$；当 $U_{o1} = -5V$ 时，$U_{o2} = +5V$。由此可知，只要在 DAC0832 允许的范围内改变 U_R 的值，在输出端就可获得相应的连续变化的双向电压。

DAC0832 双极性输出时的 D/A 变换关系见表 12-2。

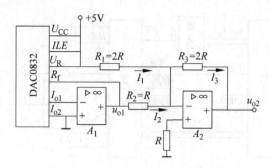

图 12-8 DAC0832 双极性输出应用电路

表 12-2 DAC0832 双极性输出 D/A 变换关系

输入数字量		模拟量输出	
MSB LSB		$+U_R$	$-U_R$
1 1 1 1 1 1 1 1		$U_R\left(1-\dfrac{1}{128}\right)$	$U_R\left(\dfrac{1}{128}-1\right)$
1 1 0 0 0 0 0 0		$\dfrac{1}{2}U_R$	$-\dfrac{1}{2}|U_R|$
1 0 0 0 0 0 0 0		0	0
0 1 1 1 1 1 1 1		$-\dfrac{1}{128}U_R$	$+\dfrac{1}{128}U_R$
0 0 1 1 1 1 1 1		$-\dfrac{1}{2}|U_R|-\dfrac{1}{128}U_R$	$\dfrac{1}{2}|U_R|+\dfrac{1}{128}U_R$
0 0 0 0 0 0 0 0		$-|U_R|$	$+|U_R|$

12.3 A/D 变换器

A/D 变换器的任务是将模拟量转换成数字量，它是模拟信号和数字仪器的接口。转换过程通过采样、保持、量化和编码四个步骤完成。

所谓采样，就是把一个在时间上连续变化的信号变换成对时间离散变化的信号。为了使采样输出的信号能不失真地代表原输入的模拟信号，对于一个频率 f_i 为有限的模拟信号，可根据采样定理来确定采样的频率 f_s，即

$$f_s \geqslant 2f_i$$

由于采样的时间极短，采样输出为一串断续的窄脉冲，而要把一个采样信号数字化需要一定的时间，因此，在前后两次采样之间应将采样的模拟信号暂时储存起来，以便将它们数字化。把每次的采样值存储到下一个采样脉冲到来之前的这一步骤称为保持。

所谓量化是指把采样后的电压幅值转化为最小数量单位的整数倍的过程。量化的方法有只舍不入和有舍有入两种途径。用数字代码表示量化结果的过程称为编码，这些代码就是 A/D 转换的结果。

12.3 A/D变换器

12.3.1 A/D变换器的类型及工作原理

A/D变换器电路可分成直接法和间接法两大类。直接法是通过一套基准电压与采样保持电压进行比较,从而直接将模拟信号转换成数字量,其特点是工作速度高、转换精度容易保证、校准较方便。间接法是将采样后的模拟信号先转换成时间 t 或频率 f,然后再将 t 或 f 转换成数字量,其特点是工作速度较低,但转换精度可以做得较高,且抗干扰能力强,一般在测试仪表中用得较多。

直接A/D变换器有计数式、逐次逼近型和并联比较型等多种方式,其中并联比较型速度较快,但电路结构较复杂;间接法有单次积分型、双积分型等,其中双积分型精度比较高。下面分别介绍并联比较型和逐次逼近型 A/D 变换电路的结构和原理。

1. 并联比较型 A/D 变换器

并联比较型 A/D 变换器电路结构如图 12-9 所示,它包括电压比较器、寄存器和编码器三部分。

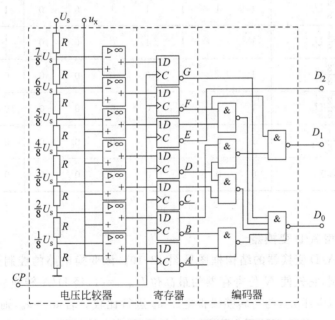

图 12-9 并联比较型 A/D 变换器电路结构

电压比较器由电阻分压器和七个比较器构成。分压器由基准电压源 U_s 和八个相等的电阻 R 串联组成,每个电阻上的压降为 $\frac{1}{8}U_s$,也即取 $\frac{1}{8}U_s$ 为量化单位对输入模拟电压进行量化,八个电阻将 U_s 分成七个标准电压。如果要提高转换精度,可采用更多电阻串联,减小量化单位,但电路会更复杂。

寄存器由七个 D 触发器构成。在时钟脉冲 CP 的作用下,将比较结果暂时寄存,以供编码用。

编码器由六个与非门构成。将比较器输出的七位二进制码转换成三位二进制代码 D_2、

D_1、D_0，编码网络的逻辑表达式为

$$D_2 = \overline{E}$$

$$D_1 = \overline{\overline{F} \, \overline{B\overline{D}}} = F + B\overline{D}$$

$$D_0 = \overline{\overline{A\overline{B}} \cdot \overline{C\overline{D}} \cdot \overline{E\overline{F}} \cdot \overline{G}} = A\overline{B} + C\overline{D} + E\overline{F} + G$$

该并联比较型 A/D 变换器在模拟输入 u_x 取不同值时，各比较器的输出和最终数码 D_2、D_1、D_0 输出的关系如表 12-3 所示。

表 12-3 并联比较型 A/D 变换器的转换关系

u_x	比较器输出							编码器		
	A	B	C	D	E	F	G	D_2	D_1	D_0
$U_s > u_x \geq \frac{7}{8}U_s$	1	1	1	1	1	1	1	1	1	1
$\frac{7}{8}U_s > u_x \geq \frac{6}{8}U_s$	1	1	1	1	1	1	0	1	1	0
$\frac{6}{8}U_s > u_x \geq \frac{5}{8}U_s$	1	1	1	1	1	0	0	1	0	1
$\frac{5}{8}U_s > u_x \geq \frac{4}{8}U_s$	1	1	1	1	0	0	0	1	0	0
$\frac{4}{8}U_s > u_x \geq \frac{3}{8}U_s$	1	1	1	0	0	0	0	0	1	1
$\frac{3}{8}U_s > u_x \geq \frac{2}{8}U_s$	1	1	0	0	0	0	0	0	1	0
$\frac{2}{8}U_s > u_x \geq \frac{1}{8}U_s$	1	0	0	0	0	0	0	0	0	1
$\frac{1}{8}U_s > u_x \geq 0$	0	0	0	0	0	0	0	0	0	0

2. 逐次逼近型 A/D 变换器

逐次逼近型 A/D 变换器的结构框图见图 12-10。该变换电路的控制逻辑能实现类似于对分搜索的控制，它先使 N 位寄存器的最高位 $D_{N-1}=1$，经 D/A 转换后，得到一个是整个量程一半的模拟电压 u_0，与待转换模拟电压 u_x 进行比较。若 $u_x > u_0$，则保留这一位；若 $u_x < u_0$，则该位清 0。然后再使下一位 $D_{N-2}=1$，与上几次的结果一起进入 D/A 变换器，转换结果与 u_x 进行比较。重复上述过程，直至 D_0 位，再与 u_x 相比较，决定是否保留该位。这样，经过 N 次比较，即 N 位比较后，N 位寄存器的状态就是转换后的数字量。

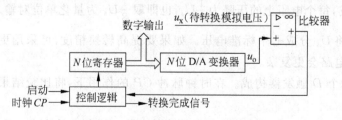

图 12-10 逐次逼近型 A/D 变换器

12.3 A/D 变换器

下面以 4 位逐次逼近式 A/D 变换器为例,说明变换的过程。

转换前先将寄存器清 0。转换开始后,首先将寄存器的最高位置 1,这时寄存器输出的数字量为 1000(即 4 位数字量的一半)。此数被 D/A 变换器变换成相应的模拟电压 u_o。送入比较器,与待变换的模拟量 u_x 相比较。若 $u_x < u_o$,说明数字量大于待测量,应将寄存器中最高位改为 0(即去码),同时将次高位置 1;若 $u_x \geqslant u_o$,说明数字量小于待测量,则将最高位设置的 1 保留(即加码),同时将次高位也设置为 1。寄存器中每一位上的 1 是否保留,可由比较器的输出状态来判断。当 $u_x < u_o$ 时,比较器输出为高电平,即为逻辑 1,否则为逻辑 0。最高位比较过程完成后,寄存器中的 1 右移一位,再将此位 1 送入寄存器的相应位中,即相当于在寄存器中再加入总数字量的 1/4。并经同样的变换比较过程来确定这个 1 是否保留。这样逐位比较下去,一直到最低位进行完毕为止。最后,寄存器中的存数就是 u_x 转换成的数字量。例如,一个待转换的模拟电压 $u_x = 11\text{mV}$,则整个比较过程如表 12-4 所示。

表 12-4 待转换的模拟电压 $u_x = 11\text{mV}$ 的逐次逼近比较过程

步骤	寄存器设定的数字量				十进制读数	比较判断	结果
1	1	0	0	0	8	$u_x > u_o$	留
2	1	1	0	0	12	$u_x < u_o$	去
3	1	0	1	0	10	$u_x > u_o$	留
4	1	0	1	1	11	$u_x = u_o$	留
结果	1	0	1	1	11		

逐次逼近式 A/D 变换器比并联比较型 A/D 变换器要节省器件,转换速度也不算太慢。目前应用比较广泛的 ADC0804、ADC0808、ADC0809 等均属于这种 A/D 变换器。

12.3.2 A/D 变换器的主要技术指标

1. 分辨率

分辨率指 A/D 变换器对输入模拟信号的分辨能力。一个 n 位二进制数输出的 A/D 变换器能区分输入模拟电压的 2^n 个不同数量级,能区分输入模拟电压的最小差异为满量程输入的 $1/2^n$。例如,A/D 变换器的输出为 10 位二进制数,最大输入模拟信号为 8V,则其分辨率为

$$\text{分辨率} = \frac{1}{2^{10}} \times 8\text{V} = \frac{8}{1024}\text{V} = 7.8125\text{mV}$$

2. 转换速度

转换速度是完成一次 A/D 转换所需的时间,也就是从接到转换命令开始到输出端得到稳定数字输出所需的时间。A/D 变换器的转换速度主要取决于转换电路的类型,不同类型的 A/D 转换电路的转换速度相差很大。

3. 相对精度

相对精度指实际转换值与理想特性之间的最大偏差,一般用最低有效位来表示。

除上述三种,A/D 变换器的主要指标还有功耗、电源电压和电压范围等。

12.3.3 集成 A/D 变换器及其应用

A/D 变换组件有多种型号可供选择,如高速的、高分辨率的、高速且高精度的等,使用者可根据任务要求进行选择。下面以 ADC0808/0809 为例,介绍集成电路 A/D 变换器。

ADC0808/0809 是一种带有 8 位变换器、8 位多路开关以及与微处理机兼容的控制逻辑的 CMOS 组件,采用逐次逼近型工作原理,图 12-11 是它的电路框图。

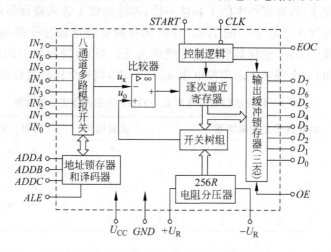

图 12-11 ADC0808/0809 电路原理框图

从图 12-11 中可以看出,ADC0808/0809 由两大部分组成:第一部分为八通道多路模拟开关,它由地址锁存器和译码器控制,$ADDA$、$ADDB$ 和 $ADDC$ 为二进制控制输入端,改变 $ADDA$、$ADDB$ 和 $ADDC$ 的数值(从 000~111),二进制译码器可译出 8 种状态,并在 ALE 地址锁存允许端为高电平时选通其中的一个通道,使输入与输出接通,其真值表见表 12-5;第二部分为一个逐次逼近型 A/D 变换器,它由比较器、控制逻辑、输出锁存缓冲器、逐次逼近寄存器、开关树组(把 n 个受二进制数码控制的电子开关按一定顺序连接起来,称为开关树组)和 $256R$ 电阻分压器(由于权电阻网络中电阻的个数和输入的二进制数码的位数相同,因此把 n 个按二进制数的位权大小置值的电阻分压器简称 2^nR 电阻分压器,即把 8 个按二进制数的位权大小置值的电阻分压器简称 $256R$ 电阻分压器)组成,其中开关树组和 $256R$ 电阻分压器组成 8 位 D/A 变换器。控制逻辑用来控制逐次逼近寄存器从高位到低位逐次取 1,然后将此数字量送到开关树组,用来控制开关与参考电平相连接。参考电平经 $256R$ 权电阻分压器,输出一个模拟电压 u_o,与 u_x 在比较器中进行比较。在比较前,逐次逼近寄存器全为 0。变换开始时,先使寄存器的最高位 $D_7=1$,其余位仍为 0,此数字控制开关数组的输出 u_o。若 $u_x < u_o$,则该位清 0,即 $D_7=0$;若 $u_x \geqslant u_o$,则保留该位(即保持 $D_7=1$),并使下一位置 1(即 $D_6=1$),其余较低位仍为 0。转换结果 u_o 再与 u_x 进行比较,重复上述过程,直至 D_0 位。因此,从 $D_7 \sim D_0$ 比较 8 次即可逐次逼近寄存器中的数字量,即与模拟量 u_x 所相当的数字量相等,此数字量送入输出锁存器,并同时发转换结束脉冲 EOC。

12.3 A/D 变换器

表 12-5 ADC0808/0809 真值表

输入状态				接通通道号
ALE	C	B	A	ADC0808/0809
1	0	0	0	0
1	0	0	1	1
1	0	1	0	2
1	0	1	1	3
1	1	0	0	4
1	1	0	1	5
1	1	1	0	6
1	1	1	1	7

图 12-12 是 ADC0808/0809 的管脚图,其主要管脚的功能如下:

$IN_0 \sim IN_7$——8 个模拟量输入端;

$START$——启动 A/D 变换器,当 $START$ 为高电平时,开始 A/D 转换;

EOC——转换结束信号,当 A/D 转换完毕后,发出一个正脉冲,表示 A/D 转换结束,此信号可用作 A/D 转换是否结束的检测信号或中断申请信号;

OE——输出允许信号,当此信号被选中时,允许从 A/D 变换器锁存器中读取数字量,此信号即为 ADC0808/0809 的片选信号,高电平有效;

CLK——实时时钟,可通过外接 RC 电路改变时钟频率;

ALE——地址锁存允许,高电平有效,当 ALE 为高电平时,允许 A、B、C 所示的通道被选中,并该通道的模拟量接入 A/D 变换器;

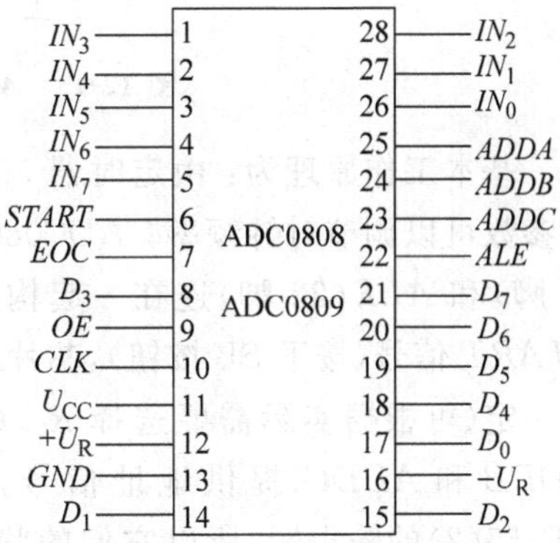

$ADDA, ADDB, ADDC$——通道号端子,C 为最高位,A 为最低位;

$D_7 \sim D_0$——数字量输出端;

$+U_R, -U_R$——参考电压端子,用来提供 D/A 变换器权电阻的标准电平;在单极性输入时,$+U_R = 5V, -U_R = 0V$;当模拟量为双极性时,$+U_R、-U_R$ 分别接正、负极性的参考电压;

U_{CC}——电源电压,$+5V$;

GND——接地端。

图 12-12 ADC0808/0809 管脚图

在实际应用中,经常需要把相关或不相关的两路模拟量转换为相应的数字量,并且同步地将这些数字量显示出来,以便于进行检测或观察。下面以 ADC0809 为例,说明对某一设备的温度、压力进行检测的原理及电路构成。设温度和压力转换成的模拟电压均为 $0 \sim +5V$。电路由 ADC0809、十进制锁存译码驱动器、显示器及 555 定时器等元器件组成,其电路结构如图 12-13 所示。

第 12 章 数模、模数转换

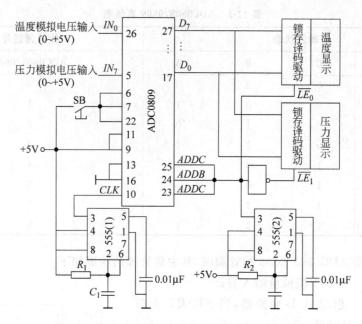

图 12-13 ADC0809 双路模数转换同步显示电路

基本工作原理为：由定时器 555(1) 给 ADC0809 提供工作时的时钟脉冲，改变 R_1、C_1 的参数可以调节时钟频率；ADC0809 可以进行 8 路模数转换，图中将 $START$(6 脚)、EOC(7 脚)和 ALE(22 脚)连在一起构成连续变换方式，即在开始时刻给 ADC0809 芯片一个 $START$ 信号(按下 SB 按钮)，芯片就能连续不断地进行 A/D 变换。定时器 555(2) 输出频率一定(可根据实际需要选择 R_2、C_2 的参数来设定频率)的方波给 ADC0809 的 $ADDA$、$ADDB$ 和 $ADDC$ 提供地址信号。由于 $ADDA$、$ADDB$、$ADDC$ 三根线连在一起接到 NE555(2) 的输出端，所以它们的状态只能同时为 1 或 0。当 $ADDA$、$ADDB$、$ADDC$ 为 1 时，选中 IN_7 通道并进行 A/D 变换；当 $ADDA$、$ADDB$、$ADDC$ 为 0 时，选中 IN_0 通道并进行 A/D 变换。也就是说，在定时器 NE555(2) 输出方波的每一个周期里都会选择 IN_0 通道和 IN_7 通道各一次。$\overline{LE_0}$ 及 $\overline{LE_1}$ 为十进制锁存译码驱动器的选通端。当选通端为 0 时输入数据，为 1 时锁存数据。当 NE555(2) 输出 0 时选通 IN_0 通道，输入 IN_0 通道的数字量，而 $\overline{LE_1}$ 经非门反相后变为 1，因此它锁存住上半个周期内采样的 IN_7 通道 A/D 变换量；当 NE555(2) 输出 1 时选通 IN_7 通道，此时 $\overline{LE_1}$ 变为 0，输入 IN_7 通道数字量，而 $\overline{LE_0}$ 变为 1，它锁存住上半个周期内采样的 IN_0 通道 A/D 变换量，如此周而复始地交替循环工作。

本章小结

(1) 本章介绍了权电阻网络和倒 T 型电阻网络 D/A 变换器的工作原理、主要技术指标以及集成 D/A 变换器的类型，并以集成 D/A 变换器 DAC0832 为例，阐述了集成 D/A 变换器的结构、管脚及其应用。

(2) 在建立 D/A 变换器的基本概念、原理及应用的基础上,介绍了并联比较型和逐次逼近型 A/D 变换器的工作原理、类型及主要技术指标,并以集成 A/D 变换器 ADC0808/0809 为例,阐述集成 A/D 变换器的结构、管脚及其应用。

(3) D/A 变换器的功能是将输入的二进制数字信号转换成相对应的模拟信号输出。D/A 变换器根据工作原理基本上可分为二进制权电阻网络 D/A 变换器和 T 型电阻网络 D/A 变换器两大类。由于 T 型电阻网络 D/A 变换器只要求两种阻值的电阻,因此最适合于集成工艺,集成 D/A 变换器普遍采用这种电路结构。

(4) A/D 变换器的功能是将输入的模拟信号转换成一组多位的二进制数字输出。不同的 A/D 转换方式具有各自的特点。并联比较型 A/D 转换器转换速度快,主要缺点是要使用的比较器和触发器很多,随着分辨率的提高,所需元件数目按几何级数增加;逐次逼近型 A/D 变换器的分辨率较高、误差较低、转换速度较快,要比并联比较型 A/D 变换器节省器件,因此得到普遍应用。

(5) A/D 和 D/A 是沟通模拟电路和数字电路的桥梁,掌握两种变换器的工作原理是学习本章的基础和前提,了解两种变换器的主要性能指标是选用和使用器件的关键。

习题

12.1 当三位 D/A 变换器输入数字量由 101 变为 111 时,其输出的增量 $\Delta u_\circ = 1\text{V}$,求:
(1) 分辨率;
(2) 基准电压 U_R;
(3) 最大输出电压 U_m。

12.2 在权电阻 D/A 变换器中,若 $n=6$,并选 MSB 权电阻 $R_5=10\text{k}\Omega$,求其他各位权电阻的阻值。

12.3 有一个倒 T 型电阻网络 D/A 变换器,$n=10$,$U_R=-5\text{V}$,要求输出电压 $u_\circ=4\text{V}$,试问输入的二进制数应为多少?为了获得 20V 的输出电压,有人说,其他条件不变,只增加 D/A 变换器的位数即可,你认为怎样?

12.4 已知某一 D/A 变换器,最小分辨电压 $u_{LSB}=5\text{mV}$,满刻度输出电压 $U_m=10\text{V}$,试求该变换器输入数字量的位数 n 和基准电压 U_R。

12.5 某一控制系统中的 D/A 变换器,若系统要求 D/A 转换精度要小于 0.25%,试问应选用多少位的 D/A 变换器?

12.6 题图 12-1 所示为 R-$2R$ T 型求和网络,网络中的电阻 $R=10\text{k}\Omega$,运放反馈电阻 $R_f=30\text{k}\Omega$,数字量"0"为 0V,"1"为 5V。求对应 $D_3D_2D_1D_0$ 分别为 0101、0110、1011 三种情况下的输出电压 $u_\circ$。

12.7 已知某 D/A 转换电路,输入三位数字量,参考电压 $U_R=-8\text{V}$,当输入数字量 $D_2D_1D_0$ 如题图 12-2 所示,求相应的输出模拟量 $u_\circ$,并对应时钟波形画出 $u_\circ$ 的波形。

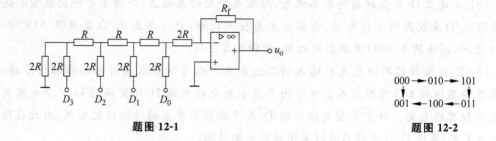

题图 12-1   题图 12-2

12.8 已知八位 D/A 转换电路的基准电压 $U_R=-12V$。求：
(1) 输入二进制数为 00000001 时，输出模拟电压 u_o；
(2) 输入二进制数为 11111111 时，输出模拟电压 u_o；
(3) 该电路的分辨率。

12.9 逐次逼近型 8 位 A/D 变换器，若基准电压 $U_R=5V$，输入电压 $u_x=4.22V$，试问其输出 $D_7 \sim D_0$ 为多少？如果其他条件不变，仅改用 10 位 A/D 变换器，那么输出数字量又是多少？分别求出两种情况下的误差。

12.10 图 12-9 所示并联比较型 A/D 变换器中，若输入电压 u_x 为负电压。试问：
(1) 电路是否能正常进行 A/D 变换？为什么？
(2) 电路需如何改进才能正常工作？

第 13 章 半导体存储器

13.1 概述

半导体存储器能够存放大量数字信息,可用于存放数据、资料和程序等。按其内容的存取方式不同,可分为只读存储器(read only memory,ROM)和随机存储器(random access memory,RAM)两种。只读存储器的存储内容是固定的,工作时只能读出,不能改变,用于存储程序。随机存储器又称读写存储器,其任何一个存储单元的内容都可随时更改与读出,而且存取时间与存储单元的物理位置无关,用于存储数据。RAM 和 ROM 又可根据内部结构的不同分为图 13-1 所示的各种类型。

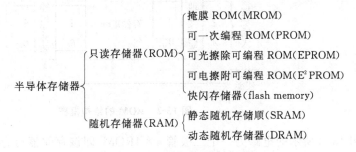

图 13-1 半导体存储器的类型

此外,按半导体制造工艺的不同,半导体存储器还可分为双极型(TTL)半导体存储器和 MOS 半导体存储器两种。TTL 半导体存储器具有高速的特点;MOS 半导体存储器具有功耗低、集成度高等特点,并且制造简单,成本低廉,故其被广泛应用。

本章将介绍图 13-1 所示的各种半导体存储器的结构和原理,并介绍集成半导体存储器的使用方法及应用。

13.2 只读存储器

只读存储器(ROM)可分为固定只读存储器和可编程只读存储器。

早期只读存储器将用户要求的存储内容写入芯片中,一旦制成后无法更改,这种只读存储器叫做掩膜只读存储器(masked ROM,MROM)。随着半导体技术的发展和用户需求的变化,只读存储器先后派生出可一次编程的只读存储器(programmable ROM,PROM)、可紫外光擦除可编程只读存储器(ultra-violet erasable programmable ROM,UVEPROM)以及可电擦除可编程的只读存储器(electrically erasable programmable ROM,E^2PROM),近年来还出现了快闪存储器(flash memory),快闪存储器具有 E^2PROM 的特点,而速度比 E^2PROM 快得多。

13.2.1 掩膜只读存储器

半导体存储器由存储矩阵、地址译码器和输出缓冲电路三个组成部分,其结构框图如图 13-2 所示。半导体存储器的地址由字线和位线确定:如果把半导体存储器比作旅馆的客房的话,则字线好比房间号,位线好比床位号。每一个地址对应着一条字线和一条位线,即一个固定的存储单元。存储器的存储容量用"字数×位数"表示。如某存储器的容量为"2048×8",表明该存储器的字数为 2048 个,每个字 8 位(bit),即 2048 个 8 位二进制数码($D_7 \sim D_0$)。

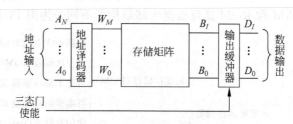

图 13-2 ROM 的结构框图

图 13-3 所示的电路为一个二极管 4×4ROM,即该存储器可存储 4 个字,每个字 4 位。图中所示的 ROM 有两位地址 A_1 和 A_0,这两位地址的电位状态有 4 种组合,地址译码器通过这 4 种组合分别使四条字线 $W_3 \sim W_0$ 为高电平。例如,当 $A_1A_0=11$ 时,由图 13-3 可知,二极管 D_4、D_5、D_7 和 D_8 的阴极为低电平,处于导通状态二极管 D_1、D_2、D_3 和 D_6 的阴极为高电平,D_1 和 D_2 导通,D_3 和 D_4 截止,所以只有字线 W_3 为高电平,其他三条字线为低电平。同理,当 $A_1A_0=10$ 时,只有字线 W_2 为高电平;当 $A_1A_0=01$ 时,只有字线 W_1 为高电平;当 $A_1A_0=00$ 时,只有字线 W_0 为高电平。由此可见,地址译码器的每一条输出的字线对应着输入变量(即地址码)的一个最小项,因此,习惯上将地址译码器称为 AND(与)阵列。

图 13-3 的存储矩阵由字线 W_i 与位线 B_j(图中横线)交叉组合而成,字线与位线的交叉点为一个存储单元。在二极管存储矩阵中,当某字线与某位线间接有二极管时,则当该字线

13.2 只读存储器

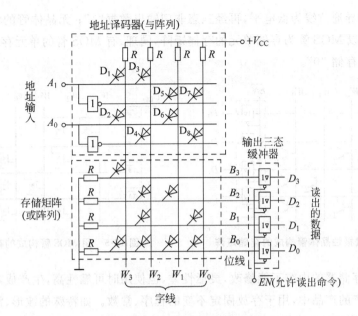

图 13-3 二极管 ROM 示意图

为高电平时,该存储单元的二极管导通,位线为高电平,因此位线与字线的逻辑关系是或,接有二极管的存储单元相当于存入数码 1,而没有接二极管的存储单元相当于存入数码 0。图 13-3 所示存储矩阵的位线与字线和地址线的关系为

$$B_3 = W_3 = A_1 A_0$$
$$B_2 = W_1 + W_2 = \overline{A_1} A_0 + A_1 \overline{A_0}$$
$$B_1 = W_0 + W_2 = \overline{A_1}\,\overline{A_0} + A_1 \overline{A_0}$$
$$B_0 = W_0 + W_1 + W_2 + W_3 = \overline{A_1}\,\overline{A_0} + \overline{A_1} A_0 + A_1 \overline{A_0} + A_1 A_0$$

可见,位线的输出为输入变量(地址)最小项之和。因此存储矩阵又称为 OR(或)阵列。图 13-3 所示 ROM 的输入(地址)与输出数据的关系(即真值表)如表 13-1 所示。

表 13-1 ROM(图 13-3)的真值表

地址		字线				数据			
A_1	A_0	W_3	W_2	W_1	W_0	D_3	D_2	D_1	D_0
0	0	0	0	0	1	0	0	1	1
0	1	0	0	1	0	0	1	0	1
1	0	0	1	0	0	0	1	1	1
1	1	1	0	0	0	1	0	0	1

在图 13-3 中,三态输出缓冲器的作用:用 $\overline{EN}$ 端的允许读出命令控制数据何时输出;信号通过输出缓冲器可提高带负载的能力。在集成电路中,为提高输出带负载能力而增加的门称为缓冲器。

只读存储器的存储单元除了用二极管构成外,还可以采用晶体三极管或场效应管构成。图 13-4 所示为以双极性晶体管为存储单元的存储矩阵,有晶体管的单元当字线为高电平时,晶体管饱和导通位线为低电平,再经三态非门输出数据"1";无晶体管的单元存储"0"。图 13-5 所示为以 MOS 管为存储单元的存储矩阵,同理,有 MOS 管的单元存储数据"1";无 MOS 管的单元存储"0"。

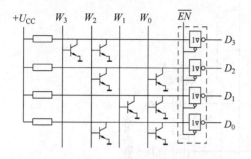

图 13-4 用双极性晶体管构成的存储矩阵   图 13-5 用 MOS 管构成的存储矩阵

固定只读存储器的内容不能修改,灵活性差,但使用时可靠性高,生产成本低,主要用于定型的批量生产的产品中,用于存放固定不变的程序、常数。如特殊的波形、汉字字库、计算机 BIOS 程序,甚至用于操作系统的固化等。

13.2.2 可一次编程只读存储器

可一次编程只读存储器称为可编程只读存储器(PROM)。PROM 与固定 ROM 的区别在于:PROM 的存储矩阵的所有存储单元在制造时均存入了数字 1 或 0,用户在使用时根据需要可将某些单元改写为 0 或 1,这个过程称为编程。

PROM 有双极型和 MOS 型两种。双极型的 PROM 又分为熔丝型和结破坏型两种,其存储单元的示意图分别如图 13-6(a)、(b)所示。

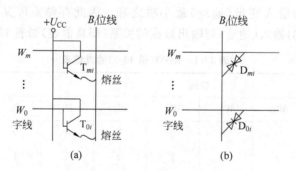

图 13-6 PROM 的存储单元
(a) 熔丝型;(b) 结破坏型

图 13-6(a)中熔丝型 PROM 的每个存储元都将相应的字线和位线通过晶体三极管相连,即相当于所有的存储单元都存入了数据"1"。若用户想把某些存储单元的内容改写为 0,可通过专用的编程设备将这些存储单元的晶体三极管 T_{ij} 发射极的熔丝熔断,则字线与位线断开,相当于存入了 0。

图 13-6(b)中结破坏型 PROM 在每个存储元的字线和位线交界处制出一对阴极相连的

13.2 只读存储器

二极管,因此,字线和位线制造好后是不通的,因此所有存储单元均存入"0"。若用户想把某些存储单元的内容改写为1,可通过专用的编程设备,按位从外部通入一个较大的电流,将这些存储单元的反向二极管击穿,使其字线与位线接通,存入的数据改写为1。

以上两种电路,不管是将熔丝烧断,还是将反向二极管击穿,电路内部均不可能再恢复到原始状态,因此只能进行一次编程。

13.2.3 可重新写入的只读存储器

可重新写入的只读存储器(erasable programmable ROM,EPROM)可由用户重复多次编程。适合于系统开发时使用。EPROM 有两种擦除方式,一种是用光(紫外线)擦除(UVEPROM,简称 EPROM),另一种是用电的方法擦除(E^2PROM),快闪存储器(flash memory)为新一代电擦除存储器。

各种 EPROM 的总体结构形式与 PROM 相同,不同的是存储单元。

1. 可光擦除的可编程只读存储器(UVEPROM)

UVEPROM(以下都简称 EPROM)在出厂时全部置"0"或"1"。图 13-7 所示为初始值置"0"的 EPROM 的基本存储单元。图中的 UVEPROM 管为叠栅注入 MOS 管(stacked-gate injection metal-oxide-semiconductor,SIMOS 管),其结构如图 13-8 所示。SIMOS 管为有两个重叠栅极的 N 沟道增强型 MOS 管。这两个重叠栅极一个为有引线的称为控制栅(G_c),一个为浮空的称为浮置栅(G_f)。浮置栅与衬底之间的氧化层的厚度为 30~40nm。

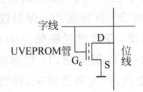
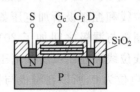

图 13-7 UVEPROM 的存储单元　　　图 13-8 SIMOS 管的结构示意图

在制造好时,EPROM 管的浮置栅上没有电荷,当在控制栅 G_C 和源极 S 之间加正常高电压时,D 和 S 之间形成导电沟道,EPROM 管导通,故从存储单元读出的内容为 0。要改变读出的内容,需在漏极 D 和源极 S 之间加上 25V 的高压,另外加上 50ms 的编程脉冲,则所选中的存储单元的 D 和 S 之间被瞬时击穿,就会有电子通过绝缘层注入到浮置栅,当高压电源去除后,因为浮置栅被绝缘层包围,注入的电子无处泄漏。这样当在控制栅 G_c 和源极 S 之间加正常高电压时,D 和 S 之间不能形成导电沟道,EPROM 管不通,故从存储单元读出的内容为 1。

在 EPROM 芯片的上方有一个石英玻璃的窗口,用紫外线通过这个窗口照射,经过 20~30min,所有电路中的浮空硅栅上的电荷会形成光电流泄漏走,使电路恢复起始状态,从而把写入的信号擦去,可以实现重写。EPROM 擦洗时,是将整个芯片原存的全部信息都擦去。平时必须在窗口上贴不透明胶纸,以防光线进入而造成信息流失。

2. 电擦除的可编程只读存储器（E²PPOM）

E²PROM 的原理结构如图 13-9 所示，图中为初始值置"0"的 E²PROM 的基本存储单元，由选通管 T_1 和存储管 T_2 组成。T_2 管为浮栅氧化层 MOS 管（floting-gatetunnel oxide，Flotox 管），其结构如图 13-10 所示。Flotox 管的结构与 SIMOS 管相似，但其浮置栅与漏区之间存在一个极薄的氧化层（<20nm），称为隧道区。浮置栅与漏区间的电容比浮置栅与控制栅之间的电容小很多。当在控制栅和漏极之间加电压时，大部分电压加在浮置栅和源极之间。当隧道区的电场强度大于 $2×10^7$ V/cm 时，漏区和浮置栅之间存在导电通道，电子可以双向通过，形成电流，这种现象称为隧道效应。

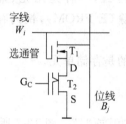
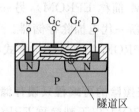

图 13-9　E²PROM 的存储单元　　　　图 13-10　Flotox 管的结构示意图

E²PROM 的存储管在读出、擦除、写入三种状态下的各电极的电压如图 12-24 所示。读出时字线和位线所加电压如图 13-11(a)所示，这时 T_1 管导通，若 T_2 的浮置栅上没有充入自由电子，字线和由于 D、S 导通，读出的值为 0，若充入了自由电子，则读出的值为 1。擦除时字线位线和控制极所加电压如图 13-11(b)所示，这时 T_1 管导通，T_2 管漏极的电位为 0，所以在栅极与漏极之间加了 20V 的电压，产生隧道效应，释放浮置栅储存的自由电子。写入时字线位线和控制极所加电压如图 13-11(c)所示，这时 T_1 管导通，T_2 管漏极的电位为 20V，栅极电位为 0，所以在漏极与栅极之间加了 20V 的电压，产生隧道效应，浮置栅储存的自由电子通过隧道区放电，使存储管的开启电压降到 0V 左右。

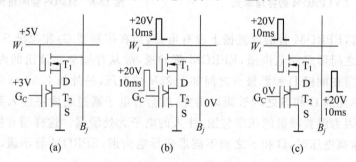

图 13-11　E²PROM 存储单元的三种工作状态
(a) 读出；(b) 擦除（置1）；(c) 写入（置0）

与 EPROM 相比，E²PROM 不需要用紫外线照射，能在应用系统中进行在线改写，并能在断电的情况下保存数据。由于擦除和写入时需加一定的编程电压，而且擦、写时间仍较长，在正常工作情况下 E²PROM 工作在读出状态。

13.2 只读存储器

3. 快闪存储器

快闪存储器(简称闪存)的存储单元仅由一个存储管构成,如图 13-12 所示(初始值为 0)。存储管采用了图 13-13 所示的叠栅 MOS 管,其结构与 EPROM 的存储管 SIMOS 管相似,但其浮置栅与衬底间氧化层的厚度较薄,仅为 10～15nm,浮置栅源区间的电容比浮置栅与控制栅之间的电容小很多。当在控制栅和源极之间加电压时,大部分电压加在浮置栅和源极之间。

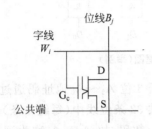

图 13-12 闪存的存储单元

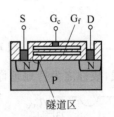

图 13-13 闪存存储管的结构示意图

闪存的存储管在读出、擦除、写入三种状态下的各电极的电压如图 13-14 所示。读出时,若图 13-13 所示的存储管的浮置栅上没有充入自由电子,读出的值为 0,若充入了自由电子,则读出的值为 1。写入时,D-S 雪崩击穿,浮置栅充电。擦除时,隧道区的隧道效应使浮置栅的电荷经隧道区释放。擦除时,所有字线为 0 的字节中的存储单元同时被擦除,擦除速度快。写入速度较擦除慢。

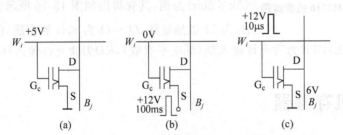

图 13-14 闪存存储单元的三种工作状态
(a) 读出;(b) 擦除(置 0);(c) 写入(置 1)

闪存的写入和擦除的控制电路集成在芯片内部,无需编程器,可以实现整块芯片电擦除。它还具有耗电低、集成度高、体积小、可靠性高等优点。

13.2.4 集成 ROM 简介

PROM、EPROM 和 E^2PROM 有很多品种,如常用的 EPROM 型号有 2716(2k×8bit)、2732(4k×8bit)、2764(8k×8bit)、27128(16k×8bit)、27256(32k×8bit)、27512(64k×8bit)等;常用的 E^2PROM 型号有 2816(2k×8bit)、2817(2k×8bit)、2864(8k×8bit)、2864A(8k×8bit)等。

各类集成 ROM 芯片的内部结构相似。以图 13-15 所示容量为 1k 的 PROM 的结构框图为例。该 PROM 有 8 位地址码 A_7～A_0。这 8 位地址码分为两组:A_7～A_3 这 5 位地址译

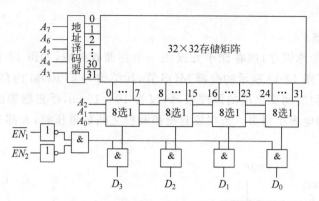

图 13-15 集成 PROM 结构框图（举例）

出 32 条字线，故称之为行地址译码或 x 译码器；由低 3 位 $A_2 \sim A_0$ 地址码通过 4 个 8 选 1 多路选择器，从 4 组共 32 条位线中（每组 8 条）选择 4 条位线输出，即输出为 4 位数码，故 $A_2 \sim A_0$ 称为列地址译码或 y 译码器。该存储器容量为 32（字线数）× 32（位线数）＝1024 位，由于输出为 4 位数码，通常容量记作 256×4 位。存储器能否输出由使能端 $\overline{EN_1}$ 和 $\overline{EN_2}$ 控制，当 $\overline{EN_1}$ 和 $\overline{EN_2}$ 同为 0 时，读出数据。

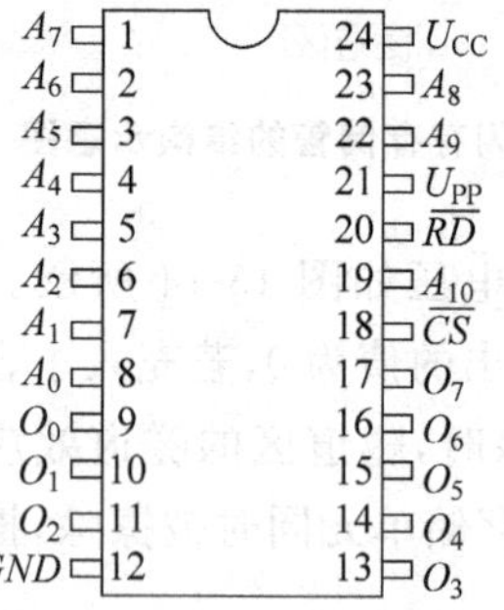

图 13-16 EPROM2716 的管脚图

各种 ROM 芯片的使用方法大同小异，具体应用时应根据选用的存储器的功能表进行控制。以 EPROM2716（2k×8bit）为例，其管脚图如图 13-16 所示，其中引脚 $A_{10} \sim A_0$ 为 11 根地址线，$O_7 \sim O_0$ 为 8bit 数据线，$\overline{CS}$ 为片选信号输入端（低电平有效），$\overline{WR}$ 为写允许输入线（低电平有效），$\overline{RD}$ 为读允许输入线（低电平有效）。

13.3 随机存储器

随机存储器（RAM）也叫随机读/写存储器。在 RAM 工作时可以随时从任何一个指定地址读出数据，也可以随时将数据写入任何一个指定的存储单元中去。RAM 的优点是读、写方便，使用灵活。但一旦停电，所存储的数据将随之丢失。根据存储原理的不同，RAM 又分为静态 RAM（SRAM）和动态 RAM（DRAM）两大类。

13.3.1 静态 RAM

集成 SRAM 的结构与各种集成 PROM 的结构相似，也是由存储矩阵、地址译码器和读/写控制电路三部分组成，如图 13-17 所示。地址译码器一般部分成行地址译码器和列地址译码器两部分；存储矩阵的存储单元在译码器和读/写电路的控制下，既可以写入 1 或 0，又可以将存储的数据读出。

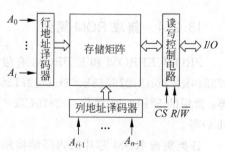

图 13-17 SRAM 的结构示意图

13.3 随机存储器

1) 静态 RAM 的存储单元

静态存储器的存储单元有多种结构,图 13-18 所示为六管 NMOS 静态存储单元,其工作原理如下。

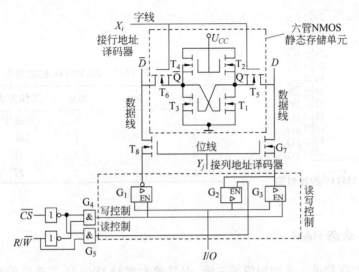

图 13-18 六管 NMOS 静态存储单元

(1) 读写控制

$\overline{CS}$ 为片选信号。当 $\overline{CS}=1$ 时,$G_4=0$、$G_5=0$、$G_1 \sim G_3$ 输出均为高组态,这时存储单元既不能写,也不能读;当 $\overline{CS}=0$、$R/\overline{W}=0$ 时,$G_4=1$、$G_5=0$,这时 G_1、G_3 工作,G_2 输出高阻态,存储单元执行写入操作;当 $\overline{CS}=0$、$R/\overline{W}=1$ 时,$G_4=0$、$G_5=1$,G_2 工作,G_1、G_3 输出高阻态,存储单元执行读操作。

(2) 写入操作

假定 $I/O=1$,要向存储单元中写入"1"。这时 $\overline{CS}=0$、$R/\overline{W}=0$,所以 G_1、G_3 工作,G_2 输出高阻态,存储单元的字线和位线选中后,$X_i=1$、$Y_j=1$。因为位线 $Y_j=1$,所以 T_7、T_8 管导通,数据经 G_1、G_3 使数据线 $D=1$、$\overline{D}=0$;又因为字线 $X_i=1$,所以 T_5、T_6 管导通,从而 $Q=D=1$、$\overline{Q}=\overline{D}=0$,数据存入。

(3) 读出操作

这时 $\overline{CS}=0$、$R/\overline{W}=1$,G_2 工作,G_1、G_3 输出高阻态,存储单元的行线和列线选中后,$X_i=1$,$Y_j=1$。因为字线 $X_i=1$,所以 T_5、T_6 管导通,所以数据线 $D=Q$、$\overline{D}=\overline{Q}$;又因为位线 $Y_j=1$,所以 T_7、T_8 管导通,数据 D 由 G_2 门输出到数据线 I/O。

SRAM 的存储单元实际为 RS 触发器(图 13-18 中由 $T_1 \sim T_4$ 构成),信息存放时间长,不易丢失,因此不需要刷新,但每个存储单元元器件数量较多,集成度低。

2) 静态 RAM 芯片

最常用的 SRAM 芯片有 6116(2k×8bit) 和 6264(8k×8bit) 两种。SRAM6116 的管脚图如图 13-19 所示,其中引脚 $A_{10} \sim A_0$ 为 11 根地址线,$I/O_7 \sim I/O_0$ 为 8bit 双向数据线,$\overline{CS}$

为片选信号输入端,$\overline{WR}$ 为写允许输入线,$\overline{RD}$ 为读允许输入线。6116 的功能表如表 13-2 所示。

SRAM6264 的管脚图和功能表与 6116 相似。

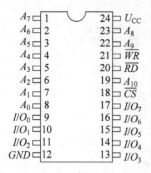

图 13-19　RAM6116 的管脚图

表 13-2　RAM6116 的功能表

$\overline{CS}$	$\overline{RD}$	$\overline{WR}$	工作方式	$D_7 \sim D_0$
1	×	×	未选中	高阻
0	0	1	读	$O_7 \sim O_0$
0	1	0	写	$I_7 \sim I_0$
0	0	0	写	$I_7 \sim I_0$

13.3.2　动态 RAM

早期的动态存储单元采用四管或三管,但目前大容量 DRAM 首选单管电路。图 13-20 为单管动态存储单元的结构示意图,由一只 N 沟道增强型 MOS 管 T 和电容 C_S 构成。图中 C_B 为位线的等效电容。因为实际电路中,位线同时接有很多存储单元,所以 $C_B \gg C_S$。

写入时,字线为高电平,T 导通,若位线的数据为 1,则位线为高电平,经 T 使 C_S 充电;若位线的数据为 0,则位线为低电平,经 T 使 C_S 放电。

读出时,字线为高电平,T 导通,若存储数据为 1,则 C_S 经 T 使位线电容 C_B 充电,使位线获得信号 1;若存储数据为 0,则 C_S 经 T 使位线电容 C_B 放电,使位线获得信号 0。在读出 1 时,位线的电位上升为

$$U_B = \frac{C_S}{C_S + C_B} U_S$$

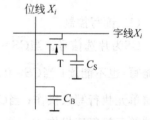

图 13-20　单管动态存储单元

因为 $C_B \gg C_S$,所以位线电容的电压很小,不是 1(高电平),因此为破坏性读出,需要将读出的信号放大并恢复(刷新)存储单元原来的信号,所以需要在集成 DRAM 的每根位线上配置灵敏恢复/读出放大器。

单管 DRAM 存储单元的电路结构简单,它所能达到的集成度远高于 SRAM。Intel 公司的 iRAM2186 和 2187 兼具 DRAM 和 SRAM 的优点。

13.4　存储器容量的扩展

当 ROM 或 RAM 芯片的存储容量不够时,可按一定的方式连接,得到一个容量更大的存储器。ROM 与 RAM 的容量扩展方法相同,本节以 RAM2114 为例来说明 ROM/RAM

13.4 存储器容量的扩展

位扩展和字扩展的方法。

RAM2114 的容量为 $1k \times 4$ 位(1024 字 $\times 4$ 位),其管脚图如图 13-21 所示,$A_9 \sim A_0$ 为 10 根地址线,$I/O_3 \sim I/O_0$ 为 4 根数据线,$\overline{CS}$ 为片选信号(0 选中,1 未选中),$R/\overline{W}$ 为读写控制(1:读;0:写)。

例 13-1 位扩展。将两片 RAM2114($1024 \times 4\text{bit}$)扩展为 $1024 \times 8\text{bit}$ 的 RAM。

解:把两片 RAM2114 的地址线、读/写选择端、片选端对应并联起来即可。如图 13-22 所示。

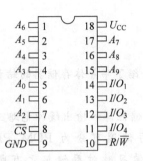

图 13-21　RAM 2114 管脚图

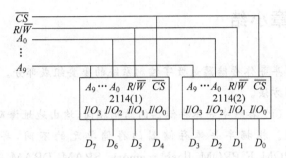

图 13-22　RAM 的位扩展接线图

例 13-2 字扩展。将四片 RAM2114($1024 \times 4\text{bit}$)扩展为 $4096 \times 4\text{bit}$ 的 RAM。

解:访问 4096 个字,需要 4096 个地址,所以必须有 12 根地址线;每片 RAM2114 有 1024 个字,需要 10 根地址线中用于访问;剩余的 2 根地址线通过一个 2—4 译码器去控制四个 2114 的片选端。字扩展的接线图如图 13-23 所示。

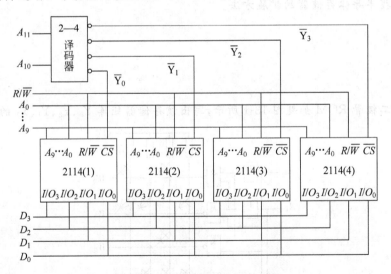

图 13-23　RAM 的字扩展接线图

扩展后,各片存储单元所对应的地址如表 13-3 所示。

表 13-3 各片 RAM 所对应的地址

A_{11}	A_{10}	选中片	存储单元地址
0	0	2114(1)	0~1023
0	1	2114(2)	1024~2047
1	0	2114(3)	2048~3071
1	1	2114(4)	3072~4095

本章小结

半导体存储器是数字控制系统的重要组成部分。本章介绍了半导体存储器的结构及其使用方法。

(1) 各种半导体存储器的结构相同,均由地址译码器、存储矩阵和输出缓冲电路三部分构成。根据半导体存储器的存储单元的不同,半导体存储器可分为 ROM、PROM、EPROM、E^2PROM、flash memory、SRAM、DRAM 等。在学习时对存储单元有所了解即可。

(2) 半导体存储器的地址译码器对地址码进行全译码,即一个地址码对应唯一的一条字线。

(3) 在使用半导体存储器时经常需要将若干存储器联合使用,对其进行位扩展或/和字扩展。位扩展时,存储器的字数不变,位数增加;字扩展时,存储器的字数增加,位数不变。要求熟练掌握半导体存储器的扩展方法。

习题

13.1 二极管 ROM 如题图 13-1 所示,写出该存储器矩阵 $\overline{Y}_3$、$\overline{Y}_2$、$\overline{Y}_1$、$\overline{Y}_0$ 的逻辑式。

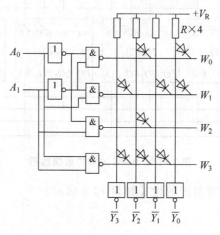

题图 13-1

13.2 用 8 片 RAM2114(1024×4bit)和 1 片 3 线-8 线译码器构成 4k×8bit 的 RAM。

13.3 EPROM 和 RAM 的连接如图 13-2 所示,其中 $A_{15} \sim A_0$ 为地址总线,$D_7 \sim D_0$ 为数据总线,$\overline{MREQ}$ 为存储器请求线,$\overline{RD}$ 为 ROM 的读控制线,$R/\overline{W}$ 为 RAM 的读写控制线。试分别写出各片 EPROM 和 RAM 的地址。

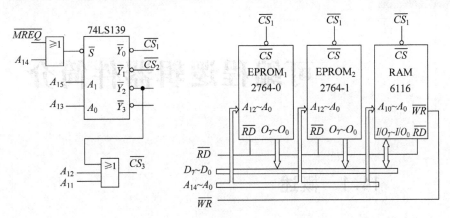

题图 13-2

第 14 章

可编程逻辑器件简介

14.1 概述

随着科学技术的发展,电子系统日趋数字化、集成化,对器件的要求越来越高。前面几章介绍的中、小规模集成电路,逻辑关系简单,通用性很强,在数字系统中得到了广泛应用。但因其集成度低,功能不强,已远远不能满足复杂数字系统的开发和使用要求。20 世纪 70 年代以来,不同形式的专用集成电路(application specific integrated circuit,ASIC)相继问世。它的出现,使电路的面积大大减小、可靠性大大提高,使硬件电路的设计产生了根本现性变革。其中可编程逻辑器件(programmable logic device,PLD)的发展尤为迅速。所谓 PLD 就是:生产厂家在一个半导体芯片上预先按一定方式做好了大量集成门和触发器等基本逻辑单元,构成通用的集成模块。设计者使用时,利用相关工具软件,根据设计要求对集成模块内部电路进行编程,将单元电路之间适当连接,引出必要的输出端,然后经过系统仿真验证,从而构成一个完整的、为特定电路或系统服务的专用集成芯片。

可编程逻辑器件的发展经历了多个阶段,早期的 PLD 有只读存储器,如 PROM、EPROM、E^{2}PROM 等;其后,PLD 则主要是由与、或阵列构成,以乘积项的形式实现逻辑关系。如:可编程逻辑阵列(programmable logic array,PLA)、可编程阵列逻辑(programmable array logic,PAL)以及使用更加灵活的通用阵列逻辑(geneyic array logic,GAL)等。但是,这些可编程器件的结构比较简单,集成规模不够大。因此,自 20 世纪 80 年代中期,复杂的可编程逻辑器件(CPLD)、现场可编程门阵列(FPGA)等高密度的集成器件相继问世。它们的突出优点是:集成度很高(可以做到百万门),一个芯片上便可集成一个数字系统,大大简化了硬件电路,降低了产品成本;利用计算机和相应的开发软件对设计可以进行灵活的编程或修改,缩短了开发、设计周期,提高了产品的可靠性和竞争力;有些器件还具有加密功能,可防电路内部设计被抄袭或盗用,增强了系统的保密性……总之,高密度可编程逻辑器件的出现备受世人瞩目。特别是最近几年,它的发展速度极快,种类越来越多,功能越来越强,是当前数字电子领域中值得关注的发展趋势。

14.2 可编程逻辑器件的编程原理

可编程逻辑器件和通用逻辑器件最大的区别,在于它的逻辑功能不是固定的,其内部逻辑关系可以由使用者根据设计要求进行编程。因为大部分现代可编程逻辑器件的结构复杂,不便于用来介绍逻辑器件的编程原理。因此,本章选用结构简单的通用阵列逻辑器件(GAL)来说明器件逻辑功能的编程原理和方法。在此基础上再对 CPLD 和 FPGA 等复杂可编程逻辑器件做概括性的介绍。可编程逻辑器件内部电路中使用的符号和画法与以往有所不同,下面加以说明。

14.2.1 PLD 内部电路的一般表示法

可编程逻辑器件内部电路中,"与""或""非"等基本逻辑关系的表示方法与一般数字电路中的习惯表示法有所不同,如表 14-1 所示。其中当电路有多个输入端时,横线和竖线交叉处,打"·"为固定连接,打"×"为编程连接,既不打"·"也不打"×",则为不连接。请见表 14-1 中两列符号的对应关系。当输入信号的原变量和反变量全部接至门电路的输入端时,在 PLD 电路中经常将其简化。如将图 14-1(a)所示的与门简化成图 14-1(b)的形式,该与门的输出恒等于 0。

表 14-1 基本逻辑关系的表示法

逻辑门	PLD 电路中的表示法(ANSI 符号标准)	国标符号
与 门	$A\ B\ C$ — Y	A,C — &— Y
或 门	$A\ B\ C$ — Y	A,B,C — ≥1 — Y
三态非门	A — $\bar{A}$, EN ; A — $\bar{A}$, EN	A — 1 — $\bar{A}$, EN ; A — 1 — $\bar{A}$, $\overline{EN}$
互补输出缓冲器	A — A, $\bar{A}$	

例 14-1 写出图 14-2 所示电路中各输出端的逻辑关系表达式。

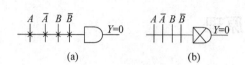
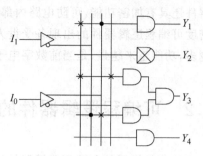

图 14-1 输出恒等于零的与门电路　　　图 14-2 例 14-1 的电路图

解：逻辑关系如下：

$$Y_1 = I_1 I_0$$
$$Y_2 = 0$$
$$Y_3 = I_1 \bar{I}_0 + \bar{I}_1 I_0 = I_1 \oplus I_0$$
$$Y_4 = 1 \quad (\text{输入端悬空})$$

14.2.2　GAL 的编程原理

　　GAL 是一种借助于工具软件和计算机进行编程的逻辑器件，其内部电路的主体结构是与、或阵列。其中与阵列可编程，或阵列固定。它的特点是每个输出端都带有一个输出逻辑宏单元(out logic macro cell，OLMC)，器件的工作模式和输出极性可以通过对宏单元的编程进行选择。GAL 的型号有多种，下面以 GAL16V8 为例进行介绍。

　　GAL16V8 的原理图如图 14-3 所示。它共有 20 个管脚，除电源和地外，有八个固定的输入端(图中 2 号～9 号脚)，八个通过编程可以定义的输入端(图中 1 号、11 号、12 号～14 号、17 号～19 号脚)，所以输入端最多可达十六个；输出端最多可选八个(在 12 号～19 号脚中进行选择)，因此而得名 16V8。

　　GAL16V8 的与矩阵由 64 个与门构成(图 14-3 左侧小字，编号为 0～63 的水平线)。每个与门有 32 个输入端(图 14-3 上下端小字，编号为 0～31 的垂直线)，其信号来源于 8 个输入缓冲器(图 14-3 中左侧 2～9 号输入端对应的缓冲器)和 8 个反馈缓冲器(图 14-3 中 8 个 OLMC 左侧的缓冲器)的原变量和反变量。因为每个与门对应一个乘积项，因此 GAL16V8 可进行包括 64 个乘积项、每项含有 32 个因子的逻辑运算，而且逻辑运算中乘积项及因子的个数可以进行选择和编程。

　　GAL16V8 的输出端有八个输出逻辑宏单元(OLMC12～OLMC19)。每个宏单元(见图 14-4)主要由以下几部分组成：一个八输入(对应八个乘积项)的或门，它们构成器件的或阵列(这里的或阵列是固定的，不能编程)；一个上升沿 D 触发器，它使器件具有实现时序逻辑关系的能力；四个多路开关，即 PTMUX、TSMUX、OMUX 和 FMUX(图 14-4 中四个长方块)，它们的输出选择端分别是结构控制字(储存在 GAL 器件的编程单元中)中的 SYN、AC_0、$AC_1(n)$、$AC_1(m)$ 等位。通过对结构控制字编程，便可改变 OLMC 的工作模式。宏单元的输出极性，由结构控制字中的 XOR 位控制。当 $XOR=0$ 时，输出低电平有效；$XOR=1$ 时，输出高电平有效。

14.2 可编程逻辑器件的编程原理

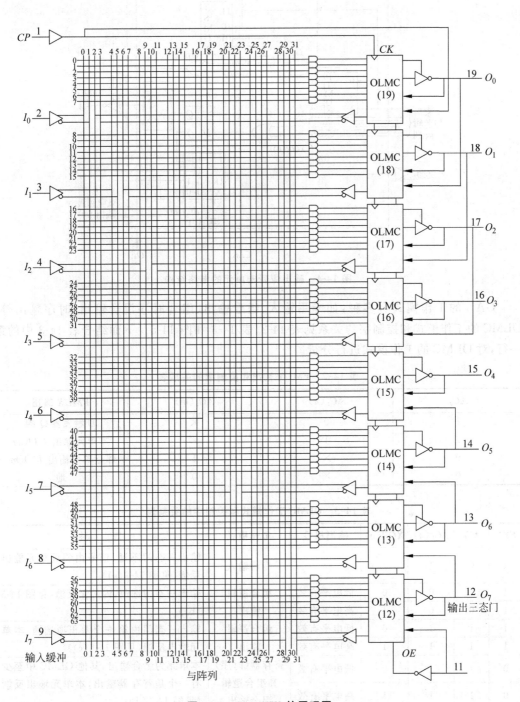

图 14-3 GAL16V8 的原理图

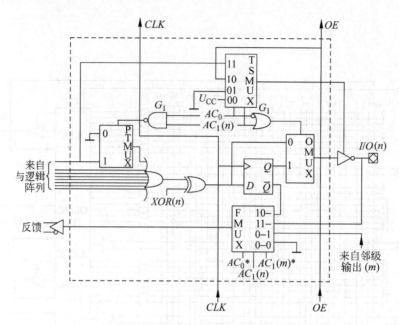

图 14-4 输出逻辑宏单元的电路结构

GAL 的工作模式有多种,如专用输入、组合输出、组合时序混合输出、时序输出等。OLMC 的工作模式和控制字的关系见表 14-2、表 14-3 和图 14-5。下面结合表 14-3 中的第一行,对 OLMC 的工作模式进行分析。

表 14-2 FMUX 输出和控制字的关系表

AC_0	$AC_1(n)$	$AC_1(m)$	FMUX 输出
1	0	×	D 触发器 $\bar{Q}$ 端
1	1	×	本单元输出 $I/O(n)$
0	×	1	邻近单元输出 $I/O(m)$
0	×	0	地

表 14-3 OLMC 工作模式和控制字的关系表

SYN	AC_0	$AC_1(n)$	XOR(n)	输出极性	工作模式	备 注
1	0	1	/	/	专用输入	输出三态门不通,信号由邻近单元输出反馈(见图 14-9(a))
1	0	0	0	低电平有效	组合逻辑输出	输出三态门选通,内部无反馈(见图 14-5(b))
1	0	0	1	高电平有效		
1	1	1	0	低电平有效	组合逻辑输出	输出三态门由第一个乘积项选通,本单元输出反馈(见图 14-5(c))
1	1	1	1	高电平有效		
0	1	1	0	低电平有效	寄存器(时序)和组合逻辑混合输出	本单元为组合输出,其他 OLMC 中至少有一个是寄存器输出,本单元输出反馈(见图 14-5(d))
0	1	1	1	高电平有效		
0	1	0	0	低电平有效	寄存器(时序)输出	本单元为寄存器输出,D 触发器的 $\bar{Q}$ 反馈(见图 14-5(e))
0	1	0	1	高电平有效		

注:表中的 n 代表每个宏单元的编号,m 代表邻近单元的编号。

14.2 可编程逻辑器件的编程原理

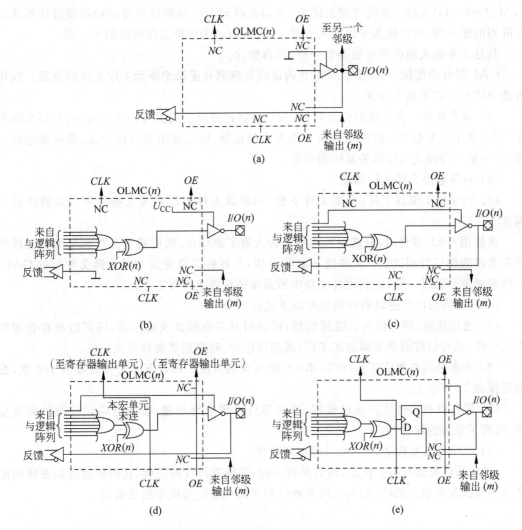

图 14-5 OLMC 不同工作模式示意图

表 14-3 中,第一行中的控制字为: $SYN=1, AC_0=0, AC_1(n)=1$。该行表示逻辑宏单元的工作模式为专用输入模式。控制字中 SYN 位的状态决定器件有没有时序逻辑工作能力,这里的 $SYN=1$ 表示 OLMC 没有时序逻辑功能; AC_0 和 $AC_1(n)$ 的状态组合决定了 OLMC 内部电路中各数据选择器的输出状态。结合图 14-8 分析可知: 当 $AC_0=0, AC_1(n)=1$ 时,数据选择器 PTMUX 选通"1"端,将与阵列最上面的一个信号送至或门输入端,表明八个乘积项全部送至或门(图 14-4 中的 G_1)的输入端;选择器 OMUX 选通"0"端,表明异或门的输出(图 14-4 中的 G_2)不经 D 触发器直接送至输出缓冲器的输入端;但此时选择器 TSMUX 选通"01"端接地信号,将 OLMC 三态输出缓冲器的使能端接地,使其输出端悬空,异或门送来的信号不能输出,从而保证该种工作模式没有输出信号。选择器 FMUX 的状态除和 AC_0、$AC_1(n)$ 有关外,还和 $AC_1(m)$ 有关。由表 14-2 可知:当 $AC_0=0$ 时,若令 $AC_1(m)=1$,则 FMUX 选择"01"端的信号,即将邻近单元 I/O 端的信号经反馈缓冲器送至与阵列的输入端。综合四个选择器的状态可见,编程时只要令控制字中的 $SYN=1, AC_0=0, AC_1(n)=$

$1,AC_1(m)=1$，OLMC 便没有输出能力，而邻近单元 I/O 端的信号可以经反馈缓冲器送至与阵列的输入端，所以称为专用输入方式。图 14-5(a)为该种工作模式的示意图。

其他工作模式的选择可做类似分析，不再赘述。

GAL 器件的使用，实际上就是对其内部的与阵列及逻辑宏单元工作方式的编程。使用方法大体分为以下几个步骤。

（1）首先选用一套合适的开发软件，按软件格式对给定的逻辑要求进行编程，写出源程序文件，其中主要包括：器件型号及工作方式的选择、输入输出管脚的定义、逻辑表达式的编写（一般为与或式）、逻辑关系的测试等。

（2）对源程序文件进行调试。

（3）利用相关编程工具，将源文件下载（即将源文件的内容写入器件中），对器件进行编程。

在使用 GAL 器件时，只需对其内部结构大概了解即可，而应将重点放在熟悉开发软件和源文件的编写与调试上。文件的下载非常快，几秒钟即可完成。写入源文件后的 GAL，就像普通逻辑器件一样，放到硬件电路中所需要的位置上即可工作。

GAL 器件与以往逻辑器件相比有以下优点。

（1）通用性强，便于使用。通过编程，可以对其工作模式灵活组态，既可以按组合逻辑方式工作，也可以按时序逻辑方式工作，或者以组合、时序逻辑混合方式工作。

（2）大多采用电擦除工艺（E^2COMS），改写灵活方便。每片至少可重复编程 100 次，数据可保存 20 年以上。

（3）器件设有加密位。通过编程，可对器件内容进行加密，以防电路设计被抄袭或复制，提高了系统的保密性。

（4）工作可靠性很高，有 100% 的可测试性。

GAL 器件虽然有不少优点，而且风行一时，但随着科技的发展，它的集成度和逻辑功能还是不能满足要求。因此，它的作用和地位被更大规模的集成电路所取代。

14.3 CPLD 和 FPGA 的结构和特点

近几年来，现代大规模集成电路发展非常迅速，器件类别很多。即使是同类器件，不同厂家的产品又自成系列，各有自己的特点。目前使用比较广泛的主要有 CPLD 和 FPGA 两大类。

14.3.1 CPLD 的结构和特点

CPLD 是在 PAL 和 GAL 的基础上发展起来的，其主体结构与 GAL 基本一样，仍然是由与或阵列和输出逻辑宏单元等几部分组成，但它的编程矩阵和集成度要比 GAL 大得多。CPLD 中通常将逻辑阵列分成几部分，各部分之间由互连线相连。图 14-6 为 Altera 公司 MAX7000 系列产品 EPM7032 的结构框图，其中主要包括逻辑阵列块（LAB）、可编程连线阵列（PIA）、I/O 控制块等部分。

14.3 CPLD 和 FPGA 的结构和特点

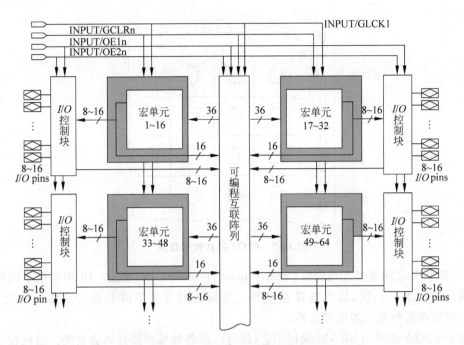

图 14-6　EPM7032 的结构框图

CPLD 的每个逻辑阵列块（LAB）中包括 16 个宏单元。宏单元（其中含逻辑矩阵、乘积项选择阵、触发器等）的结构与 GAL 类似，但结构更复杂、编程更灵活。通过编程，它不但可以实现组合逻辑和时序逻辑关系，而且应用相关软件还可以自动优化乘积项的分配（如做清 0、置位、时钟使能控制），将触发器配置成 D、T、JK、RS 不同功能。一些 CPLD 器件中还设有多个时钟，而且有专门电路对其进行管理，这给系统设计带来很大方便。

可编程连线阵列（PIA）也是可编程的，其作用是根据要求的逻辑关系将器件中的关联信号（如输入输出信号、反馈信号、控制信号、阵列块间的关系等）连接起来。CPLD 中的连线阵列属连续式互连结构，其连线长度固定，延迟时间可预测。

I/O 控制块可以直接与引脚相连，通过编程可以将它配置成输入、输出或双向等几种工作模式。

CPLD 多采用 E^2PROM 电擦除工艺，器件中的编程内容可以长期保留，而且可以快速改写。一片数万门的 CPLD，擦除时间一般不超过 1s，改写次数可达万次以上。另外，CPLD 和 GAL 一样也设有保密位，可对器件进行加密，以防芯片内容被窃取或复制。

14.3.2　FPGA 的结构和特点

FPGA 的结构示意图如图 14-7 所示。它的电路结构与 CPLD 不同，其主体不采用与或逻辑阵列，而是由许多可编程的逻辑模块（configurable logic block，CLB）排列而成。每个CLB 的规模不大，变量数目不多，可以实现不太复杂的组合逻辑关系和时序逻辑关系；器件的周围是输入输出模块（I/O block，IOB）。IOB 由输入输出缓冲器、触发器、数据选择器等组成。编程时，通过控制字的设置，可以将其设置成输入或输出状态。CLB 和 CLB 之间以

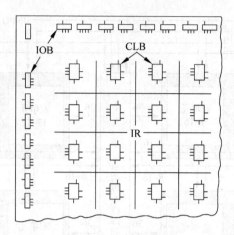

图 14-7 FPGA 的结构示意图

及 CLB 和 IOB 之间通过互连资源(interconnect resource，IR)相连。IR 中包括不同长度的金属线(垂直、水平长线、块间直接连线等)、可编程的开关矩阵和连接点等。通过编程，FPGA 可实现各种复杂的连接关系。

由于 FPGA 多采用 SRAM 编程工艺，掉电以后各种编程数据将会丢失。因此在 FPGA 的工作过程中，除器件本身外，还必须与一块 EPROM(或 E^2PROM)联合使用。不工作时，编程数据(逻辑关系、块间连接、引脚定义等)保存在 EPROM 中；工作时，首先将 EPROM 中的编程数据加载到 FPGA 中，然后再使用。

目前生产 FPGA 器件的厂家很多，每家产品各有自己的特点。美国 Xilinx 公司是生产 FPGA 的代表厂家之一，其产品有多种系列，如 XC2000、XC3000、XC4000 等。下面以 XC2000 中的 CLB(见图 14-8)为例，简单说明 FPGA 中可编程逻辑模块的工作特点。

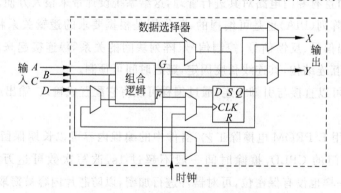

图 14-8 XC2000 中 CLB 的结构框图

XC2000 中的 CLB 由组合逻辑电路、触发器、数据选择器等组成。其中组合逻辑电路部分是一个以查找表方式工作的函数发生器，共有四个输入端(A、B、C、D)与两个输出端(G、F)。通过编程，组合逻辑电路可构成三种组态，如图 14-9 所示。其中图(a)为四变量的任意组合逻辑函数；图(b)为两个三变量的任意函数；图(c)为五个变量(除 A、B、C、D 四个输入变量外，另一个变量是图 14-8 中 D 触发器的输出端 Q)的任意函数。每种逻辑函数对应一个编程控制字，工作时给出控制字，便可找到所需逻辑函数的编程数据。组合逻辑函数

14.3 CPLD 和 FPGA 的结构和特点

的输出,直接送至 CLB 的输出端或 D 触发器的输入端。XC2000 中的 CLB 也可以构成多种工作模式,如组合逻辑、时序逻辑、同步工作、异步工作等。工作模式的选择可通过对数据选择器状态的编程实现。

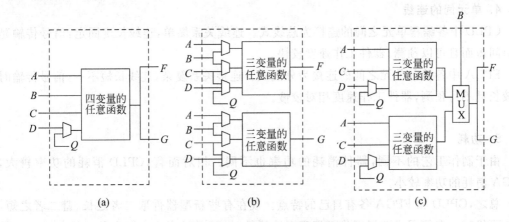

图 14-9 XC2000 中 CLB 的函数组态

14.3.3 CPLD 和 FPGA 特点的比较

现代大规模可编程逻辑器件的类型很多,CPLD 和 FPGA 仅是其中有代表性的两种。现将典型的 CPLD 和 FPGA 器件的特点简单归纳比较如下。

1. 可编程逻辑单元的电路结构

CPLD 的可编程逻辑单元由可编程的与阵列、固定的或阵列及可重新配置的输出逻辑宏单元等部分组成。每个编程单元的规模较大,变量数目较多,功能较强,属粗粒度结构,但整个芯片的集成度较小,其中触发器的数量相对较少。

FPGA 的可编程逻辑单元由若干可编程的逻辑模块排列而成。每个编程单元的规模不大,变量数目较少,功能较弱,属细粒度结构,但整个芯片的集成度较大,其中触发器的数量较多。

2. 使用灵活性

CPLD 受与或阵列结构的局限,编程单元及 I/O 引脚数目相对较少。因此,在组成复杂数字系统时,引脚安排及逻辑关系的实现不如 FPGA 灵活方便。

由于 FPGA 采用细粒度结构,每个芯片上的编程单元数目及 I/O 引脚数目都比较多,因此在组成复杂数字系统时引脚安排及逻辑关系的实现更加灵活方便。

3. 制作工艺

CPLD 采用 E^2PROM 工艺,编程内容可长期保留,而且可多次重复编程,内容可加密。

FPGA 采用 SRAM 工艺，掉电后编程数据便丢失。因此，必须和 EPROM（或 E^2PROM）联合使用，以保存编程数据；编程内容不能加密。

4. 单元间的连线

CPLD 中各编程单元之间的连接为总线式。连线关系简单，连线长度固定，信号传输延迟时间短而且可以预测，器件工作速度较快。

FPGA 中各编程单元之间的连接为分段式。连接关系复杂，连线长短不一，信号传输时间较长且不可预测，器件工作速度相对较慢。

5. 功耗

由于制作工艺的不同，器件消耗的功率也不同。相对而言，CPLD 消耗的功率较大，FPGA 消耗的功率较小。

总之，CPLD 和 FPGA 各有自己的特点。现在有些新型器件取二者之长、避二者之短，性能更优越。在使用或选择现代可编程逻辑器件时，不必过多追究到底是选择 CPLD 还是 FPGA，重点应该放在学习器件的使用和编程方法上。

本章小结

（1）本章通过对 GAL 的介绍，说明了可编程逻辑器件的基本工作原理，其中应该重点了解逻辑器件可编程的概念。

（2）现代大规模可编程逻辑器件的种类很多，本章对常用的 CPLD 和 FPGA 两类产品作了概括性的介绍。随着科技的发展，可编程逻辑器件的应用越来越广泛，了解和掌握它们的大概结构及工作特点是很必要的。

（3）真正使用可编程逻辑器件时，仅了解它们的工作原理和结构是不够的。它们的工作离不开相应的开发软件。目前，不同厂家生产的器件类型不同，用的编程软件也不同。因此，在使用可编程逻辑器件之前，必须首先找到所选用器件的开发工具，掌握其编程和下载方法。

（4）本章仅对可编程逻辑器件做了一些概念性的介绍，要想全面掌握它们的使用方法，应在此基础上进一步学习，并通过实验实际操作练习可编程器件的编程与下载。

习题

14.1 电路如图 14-1 所示，写出存储矩阵位线 $Y_3 \sim Y_0$ 为 1 的逻辑表示式。

14.2 PROM 的连接图如题图 14-2 所示，列出其真值表。

习题

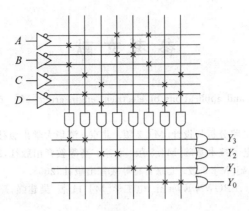

题图 14-1

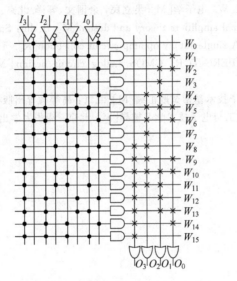

题图 14-2

参 考 文 献

[1] RIZZON G. Principles and applications of electrical engineering[M]. 6th ed. NewYork：McGraw-Hill,2013.
[2] NEAMEN D A. 电子电路分析与设计[M].2版. 北京：清华大学出版社,2000.
[3] 华成英,童诗白. 模拟电子技术基础[M].5版. 北京：高等教育出版社,2006.
[4] 闫石. 数字电子技术基础[M].5版. 北京：高等教育出版社,2008.
[5] HUGHES E, HILEY J,BROWN K,et al. 电工学[M].11版. 吴建强,郑雪梅,译. 北京：机械工业出版社,2018.
[6] KRENZ J H. 电子学原理[M]. 马爱文,赵霞,等译. 北京：电子工业出版社,2002.
[7] HOROWITZ P,HILL W. 电子学[M]. 吴立民,余国文,等译. 北京：电子工业出版社,2017.
[8] JOHAN H. Operational amplifiers theory and design[M]. Berlin：Springer Press,2001.
[9] Application Report. A single-supply op-amp circuit collection[R]. TI,2000.
[10] ALLEN P E, HOLBERG D R. CMOS analog circuit design[M]. Oxford：Oxford University Press,2011.
[11] 童诗白,何金茂. 电子技术基础试题汇编[M]. 北京：高等教育出版社,1992.
[12] 王艳丹,段玉生. 电工与电子技术学习辅导[M]. 北京：清华大学出版社,2012.

附录 A

负反馈对放大器性能的影响中公式的证明

1. 闭环放大倍数的相对变化是开环时的 $(1+A_\circ F)$ 倍

证明 由式(4-1)

$$A_f = \frac{A_\circ}{1+A_\circ F}$$

求差分

$$\Delta A_f = \frac{(1+A_\circ F)\Delta A_\circ - A_\circ F \Delta A_\circ}{(1+A_\circ F)^2} = \frac{\Delta A_\circ}{(1+A_\circ F)^2}$$

把上两式相除,便得

$$\frac{\Delta A_f}{A_f} = \frac{1}{1+A_\circ F} \frac{\Delta A_\circ}{A_\circ}$$

2. 闭环带宽是开环带宽的 $(1+A_\circ F)$ 倍

证明 设开环放大器的频率特性为

$$A_\circ(\omega) = \frac{A_\circ}{1+j\dfrac{\omega}{\omega_c}}$$

ω_c 为开环时的三分贝频率,因为当 $\omega=\omega_c$ 时,

$$A_\circ(\omega_c) = \frac{A_\circ}{1+j}$$

$$|A_\circ(\omega_c)| = \frac{A_\circ}{\sqrt{2}}$$

闭环后,由式

$$A_B(\omega) = \frac{A_\circ(\omega)}{1+A_\circ(\omega)F} = \frac{A_\circ}{1+FA_\circ} \frac{1}{1+j\dfrac{\omega}{(1+A_\circ F)\omega_c}}$$

可见其作用一方面是使中频放大倍数减少到 $A_f = \dfrac{A_\circ}{1+A_\circ F}$,另一方面又使三分贝频率增加到 $(1+A_\circ F)\omega_c$,即带宽增大 $(1+A_\circ F)$ 倍。

3. 引入负反馈后非线性失真程度大致为原来的 $(1+A_oF)$ 倍

证明 如果把运算放大器的非线性失真表示为

$$\frac{u_o}{\varepsilon} = A_o + \Delta f(\varepsilon)$$

式中，$\Delta f(\varepsilon)$ 为随 ε 而变的放大倍数，也就是非线性失真。于是有

$$\begin{cases} u_f = Fu_o \\ \varepsilon = u_i - u_f \\ u_o = [A_o + \Delta f(\varepsilon)]\varepsilon \end{cases}$$

不难解得

$$\frac{u_o}{u_i} = \frac{A_o + \Delta f(\varepsilon)}{1 + F[A_o + \Delta f(\varepsilon)]} = \frac{A_o}{1+FA_o}\left[\frac{1+\dfrac{\Delta f(\varepsilon)}{A_o}}{1+\dfrac{F\Delta f(\varepsilon)}{1+FA_o}}\right]$$

假设 $\dfrac{F\Delta f(\varepsilon)}{1+FA_o} \ll 1$，则利用近似关系 $\dfrac{1}{1+x} = 1-x$（当 $x \ll 1$），可将上式进一步化简为

$$\frac{u_o}{u_i} = \frac{A_o}{1+FA_o}\left[1+\frac{\Delta f(\varepsilon)}{A_o}\right]\left[1-\frac{F\Delta f(\varepsilon)}{1+FA_o}\right]$$

$$= \frac{A_o}{1+FA_o}\left[1+\frac{\Delta f(\varepsilon)}{A_o(1+FA_o)}\right] \quad (\text{忽略 } \Delta^2 f(\varepsilon) \text{ 项})$$

可见代表非线性失真的第二项减小为原来的 $(1+A_oF)$ 倍。

4. 串联负反馈时 $r_{if} = r_{io}(1+A_oF)$，并联负反馈时 $r_{if} = r_{io}/(1+A_oF')$

证明 结合同相放大和反相放大来证明。

(1) 同相放大（图 A1）

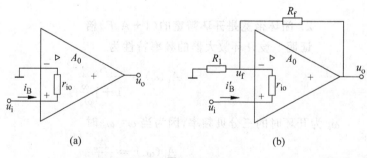

图 A1

开环时

$$r_{io} = \frac{u_i}{i_B}$$

闭环时

$$r_{if} = \frac{u_i}{i'_B}$$

又因为

$$i'_B = \frac{u_i - u_f}{r_{io}}$$

附录 A 负反馈对放大器性能的影响中公式的证明

所以
$$\frac{r_{if}}{r_{io}} = \frac{u_i}{u_i - u_f}$$

即
$$r_{if} = \frac{u_i}{u_i - u_f} r_{io} = \frac{u_i}{\varepsilon} r_{io}$$

但
$$\frac{u_i}{\varepsilon} = 1 + A_o F$$

所以
$$r_{if} = (1 + A_o F) r_{io}$$

(2) 反相放大(图 A2)

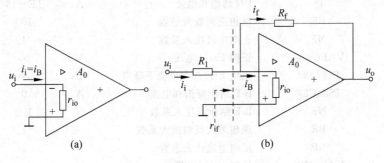

图 A2

开环时
$$r_{io} = \frac{u_-}{i_B}$$

闭环时
$$r_{if} = \frac{u_-}{i_i}$$

(注意：这里 r_{if} 的定义是从图 A2(b)上点线两端看进去的等效电阻)但

$$i_i = i_B + i_f = i_B + \frac{u_- - (-A_o u_-)}{R_f} = i_B + u_- \left[\frac{1 + A_o}{R_f}\right] \approx i_B + u_- \frac{A_o}{R_f}$$

又
$$u_- = i_B r_{io}$$

所以
$$i_i = i_B \left(1 + \frac{r_{io}}{R_f} A_o\right)$$

令 $-\frac{r_{io}}{R_f} = F'$，则有
$$i_i = i_B (1 + F' A_o)$$

于是得
$$r_{if} = \frac{u_-}{i_i} = r_{io}/(1 + F' A_o)$$

附录 B

三极管的 SPICE 参数

名称	面积	模型参数	单位	默认值	典型值
IS	*	PN 结饱和电流	A	1E−16	1E−16
BF		理想正向放大倍数		100	100
NF		正向电流注入系数		1	1
VAF(VA)		正向 Early 电压	V	∞	100
IKF(2k)		正向 BETA 大电流下降点	mA	∞	10
ISE(C2)		B-E 结泄漏饱和电流	A	0	1.0E−13
NE		B-E 结泄漏注入系数		1.5	2
BR		理想最大反向放大系数		1	0.1
NR		反向电流注入系数		1	
VAR(VB)		反向 Early 电压	V	∞	100
IKR	*	反向 BETA 大电流下降点	mA	∞	100
ISC(C4)		B-C 漏饱和电流	A	0	1
NC		B-C 漏注入系数		2	2
RB	*	零偏最大基极电阻	Ω	0	100
RBM		最小基极电阻	Ω	RB	100
IRB		RB 与 RBM 中间处电流	A	∞	
RE	*	发射极欧姆电阻	Ω	0	1
RC	*	集电极欧姆电阻	Ω	0	10
CJE	*	基极-发射极零偏 PN 结电容	F	0	2pF
VJE(PE)		基极-发射极内建电势	V	0.75	0.7
MJE(ME)		基级-发射级梯度因子		0.33	0.33
CJC	*	基极-集电极零偏结电容	F	0	1pF
VJC(PC)		基极-集电极内建电势	V	0.75	0.5
MJC(MC)		基极-集电极梯度因子		0.33	0.33
XCJC		C_{bc} 连接到 R_B 上的部分		1	
CJS(CCS)		集电极衬底零偏压结电容	F	0	2pF
VJS(PS)		集电极内建电势	V	0.75	
FC		正偏压耗尽电容系数		0.5	
MJS(MS)		集电极衬底梯度因子		0	
TF		正向渡越时间	s	0	0.1ns
XTF		TF 随偏置而变的参数			

附录 B 三极管的 SPICE 参数

续表

名称	面积	模型参数	单位	默认值	典型值
VTF		TF 随 U_{bc} 变化的参数	V	∞	
ITF		TF 随 I_c 变化的参数	A	0	
PTF		在 $1/(2\pi * TF)$ Hz 处的超相移	(°)	0	30
TR		理想反向传输时间	s	0	10ns
EG		禁带宽度(壁垒高度)	eV	1.11	1.11
XTB		正、反向放大倍数温度系数		0	
XTI(PT)		饱和电流温度指数		3	
KF		闪烁噪声系数		0	6.6E−16
AF		闪烁噪声指数		1	1

附录 C Appendix C

常用术语

B

巴特沃思滤波器	Butterworth filter
半波整流电路	half-wave rectifier
半加器	half adder
饱和区	saturation region
闭环增益	close-loop gain
边沿触发器	edge triggered flip-flop
编码	encode
编码器	encoder
变容二极管	varactor diode
并联反馈	parallel feedback
波特图	bode plot
布尔代数	Boolean algebra

C

差动放大器	differential amplifier
长尾式差动放大器	long tailed pair amplifier
场效应管	field effect transistor
超大规模集成	VLSI(very large scale integration)
超前进位加法器	look-ahead carry adder
迟滞比较器	comparator with hysteresis, regenerative comparator
触发器	flip-flop
串接放大电路	cascade amplifier
串联反馈	series feedback
串行进位加法器	series carry adder
存储器	memory

D

大规模集成	LSI(large scale integration)
单位增益带宽	unit gain bandwidth
地址	address
点接触型二极管	point contact type diode

附录C 常用术语

电可擦除可编程存储器	EEPROM(electrically erasable programmable read-only memory)
电流增益	current gain
电压跟随器	voltage follower
调制	modulation
定时器	timer
动态随机存储器	DRAM(dynamic random access memory)
多级放大电路	multistage amplifier
多谐振荡器	astable multivibrator

E

二极管	diode
二极管-三极管逻辑	diode-transistor logic
二进制	binary
二-十进制编码	BCD(binary coded decimal)

F

发光二极管	light-emitting diode
反馈放大电路	feedback amplifier
反馈深度	return difference, desensitivity
反馈网络	feedback network
反相器	inverter
反向峰值电压	reverse peak voltage
反向恢复时间	reverse recovery time
反向偏置	reverse bias
方波发生器	square wave generator
方框图	block diagram topology
放大区	active region
非	NOT
非门	NOT gate
非线性失真	nonlinear distortion
分贝	Decibel, dB
分辨率	resolution
分配器	demultiplexer
伏安特性	V-I characteristics
幅度	amplitude
负载	load
负反馈	negative feedback
复合管(达林顿管)	Darlington transistor
复位	reset
复杂可编程逻辑器件	CPLD(complex programmable logic device)

G

共基组态	common-base configuration
共价键	covalent bond
共模信号	common-mode signal

共模抑制比	common-mode rejection ratio	
共射组态	common-emitter configuration	
沟道	channel	
光电二极管	photo diode	

H

耗尽区	depletion region	
互补对称	complementary symmetry	
互补对称式 MOS	CMOS(complementary symmetry metal oxide semiconductor)	
互补功率放大器	complementary symmetry power amplifier	
互导	mutual conductance	
互连资源	IR(interconnect resource)	
环型计数器	ring counter	
恢复时间	recovery time	
回差	backlash	
或	OR	
或非	NOR	
或非门	NOR gate	
或门	OR gate	

J

击穿电压	breakdown voltage	
积分器	integrator	
基本放大电路	basic amplifier	
集成电路	IC(integrated circuit)	
计数器	counter	
寄存器	register	
加/减计数器	up-down counter	
加法器	adder	
交流负载线	alternating current load line	
交越失真	crossover distortion	
截止区	cutoff region	
解调	demodulation	
进位	carry	
静态随机存储器	SRAM(state random access memory)	
锯齿波发生器	saw-tooth wave generator	

K

卡诺图	Karnaugh map	
开关电源	switch mode power supply	
开关矩阵	switch matrix	
开关特性	switching characteristic	
开环增益	open-loop gain	
开启电压,阈值电压	threshold voltage	
可编程逻辑器件	PLD(programmable logic device)	

附录C 常用术语

可编程阵列逻辑	PAL(programmable array logic)
可擦除的可编程逻辑器件	EPLD(erasable programmable logic device)
可擦除只读存储器	EPROM(erasable programmable read only memory)
空间电荷区	space charge region
空穴	hole
快闪存储器	flash memory
扩散电容	diffusion capacitor

L

漏极	drain
逻辑函数	logic function
逻辑图	logic diagram

M

脉冲宽度	pulse width
脉宽调制	PWM(pulse width modulation)
门电路	gate circuit
面接触型二极管	junction type diode
模拟集成电路	analog ICs
模数转换	analog to digital conversion
摩根定理	De Morgan's theorem

P

偏置电路	biasing circuit
漂移	drift
频率响应	frequency response

Q

七段字符显示器	seven segment character mode display
齐纳二极管	Zener diode
桥式整流电路	bridge rectifier
切比雪夫滤波器	Chebyshev filter
全加器	full adder

S

三端稳压器	three-terminal voltage regulator
三极管	bipolar junction transistor
三极管-三极管逻辑	TTL(transistor-transistor logic)
三角波	triangle-wave
三态输出门	three state output gate
扇出	fan-out
栅极	grating
上限频率	high 3dB frequency
射极跟随器	emitter follower
深度负反馈	strong negative feedback

施密特触发器	schmitt trigger
施主杂质	donor impurities
十进制	decimal
十六进制	hexadecimal
时序逻辑电路	sequential logic circuit
时序图(波形图)	waveform
时钟	clock
势垒电容	barrier capacitor
受主杂质	acceptor impurities
输出电阻	output resistor
输出阻抗	output impedance
输入电阻	input resistor
输入阻抗	input impedance
数据选择器/多路调制器	data selector/multiplexer
数模转换	digital to analog conversion
数字比较器	digital comparator
双列直插式封装	dual-in-line package
随机存储器	RAM(random access memory)
锁存器	latch

T

通频带	pass band
通用阵列逻辑	GAL(general array logic)
同步计数器	synchronous counter
同相比例放大器	noninverting amplifier
图解分析法	graphical analysis

W

微变电阻	incremental resistor
微分电路	differentiator
位	bit
温度漂移	temperature drift
文氏桥	Wein bridge
稳定度	stability
稳压电源	regulated power supply
稳压管	Zener diode
无关项	don't care term
无输出变压器	OTL(output trasformerless)
无输出电容	OCL(output capacitorless)

X

下降时间	fall time
下限频率	low 3dB frequency
显示器	display
现场可编程门阵列	FPGA(field programmable gate array)

限流保护	current limiting protection
相位	phase
小规模集成	SSL(small scale integration)
肖特基二极管	Schottky diode
雪崩击穿	avalanche breakdown
虚短路	virtual short circuit
虚开路	virtual open circuit

Y

压控振荡器	voltage controlled oscillator
移位寄存器	shift register
异步计数器	asynchronous counter
异或	exclusive-OR
异或门	exclusive-OR gate
译码器	decoder
有源滤波器	active filter
与	AND
与非	NAND
与非门	NAND gate
与门	AND gate
源极	source
运算放大器	operational amplifier

Z

在线可编程	ISP(in system programmable)
噪声容限	noise margin
栅极	gate
占空比	duty cycle
真值表	truth table
振荡器	oscillator
振荡条件	criterion of oscillation
正反馈	positive feedback
正向偏置	forward bias
整流电路	rectifier
直接耦合	direct coupled
直流电阻	direct current resistor
直流负载线	direct current load line
只读存储器	ROM(read only memory)
置位	set
中规模集成	MSL(medium scale integration)
中心频率	central frequency
主从触发器	master-slave flip-flop
专用集成电路	ASIC(application specific integrated circuit)
状态转换表	state table
状态转换图	state diagram

字	word
总线	bus
阻容耦合	RC coupled
组合逻辑	combinational logic
最小项	minterm

附录 D

74LS 系列和 4000 系列数字集成电路功能列表

表 D1　74LS 系列数字集成电路功能列表

类型	型号	功能简述	型号	功能简述
基本门电路	74LS00	四 2 输入与非门	74LS31	延迟电路
	74LS01	四 2 输入与非门（OC）	74LS32	四 2 输入或门
	74LS02	四 2 输入或非门	74LS33	四 2 输入或非缓冲器(OC)
	74LS03	四 2 输入与非门（OC）	74LS34	六缓冲器
	74LS04	六反相器	74LS35	六缓冲器(OC)
	74LS05	六反相器(OC)	74LS36	四 2 输入或非门（有选通）
	74LS06	六反相缓冲器/驱动器(OC)	74LS37	四 2 输入与非缓冲器
	74LS07	六缓冲器/驱动器(OC)	74LS28	四 2 输入或非缓冲器
	74LS08	四 2 输入与门	74LS38	四 2 输入或非缓冲器(OC)
	74LS09	四 2 输入与门（OC）	74LS39	四 2 输入或非缓冲器
	74LS10	三 3 输入与非门	74LS40	双 4 输入与非缓冲器
	74LS11	三 3 输入与门	74LS50	双二路 2-2 输入与或非门
	74LS12	三 3 输入与非门（OC）	74LS51	二 3-3 输入，二 2-2 输入与或非门
	74LS13	双 4 输入与非门（施密特触发）	74LS52	四路 2-3-2-2 输入与或门（可扩展）
	74LS14	六反相器(施密特触发)	74LS53	四路 2-2-2-2 输入与或非门（可扩展）
	74LS15	三 3 输入与门（OC）	74LS54	四路 2-2-2-2 输入与或非门
	74LS16	六反相缓冲器/驱动器(OC)	74LS55	二路 4-4 输入与或非门（可扩展）
	74LS17	六缓冲器/驱动器(OC)	74LS64	四路 4-2-3-2 输入与或非门
	74LS18	双 4 输入与非门（施密特触发）	74LS65	四路 4-2-3-2 输入与或非门（OC）
	74LS19	六反相器(施密特触发)	74LS86	四 2 输入异或门
	74LS20	双 4 输入与非门	74LS132	四 2 输入与非门（施密特触发）

续表

类型	型号	功能简述	型号	功能简述
基本门电路	74LS21	双4输入与门	74LS133	13输入端与非门
	74LS22	双4输入与非门(OC)	74LS134	12输入端与门(三态)
	74LS23	双输入或非门(可扩展)	74LS135	四异或/异或非门
	74LS24	四2输入与非门(施密特触发)	74LS136	四2输入异或门(OC)
	74LS25	双4输入或非门(有选通)	74LS260	双5输入或非门
	74LS26	四2输入与非缓冲器	74LS266	四2输入异或非门(OC)
	74LS27	三3输入或非门	74LS386	四2输入异或门
	74LS30	8输入与非门		
编码器	74LS147	10线-4线优先编码器	74LS348	8线-3线优先编码器(三态)
	74LS148	8线-3线优先编码器		
译码器	74LS42	BCD-10线译码器	74LS142	计数器/锁存器/译码器/驱动器
	74LS43	余3码-10线译码器	74LS145	BCD-10进制译码器/驱动器
	74LS44	格雷码-10线译码器	74LS154	4线-16线译码器
	74LS45	BCD-10线译码器/驱动器	74LS155	双2-4译码器/分配器
	74LS46	BCD-七段译码器/驱动器	74LS156	双2-4译码器/分配器(OC)
	74LS47	BCD-七段译码器/驱动器	74LS246	BCD-七段译码/驱动器(OC)
	74LS48	BCD-七段译码器/驱动器	74LS247	BCD-七段译码器/驱动器
	74LS49	BCD-七段译码器/驱动器(OC)	74LS248	BCD-七段译码器/驱动器(内部弱上拉)
	74LS131	3线-8线译码器	74LS249	BCD-七段译码器/驱动器(OC)
	74LS137	3线-8线译码器/多路转换器	74LS445	BCD-10线译码器/驱动器(三态)
	74LS138	3线-8线译码器/多路转换器	74LS748	8线-3线优先编码器
	74LS139	双2线-4线译码器/多路转换器	74LS848	8线-3线优先编码器(三态)
	74LS141	BCD-十进制译码器/驱动器		
比较器	74LS85	4位数字比较器	74LS685	8位数值比较器
	74LS682	8位数值比较器	74LS687	8位数值比较器(OC)
	74LS683	8位数值比较器(OC)	74LS688	8位数字比较器(OC)
	74LS684	位数值比较器	74LS689	8位数字比较器
加法器	74LS80	门控全加器	74LS183	双保留进位全加器
	74LS82	2位二进制全加器	74LS283	4位二进制全加器
	74LS83	4位二进制全加器	74LS385	四串行加法器/乘法器
选择器	74LS151	8选1数据选择器(互补输出)	74LS258	四2选1数据选择器
	74LS152	8选1数据选择器	74LS352	双4选1数据选择器
	74LS153	4选1数据选择器	74LS353	双4-1线数据选择器(三态)
	74LS157	四2选1数据选择器	74LS354	8选1选择器/寄存器(三态)
	74LS158	四2选1数据选择器	74LS355	8选1选择器/寄存器(OC)
	74LS251	8选1数据选择器(三态)	74LS356	8选1选择器/寄存器(三态)
	74LS253	双四选1数据选择器(三态)	74LS357	8选1选择器/寄存器(OC)
	74LS257	四2选1数据选择器(三态)		

附录 D 74LS 系列和 4000 系列数字集成电路功能列表

续表

类型	型号	功能简述	型号	功能简述
锁存器	74LS75	4 位双稳锁存器	74LS373	八 D 锁存器
	74LS77	4 位双稳态锁存器	74LS375	4 位双稳态锁存器
	74LS100	8 位双稳锁存器	74LS604	双 8 位锁存器
	74LS116	双 4 位锁存器	74LS605	双 8 位锁存器
	74LS256	双 4 位可寻址锁存器	74LS606	双 8 位锁存器
	74LS259	8 位可寻址锁存器	74LS607	双 8 位锁存器
	74LS279	四 RS 锁存器		
触发器	74LS70	与门输入上升沿 JK 触发器	74LS114	双 JK 触发器
	74LS71	与输入 RS 触发器	74LS121	单稳态触发器
	74LS72	与门输入主从 JK 触发器	74LS122	可再触发单稳态多谐振荡器
	74LS73	双 J-K 触发器	74LS123	可再触发双单稳多谐振荡器
	74LS74	正沿触发双 D 触发器	74LS171	四 D 触发器
	74LS76	双 JK 触发器	74LS174	六 D 触发器
	74LS78	双 JK 触发器	74LS175	四 D 触发器
	74LS103	负沿触发双 JK 触发器	74LS221	双单稳多谐振荡器
	74LS106	负沿触发双 JK 触发器	74LS273	八 D 触发器
	74LS107	双 JK 触发器	74LS374	八 D 触发器(三态)
	74LS108	双 JK 触发器	74LS377	八 D 触发器
	74LS109	双 JK 触发器	74LS378	六 D 触发器
	74LS110	与门输入 JK 触发器	74LS379	四 D 触发器
	74LS111	双 JK 触发器	74LS422	可再触发单稳态多谐振荡器
	74LS112	负沿触发双 JK 触发器	74LS423	可再触发单稳态多谐振荡器
	74LS113	负沿触发双 JK 触发器		
寄存器	74LS91	八位移位寄存器	74LS594	输出锁存 8 位串入并出移位寄存器
	74LS94	4 位移位寄存器(异步)	74LS595	8 位输出锁存移位寄存器
	74LS95	4 位移位寄存器	74LS596	带输出锁存的 8 位串入并出移位寄存器
	74LS96	5 位移位寄存器	74LS597	8 位输出锁存移位寄存器
	74LS164	8 位并行输出串行移位寄存器	74LS598	8 位并入串出移位寄存器
	74LS165	并行输入 8 位移位寄存器	74LS599	8 位串入并出移位寄存器
	74LS166	8 位移位寄存器	74LS646	8 位总线收发器,寄存器
	74LS170	4×4 寄存器堆	74LS647	8 位总线收发器,寄存器
	74LS172	16 位寄存器堆	74LS648	8 位总线收发器,寄存器
	74LS173	4 位 D 寄存器	74LS649	8 位总线收发器,寄存器
	74LS178	4 位通用移位寄存器	74LS670	4×4 寄存器堆(三态)
	74LS179	4 位通用移位寄存器	74LS671	4 位并入并出移位寄存器
	74LS194	4 位双向通用移位寄存器	74LS672	4 位并入并出移位寄存器
	74LS195	4 位通用移位寄存器	74LS673	16 位串入串出移位寄存器
	74LS198	8 位双向移位寄存器	74LS674	16 位并行输入串行输出移位寄存器
	74LS199	8 位移位寄存器	74LS690	同步十进制计数器/寄存器
	74LS278	4 位可级联优先寄存器	74LS691	4 位二进制计数器/寄存器(三态)
	74LS295	4 位双向通用移位寄存器	74LS693	4 位二进制计数器/寄存器(三态)
	74LS299	8 位通用移位寄存器(三态)	74LS696	十进制计数器/寄存器
	74LS395	4 位通用移位寄存器	74LS697	二进制计数器/寄存器(带数选,三态)
	74LS396	8 位存储寄存器	74LS698	十进制计数器/寄存器(带数选,三态)
	74LS589	8 位并入串出移位寄存器(三态)	74LS699	二进制计数器/寄存器(带数选,三态)

续表

类型	型号	功能简述	型号	功能简述
计数器	74LS90	二-十进制计数器	74LS210	2-5-10 进制计数器
	74LS92	12 分频计数器(2 分频和 6 分频)	74LS213	2-n-10 可变进制计数
	74LS93	4 位二进制计数器	74LS290	二-十进制计数
	74LS160	可预置十进制计数器(异步清 0)	74LS293	4 位二进制计数器
	74LS161	2 位二进制计数器(异步清 0)	74LS390	双十进制计数器
	74LS162	可预置十进制计数器(同步清 0)	74LS391	双 4 位二进制计数器
	74LS163	可预置 4 位二进制计数器(同步清 0)	74LS490	双十进制计数器
	74LS168	十进制可逆同步计数器	74LS590	8 位二进制计数器
	74LS169	二进制同步可逆计数器	74LS591	8 位二进制计数器
	74LS176	十进制可预置计数器	74LS592	带输出寄存器的 8 位二进制计数器
	74LS177	2-8-16 进制可预置计数器	74LS593	带输出寄存器的 8 位二进制计数器
	74LS190	十进制可逆计数器	74LS668	4 位同步加/减十进制计数器
	74LS191	二进制可逆计数器	74LS669	4 位同步二进制可逆计数器
	74LS192	十进制可逆计数器	74LS692	十进制计数器(同步清 0)
	74LS193	二进制可逆计数器	74LS716	可编程模 n 十进制计数器
	74LS196	可预置计数器/锁存器	74LS718	可编程模 n 十进制计数器
	74LS197	可预置计数器/锁存器(二进制)		

注：74LS 系列电路还有乘法器、总线、算术逻辑单元、缓冲器等，由于不在本书的涉及范围，因此没有列出。

表 D2 4000 系列 CMOS 门电路的功能

类型	型号	功能简述	型号	功能简述
基本门电路	CD4001	四 2 输入或非门	CD4050	六正相缓冲/转换器
	CD4002	双 4 输入或非门	CD4068	8 输入端与非/与门
	CD4007	双互补对加反相器	CD4069	六反相器
	CD4009	六缓冲器/转换—倒相	CD4070	四异或门
	CD4010	六缓冲器/转换—正相	CD4071	四 2 输入或门
	CD4011	四 2 输入与非门	CD4072	双四输入或门
	CD4012	双 4 输入与非门	CD4073	三 3 输入与门
	CD4013	三 3 输入与非门	CD4075	三 3 输入与门
	CD4019	四与或选择门	CD4077	四同或门
	CD4023	三 3 输入与非门	CD4078	8 输入或/或非门
	CD4025	三 3 输入与非门	CD4081	4 输入与门
	CD4030	四异或门	CD4082	双 4 输入与门
	CD4048	可扩充八输入门	CD4085	双 2 组 2 输入与或非门
	CD4049	六反相缓冲/转换器	CD4086	可扩展 2 输入与或非门
编码器	CD4532	8 位优先编码器	CD40147	10 线-4 线编码器
译码器	CD4026	十进制计数/7 段显示译码器	CD4514	4 线-16 线译码器
	CD4028	BCD 码十进制译码器	CD4515	4 线-16 线译码器
	CD4033	十进制计数/7 段显示译码器	CD4555/6	双 2 线-4 线译码器
比较器	CD4063	4 位数字比较器	CD4585	4 位数值比较器
加法器	CD4038	三串行加法器	CD4560	自然 BCD 码加法器

附录 D 74LS 系列和 4000 系列数字集成电路功能列表

续表

类型	型号	功能简述	型号	功能简述
选择器	CD4019	四与或选择器	CD4539	双 4 路数据选择器
	CD4512	八路数据选择器		
触发器	CD4013	双主从 D 触发器	CD4099	8 位可寻址锁存器
	CD4027	双 JK 触发器	CD40106	六施密特触发器
	CD4042	四锁存 D 触发器	CD40174	六锁存 D 触发器
	CD4043	四三态输出 RS 锁存触发器	CD40175	四 D 触发器
	CD4044	四三态输出 R-S 锁存触发器	CD4508	双 4 位锁存 D 触发器
	CD4093	四 2 输入端施密特触发器	CD4528	双单稳态触发器
	CD4095	3 输入端 JK 触发器	CD4583	双施密特触发器
	CD4096	3 输入端 JK 触发器	CD4584	六施密特触发器
	CD4098	双单稳态触发器		
寄存器	CD4006	18 位串入/串出移位寄存器	CD4076	四 D 寄存器
	CD4014	8 位串入/并入-串出移位寄存器	CD40100	32 位左/右移位寄存器
	CD4015	双 4 位串入/并出移位寄存器	CD40104	4 位双向移位寄存器
	CD4021	8 位串入/并入-串出移位寄存器		
计数器	CD4018	可预置 N 分频计数器	CD40192	可预置 BCD 加/减计数器（双时钟）
	CD4029	可预置可逆计数器	CD40193	可预置 4 位二进制加/减计数器
	CD4059	N 分频计数器	CD4510	可预置 BCD 码加/减计数器
	CD40102	8 位可预置同步 BCD 减法计数器	CD4516	可预置 4 位二进制加/减计数器
	CD40103	8 位可预置同步二进制减计数器	CD4518	双 BCD 同步加计数器
	CD40160	可预置 BCD 加计数器	CD4520	双 4 位二进制同步加计数器
	CD40161	可预置 4 位二进制加计数	CD4522	可预置 BCD 同步 1/N 计数器
	CD40162	BCD 加法计数器	CD4526	可预置 4 位二进制同步 1/N 计数器
	CD40163	4 位二进制同步计数器	CD4553	3 位 BCD 计数器

注：4000 系列电路还有乘法器、振荡器、算术逻辑单元、模拟开关等，由于不本书的涉及范围，因此没有列出。